ŒUVRES

COMPLÈTES

D'AUGUSTIN CAUCHY

PUBLIÉES SOUS LA DIRECTION SCIENTIFIQUE

DE L'ACADÉMIE DES SCIENCES

ET SOUS LES AUSPICES

DE M. LE MINISTRE DE L'INSTRUCTION PUBLIQUE.

Iʳᵉ SÉRIE. — TOME III.

PARIS,

GAUTHIER-VILLARS, IMPRIMEUR-LIBRAIRE

DU BUREAU DES LONGITUDES, DE L'ÉCOLE POLYTECHNIQUE.

Quai des Grands-Augustins, 55.

MCMXI

ŒUVRES

COMPLÈTES

D'AUGUSTIN CAUCHY

ŒUVRES

COMPLÈTES

D'AUGUSTIN CAUCHY

PUBLIÉES SOUS LA DIRECTION SCIENTIFIQUE

DE L'ACADÉMIE DES SCIENCES

ET SOUS LES AUSPICES

DE M. LE MINISTRE DE L'INSTRUCTION PUBLIQUE.

Iʳᵉ SÉRIE. — TOME III.

PARIS,

GAUTHIER-VILLARS, IMPRIMEUR-LIBRAIRE

DU BUREAU DES LONGITUDES, DE L'ÉCOLE POLYTECHNIQUE,

Quai des Grands-Augustins, 55.

MCMXI

PREMIÈRE SÉRIE.

MÉMOIRES, NOTES ET ARTICLES

EXTRAITS DES

RECUEILS DE L'ACADÉMIE DES SCIENCES

DE L'INSTITUT DE FRANCE.

II.

MÉMOIRES

EXTRAITS DES

MÉMOIRES DE L'ACADÉMIE DES SCIENCES

DE L'INSTITUT DE FRANCE.

MÉMOIRE

SUR

LA THÉORIE DES NOMBRES [1].

Mémoires de l'Académie des Sciences, t. XVII, p. 249; 1840.

AVERTISSEMENT DE L'AUTEUR.

Le Mémoire qu'on va lire est l'un des deux que j'ai présentés à l'Académie des Sciences le 31 mai 1830. Il renferme le développement des principes que j'avais établis dans les *Exercices de Mathématiques* et surtout dans le *Bulletin des Sciences* de M. de Férussac, pour l'année 1829 [2]. Mon absence, qui s'est prolongée pendant 8 années, ayant retardé l'impression de ce Mémoire, je le publie aujourd'hui tel que je le retrouve dans le manuscrit présenté, le 31 mai 1830, à l'Académie des Sciences, et paraphé à cette époque par le Secrétaire perpétuel M. Georges Cuvier. Toutefois, pour ne pas fatiguer l'attention du lecteur, je supprimerai une grande partie des numéros placés devant les formules et, pour éclaircir quelques passages, je joindrai au texte plusieurs notes placées, les unes au bas des pages, les autres à la suite du dernier paragraphe. Comme quelques notes de la première espèce existaient déjà dans le manuscrit, afin qu'on puisse facilement les distinguer des notes nouvelles, je marquerai celles-ci, quand elles seront placées au bas des pages, par un astérisque.

[1] Présenté à l'Académie des Sciences le 31 mai 1830.
[2] *Voir* le Tome XII de ce *Bulletin*, p. 205 et suiv. (*OEuvres de Cauchy*, S. II, T. II).

§ I.

Soient

$$p = n\varpi + 1$$

un nombre premier;
n un diviseur de $p - 1$;
θ une racine primitive de

$$(1) \qquad x^p = 1;$$

τ une racine primitive de

$$(2) \qquad x^{p-1} = 1;$$

t une racine primitive de

$$(3) \qquad x^{p-1} \equiv 1 \pmod{p}.$$

Alors

$$\rho = \tau^{\varpi}$$

sera une racine primitive de

$$(4) \qquad x^n = 1$$

et

$$r \equiv t^{\varpi} \pmod{p}$$

une racine primitive de

$$(5) \qquad x^n \equiv 1 \pmod{p}.$$

On aura

$$(6) \qquad \tau^{\frac{n\varpi}{2}} = -1,$$

$$(7) \qquad t^{\frac{n\varpi}{2}} \equiv -1 \pmod{p}$$

et de plus, si n est pair,

$$\rho^{\frac{n}{2}} = -1,$$

$$r^{\frac{n}{2}} \equiv -1 \pmod{p}.$$

De plus, k étant un nombre entier quelconque, nous désignerons par

$$m = \mathrm{l}(k)$$

le nombre m propre à vérifier la formule

$$k \equiv t^m \qquad (\mathrm{mod.}\, p),$$

en sorte qu'on aura

$$k^\varpi = t^{m\varpi} = r^m = r^{\mathrm{l}(k)},$$

et nous poserons

$$\left(\frac{k}{p}\right) = r^{m\varpi} = r^{\varpi\, \mathrm{l}(k)} = \rho^{\mathrm{l}(k)}.$$

Par suite, comme on aura, en vertu de l'équation (7),

$$\mathrm{l}(-1) = \frac{n\varpi}{2},$$

on en conclura

$$\left(\frac{-1}{p}\right) = \rho^{\frac{n\varpi}{2}} = r^{\frac{\varpi}{2}n} = (-1)^\varpi.$$

On aura d'ailleurs évidemmen

$$\left(\frac{h}{p}\right)\left(\frac{k}{p}\right) = \left(\frac{hk}{p}\right), \qquad \left(\frac{h}{p}\right)^l = \left(\frac{h^l}{p}\right), \qquad \dots$$

Soient maintenant

$$(8) \qquad \Theta_h = \vartheta + \rho^h \vartheta' + \rho^{2h} \vartheta'' + \dots + \rho^{(p-2)h} \vartheta^{(p-2)}$$

et

$$(9) \qquad \Theta_h \Theta_k = \mathrm{R}_{h,k}\, \Theta_{h+k}.$$

$\mathrm{R}_{1,m}$ sera une fonction de ρ de la forme

$$\mathrm{R}_{1,m} = a_0 + a_1 \rho + a_2 \rho^2 + \dots + a_{n-1} \rho^{n-1};$$

et, si l'on pose

$$k \equiv mh \qquad (\mathrm{mod.}\, n),$$

on aura, en supposant m différent de zéro et de $\frac{n}{2}$,

$$\mathrm{R}_{h,mh} = a_0 + a_1 \rho^h + a_2 \rho^{2h} + \dots + a_{n-1} \rho^{(n-1)h}$$

et

$$(10) \qquad R_{h,k} = (-1)^{m(h+k)} \sum \left(\frac{u}{p}\right)^h \left(\frac{v}{p}\right)^k,$$

le signe $\sum$ s'étendant à toutes les valeurs entières de u, v comprises entre les limites 1, $p-1$, et qui vérifieront l'équivalence

$$1 + u + v \equiv 0 \qquad (\mathrm{mod}.\,p).$$

On aura d'ailleurs, en supposant h différent de zéro,

$$(11) \qquad \Theta_h \Theta_{-h} = (-1)^{mh} p, \qquad R_{h,-h} = -(-1)^{mh} p,$$

et, en supposant h, k ainsi que $h+k$ non divisibles par n,

$$(12) \qquad R_{h,k} R_{-h,-k} = p.$$

On trouvera, au contraire,

$$(13) \qquad R_{h,0} = R_{0,h} = -1.$$

Enfin l'on aura

$$(14) \qquad a_0 + a_1 + a_2 + \ldots + a_{n-1} = p - 2$$

et, en supposant n pair,

$$(15) \qquad a_0 - a_1 + a_2 - a_3 + \ldots - a_{n-1} = -(-1)^{\frac{mn}{2}}.$$

Par suite, si l'on suppose

$$(16) \qquad R_{h,k} = F(\varphi),$$

on trouvera

$$(17) \qquad F(\rho^m) = R_{mh,mk} \qquad \text{et} \qquad F(\rho^m) F(\rho^{-m}) = p,$$

si le nombre m est tel qu'aucune des équations

$$(18) \qquad \rho^{mh} = 1, \qquad \rho^{mk} = 1, \qquad \rho^{m(h+k)} = 1$$

ne soit vérifiée. On aura, au contraire,

$$(19) \qquad F(\rho^m) = -(-1)^{mmh,mmk}$$

si une seule des équations (18) est satisfaite, et

$$(20) \qquad \mathrm{F}(p^m) = p - 2$$

si les trois équations (18) subsistent simultanément.

Soient encore h, k, l trois nombres entiers propres à vérifier la condition

$$(21) \qquad h + k + l \equiv 0 \qquad (\mathrm{mod.}\, n).$$

On aura, en supposant ces nombres tous trois différents de zéro,

$$\Theta_h \Theta_k \Theta_l = (-1)^{\varpi l}\frac{\Theta_h \Theta_k}{\Theta_{h+k}} = (-1)^{\varpi k}\frac{\Theta_h \Theta_l}{\Theta_{h+l}} = (-1)^{\varpi h}\frac{\Theta_k \Theta_l}{\Theta_{k+l}}$$

et, par conséquent,

$$(22) \qquad (-1)^{\varpi h}\mathrm{R}_{k,l} = (-1)^{\varpi k}\mathrm{R}_{l,h} = (-1)^{\varpi l}\mathrm{R}_{k,h}.$$

Soit maintenant s une racine primitive de

$$(23) \qquad x^{n-1} \equiv 1 \qquad (\mathrm{mod.}\, n),$$

le nombre n étant supposé premier, et faisons

$$(24) \qquad \Theta_1 \Theta_s \Theta_{s^2} \ldots \Theta_{s^{n-2}} = \mathfrak{F}(\rho) \quad (^1);$$

on aura

$$(25) \qquad \Theta_s \Theta_{s^2} \Theta_{s^3} \ldots \Theta_{s^{n-1}} = \mathfrak{F}(\rho^s)$$

et, de plus,

$$\mathfrak{F}(\rho) = \mathfrak{F}(\rho^{s^2}) = \mathfrak{F}(\rho^{s^4}) = \ldots = \mathfrak{F}(\rho^{s^{n-3}}),$$
$$\mathfrak{F}(\rho^s) = \mathfrak{F}(\rho^{s^3}) = \mathfrak{F}(\rho^{s^5}) = \ldots = \mathfrak{F}(\rho^{s^{n-2}}).$$

Donc $\mathfrak{F}(\rho)$ sera de la forme

$$(26) \quad \mathfrak{F}(\rho) = c_0 + c_1(\rho + \rho^{s^2} + \rho^{s^4} + \ldots + \rho^{s^{n-3}}) + c_2(\rho^s + \rho^{s^3} + \ldots + \rho^{s^{n-2}})$$

(^{1}) NOTA. — s étant une racine primitive de la formule (23), on a

$$s^{n-1} - 1 \equiv 0$$
$$\frac{s^{n-1}-1}{s^2-1} \equiv 1 - s^2 + s^4 + \ldots + s^{n-3} \equiv 0 \qquad (\mathrm{mod.}\, n),$$

et c'est ce qui permet d'établir la formule (24).

ou

$$\mathfrak{F}(\rho) = \frac{2c_0 - c_1 - c_2}{2} + \frac{c_1 - c_2}{2}(\rho - \rho^r + \rho^{r^2} - \rho^{r^3} + \ldots + \rho^{r^{n-3}} - \rho^{r^{n-2}});$$

et, comme on aura

$$r^{\frac{n-1}{2}} \equiv -1 \quad (\text{mod. } n),$$

$$\rho + \rho^r + \rho^{r^2} + \ldots + \rho^{r^{n-3}} + \rho^{r^{n-2}} = -1,$$

$$(\rho - \rho^r + \rho^{r^2} - \rho^{r^3} + \ldots + \rho^{r^{n-3}} - \rho^{r^{n-2}})^2 = (-1)^{\frac{n-1}{2}} n,$$

on trouvera

$$\mathfrak{F}(\rho)\,\mathfrak{F}(\rho^r) = \left(\frac{2c_0 - c_1 - c_2}{2}\right)^2 - (-1)^{\frac{n-1}{2}} n \left(\frac{c_1 - c_2}{2}\right)^2,$$

ou, ce qui revient au même,

(27) $$4\mathfrak{F}(\rho)\,\mathfrak{F}(\rho^r) = (2c_0 - c_1 - c_2)^2 - (-1)^{\frac{n-1}{2}} n (c_1 - c_2)^2,$$

ou bien encore

(28) $$\mathfrak{F}(\rho)\,\mathfrak{F}(\rho^r) = (c_0 - c_1)^2 + (c_0 - c_2)(c_1 - c_2) + \frac{1 - (-1)^{\frac{n-1}{2}} n}{4}(c_1 - c_2)^2.$$

Lorsque n est de la forme $4x + 3$, l'équation (27) ou (28) se réduit à

(29) $$4\mathfrak{F}(\rho)\,\mathfrak{F}(\rho^r) = (2c_0 - c_1 - c_2)^2 + n(c_1 - c_2)^2$$

ou bien à

(30) $$\mathfrak{F}(\rho)\,\mathfrak{F}(\rho^r) = (c_0 - c_1)^2 + (c_0 - c_2)(c_1 - c_2) + \frac{n+1}{4}(c_1 - c_2)^2.$$

Au contraire, lorsque n est de la forme $4x + 1$, alors, $\frac{n-1}{2}$ étant pair, la formule (24) donne simplement

$$\mathfrak{F}(\rho) = p^{\frac{n-1}{2}}$$

et ρ disparaît de l'équation (26), qui se trouve réduite à la forme

$$\mathfrak{F}(\rho) = c_0.$$

Revenons au cas où n est de la forme $4x + 3$. Comme on aura

$$\mathfrak{F}(\rho)\,\mathfrak{F}(\rho^r) = p^{\frac{n-1}{2}},$$

l'équation (29) donnera

$$4p^{\frac{n-1}{2}} = (2c_0 - c_1 - c_2)^2 + n(c_1 - c_2)^2.$$

Donc on résoudra l'équation

$$(31) \qquad 4p^{\frac{n-1}{2}} = X^2 + nY^2$$

en prenant

$$X = 2c_0 - c_1 - c_2, \qquad Y = c_1 - c_2.$$

Mais ces valeurs de X et de Y seront généralement divisibles par p. Il reste à trouver la plus haute puissance de p qui les divise simultanément.

Soit ν un nombre tel qu'on ait simultanément

$$\nu^{\frac{n-1}{2}} \equiv 1 \quad \text{et} \quad (1+\nu)^{\frac{n-1}{2}} \equiv 1 \quad (\text{mod.}\, n).$$

On trouvera

$$\Theta_1 \Theta_{g^2} \Theta_{g^4} \ldots \Theta_{g^{n-3}} = \Theta_\nu \Theta_{\nu g^2} \ldots \Theta_{\nu g^{n-3}} = \Theta_{1+\nu} \Theta_{(1+\nu)g^2} \ldots \Theta_{(1+\nu)g^{n-3}} = \mathfrak{F}(\rho)$$

et, par suite,

$$(32) \qquad \mathfrak{F}(\rho) = \frac{\Theta_1 \Theta_\nu}{\Theta_{1+\nu}} \frac{\Theta_{g^2} \Theta_{\nu g^2}}{\Theta_{(1+\nu)g^2}} \ldots \frac{\Theta_{g^{n-3}} \Theta_{\nu g^{n-3}}}{\Theta_{(1+\nu)g^{n-3}}} = R_{1,\nu} R_{g^2,\nu g^2} \ldots R_{g^{n-3},\nu g^{n-3}},$$

$$(33) \qquad \mathfrak{F}(\rho^g) = R_{g,\nu g} R_{g^3,\nu g^3} \ldots R_{g^{n-2},\nu g^{n-2}}.$$

Si n est de la forme $8x+7$, on pourra prendre $\nu = 1$, puisqu'on aura $2^{\frac{n-1}{2}} \equiv 1$, et les formules (32), (33) donneront

$$(34) \qquad \begin{cases} \mathfrak{F}(\rho) = R_{1,1} R_{g^2,g^2} \ldots R_{g^{n-3},g^{n-3}}, \\ \mathfrak{F}(\rho^g) = R_{g,g} R_{g^3,g^3} \ldots R_{g^{n-2},g^{n-2}}. \end{cases}$$

D'autre part, comme on aura

$$\mathfrak{F}(\rho) = c_0 + c_1(\rho + \rho^{g^2} + \ldots + \rho^{g^{n-3}}) + c_2(\rho^g + \rho^{g^3} + \ldots + \rho^{g^{n-2}}),$$
$$\mathfrak{F}(\rho^g) = c_0 + c_1(\rho^g + \rho^{g^3} + \ldots + \rho^{g^{n-2}}) + c_2(\rho + \rho^{g^2} + \ldots + \rho^{g^{n-3}}),$$

on en conclura

$$(35) \quad \begin{cases} X = 2c_0 - c_1 - c_2 = \vartheta(\rho) + \vartheta(\rho'), \\[2mm] Y = c_1 - c_2 = \dfrac{\vartheta(\rho) - \vartheta(\rho')}{\rho - \rho^2 + \ldots + \rho^{n-2} - \rho^{n-1}} \\[4mm] \qquad\quad = (-1)^{\frac{n-1}{2}}\, n(\rho - \rho^2 + \ldots - \rho^{n-1})[\vartheta(\rho) - \vartheta(\rho')]. \end{cases}$$

Soit maintenant

$$(36) \quad \Pi_{h,k} = \frac{1.2.3\ldots[(h+k)\varpi]}{(1.2.3\ldots h\varpi)(1.2.3\ldots k\varpi)}.$$

et supposons chacun des nombres h, k renfermé entre les limites 0, n.
On aura

$$(37) \quad \Pi_{h,k} \equiv 0 \quad (\mathrm{mod}.p)$$

si la somme $h + k$ est renfermée entre les limites n et $2n$; et, au
contraire, $\Pi_{h,k}$ ne sera point divisible par p, lorsque $h + k$ sera
compris entre les limites 0, n. D'un autre côté, en supposant

$$h + k < n \quad \text{et} \quad n - h - k = l,$$

en sorte que la condition (21) soit vérifiée, on aura

$$1.2.3\ldots(n-1) = [1.2.3\ldots(h+k)\varpi][(-1)(-2)\ldots(-l\varpi)]$$
$$= [1.2.3\ldots(h+k)\varpi](-1)^{l\varpi}(1.2.3\ldots l\varpi) = -1,$$
$$1.2.3\ldots(h+k)\varpi = (-1)^{l\varpi+1}\frac{1}{1.2.3\ldots l\varpi}$$

et, par conséquent,

$$(38) \quad \Pi_{h,k} = \frac{(-1)^{l\varpi+1}}{(1.2\ldots h\varpi)(1.2\ldots k\varpi)(1.2\ldots l\varpi)}.$$

Enfin, si l'on pose comme ci-dessus

$$R_{h,k} = F(\rho),$$

on trouvera

$$(39) \quad F(r) = -\Pi_{n-h,n-k}.$$

Cela posé, soit p^λ la plus haute puissance de p qui puisse diviser simultanément X et Y. On aura, en vertu des formules (35),

$$(40) \quad \begin{cases} \dfrac{X}{p^\lambda} = \dfrac{\mathfrak{F}(\rho)}{p^\mu} + \dfrac{\mathfrak{F}(\rho^r)}{p^\nu}, \\[2ex] \dfrac{Y}{p^\mu} = (-1)^{\frac{n-1}{2}} n(\rho - \rho^r + \rho^{r^2} - \ldots + \rho^{n-2} - \rho^{n-1}) \left[\dfrac{\mathfrak{F}(\rho)^r}{p^\mu} - \dfrac{\mathfrak{F}(\rho^r)}{p^\nu} \right]; \end{cases}$$

et, comme les seconds membres des formules (40) seront des fonctions symétriques de ρ, ρ^2, ..., ρ^{n-1}, ils devront rester équivalents, suivant le module p, à $\dfrac{X}{p^\lambda}$ et à $\dfrac{Y}{p^\mu}$, quand on y remplacera ρ par r. Donc, alors, l'un et l'autre seront entiers, et l'un d'eux au moins sera non divisible par p. D'ailleurs, si, dans les seconds membres des formules (34), on remplace $R_{h,k}$ par $\dfrac{p}{R_{-h,-k}}$ toutes les fois que l'indice h est équivalent suivant le module n à l'un des nombres $1, 2, 3, \ldots, \dfrac{n-1}{2}$, on en conclura

$$(41) \quad \begin{cases} \mathfrak{F}(\rho) = p^\nu \varphi(\rho), \\[2ex] \mathfrak{F}(\rho^r) = p^{\frac{n-1}{2} - \nu} \chi(\rho) = p^{\nu'} \chi(\rho), \end{cases}$$

ν étant le nombre de ceux des indices

$$1, \quad s^r, \quad s^{r^2}, \quad \ldots, \quad s^{n-2}$$

qui sont équivalents suivant le module n à l'un des suivants

$$(42) \quad 1, \quad 2, \quad 3, \quad \ldots, \quad \dfrac{n-1}{2},$$

et ν' étant déterminé par la formule

$$\nu + \nu' = \dfrac{n-1}{2},$$

tandis que $\varphi(r)$, $\chi(r)$ ne seront équivalents ni à zéro ni à $\dfrac{1}{0}$ suivant le module p. Donc, si l'on prend pour λ le plus petit des nombres ν et ν', les seconds membres des formules (40), quand on y remplacera ρ par r, ne deviendront point équivalents à l'infini suivant le module p, et l'un d'eux au plus sera équivalent à zéro. Donc λ sera l'exposant de la plus haute puissance de p qui divise simultanément X et Y. D'ailleurs, si l'on fait

$$X = p^\lambda x, \qquad Y = p^\lambda y,$$

la formule (31) donnera

$$(43) \qquad 4 p^{\frac{n-1}{2} - 2\lambda} = x^2 + n y^2,$$

et comme on trouvera, en posant $\lambda = \nu'$,

$$\frac{n-1}{2} - 2\lambda = \frac{n - 1 - 4\nu'}{2}$$

et, en posant $\lambda = \frac{n-1}{2} - \nu'$,

$$\frac{n-1}{2} - 2\lambda = \frac{4\nu' - (n - 1)}{2},$$

il est clair que la formule (43) pourra être réduite à

$$(44) \qquad 4 p^\mu = x^2 + n y^2,$$

la valeur de μ étant

$$(45) \qquad \mu = \pm \left(\frac{4\nu' - n + 1}{2} \right).$$

Si n était de la forme $8x + 3$, on aurait

$$2^{\frac{n-1}{2}} \equiv -1 \qquad (\mathrm{mod.}\, p),$$

$$\Theta_1 \Theta_{2x} \ldots \Theta_{2x^{n-1}} = \Theta_1 \Theta_{2'} \ldots \Theta_{2^{n-1}} = \mathcal{F}(\rho'),$$

$$R_{1,1} R_{2',1} \ldots R_{2^{n-1},1} = \frac{\Theta_1^2}{\Theta_1} \frac{\Theta_2^2}{\Theta_2} \ldots \frac{\Theta_{2^{n-1}}^2}{\Theta_{2^{n-1}}} = \frac{[\mathcal{F}(\rho)]^2}{\mathcal{F}(\rho')},$$

$$R_{1,1} R_{2',1} \ldots R_{2^{n-1},1} = \frac{[\mathcal{F}(\rho')]^2}{\mathcal{F}(\rho)}.$$

Donc alors, à la place des formules (41), on trouverait

$$\frac{[\mathcal{F}(\rho)]^2}{\mathcal{F}(\rho')} = p^\nu \varphi(\rho),$$

$$\frac{[\mathcal{F}(\rho')]^2}{\mathcal{F}(\rho)} = p^\nu \chi(\rho) = p^{\frac{n-1}{2} - \nu} \chi(\rho);$$

puis on en conclurait

$$(46) \quad \begin{cases} [f(\rho)]^2 = \rho^{\frac{n-1}{2}-\nu'} [\varphi(\rho)]^2 \chi(\rho), \\ [f(\rho')]^2 = \rho^{n-1-\nu'} \varphi(\rho) [\chi(\rho)]^2. \end{cases}$$

Donc alors on devra prendre pour λ le plus petit des deux nombres

$$\frac{1}{3}\left(\frac{n-1}{2}-\nu'\right), \quad \frac{1}{3}(n-1-\nu'),$$

en sorte qu'on aura

$$\frac{n-1}{2} - 2\lambda = \pm\frac{n-1-4\nu'}{6}.$$

Donc alors on vérifiera l'équation

$$(47) \qquad 4p^\mu = x^2 + ny^2 \qquad\qquad *$$

en nombres entiers si l'on pose

$$(48) \qquad \mu = \pm\frac{4\nu'-(n-1)}{6}.$$

Dans les formules (45) et (48), μ est toujours inférieur à $\frac{1}{2}n$, et ν' représente le nombre de ceux des indices (42) qui sont racines de l'équivalence

$$x^{\frac{n-1}{2}} \equiv 1 \qquad (\mathrm{mod.}\,n),$$

Les autres étant nécessairement racines de l'équivalence

$$x^{\frac{n-1}{2}} \equiv -1 \qquad (\mathrm{mod.}\,n),$$

on en conclut

$$(49) \quad \begin{cases} 1^{\frac{n-1}{2}} + 2^{\frac{n-1}{2}} + 3^{\frac{n-1}{2}} + \ldots + \left(\frac{n-1}{2}\right)^{\frac{n-1}{2}} \\[2mm] \qquad\qquad \equiv \nu' - \left(\frac{n-1}{2}-\nu'\right) \equiv \frac{4\nu'-(n-1)}{2} \end{cases} \qquad (\mathrm{mod.}\,n),$$

On a d'ailleurs

$$1 + e^{i\sqrt{-1}} + e^{2i\sqrt{-1}} + \ldots + e^{\frac{n-1}{2}i\sqrt{-1}} = \frac{1 - e^{\frac{n+1}{2}i\sqrt{-1}}}{1 - e^{i\sqrt{-1}}} = \frac{e^{-\frac{1}{2}i\sqrt{-1}} - e^{\frac{n}{2}i\sqrt{-1}}}{e^{-\frac{1}{2}i\sqrt{-1}} - e^{\frac{1}{2}i\sqrt{-1}}}$$

et, par suite,

$$(50) \quad \begin{cases} 1 + \cos z + \cos 2z + \ldots + \cos\dfrac{n-1}{2}z = \dfrac{1}{2}\left(1 - \dfrac{\sin\dfrac{n}{2}z}{\sin\dfrac{1}{2}z}\right), \\[4mm] \sin z + \sin 2z + \ldots + \sin\dfrac{n-1}{2}z = \dfrac{1}{2}\left(\cot\dfrac{z}{2} - \dfrac{\cos\dfrac{n}{2}z}{\sin\dfrac{z}{2}}\right) = \dfrac{1}{2}\,\dfrac{\cos\dfrac{z}{2} - \cos\dfrac{n}{2}z}{\sin\dfrac{z}{2}}. \end{cases}$$

Si, $n-1$ étant impair, on différentie $\dfrac{n-1}{2}$ fois par rapport à z la première des équations (50), on en tirera

$$(-1)^{\frac{n+1}{4}}\left[\sin z + 2^{\frac{n-1}{2}}\sin 2z + 3^{\frac{n-1}{2}}\sin 3z + \ldots + \left(\frac{n-1}{2}\right)^{\frac{n-1}{2}}\sin\frac{n-1}{2}z\right]$$

$$= -\frac{1}{2}\,\frac{d^{\frac{n-1}{2}}}{dz^{\frac{n-1}{2}}}\,\frac{\sin\frac{n}{2}z}{\sin\frac{1}{2}z},$$

tandis que la seconde donnera

$$(-1)^{\frac{n-3}{4}}\left[\cos z + 2^{\frac{n-1}{2}}\cos 2z + \ldots + \left(\frac{n-1}{2}\right)^{\frac{n-1}{2}}\cos\frac{n-1}{2}z\right]$$

$$= \frac{1}{2}\,\frac{d^{\frac{n-1}{2}}\left(\cot\dfrac{z}{2} - \dfrac{\cos\dfrac{n}{2}z}{\sin\dfrac{z}{2}}\right)}{dz^{\frac{n-1}{2}}}.$$

On conclura de cette dernière, en posant $z = 0$, après les différentiations,

$$(51) \quad (-1)^{\frac{n-3}{4}}\left[1 + 2^{\frac{n-1}{2}} + \ldots + \left(\frac{n-1}{2}\right)^{\frac{n-1}{2}}\right] \equiv \frac{d^{\frac{n-1}{2}}\left(\cot\dfrac{z}{2} - \operatorname{cosec}\dfrac{z}{2}\right)}{dz^{\frac{n-1}{2}}} \quad (\bmod.\,n).$$

D'autre part, si l'on désigne par $\mathfrak{A}_a$ le nombre de Bernoulli qui correspond à l'indice n, en sorte qu'on ait

$$A_1 = \frac{1}{6}, \qquad A_2 = \frac{1}{30}, \qquad A_3 = \frac{1}{42}, \qquad \ldots$$

on trouvera

$$\operatorname{tang}\frac{z}{2} = 2\left[\frac{1}{6}(2^2-1)\frac{z}{1.2} + \frac{1}{30}(2^4-1)\frac{z^3}{1.2.3.4} + \frac{1}{42}(2^6-1)\frac{z^5}{1.2.3.4.5.6} + \ldots\right]$$

et l'équation (51) pourra être réduite à

$$1 + 2^{\frac{n-1}{2}} + 3^{\frac{n-1}{2}} + \ldots + \left(\frac{n-1}{2}\right)^{\frac{n-1}{2}} = (-1)^{\frac{n+1}{4}}\frac{1}{2}\frac{d^{\frac{n-1}{2}}\operatorname{tang}\frac{z}{4}}{dz^{\frac{n-1}{2}}}.$$

On aura donc par suite, en supposant $\frac{n-1}{2}$ impair, ou n de la forme $4x+3$,

$$(52)\quad\left\{\begin{aligned}
1 + 2^{\frac{n-1}{2}} + 3^{\frac{n-1}{2}} + \ldots + \left(\frac{n-1}{2}\right)^{\frac{n-1}{2}} &= (-1)^{\frac{n+1}{4}}\,2\,\frac{2^{\frac{n+1}{2}}-1}{2^{\frac{n-1}{2}}(n+1)}A_{\frac{n+1}{2}}\\[2ex]
&= (-1)^{\frac{n+1}{4}}\,\frac{2\left(2^{\frac{n-1}{2}}-1\right)}{2^{\frac{n-1}{2}}}A_{\frac{n+1}{2}}
\end{aligned}\right.$$

Enfin, comme on trouvera : 1° en supposant n de la forme $8x+7$,

$$2^{\frac{n-1}{2}} \equiv 1 \pmod{n};$$

2° en supposant n de la forme $8x+3$,

$$2^{\frac{n-1}{2}} \equiv -1 \pmod{n},$$

l'équation (52) donnera, dans le premier cas,

$$1 + 2^{\frac{n-1}{2}} + 3^{\frac{n-1}{2}} + \ldots + \left(\frac{n-1}{2}\right)^{\frac{n-1}{2}} \equiv (-1)^{\frac{n+1}{4}}\,2A_{\frac{n+1}{2}}$$

et, dans le second cas,

$$1 + 2^{\frac{n-1}{2}} + 3^{\frac{n-1}{2}} + \ldots + \left(\frac{n-1}{2}\right)^{\frac{n-1}{2}} \equiv -(-1)^{\frac{n+1}{4}}\,6A_{\frac{n+1}{2}}$$

On aura donc : 1° en supposant n de la forme $8x+7$,

$$\pm\mu \equiv \frac{4\nu^2-(n-1)}{2} \equiv (-1)^{\frac{n+1}{4}}\, 2\mathcal{A}_{\frac{n+1}{4}} \qquad (\text{mod.}\, n);$$

2° en supposant n de la forme $8x+3$,

$$\pm\mu = \frac{4\nu^2-(n-1)}{6} = -(-1)^{\frac{n+1}{4}}\, 2\mathcal{A}_{\frac{n+1}{4}}.$$

Par conséquent on aura, dans tous les cas,

$$(53) \qquad \mu \equiv \pm\, 2\mathcal{A}_{\frac{n+1}{4}}.$$

On pourra donc vérifier l'équation (47) en prenant pour μ le plus petit nombre entier équivalent à

$$\pm\, 2\mathcal{A}_{\frac{n+1}{4}}.$$

Exemples. — Soit $n=7$. On trouvera

$$2\mathcal{A}_{\frac{n+1}{4}} = 2\mathcal{A}_2 = \frac{2}{30} = \frac{1}{15} \equiv 1 \qquad (\text{mod.}\, 7),$$

$$\mu = 1.$$

On vérifiera donc alors en nombres entiers l'équation

$$4p = x^2 + 7y^2$$

et, par conséquent, l'équation

$$p = x^2 + 7y^2.$$

Soit encore $n=11$. On trouvera

$$2\mathcal{A}_{\frac{n+1}{4}} = 2\mathcal{A}_3 = \frac{2}{42} = \frac{1}{21} \equiv -1 \qquad (\text{mod.}\, 11),$$

$$\mu = 1$$

et, par conséquent, on pourra vérifier en nombres entiers l'équation

$$4p^2 = x^2 + 11y^2.$$

Soit $n = 163$; 2 sera une racine primitive de l'équation

$$x^{81} \equiv 1,$$

en sorte qu'on pourra supposer

$$t^{\varpi} \equiv 2.$$

D'ailleurs, les puissances successives de 2, divisées par 163, donneront pour restes :

1,	2,	4,	8,	16,	32,	64,	−35,	−70,	23,	46,
	−92,	21,	42,	−79,	5,	10,	20,	40,	80,	−3,
	−6,	−12,	−24,	−48,	67,	−29,	−58,	−47,	−69,	25,
	50,	−63,	37,	74,	−15,	−30,	−60,	43,	86,	9,
	18,	36,	72,	−19,	−38,	−76,	11,	22,	44,	88,
	13,	26,	52,	−59,	45,	73,	−17,	−34,	−68,	−27,
	−54,	55,	−53,	57,	−49,	65,	−33,	−66,	31,	62,
	−39,	−78,	7,	14,	28,	56,	−51,	61,	−41,	81.

Les restes positifs et inférieurs à $\frac{163}{2} = 81,5$ étant au nombre de 48, on aura

$$\nu = 48, \qquad \frac{n-1}{2} = 81,$$

$$\mu = \pm \frac{4\nu - (n-1)}{6} = \pm \frac{1}{3}\left(2\nu - \frac{n-1}{2}\right) = \pm \frac{1}{3}(96 - 81) = \pm 5, \qquad \mu = 5.$$

On pourra donc satisfaire, par des valeurs entières de x, y, à l'équation

$$p^{5} = x^{2} + 163 y^{2}.$$

Revenons aux formules (10) et (16) desquelles on tire

$$(54) \quad \mathrm{R}_{h,k} = \mathrm{F}(\rho) = (-1)^{\varpi(h+k)} \sum \left(\frac{u}{p}\right)^{h} \left(\frac{v}{p}\right)^{k} = (-1)^{mk} \sum \left(\frac{t^{m}}{p}\right)^{h} \left(\frac{1+t^{m}}{p}\right)^{k}.$$

Si l'on y remplace ρ par r, on trouvera

$$(55) \quad \begin{cases} \mathrm{F}(r) \equiv (-1)^{mk} \sum t^{m\varpi h}(1+t^{m})^{\varpi k} \\ \quad \equiv (-1)^{mk} \dfrac{1.2.3\ldots k\varpi}{[1.2.3\ldots(n-h)\varpi][1.2\ldots(h+k-n)\varpi]} n\varpi \end{cases} \pmod{p};$$

et, comme on a

$$n\varpi \equiv -1, \qquad 1.2.3\ldots k\varpi \equiv \frac{(-1)^{k\varpi-1}}{1.2.3\ldots(n-k)\varpi},$$

$$\frac{1}{1.2.3\ldots(h+k-n)\varpi} \equiv (-1)^{(h+k)\varpi-1}\, 1.2.3\ldots(2n-h-k)\varpi,$$

on conclura de la formule (55)

$$(56)\qquad F(r) \equiv -\frac{1.2.3\ldots(2n-h-k)\varpi}{[1.2.3\ldots(n-h)\varpi][1.2.3\ldots(n-k)\varpi]} \equiv -\Pi_{n-h,n-k}$$

ce qui s'accorde avec la formule (39).

Si, dans l'équation (39) ou (56), on remet pour $\Pi_{n-h,n-k}$ sa valeur tirée de l'équation (38), savoir

$$\Pi_{n-h,n-k} \equiv -\frac{(-1)^{l\varpi}}{[1.2.3\ldots(n-h)\varpi][1.2.3\ldots(n-k)\varpi][1.2.3\ldots(n-l)\varpi]}$$

$$\equiv (1.2.3\ldots h\varpi)(1.2.3\ldots k\varpi)(1.2.3\ldots l\varpi)(-1)^{l\varpi+1},$$

on trouvera

$$(57)\qquad \begin{cases} F(r) \equiv (-1)^{l\varpi}(1.2.3\ldots h\varpi)(1.2.3\ldots k\varpi)(1.2.3\ldots l\varpi) \\[4pt] \equiv (-1)^{(h+k)\varpi}(1.2.3\ldots h\varpi)(1.2.3\ldots k\varpi)[1.2.3\ldots(n-h-k)\varpi] \end{cases} \quad (\mathrm{mod}.\,p).$$

Il est facile de trouver des nombres équivalents, suivant le module p, aux valeurs de x, y qui vérifient la formule (41) ou (47). En effet, soit toujours p^λ la plus haute puissance de p qui divise simultanément X et Y: on aura

$$(58)\qquad r = \frac{X}{p^\lambda} \equiv \frac{\mathfrak{F}(\rho)}{p^\lambda} \ldots \frac{\mathfrak{F}(\rho^s)}{p^\lambda} \equiv \frac{\mathfrak{F}(r)}{p^\lambda} + \frac{\mathfrak{F}(r^s)}{p^\lambda} \qquad (\mathrm{mod}.\,p),$$

$$(59)\qquad \begin{cases} y = \frac{Y}{p^\lambda} \equiv (-1)^{\frac{n-1}{2}}\, n(\rho - \rho^2 + \ldots - \rho^{s-1})\left[\frac{\mathfrak{F}(\rho)}{p^\lambda} - \frac{\mathfrak{F}(\rho^s)}{p^\lambda}\right] \\[6pt] \equiv (-1)^{\frac{n-1}{2}}\, n(r - r^2 + \ldots - r_s^{s-1})\left[\frac{\mathfrak{F}(r)}{p^\lambda} - \frac{\mathfrak{F}(r^s)}{p^\lambda}\right] \end{cases} \quad (\mathrm{mod}.\,p),$$

D'ailleurs, on déduira sans peine des formules (32) et (33) les valeurs des rapports

$$\frac{\mathfrak{F}(r)}{p^\lambda}, \quad \frac{\mathfrak{F}(r^s)}{p^\lambda},$$

ou plutôt la valeur de celui qui n'est pas divisible par p. En effet, on y parviendra facilement en remplaçant chaque facteur de la forme

$$R_{h,k}$$

par $\dfrac{p}{R_{n-h,n-k}}$, toutes les fois que $h + k$ sera renfermé entre les limites 0, n, et remplaçant ensuite ρ par r.

§ II. — *Applications nouvelles des formules établies dans le premier paragraphe.*

Supposons maintenant que n soit un nombre composé et prenons

$$n = \nu\varpi,$$

ν désignant un facteur premier de n. Soit encore

$$\varpi m = \psi.$$

On aura

$$p - 1 = nm = \nu\psi.$$

De plus, si l'on désigne par ζ une racine primitive de

$$x^\nu = 1$$

et par α une racine primitive de

$$x^\varpi = 1,$$

on pourra prendre

$$\rho = \alpha\zeta.$$

Cela posé, soient s une racine primitive de l'équivalence

$$x^\nu \equiv 1 \qquad (\mathrm{mod.}\,p)$$

et u une racine primitive de l'équivalence

$$x^{\nu-1} \equiv 1 \qquad (\mathrm{mod.}\,\nu).$$

Les nombres entiers

$$1, \quad 2, \quad 3, \quad \ldots, \quad n-2, \quad n-1$$

seront équivalents, suivant le module n, aux divers termes de la suite

$$1, \quad a, \quad \ldots, \quad a^{\nu-1}, \quad \nu+1, \quad \nu+a, \quad \ldots, \quad \nu+a^{\nu-1}, \quad \ldots,$$
$$(\omega-1)\nu+1, \quad (\omega-1)\nu+a, \quad \ldots, \quad (\omega-1)\nu+a^{\nu-1};$$

et l'on aura

$$\Theta_h = \theta + \zeta^h \theta^{(1)} + \zeta^{2h} \theta^{(2)} + \ldots + \zeta^{(\nu-1)h} \theta^{\nu-1}$$

Supposons d'ailleurs les nombres ν, ω premiers entre eux, et faisons

$$\nu = \frac{1}{\nu} \quad (\mathrm{mod.}\ \omega);$$

on trouvera

et, si l'on pose

$$(1) \qquad \Theta_1\,\Theta_{\ldots}\cdots\Theta_{\ldots} = \vartheta(\alpha,\zeta)\,\Theta_{\ldots}$$

on aura encore

$$(2) \qquad \Theta_{\ldots} = \Theta_{\ldots} = \theta + \ldots$$
$$(3) \qquad \vartheta(\alpha,\zeta) = \vartheta(\alpha,\zeta^a) = \vartheta(\alpha,\zeta^{a^2}) = \ldots = \vartheta(\alpha,\zeta^{a^{\nu-1}}),$$

et, en supposant h impair,

$$(4) \qquad \Theta_{\ldots}\,\Theta_{\ldots}\cdots\Theta_{\ldots} = \vartheta(\alpha^h,\zeta)\,\Theta_{\ldots}$$
$$(5) \qquad \vartheta(\alpha^h,\zeta) = \vartheta(\alpha^h,\zeta^a) = \vartheta(\alpha^h,\zeta^{a^2}) = \ldots = \vartheta(\alpha^h,\zeta^{a^{\nu-1}}),$$
$$(6) \qquad \Theta_{\ldots}\,\Theta_{\ldots}\cdots\Theta_{\ldots} = \vartheta(\alpha^{-h},\zeta^{-1})\,\Theta_{\ldots}$$
$$(7) \qquad \left\{ \begin{aligned} &\vartheta(\alpha^{-h},\zeta^{-1}) = \vartheta(\alpha^{-h},\zeta^{-a}) \\ &\quad = \vartheta(\alpha^{-h},\zeta^{-a^2}) = \ldots = \vartheta(\alpha^{-h},\zeta^{-a^{\nu-1}}) = \vartheta(\alpha^{-h},\zeta^{\ldots}), \end{aligned} \right.$$
$$(8) \qquad \left\{ \begin{aligned} &\vartheta(\alpha^h,\zeta)\,\vartheta(\alpha^{-h},\zeta^{-1}) \\ &\quad = \frac{\Theta_{\ldots}\,\Theta_{\ldots}\cdots\Theta_{\ldots}\,\Theta_{\ldots}}{\Theta_{\ldots}\,\Theta_{\ldots}} \end{aligned} \right.$$

Le second membre de la formule (8) se réduit toujours, soit à

$$\pm p^{\frac{n-1}{2}},$$

soit à

$$\pm p^{\frac{n-2}{2}}.$$

Exemple. — Supposons, pour fixer les idées, $\omega = 4$. Si ν est impair et de la forme $4x+1$, on pourra prendre

$$\nu = 1.$$

Par suite, la formule (8) donnera

$$(9) \quad \mathfrak{F}(\alpha^h, \varsigma)\,\mathfrak{F}(\alpha^{-h}, \varsigma^{-1}) = \frac{\Theta_{1+\nu(h-1)}\,\Theta_{-1-\nu(h-1)} \cdots \Theta_{n^2+\nu(h-n^2)}\,\Theta_{-n^2-\nu(h-n^2)}}{\Theta_{\nu\frac{\nu-1}{2}h}\,\Theta_{-\nu\frac{\nu-1}{2}h}}.$$

D'ailleurs, si l'on suppose h impair, ainsi que $\frac{\nu-1}{4}$, on trouvera

$$(10) \quad \left\{ \begin{array}{l} \Theta_{1+\nu(h-1)}\,\Theta_{-1-\nu(h-1)} \quad = (-1)^{\varpi\nu h} p = (-1)^{\varpi} p, \\ \Theta_{n^2+\nu(h-n^2)}\,\Theta_{-n^2-\nu(h-n^2)} = (-1)^{\varpi\nu h} p = (-1)^{\varpi} p, \\ \dots\dots\dots\dots\dots\dots\dots\dots\dots\dots\dots\dots, \\ \Theta_{\nu\frac{\nu-1}{2}h}\,\Theta_{-\nu\frac{\nu-1}{2}h} = (-1)^{\varpi\frac{\nu-1}{2}} = 1. \end{array} \right.$$

Donc la formule (9) donnera, pour des valeurs impaires de h,

$$(11) \quad \mathfrak{F}(\alpha^h, \varsigma)\,\mathfrak{F}(\alpha^{-h}, \varsigma^{-1}) = p^{\frac{\nu-1}{2}}.$$

On trouvera, en particulier,

$$(12) \quad \mathfrak{F}(\alpha, \varsigma)\,\mathfrak{F}(\alpha^{-1}, \varsigma^{-1}) = p^{\frac{\nu-1}{2}}.$$

D'autre part, α devant être une racine primitive de

$$x^4 = 1,$$

on pourra prendre

$$\alpha = \sqrt{-1}.$$

Ajoutons que l'on tirera de l'équation (4)

$$(13) \qquad \mathfrak{F}(\alpha, \varsigma) = \frac{\Theta_1\, \Theta_{u'+v(1-u^2)}\, \Theta_{u^{v'+v(1-u^{2v'})}} \ldots \Theta_{u^{v-1}+v(1-u^{v-1})}}{\Theta_{\frac{v(n-1)}{2}}}.$$

Supposons maintenant

$$\nu = 5 \qquad \text{ou} \qquad n = 4.5 = 20.$$

Les formules (12) et (13) donneront

$$(14) \qquad\qquad \mathfrak{F}(\alpha, \varsigma)\, \mathfrak{F}(\alpha^{-1}, \varsigma^{-1}) = p,$$

$$(15) \qquad\qquad \mathfrak{F}(\alpha, \varsigma) = \frac{\Theta_1\, \Theta_{u'+3(1-u^2)}}{\Theta_{10}},$$

u étant une racine primitive de

$$u^4 \equiv 1 \qquad (\mathrm{mod.}\,5);$$

et, par conséquent [à cause de $u^2 \equiv 1\,(\mathrm{mod.}\,5)$],

$$(16) \qquad\qquad \mathfrak{F}(\alpha, \varsigma) = \frac{\Theta_1\, \Theta_{-1}}{\Theta_{10}} = \frac{\Theta_1\, \Theta_7}{\Theta_{10}} = \mathrm{R}_{1,24}$$

$$(17) \qquad\qquad \mathfrak{F}(\alpha^{-1}, \varsigma^{-1}) = \mathrm{R}_{-1,-3} = \mathrm{R}_{19,17}.$$

Donc

$$\mathrm{R}_{1,3}\,\mathrm{R}_{19,17} = p.$$

De plus, l'équation (4) donnera

$$(18) \qquad \mathfrak{F}(\alpha^3, \varsigma) = \mathfrak{F}(\alpha^{-1}, \varsigma) = \frac{\Theta_{13}\, \Theta_{13}}{\Theta_{30}} = \mathrm{R}_{13,13} = \mathfrak{F}(\alpha^{-1}, \varsigma^{-1}).$$

Donc la formule (14) pourra être réduite à

$$p = \mathfrak{F}(\alpha, \varsigma)\, \mathfrak{F}(\alpha^{-1}, \varsigma) = \mathfrak{F}(\sqrt{-1}, \varsigma)\, \mathfrak{F}(-\sqrt{-1}, \varsigma).$$

On trouvera de même, en remplaçant ς par ς^3 et α par $\alpha^3 = \alpha^{-1}$,

$$p = \mathfrak{F}(\alpha, \varsigma^3)\, \mathfrak{F}(\alpha^{-1}, \varsigma^3),$$

et l'on tirera des formules (16), (17), (18)

$$\mathfrak{F}(\alpha^4, \varsigma^3) = \mathfrak{F}(\alpha^{-1}, \varsigma^3) = \mathrm{R}_{3,7} = \mathrm{R}_{3,13},$$
$$\mathfrak{F}(\alpha^{-1}, \varsigma^3) = \mathfrak{F}(\alpha^{-3}, \varsigma^{-3}) = \mathrm{R}_{19,11} = \mathrm{R}_{11,13} = \mathfrak{F}(\alpha, \varsigma^3).$$

en sorte qu'on aura encore

$$\mathrm{R}_{5,5}\,\mathrm{R}_{17,13}=p.$$

On trouvera donc, en définitive,

$$p^{2}=\mathrm{R}_{1,5}\,\mathrm{R}_{13,13}\times\mathrm{R}_{14,14}\,\mathrm{R}_{9,9}=\vartheta(x,\varepsilon)\,\vartheta(x,\varepsilon^{3})\times\vartheta(x^{-1},\varepsilon)\,\vartheta(x^{-1},\varepsilon^{3});$$

et comme, en posant

$$2\vartheta(x,\varepsilon)=\lambda+\mu\sqrt{-1}+(\lambda'+\mu'\sqrt{-1})(\varepsilon-\varepsilon^{3}+\varepsilon^{5}-\varepsilon^{7}),$$

on en conclura

$$2\vartheta(x,\varepsilon^{3})\ =\lambda+\mu'\sqrt{-1}-(\lambda'+\mu'\sqrt{-1})(\varepsilon-\varepsilon^{3}-\varepsilon^{5}+\varepsilon^{7}),$$
$$2\vartheta(x^{-1},\varepsilon)=\lambda-\mu'\sqrt{-1}+(\lambda'-\mu'\sqrt{-1})(\varepsilon-\varepsilon^{3}-\varepsilon^{5}+\varepsilon^{7}),$$
$$2\vartheta(x^{-1},\varepsilon^{3})=\lambda'-\mu'\sqrt{-1}-(\lambda'-\mu'\sqrt{-1})(\varepsilon-\varepsilon^{3}-\varepsilon^{5}+\varepsilon^{7}),$$

on trouvera encore

$$4p=4\vartheta(x,\varepsilon)\,\vartheta(x^{-1},\varepsilon)=4\vartheta(x,\varepsilon^{3})\,\vartheta(x^{-1},\varepsilon^{3})$$
$$=[\lambda+\lambda'(\varepsilon-\varepsilon^{3}-\varepsilon^{5}+\varepsilon^{7})]^{2}+[\mu'+\mu'(\varepsilon-\varepsilon^{3}-\varepsilon^{5}+\varepsilon^{7})]^{2}$$
$$=[\lambda-\lambda'(\varepsilon-\varepsilon^{3}-\varepsilon^{5}+\varepsilon^{7})]^{2}+[\mu'-\mu'(\varepsilon-\varepsilon^{3}-\varepsilon^{5}+\varepsilon^{7})]^{2}$$

et, par conséquent,

$$(19)\qquad 4p=\lambda^{2}+\mu^{2}+5(\lambda'^{2}+\mu'^{2}),\qquad \lambda\lambda'=-\mu\mu'.$$

D'autre part, si l'on nomme s et a les racines primitives des équivalences

$$(20)\qquad x^{5}\equiv 1,\qquad x^{4}\equiv 1 \qquad (\mathrm{mod.}\,p),$$

on aura, pour déterminer λ, μ, λ', μ', les formules

$$\lambda+\mu'a+(\lambda'+\mu'a)(s-s^{2}-s^{3}+s^{4})\equiv 2\vartheta(a,s)\ ,\ \equiv-2\mathrm{H}_{19,11}\equiv 0$$
$$\lambda+\mu'a-(\lambda'+\mu'a)(s-s^{2}-s^{3}+s^{4})\equiv 2\vartheta(a,s^{3})\ \ \equiv-2\mathrm{H}_{8}$$
$$\lambda-\mu'a+(\lambda'+\mu'a)(s-s^{2}-s^{3}+s^{4})\equiv 2\vartheta(a^{-1},s)\ \ \equiv-2\mathrm{H}_{13}\qquad(\mathrm{mod.}\,p)$$
$$\lambda-\mu'a-(\lambda'+\mu'a)(s-s^{2}-s^{3}+s^{4})\equiv 2\vartheta(a^{-1},s^{3})\equiv-2\mathrm{H}_{5,11}\equiv 0$$

et, par suite,

$$(21) \quad \begin{cases} \lambda' + \mu'a \equiv -\Pi_{3,7}, & \lambda' + \mu'a \equiv \dfrac{\Pi_{3,7}}{s - s^3 - s^5 + s^7} \\[2mm] \lambda' - \mu'a \equiv -\Pi_{1,9}, & \lambda' - \mu'a \equiv \dfrac{\Pi_{1,9}}{s - s^3 - s^5 + s^7} \end{cases} \quad (\mathrm{mod}.\,p),$$

les valeurs de $\Pi_{3,7}$, $\Pi_{1,9}$ étant

$$(22) \quad \begin{cases} \Pi_{3,7} = \dfrac{10\varpi(10\varpi - 1)\dots(7\varpi + 1)}{1.2.3\dots 3\varpi}, \\[3mm] \Pi_{1,9} = \dfrac{10\varpi(10\varpi - 1)\dots(9\varpi + 1)}{1.2.3\dots\varpi}. \end{cases}$$

Appliquons maintenant à un cas particulier les formules que nous venons de trouver et supposons

$$p = 41, \quad n = \frac{p-1}{2} = 20, \quad \nu = 5, \quad \omega = 4, \quad \varpi = 2.$$

On vérifiera les formules (20) en prenant

$$s = -4, \quad a = 9,$$

et l'on trouvera

$$\Pi_{1,9} = \frac{20.19}{2} = 10.19 \equiv -3.3 \equiv -15,$$

$$\Pi_{3,7} = \frac{20.19.18.17.16.15}{1.2.3.4.5.6} \equiv 8.15.17.19 \equiv 15,$$

$$\lambda' + \mu'a \equiv -15, \quad \lambda' - \mu'a \equiv 15, \quad \lambda' \equiv 0, \quad \mu' \equiv -\frac{15}{9} \equiv 12,$$

$$\frac{1}{s - s^3 - s^5 + s^7} \equiv \frac{1}{28} \equiv -\frac{40}{28} \equiv -\frac{10}{7} \equiv 2\frac{77}{7} \equiv 22,$$

$$\lambda'' + \mu''a \equiv 22.15 \equiv 2, \quad \lambda'' - \mu''a \equiv 22.15 \equiv 2,$$

$$\lambda'' = 2, \quad \mu'' = 0.$$

Donc l'équation (19) donnera

$$4p = \mu''^2 + 5\lambda''^2$$

ou

$$p = \left(\frac{\mu''}{2}\right)^2 + 5\left(\frac{\lambda''}{2}\right)^2.$$

Effectivement

$$41 = 6^2 + 5.1^2 = 36 + 5.$$

Soit encore

$$p = 101.$$

On trouvera

$$\varpi = 5,$$

$$\text{H}_{1,2} = \frac{50.49.48.47.46}{1.2.3.4.5} = 10.49.2.47.46 \equiv -18,$$

$$\text{H}_{2,7} \equiv (-18)\frac{45.44.43.42.41.40.39.38.37.36}{6.7.8.9.10.11.12.13.14.15} \equiv (-18)\frac{3.37.38.41.43}{7} \equiv -18.$$

Par suite, on trouvera

$$\lambda' = 0, \qquad \mu' = 0,$$

$$4p = \lambda''^2 + 5\mu''^2, \qquad p = \left(\frac{\lambda''}{2}\right)^2 + 5\left(\frac{\mu''}{2}\right)^2.$$

On aura d'ailleurs

$$a = 10$$

et

$$\lambda'' \equiv \frac{\text{H}_{1,2} + \text{H}_{2,7}}{2} \equiv \text{H}_{1,2} \equiv -18, \qquad \frac{\lambda''}{2} = -9.$$

Effectivement

$$101 = 81 + 5.4 = 9^2 + 5.2^2.$$

En général, lorsque, ν étant impair et de la forme $4x+1$, on suppose

$$\omega = 4,$$

on peut prendre

$$c = 1, \qquad \alpha = \sqrt{-1},$$

et l'on tire de l'équation (4) : 1° en supposant $h = 1$,

$$(23) \qquad \Theta_1\Theta_{a+\nu(1-a)}\Theta_{a^2+\nu(1-a^2)}\cdots\Theta_{a^{\omega-1}+\nu(1-a^{\omega-1})} = \mathfrak{F}(\sqrt{-1}, \varsigma)\Theta_{\frac{\nu(\nu-1)}{2}};$$

2° en supposant $h = -1$,

$$(24) \qquad \Theta_{1-2\nu}\Theta_{a-\nu(1+a)}\Theta_{a^2-\nu(1+a^2)}\cdots\Theta_{a^{\omega-1}-\nu(1+a^{\omega-1})} = \mathfrak{F}(-\sqrt{-1}, \varsigma)\Theta_{-\frac{\nu(\nu-1)}{2}}.$$

On a d'ailleurs, dans cette hypothèse,

$$(25) \qquad \left\{\begin{aligned} \mathfrak{F}(\sqrt{-1}, \varsigma) &= \mathfrak{F}(\sqrt{-1}, \varsigma^{a^{\omega}}) \\ &= \mathfrak{F}(\sqrt{-1}, \varsigma^{a^{2\omega}}) = \ldots = \mathfrak{F}(\sqrt{-1}, \varsigma^{a^{n-\omega}}), \\ \mathfrak{F}(-\sqrt{-1}, \varsigma) &= \mathfrak{F}(-\sqrt{-1}, \varsigma^{a^{\omega}}) \\ &= \mathfrak{F}(-\sqrt{-1}, \varsigma^{a^{2\omega}}) = \ldots = \mathfrak{F}(-\sqrt{-1}, \varsigma^{a^{n-\omega}}). \end{aligned}\right.$$

On trouvera de même

$$(26)\quad\begin{cases}\Theta_{n+\nu(1-n)}\Theta_{n^2+\nu(n-n^2)}\cdots\Theta_{n^{m-1}+\nu(n^{m-2}-n^{m-1})}=\mathfrak{f}(\sqrt{-1},\varsigma^n)\Theta_{\frac{\nu(\nu-1)}{2}},\\ \Theta_{n-\nu(1+n)}\Theta_{n^2-\nu(n+n^2)}\cdots\Theta_{n^{m-1}-\nu(n^{m-2}+n^{m-1})}=\mathfrak{f}(-\sqrt{-1},\varsigma^n)\Theta_{-\frac{\nu(\nu-1)}{2}}\end{cases}$$

et

$$(27)\quad\begin{cases}\mathfrak{f}(\sqrt{-1},\varsigma^n)=\mathfrak{f}(\sqrt{-1},\varsigma^{n^2})\\ \qquad=\mathfrak{f}(\sqrt{-1},\varsigma^{n^3})=\ldots=\mathfrak{f}(\sqrt{-1},\varsigma^{n^{m-1}}),\\ \mathfrak{f}(-\sqrt{-1},\varsigma^n)=\mathfrak{f}(-\sqrt{-1},\varsigma^{n^2})\\ \qquad=\mathfrak{f}(-\sqrt{-1},\varsigma^{n^3})=\ldots=\mathfrak{f}(-\sqrt{-1},\varsigma^{n^{m-1}}).\end{cases}$$

Dans ces diverses équations, n désigne une racine primitive de l'équivalence

$$x^{\nu-1}\equiv 1 \quad (\text{mod.}\ \nu),$$

en sorte qu'on aura

$$n^{\frac{\nu-1}{2}}\equiv -1 \quad \text{ou} \quad 1+n^{\frac{\nu-1}{2}}\equiv 0 \quad (\text{mod.}\ \nu).$$

Cela posé, on trouvera

$$\Theta_{n^{m+\frac{\nu-1}{2}}-\nu\left(1+n^{m+\frac{\nu-1}{2}}\right)}=\Theta_{(1-\nu)n^m n^{\frac{\nu-1}{2}}-\nu}=\Theta_{-(1-\nu)n^m-\nu}=\Theta_{-n^m-\nu(1-n^m)},$$

$$\Theta_{n^m+\nu(1-n^m)}\Theta_{n^{m+\frac{\nu-1}{2}}-\nu\left(1+n^{m+\frac{\nu-1}{2}}\right)}=\Theta_{n^m+\nu(1-n^m)}\Theta_{-n^m-\nu(1-n^m)}$$
$$=(-1)^{\varpi n^m+\varpi\nu(1-n^m)}p=(-1)^{\varpi}p,$$

et l'on tirera : 1° des équations (23), (24),

$$(28)\quad \mathfrak{f}(\sqrt{-1},\varsigma)\,\mathfrak{f}(-\sqrt{-1},\varsigma)=\frac{(-1)^{\frac{\varpi(\nu-1)}{2}}p^{\frac{\nu-1}{2}}}{\Theta_{\frac{\nu(\nu-1)}{2}}\Theta_{-\frac{\nu(\nu-1)}{2}}}=\frac{p^{\frac{\nu-1}{2}}}{\Theta_{\frac{\nu(\nu-1)}{2}}\Theta_{-\frac{\nu(\nu-1)}{2}}};$$

2° des équations (26) et (27),

$$(29)\quad \mathfrak{f}(\sqrt{-1},\varsigma^n)\,\mathfrak{f}(-\sqrt{-1},\varsigma^n)=\frac{p^{\frac{\nu-1}{2}}}{\Theta_{\frac{\nu(\nu-1)}{2}}\Theta_{-\frac{\nu(\nu-1)}{2}}}.$$

On aura donc, par suite : 1° en supposant ν de la forme $8x+5$,

$$(30)\quad\begin{cases}\mathfrak{f}(\sqrt{-1},\varsigma)\,\mathfrak{f}(-\sqrt{-1},\varsigma)=\dfrac{p^{\frac{\nu-1}{2}}}{p}=p^{\frac{\nu-3}{2}},\\ \mathfrak{f}(\sqrt{-1},\varsigma^n)\,\mathfrak{f}(-\sqrt{-1},\varsigma^n)=p^{\frac{\nu-3}{2}};\end{cases}$$

2° en supposant p de la forme $8x+1$ et, par conséquent,

$$\Theta_{2\frac{\nu-1}{4}} = \Theta_b = -1,$$

$$(31)\quad\begin{cases} \mathfrak{f}(\sqrt{-1},\zeta)\,\mathfrak{f}(-\sqrt{-1},\zeta) = p^{\frac{n+3}{4}}, \\[4pt] \mathfrak{f}(\sqrt{-1},\zeta^a)\,\mathfrak{f}(-\sqrt{-1},\zeta^a) = p^{\frac{n-1}{4}}. \end{cases}$$

D'autre part, en posant $h=2$, $\omega=4$, $k=-1$ dans la formule (2), on trouvera

$$(32)\quad\begin{cases} \Theta_{1-\nu}\,\Theta_{u^2+\nu(3-u^2)}\,\Theta_{u^4+\nu(3-u^4)}\cdots\Theta_{u^{\nu-2}+\nu(3-u^{\nu-2})} = \Theta_b\,\Phi(\zeta) \\[4pt] = \Theta_{1-2\nu}\,\Theta_{u^2+\nu(2-u^2)}\,\Theta_{u^4+\nu(2-u^4)}\cdots\Theta_{u^{\nu-2}+\nu(2-u^{\nu-2})}, \end{cases}$$

$\Phi(\zeta)$ désignant une fonction de ζ et de $\sqrt{-1}$ à coefficients entiers; et, comme on aura

$$\Theta_{u^m+\frac{\nu-1}{4}-\nu\left(2+u^m-\frac{\nu-1}{4}\right)} = \Theta_{-u^m+\nu(2+u^m)},$$

on tirera de la formule (32)

$$p^{\frac{\nu-1}{4}} = \Theta_b\,\Phi(\zeta)$$

ou

$$\Phi(\zeta) = -p^{\frac{\nu-1}{4}}.$$

On trouvera de la même manière

$$\Phi(\zeta^a) = -p^{\frac{\nu-1}{4}}.$$

On aura donc

$$(33)\quad\begin{cases} \Theta_{1-\nu}\,\Theta_{u^2+\nu(3-u^2)}\,\Theta_{u^4+\nu(3-u^4)}\cdots\Theta_{u^{\nu-2}+\nu(3-u^{\nu-2})} = p^{\frac{\nu-1}{4}} \\[4pt] = \Theta_{u+\nu(2-u)}\,\Theta_{u^3+\nu(2-u^3)}\,\Theta_{u^5+\nu(2-u^5)}\cdots\Theta_{u^{\nu-2}+\nu(2-u^{\nu-2})}; \end{cases}$$

et, comme 2 sera nécessairement de l'une des formes

$$u^{4m},\quad u^{4m+1},$$

on aura encore

$$(34)\quad\begin{cases} \Theta_2\,\Theta_{2u^2+2\nu(1-u^2)}\,\Theta_{2u^4+2\nu(1-u^4)}\cdots\Theta_{2u^{\nu-2}+2\nu(1-u^{\nu-2})} = p^{\frac{\nu-1}{4}}, \\[4pt] \Theta_{2u+2\nu(1-u)}\,\Theta_{2u^3+2\nu(1-u^3)}\,\Theta_{2u^5+2\nu(1-u^5)}\cdots\Theta_{2u^{\nu-2}+2\nu(1-u^{\nu-2})} = p^{\frac{\nu-1}{4}}. \end{cases}$$

Si maintenant on combine l'équation (23) avec la première des formules (34), puis la première des équations (26) avec la seconde des formules (34), on trouvera

$$(35) \quad [\mathcal{F}(\sqrt{-1},\varsigma)]^p = \mathrm{R}_{1,1}\mathrm{R}_{\cdots} \cdots \mathrm{R}_{\cdots} \; \dfrac{p^{\frac{\nu-1}{4}}}{\Theta_{\frac{\nu-1}{2}}}$$

et

$$(36) \quad [\mathcal{F}(\sqrt{-1},\varsigma^a)]^p = \mathrm{R}_{\cdots} \cdots \mathrm{R}_{\cdots} \; \dfrac{p^{\frac{\nu-1}{4}}}{\Theta_{\frac{\nu-1}{2}}}.$$

On aura, au contraire,

$$(37) \quad [\mathcal{F}(-\sqrt{-1},\varsigma)]^p = \mathrm{R}_{\cdots}\mathrm{R}_{\cdots} \cdots \mathrm{R}_{\cdots} \; \dfrac{p^{\frac{\nu-1}{4}}}{\Theta^{\nu}_{\frac{\nu-1}{2}}}$$

et

$$(38) \quad [\mathcal{F}(-\sqrt{-1},\varsigma^a)]^p = \mathrm{R}_{\cdots} \cdots \mathrm{R}_{\cdots} \; \dfrac{p^{\frac{\nu-1}{4}}}{\Theta^{\nu}_{\frac{\nu-1}{2}}}.$$

D'autre part, on aura : 1° en supposant ν de la forme $8x+1$,

$$\Theta_{\frac{\nu(\nu-1)}{2}} = \Theta_{\frac{\nu-1}{2}} = \Theta_2 = -1$$

et, en supposant ν de la forme $8x+5$,

$$\Theta^2_{\frac{\nu(\nu-1)}{2}} = \Theta^2_{\frac{\nu-1}{2}} = (-1)^{\frac{m(\nu+1)}{4}} p = \rho.$$

Donc les formules (35), (36), (37), (38) donneront, si ν est de la forme $8x+1$,

$$(39) \quad \begin{cases} [\mathcal{F}(\sqrt{-1},\varsigma)]^p = p^{\frac{\nu-1}{4}}\,\mathrm{R}_{1,1}\mathrm{R}_{\cdots} \cdots \mathrm{R}_{\cdots} \\[4pt] [\mathcal{F}(\sqrt{-1},\varsigma^a)]^p = p^{\frac{\nu-1}{4}}\,\mathrm{R}_{\cdots} \cdots \mathrm{R}_{\cdots} \\[4pt] [\mathcal{F}(-\sqrt{-1},\varsigma)]^p = p^{\frac{\nu-1}{4}}\,\mathrm{R}_{\cdots}\mathrm{R}_{\cdots} \cdots \mathrm{R}_{\cdots} \\[4pt] [\mathcal{F}(-\sqrt{-1},\varsigma^a)]^p = p^{\frac{\nu-1}{4}}\,\mathrm{R}_{\cdots} \cdots \mathrm{R}_{\cdots} \end{cases}$$

et, si ν est de la forme $8x+5$,

$$(40)\quad\begin{cases}\left[\mathcal{F}(\sqrt{-1},\varsigma)\right]^2 = p^{\frac{\nu-3}{4}}\,\mathrm{R}_{1,1}\mathrm{R}_{\ldots}\cdots\mathrm{R}_{\ldots}\\[4pt]\left[\mathcal{F}(\sqrt{-1},\varsigma^n)\right]^2 = p^{\frac{\nu-3}{4}}\,\mathrm{R}_{\ldots}\cdots\mathrm{R}_{\ldots}\\[4pt]\left[\mathcal{F}(-\sqrt{-1},\varsigma)\right]^2 = p^{\frac{\nu-3}{4}}\,\mathrm{R}_{1-\nu,1-\nu}\mathrm{R}_{\ldots}\cdots\mathrm{R}_{\ldots}\\[4pt]\left[\mathcal{F}(-\sqrt{-1},\varsigma^n)\right]^2 = p^{\frac{\nu-3}{4}}\,\mathrm{R}_{\ldots}\cdots\mathrm{R}_{\ldots}\end{cases}$$

Observons encore qu'en vertu des formules (25) on aura

$$(41)\quad\begin{aligned}\mathcal{F}(\sqrt{-1},\varsigma) &= b_0 + c_0\sqrt{-1} + (b_1+c_1\sqrt{-1})(\varsigma+\varsigma^{n}+\ldots+\varsigma^{n^{\ldots}}) + (b_2+c_2\sqrt{-1})(\varsigma^{n}+\ldots+\varsigma^{n^{\ldots}})\\&= \frac{2b_0-b_1-b_2+(2c_0-c_1-c_2)\sqrt{-1}}{2} + \frac{b_1-b_2+(c_1-c_2)\sqrt{-1}}{2}(\varsigma-\varsigma^{n}+\varsigma^{n^2}-\ldots-\varsigma^{n^{\ldots}})\end{aligned}$$

et, par conséquent,

$$(42)\quad\begin{cases}2\mathcal{F}(\sqrt{-1},\varsigma) = f_0+g_0\sqrt{-1}+(f_1+g_1\sqrt{-1})(\varsigma-\varsigma^{n}+\varsigma^{n^2}-\ldots+\varsigma^{n^{\ldots}}-\varsigma^{n^{\ldots}}),\\[3pt]2\mathcal{F}(\sqrt{-1},\varsigma^n) = f_0+g_0\sqrt{-1}-(f_1+g_1\sqrt{-1})(\varsigma-\varsigma^{n}+\varsigma^{n^2}-\ldots+\varsigma^{n^{\ldots}}-\varsigma^{n^{\ldots}}),\\[3pt]2\mathcal{F}(-\sqrt{-1},\varsigma) = f_0-g_0\sqrt{-1}+(f_1-g_1\sqrt{-1})(\varsigma-\varsigma^{n}+\varsigma^{n^2}-\ldots+\varsigma^{n^{\ldots}}-\varsigma^{n^{\ldots}}),\\[3pt]2\mathcal{F}(-\sqrt{-1},\varsigma^n) = f_0-g_0\sqrt{-1}-(f_1-g_1\sqrt{-1})(\varsigma-\varsigma^{n}+\varsigma^{n^2}-\ldots+\varsigma^{n^{\ldots}}-\varsigma^{n^{\ldots}}),\end{cases}$$

f_0, g_0, f_1, g_1 désignant des nombres entiers. De plus, on aura

$$(43)\quad\begin{cases}\varsigma+\varsigma^{n}+\varsigma^{n^2}+\ldots+\varsigma^{n^{\ldots}}+\varsigma^{n^{\ldots}} = -1,\\[3pt](\varsigma-\varsigma^{n}+\varsigma^{n^2}-\ldots+\varsigma^{n^{\ldots}}-\varsigma^{n^{\ldots}})^2 = (-1)^{\frac{\nu-1}{2}}\nu = \nu.\end{cases}$$

En combinant les formules (42) avec les équations (30) ou (31), on trouvera : 1° en supposant ν de la forme $8x+1$,

$$(44)\quad 4p^{\frac{\nu-1}{4}} = f_0^2+\nu f_1^2+g_0^2+\nu g_1^2,\qquad f_0f_1+g_0g_1 = 0;$$

2° en supposant ν de la forme $8x+5$,

$$(45)\quad 4p^{\frac{\nu-1}{4}} = f_0^2+\nu f_1^2+g_0^2+\nu g_1^2,\qquad f_0f_1+g_0g_1 = 0.$$

D'ailleurs on vérifie la seconde des formules (44) ou (45) en supposant

$$(46)\quad f_0 = \beta\delta_1,\qquad g_0 = \beta_1,\qquad f_1 = -\gamma_1,\qquad g_1 = \gamma\delta_1.$$

On aura donc, si ν est de la forme $8x+1$,

$$(47)\qquad 4p^{\frac{\nu-1}{4}} = (6^2+\nu\gamma^2)(\delta^2+\varepsilon^2)$$

et, si ν est de la forme $8x+5$,

$$(48)\qquad 4p^{\frac{\nu-5}{4}} = (6^2+\nu\gamma^2)(\delta^2+\varepsilon^2).$$

Enfin les formules (42) donneront

$$(49)\qquad \begin{cases} 2\mathfrak{F}(\sqrt{-1},\zeta) = (\delta+\varepsilon\sqrt{-1})[6+\gamma(\zeta-\zeta^n+\ldots-\zeta^{n^{\nu-2}})\sqrt{-1}],\\ 2\mathfrak{F}(\sqrt{-1},\zeta^n) = (\delta+\varepsilon\sqrt{-1})[6-\gamma(\zeta-\zeta^n+\ldots-\zeta^{n^{\nu-2}})\sqrt{-1}],\\ 2\mathfrak{F}(-\sqrt{-1},\zeta) = (\delta-\varepsilon\sqrt{-1})[6-\gamma(\zeta-\zeta^n+\ldots-\zeta^{n^{\nu-2}})\sqrt{-1}],\\ 2\mathfrak{F}(-\sqrt{-1},\zeta^n) = (\delta-\varepsilon\sqrt{-1})[6+\gamma(\zeta-\zeta^n+\ldots-\zeta^{n^{\nu-2}})\sqrt{-1}].\end{cases}$$

Il est bon de remarquer encore que, les valeurs de f_0, g_0, f_1, g_1 étant

$$f_0 = 2b_0 - b_1 - b_2,\qquad f_1 = b_1 - b_2,$$
$$g_0 = 2c_0 - c_1 - c_2,\qquad g_1 = c_1 - c_2,$$

f_1 sera toujours pair ou impair, en même temps que f_0, et g_1 pair ou impair en même temps que g_0. Cela posé, si des deux nombres 6, γ l'un était pair, l'autre impair, il faudrait, en vertu des formules (46), que δ, ε fussent tous deux pairs. On aurait donc alors, en supposant ν de la forme $8x+1$,

$$(50)\qquad p^{\frac{\nu-1}{4}} = (6^2+\nu\gamma^2)\left[\left(\frac{\delta}{2}\right)^2+\left(\frac{\varepsilon}{2}\right)^2\right]$$

et, en supposant ν de la forme $8x+5$,

$$(51)\qquad p^{\frac{\nu-5}{4}} = (6^2+\nu\gamma^2)\left[\left(\frac{\delta}{2}\right)^2+\left(\frac{\varepsilon}{2}\right)^2\right],$$

$\frac{\delta}{2}$, $\frac{\varepsilon}{2}$ étant deux nombres entiers, l'un pair, l'autre impair. De même, si des deux nombres δ, ε l'un était pair, l'autre impair, 6 et γ seraient nécessairement pairs, et l'on trouverait : 1° en supposant ν de la forme

$8x + 1$,

$$(52) \qquad p^{\frac{\nu-1}{2}} = \left[\left(\frac{\delta}{2}\right)^2 + \nu\left(\frac{\gamma}{2}\right)^2\right](\delta^2 + \varepsilon^2);$$

2° en supposant ν de la forme $8x + 5$,

$$(53) \qquad p^{\frac{\nu-3}{2}} = \left[\left(\frac{\delta}{2}\right)^2 + \nu\left(\frac{\gamma}{2}\right)^2\right](\delta^2 + \varepsilon^2),$$

$\frac{\delta}{2}, \frac{\gamma}{2}$ étant deux nombres entiers, l'un pair, l'autre impair. D'ailleurs on ne peut supposer les nombres δ, γ, δ, ε pairs tous les quatre, puisque le second membre de la formule (47) serait alors divisible par 16, tandis que le premier est seulement divisible par 4.

Si δ, γ, δ, ε étaient supposés impairs, l'équation (47) se décomposerait en deux autres de la forme

$$(54) \qquad 2p^x = \delta^2 + \nu\gamma^2, \qquad 2p^{x'} = \delta^2 + \varepsilon^2.$$

Or, p étant de la forme $4x + 1$ et δ^2, γ^2 de la forme $8x + 1$, la première des équations (54) aurait un premier membre de la forme $8x + 2$ et un second membre de la forme $8x + 6$, si ν était de la forme $8x + 5$, ce qui serait absurde.

Donc, lorsque ν est de la forme $8x + 5$, les deux nombres δ et γ, ou les deux nombres δ, ε, sont pairs et l'équation (47) se réduit à l'une des équations (51), (53).

Au reste, lorsque ν est de la forme $8x + 5$, alors, en écrivant 2δ et 2γ au lieu de δ et γ, ou 2δ et 2ε au lieu de δ et de ε, on réduit la formule (51) ou (53) à

$$(55) \qquad p^{\frac{\nu-3}{2}} = (\delta^2 + \nu\gamma^2)(\delta^2 + \varepsilon^2),$$

tandis que les formules (49) deviennent

$$(56) \quad \begin{cases} \vartheta(\sqrt{-1}, \zeta) \;\;\;= (\delta + \varepsilon\sqrt{-1})[\delta + \gamma(\zeta - \zeta^3 + \ldots - \zeta^{n-2})\sqrt{-1}], \\ \vartheta(\sqrt{-1}, \zeta^n) \;= (\delta + \varepsilon\sqrt{-1})[\delta - \gamma(\zeta - \zeta^3 + \ldots - \zeta^{n-2})\sqrt{-1}], \\ \vartheta(-\sqrt{-1}, \zeta) = (\delta - \varepsilon\sqrt{-1})[\delta - \gamma(\zeta - \zeta^3 + \ldots - \zeta^{n-2})\sqrt{-1}], \\ \vartheta(-\sqrt{-1}, \zeta^n) = (\delta - \varepsilon\sqrt{-1})[\delta + \gamma(\zeta - \zeta^3 + \ldots - \zeta^{n-2})\sqrt{-1}]. \end{cases}$$

Ajoutons que, dans ces dernières formules, on peut toujours supposer δ, ε premiers entre eux, attendu que, si δ, ε avaient pour facteur commun une certaine puissance de p, on pourrait évidemment faire passer ce facteur dans les quantités δ, γ. Cela posé, si l'on nomme a et s les racines primitives des deux équivalences

$$(57) \qquad x^2 \equiv 1 \qquad (\mathrm{mod}.\,p),$$
$$(58) \qquad x^\nu \equiv 1 \qquad (\mathrm{mod}.\,p)$$

et p^i la plus haute puissance de p, qui divise à la fois δ et γ, λ devra être tel que des quatre rapports

$$(59) \qquad \frac{\mathfrak{F}(a,s)}{p^\lambda}, \quad \frac{\mathfrak{F}(a,s^\mu)}{p^\lambda}, \quad \frac{\mathfrak{F}(-a,s)}{p^\lambda}, \quad \frac{\mathfrak{F}(-a,s^\mu)}{p^\lambda}$$

l'un au moins soit équivalent, suivant le module p, à un nombre fini différent de zéro, aucun d'eux n'étant équivalent à $\frac{1}{0}$. De plus, en posant

$$(60) \qquad \mu = \frac{\nu-3}{2} - 2\lambda, \qquad \delta = p^\lambda x, \qquad \gamma = p^\lambda y,$$

on tirera de l'équation (55)

$$(61) \qquad p^\mu = (\delta^2 + \varepsilon^2)(x^2 + \varkappa y^2).$$

Si μ se réduit à l'unité, alors $x^2 + \varkappa y^2$ étant > 1 (¹), il faudra que l'on ait

$$(62) \qquad \delta^2 + \varepsilon^2 = 1, \qquad x^2 + \varkappa y^2 = p^\mu$$

et, par suite,

$$\delta = 0, \quad \varepsilon = \pm 1 \qquad \text{ou} \qquad \delta = \pm 1, \quad \varepsilon = 0.$$

Quant à la valeur de λ, on la déduira sans peine des formules (40). Soit, en effet, ν le nombre de ceux des indices

$$(63) \qquad 1, \quad u^2 + \varkappa(1-u^2), \quad u^3 + \varkappa(1-u^3), \quad \ldots, \quad u^{\nu-1} + \varkappa(1-u^{\nu-1})$$

(¹) *Voir* la Note II à la fin du Mémoire.

qui sont équivalents, suivant le module n, à l'un des suivants :

$$1, \quad 2, \quad 3, \quad \ldots, \quad \frac{n-1}{2},$$

et ν'' le nombre de ceux des indices

$$(64) \qquad u + \nu(1-u), \quad u^2 + \nu(1-u^2), \quad \ldots, \quad u^{\nu-3} + \nu(1-u^{\nu-3})$$

qui remplissent la même condition,

$$\lambda - \frac{1}{2} \frac{\nu-3}{4}$$

sera évidemment le plus petit des quatre nombres

$$(65) \qquad \frac{1}{2}\nu', \quad \frac{1}{2}\left(\frac{\nu-1}{2}-\nu'\right), \quad \frac{1}{2}\nu'', \quad \frac{1}{2}\left(\frac{\nu-1}{2}-\nu''\right)$$

Application. — Soit
$$\nu = 5.$$
On pourra prendre
$$u = 2, \qquad u^2 = 4, \qquad u^3 = 3$$

et les formules (23), (24), (26) donneront

$$(66) \quad \begin{cases} \mathfrak{z}(\sqrt{-1},\varsigma) \;=\; \dfrac{\Theta_1\,\Theta_2}{\Theta_{12}} = \mathrm{R}_{1,2}, & \mathfrak{z}(\sqrt{-1},\varsigma^2) \;=\; \dfrac{\Theta_{17}\,\Theta_{13}}{\Theta_{20}} = \mathrm{R}_{13,17}, \\[2mm] \mathfrak{z}(-\sqrt{-1},\varsigma) = \dfrac{\Theta_{11}\,\Theta_{13}}{\Theta_{39}} = \mathrm{R}_{11,13}, & \mathfrak{z}(-\sqrt{-1},\varsigma^2) = \dfrac{\Theta_7\,\Theta_2}{\Theta_{16}} = \mathrm{R}_{7,2}. \end{cases}$$

De plus, si l'on pose

$$\mathrm{R}_{1,2} = a_0 + a_1\rho + a_2\rho^2 + \ldots + a_{19}\rho^{19} = a_0 + a_1\varsigma\sqrt{-1} - a_2\varsigma^2 - a_3\varsigma^3\sqrt{-1} + \ldots,$$

alors, en ayant égard aux formules

$$\mathfrak{z}(\sqrt{-1},\varsigma) \;=\; \mathfrak{z}(\sqrt{-1},\varsigma^4), \qquad \mathfrak{z}(\sqrt{-1},\varsigma^2) \;=\; \mathfrak{z}(\sqrt{-1},\varsigma^3),$$
$$\mathfrak{z}(-\sqrt{-1},\varsigma) = \mathfrak{z}(-\sqrt{-1},\varsigma^4), \qquad \mathfrak{z}(-\sqrt{-1},\varsigma^2) = \mathfrak{z}(-\sqrt{-1},\varsigma^3),$$

on trouvera

$$a_2 - a_{14} = -(a_8 - a_{16}), \qquad a_4 - a_{14} = -(a_6 - a_{16}),$$
$$a_3 - a_{11} = a_5 - a_{19}, \qquad a_3 - a_{13} = a_7 - a_{17}.$$

et, par suite,

$$R_{1,3} = a_9 - a_{10} - (a_2 - a_{14})(\zeta^2 - \zeta^3) + (a_4 - a_{11})(\zeta + \zeta^4)$$
$$+ [a_5 - a_{15} - (a_3 - a_{13})(\zeta^2 + \zeta^3) + (a_1 - a_{11})(\zeta + \zeta^4)]\sqrt{-1}.$$

On tirera d'ailleurs, de la formule (19) du paragraphe I,

$$\Im(-1, 4) = -1, \qquad \Im(1, 5) = -1,$$

et, par suite,

$$a_2 - a_3 + a_{10} - a_{13} = -1, \qquad a_3 + a_4 + a_{10} + a_{12} = -1,$$
$$a_1 - a_3 + a_{11} - a_{16} = 0, \qquad a_1 + a_4 + a_{11} + a_{16} = 0,$$
$$a_2 - a_7 + a_{15} - a_{17} = 0, \qquad a_5 + a_7 + a_{12} + a_{17} = 0,$$
$$a_3 - a_8 + a_{15} - a_{18} = 0, \qquad a_3 + a_8 + a_{14} + a_{18} = 0,$$
$$a_1 - a_9 + a_{15} - a_{19} = 0, \qquad a_1 + a_9 + a_{15} + a_{19} = 0;$$

puis on en conclura

$$a_{10} = -1 - a_0, \quad a_{11} = -a_{17}, \quad a_{12} = -a_{91}, \quad a_{13} = -a_2, \quad a_{14} = -a_{15}$$
$$a_{15} = -a_5, \quad a_{16} = -a_0, \quad a_{17} = -a_7, \quad a_{18} = -a_6, \quad a_{19} = -a_9;$$
$$R_{1,3} = 1 + 3a_0 + a_2 - a_3 - (a_2 + a_3)(\zeta - \zeta^2 - \zeta^3 + \zeta^4)$$
$$+ [3a_3 - a_3 - a_1 + (a_1 - a_3)(\zeta - \zeta^2 - \zeta^3 + \zeta^5)]\sqrt{-1}.$$

Enfin la formule (55) donnera

$$(67) \qquad\qquad p = (\delta^2 + 5\gamma^2)(\delta'^2 + \varepsilon^2)$$

et, comme $\delta^2 + 5\gamma^2$ surpassera l'unité (*), on en tirera nécessairement

$$\delta'^2 + \varepsilon^2 = 1, \qquad p = \delta^2 + 5\gamma^2.$$

(*) $\delta^2 + 5\gamma^2$ pourrait se réduire à l'unité si l'on supposait

$$\delta^2 = 1, \qquad \gamma^2 = 0.$$

Mais alors la formule (67) deviendrait

$$\delta'^2 + \varepsilon^2 = p$$

et l'on tirerait des équations (69)

$$4p = 4(\delta'^2 + \varepsilon^2) = H_{1,3} H_{3,1}.$$

ce qui est absurde, puisque ni $H_{1,3}$ ni $H_{3,1}$ ne sont divisibles par p. Donc la supposition que $\delta^2 + 5\gamma^2$ se réduit à l'unité doit être rejetée.

Donc, tout nombre premier de la forme $20x + 1$ est en même temps de la forme $\xi^2 + 5\gamma^2$, en sorte qu'on peut satisfaire, par des valeurs entières de x, y, à l'équation

$$(68) \qquad p = x^2 + 5y^2.$$

Quant aux valeurs de $x = \xi$, $y = \gamma$, elles pourront être déterminées à l'aide des formules

$$R_{11,13} = \vartheta(-\sqrt{-1}, \varsigma) = (\delta - \varepsilon\sqrt{-1})\left[\delta - \gamma(\varsigma - \varsigma^2 - \varsigma^3 + \varsigma^4)\sqrt{-1}\right],$$
$$R_{13,17} = \vartheta(\sqrt{-1}, \varsigma^3) = (\delta + \varepsilon\sqrt{-1})\left[\delta - \gamma(\varsigma - \varsigma^2 - \varsigma^3 + \varsigma^4)\sqrt{-1}\right],$$
$$R_{1,3} = \vartheta(\sqrt{-1}, \varsigma) = (\delta + \varepsilon\sqrt{-1})\left[\delta + \gamma(\varsigma - \varsigma^2 - \varsigma^3 + \varsigma^4)\sqrt{-1}\right],$$
$$R_{3,7} = \vartheta(-\sqrt{-1}, \varsigma^3) = (\delta - \varepsilon\sqrt{-1})\left[\delta + \gamma(\varsigma - \varsigma^2 - \varsigma^3 + \varsigma^4)\sqrt{-1}\right].$$

desquelles on tire

$$(69) \qquad \begin{cases} R_{1,3} + R_{13,17} = 2(\delta + \varepsilon\sqrt{-1})\delta, \\ R_{3,7} + R_{11,13} = 2(\delta - \varepsilon\sqrt{-1})\delta \end{cases}$$

et, par suite,

$$(R_{1,3} + R_{13,17})(R_{3,7} + R_{11,13}) = 4(\delta^2 + \varepsilon^2)\delta^2 = 4\delta^2,$$

puis, en remplaçant p par r,

$$4\delta^2 = \Pi_{1,3}\,\Pi_{3,7} = 4x^2,$$
$$(70) \qquad x^2 = \frac{1}{4}\,\Pi_{1,3}\,\Pi_{3,7}.$$

Comme on aura d'ailleurs

$$\delta = 0, \quad \varepsilon = \pm 1 \qquad \text{ou} \qquad \delta = \pm 1, \quad \varepsilon = 0,$$

on tirera des formules (69), en y remplaçant p par r,

$$(71) \qquad \pm \Pi_{1,3} = \Pi_{3,7}.$$

Exemples. — Si l'on prend $p = 41$, on trouvera

$$\Pi_{3,7} = -\Pi_{1,3} = 15 \qquad (\text{mod. } 41),$$
$$x^2 = -\frac{225}{4} = -\frac{30}{4} = -5 = 36.$$

Effectivement
$$41 = 36 + 5 = 6^2 + 5.1^2.$$

Si l'on prend $p = 101$, on aura
$$H_{1,4} = H_{3,4} = -18,$$
$$x^2 = \left(\frac{18}{2}\right)^2 = 9^2 = 81.$$

Effectivement
$$101 = 81 + 20 = 9^2 + 5.2^2.$$

Si l'on prend $p = 61$, on aura
$$\varpi = 3,$$
$$H_{1,3} = \frac{30.29.28}{1.2.3} = -27 = 34,$$
$$H_{4,3} = (-27)\,\frac{27.26.25.24.23.22}{4.5.6.7.8.9} = -34,$$
$$x^2 = -17^2 = -289 = 16 = -45.$$

Effectivement
$$61 = 16 + 45 = 4^2 + 5.3^2.$$

Soit encore $p = 181$. On trouvera
$$\varpi = 9,$$
$$H_{1,9} = \frac{90.89.88.87.86.85.84.83.82}{1.2.3.4.5.6.7.8.9} = -\frac{1}{2}\,\frac{1.3.5.7.9.11.13.15.17}{1.2.3.4.5.6.7.8.9} = -2,$$
$$x^2 = -5y^2 = \pm\left(\frac{2}{2}\right)^2 = \pm 1 = \mp 180.$$

Effectivement
$$181 = 1 + 180 = 1^2 + 5.6^2.$$

Seconde application. — Supposons
$$p = 13.$$
u sera racine de
$$u^{12} = 1 \pmod{13},$$
et l'on pourra prendre
$$u = 2,$$
$$u^0 = 1, \qquad u = 2, \qquad u^2 = 4, \qquad u^3 = -5, \qquad u^4 = 3, \qquad u^5 = 6.$$
$$u^6 = -1, \qquad u^7 = -2, \qquad u^8 = -4, \qquad u^9 = 5, \qquad u^{10} = -3, \qquad u^{11} = -6.$$

Cela posé, les termes de la série (63) seront équivalents, suivant le module $4.13 = 52$, aux quantités

$$1, \qquad 4 - 39 \equiv 17, \qquad 3 - 26 \equiv 29, \qquad -1 + 26 \equiv 25,$$
$$-4 + 65 \equiv 9, \qquad -3 + 52 \equiv 49,$$

dont quatre sont renfermées entre les limites o et 26. tandis que les termes de la série (64) seront équivalents, suivant le même module, aux quantités

$$2 - 13 \equiv 41, \qquad -5 + 78 \equiv 21, \qquad 6 - 65 \equiv 45, \qquad -2 + 39 \equiv 37,$$
$$5 - 52 \equiv 5, \qquad -6 + 39 \equiv 33,$$

dont deux sont renfermées entre les limites o et 26. On aura donc

$$\nu' = 4, \qquad \nu'' = 2,$$
$$\tfrac{1}{2}\nu' = 2, \qquad \tfrac{1}{2}\left(\frac{2-1}{2} - \nu'\right) = 1, \qquad \tfrac{1}{2}\nu'' = 1, \qquad \tfrac{1}{2}\left(\frac{\nu-1}{2} - \nu''\right) = 2$$

et, par suite,

$$\lambda - \frac{1}{2}\frac{\nu - 5}{4} = 1,$$

$$\lambda = 1 + \frac{1}{2}\frac{\nu - 5}{4} = 1 + 1 = 2, \qquad \mu = \frac{\nu - 3}{2} - 2\lambda = 5 - 4 = 1.$$

Donc on pourra résoudre en nombres entiers l'équation

$$(72) \qquad\qquad p = (\delta^2 + \varepsilon^2)(x^2 + 13 y^2),$$

et comme $x^2 + 13 y^2$ surpassera l'unité ([1]), attendu qu'on ne peut supposer $\gamma = o$, $y = o$ ([1]), on aura nécessairement

$$(73) \qquad\qquad x^2 + 13 y^2 = p,$$
$$\delta^2 + \varepsilon^2 = 1,$$
$$\delta = o, \quad \varepsilon = \pm 1 \quad \text{ou} \quad \delta = \pm 1, \quad \varepsilon = o.$$

([1]) Si γ s'évanouissait, les formules (36) donneraient

$$\mathfrak{F}(\sqrt{-1}, \varepsilon) = \mathfrak{F}(\sqrt{-1}, \varepsilon^n)$$

On tirera d'ailleurs des formules (23) et (26)

$$(74)\quad\begin{cases}\vartheta(\sqrt{-1},\varsigma)=\dfrac{\Theta_1\,\Theta_7\,\Theta_{13}\,\Theta_{43}\,\Theta_5\,\Theta_{49}}{\Theta_{16}}=p\,\mathrm{R}_{1,13}\,\mathrm{R}_{5,17}\,\mathrm{R}_{29,49}.\\[2ex]\vartheta(\sqrt{-1},\varsigma^9)=\dfrac{\Theta_{11}\,\Theta_{11}\,\Theta_{13}\,\Theta_{17}\,\Theta_5\,\Theta_{31}}{\Theta_{11}}=p\,\mathrm{R}_{37,41}\,\mathrm{R}_{21,5}\,\mathrm{R}_{13,45}.\end{cases}$$

et, par suite,

$$\frac{\vartheta(a,s)}{\vartheta(a,s^a)}\equiv 1\qquad(\mathrm{mod.}\,p)\ (*),$$

ce qu'on ne saurait admettre, eu égard aux équations (74), en vertu desquelles on a

$$\frac{\vartheta(a,s)}{\vartheta(a,s^a)}\equiv a\qquad(\mathrm{mod.}\,p).$$

(*) Il est bon d'observer qu'on doit entendre ici par

$$\frac{\vartheta(a,s)}{\vartheta(a,s^a)}$$

ce que devient le rapport

$$\frac{\vartheta(\sqrt{-1},\varsigma)}{\vartheta(\sqrt{-1},\varsigma^a)}$$

quand on y substitue a au lieu de $\sqrt{-1}$ et s au lieu de ς, après l'avoir transformé à l'aide de la formule (12) du paragraphe I, de manière que ces substitutions ne rendent pas le numérateur et le dénominateur simultanément divisibles par p. Sous cette condition, la remarque qu'on vient de faire est exacte et pourrait être exprimée dans les termes suivants :

L'équation

$$\vartheta(\sqrt{-1},\varsigma)=\vartheta(\sqrt{-1},\varsigma^a),$$

jointe aux formules (68), donnerait

$$\mathrm{R}_{1,13}\,\mathrm{R}_{5,17}\,\mathrm{R}_{29,49}=\mathrm{R}_{37,41}\,\mathrm{R}_{21,5}\,\mathrm{R}_{13,45};$$

puis, en ayant égard à la condition

$$\mathrm{R}_{h,k}=\frac{p}{\mathrm{R}_{-h,-k}}=\frac{p}{\mathrm{R}_{a-h,a-k}},$$

qui subsiste quand aucun des nombres h, k, $h-k$ n'est divisible par a ($a=4$, $a=4$, $a=52$), on en conclurait

$$p\,\mathrm{R}_{13,1}\,\mathrm{R}_{29,1}=\mathrm{R}_{41,1}\,\mathrm{R}_{37,21}\,\mathrm{R}_{31,13}\,\mathrm{R}_{45,13}.$$

Enfin, en remplaçant dans la dernière formule $\sqrt{-1}$ par a, ς par s, et généralement $\mathrm{R}_{h,k}$ par $-\Theta_{a-h,a-k}$, on trouverait

$$p\,\Theta_{31,1}\,\Theta_{21,1}=\Theta_{k,13}\,\Theta_{7,41}\,\Theta_{15,41}\,\Theta_{13,1}\qquad(\mathrm{mod.}\,p),$$

ce qui est absurde, puisque aucun des nombres

$$\Theta_{1,41},\quad\Theta_{21,1},\quad\Theta_{13,41},\quad\Theta_{13,1}$$

ne sera divisible par p. Le rapport entre le premier et le deuxième nombre de la dernière formule est précisément ce qu'on doit entendre par l'expression $\dfrac{\vartheta(a,s)}{\vartheta(a,s^a)}$.

puis, des équations (24) et (26),

$$(75) \qquad \begin{cases} \vartheta(-\sqrt{-1},\varsigma) = p\,\mathrm{R}_{31,27}\mathrm{R}_{13,25}\mathrm{R}_{29,5}, \\ \vartheta(-\sqrt{-1},\varsigma^n) = p\,\mathrm{R}_{15,11}\mathrm{R}_{21,17}\mathrm{R}_{19,7}. \end{cases}$$

D'autre part, $\delta^2 + \varepsilon^2$ étant réduit à l'unité, les formules (55), (56) donneront

$$p^2 = \delta^2 + 13\gamma^2,$$

$$4\delta^2 = \left[\vartheta(\sqrt{-1},\varsigma) + \vartheta(\sqrt{-1},\varsigma^n)\right]\left[\vartheta(-\sqrt{-1},\varsigma) + \vartheta(-\sqrt{-1},\varsigma^n)\right],$$

ou, parce que $\delta = px^2$, on trouvera

$$4p^4 x^2 = \left[\vartheta(\sqrt{-1},\varsigma) + \vartheta(\sqrt{-1},\varsigma^n)\right]\left[\vartheta(-\sqrt{-1},\varsigma) + \vartheta(-\sqrt{-1},\varsigma^n)\right]$$
$$= p^2(\mathrm{R}_{1,25}\mathrm{R}_{9,17}\mathrm{R}_{19,13} + \mathrm{R}_{27,41}\mathrm{R}_{21,3}\mathrm{R}_{23,15})(\mathrm{R}_{31,27}\mathrm{R}_{23,25}\mathrm{R}_{3,23} + \mathrm{R}_{15,11}\mathrm{R}_{21,17}\mathrm{R}_{19,7})$$

ou, ce qui revient au même,

$$x^2 = \frac{1}{4}\left(\frac{\mathrm{R}_{1,25}\mathrm{R}_{9,17}}{\mathrm{R}_{3,23}} + p\,\frac{\mathrm{R}_{21,5}}{\mathrm{R}_{11,15}\mathrm{R}_{19,7}}\right)\left(p\,\frac{\mathrm{R}_{3,23}}{\mathrm{R}_{1,25}\mathrm{R}_{9,17}} + \frac{\mathrm{R}_{31,15}\mathrm{R}_{9,17}}{\mathrm{R}_{5,21}}\right),$$

ou bien encore

$$x^2 = \frac{1}{4}\left(p\,\frac{\mathrm{R}_{29,25}}{\mathrm{R}_{15,11}\mathrm{R}_{45,15}} + \frac{\mathrm{R}_{27,41}\mathrm{R}_{23,15}}{\mathrm{R}_{31,17}}\right)\left(\frac{\mathrm{R}_{17,21}\mathrm{R}_{23,13}}{\mathrm{R}_{29,13}} + p\,\frac{\mathrm{R}_{31,17}}{\mathrm{R}_{27,41}\mathrm{R}_{23,15}}\right).$$

Si, dans cette dernière formule, on remplace ϱ par r, on tirera

$$(76) \qquad x^2 \equiv \frac{1}{4}\,\frac{\mathrm{H}_{11,15}\mathrm{H}_{7,19}}{\mathrm{H}_{5,21}}\,\frac{\mathrm{H}_{1,25}\mathrm{H}_{9,17}}{\mathrm{H}_{4,23}} \qquad (\mathrm{mod.}\ p).$$

Comme on aura, d'ailleurs,

$$\vartheta(\sqrt{-1},\varsigma) = \pm\,\vartheta(-\sqrt{-1},\varsigma^n), \qquad \vartheta(-\sqrt{-1},\varsigma) = \pm\,\vartheta(\sqrt{-1},\varsigma^n),$$

on en conclura

$$\frac{\mathrm{H}_{11,15}\mathrm{H}_{7,19}}{\mathrm{H}_{5,21}} = \pm\,\frac{\mathrm{H}_{1,25}\mathrm{H}_{9,17}}{\mathrm{H}_{3,23}}$$

et, par suite,

$$(77) \qquad x^2 \equiv \pm\left(\frac{1}{2}\,\frac{\mathrm{H}_{1,25}\mathrm{H}_{9,17}}{\mathrm{H}_{3,23}}\right)^2,$$

On aura de plus

$$(78)\quad\begin{cases}\Pi_{1,25}=\dfrac{26\varpi(26\varpi-1)\ldots(25\varpi+1)}{1.2.3\ldots\varpi},\\[2mm]\Pi_{3,23}=\dfrac{26\varpi(26\varpi-4)\ldots(23\varpi+1)}{1.2.3\ldots3\varpi},\\[2mm]\Pi_{9,17}=\dfrac{26\varpi(26\varpi-0)\ldots(17\varpi+1)}{1.2.3\ldots9\varpi}.\end{cases}$$

Exemples. — Supposons
$$p=53.$$

On aura
$$\varpi=1,$$

$$\Pi_{1,25}=26\varpi-\frac{1}{2},$$

$$\Pi_{3,23}=\frac{26.25.24}{1.2.3}=-\frac{1}{8}\,\frac{1.3.5}{1.2.3}=-3,$$

$$\Pi_{9,17}=\frac{26.25.24.23.22.21.20.19.18}{1.2.3.4.5.6.7.8.9}=\frac{3}{14}\,\frac{7.9.11.13.15.17}{4.5.6.7.8.9}=\frac{5}{4}=-13,$$

$$\frac{1}{2}\,\frac{\Pi_{1,25}\Pi_{9,17}}{\Pi_{3,23}}=\frac{3}{3}=1,$$

$$x^2=1.$$

Effectivement
$$53=1+52=1-13.x^2.$$

Supposons encore
$$p=157.$$

On trouvera
$$\varpi=3,$$

$$\Pi_{1,25}=\frac{78.77.76}{1.2.3}=-\frac{1}{8}\,\frac{1.3.5}{1.2.3}=-\frac{5}{16},$$

$$\frac{\Pi_{3,23}}{\Pi_{9,17}}=\frac{1}{2^{18}}\,\frac{19.21.23.25.27.29.31.33.35.37.39.41.43.45.47.49.51.53}{10.11.12.13.14.15.16.17.18.19.20.21.22.23.24.25.26.27}$$
$$=\frac{1}{2^{18}}\,\frac{29.31.33.35.37.39.41.43.45.47.49.51.53}{10.11.12.13.14.15.16.17.18.20.22.24.26}=-\frac{1}{2},$$

$$\frac{1}{2}\,\frac{\Pi_{1,25}\Pi_{9,17}}{\Pi_{3,23}}=\frac{5}{64}=-13,$$

$$x^2=(21)^2=\pm13=\pm144.$$

Effectivement
$$157=144+13=12^2-13.1^2.$$

§ III. — *Suite du même sujet.*

Reprenons les formules (4) et (5) du paragraphe II. On en tire

$$(1) \quad \begin{cases} f(\alpha^h,\varsigma) = f(\alpha^h,\varsigma^{a^1}) = f(\alpha^h,\varsigma^{a^2}) = \ldots = f(\alpha^h,\varsigma^{a^{h-1}}) \\[1mm] = \dfrac{\Theta_{\ldots}\,\Theta_{\ldots}\,\Theta_{\ldots}\,\ldots\,\Theta_{\ldots}}{\Theta_{\frac{\nu(\nu-1)}{2}h}}; \end{cases}$$

et l'on trouve de la même manière

$$(2) \quad \begin{cases} f(\alpha^h,\varsigma) = f(\alpha^h,\varsigma^{a^1}) = f(\alpha^h,\varsigma^{a^2}) = \ldots = f(\alpha^h,\varsigma^{a^{h-1}}) \\[1mm] = \dfrac{\Theta_{\ldots}\,\Theta_{\ldots}\,\Theta_{\ldots}\,\ldots\,\Theta_{\ldots}}{\Theta_{\frac{\nu(\nu-1)}{2}h}}, \end{cases}$$

On aura d'ailleurs, en vertu de la formule (2) du paragraphe II,

$$\Theta_{\ldots} = \Theta_{\ldots},$$

Enfin, comme, en supposant ν premier, on aura

$$a^{\frac{\nu-1}{2}} \equiv -1 \quad (\mathrm{mod}.\,\nu),$$

on trouvera, si ν est de la forme $4x + 1$,

$$(3) \quad f(\alpha^h,\varsigma^{-1}) = f\!\left(\alpha^h,\varsigma^{a^{\frac{\nu-1}{2}}}\right) = f(\alpha^h,\varsigma)$$

et, si ν est de la forme $4x + 3$,

$$(4) \quad f(\alpha^h,\varsigma^{-1}) = f\!\left(\alpha^h,\varsigma^{a^{\frac{\nu-1}{2}}}\right) = f(\alpha^h,\varsigma^{a}).$$

Supposons maintenant que ω soit un nombre premier et nommons a une racine primitive de

$$(5) \quad x^{\omega-1} \equiv 0 \quad (\mathrm{mod}.\,\omega),$$

Si l'on prend

$$(6) \quad f(\alpha,\varsigma)\,f(\alpha^a,\varsigma)\ldots f(\alpha^{a^{\omega-2}},\varsigma) = \varphi(\alpha,\varsigma).$$

on aura

$$(7) \qquad \varphi(\alpha, \varsigma) = \varphi(\alpha^{a^i}, \varsigma) = \ldots = \varphi(\alpha^{a^{\mu-1}}, \varsigma),$$

$$(8) \qquad f(\alpha^a, \varsigma)\, f(\alpha^{a^i}, \varsigma)\ldots f(\alpha^{a^{\mu-1}}, \varsigma) = \varphi(\alpha^a, \varsigma),$$

$$(9) \qquad \varphi(\alpha^a, \varsigma) = \varphi(\alpha^{a^i}, \varsigma) = \ldots = \varphi(\alpha^{a^{\mu-1}}, \varsigma).$$

On trouvera de plus

$$a^{\frac{\omega-1}{2}} \equiv -1 \qquad (\mathrm{mod}.\ \omega).$$

Cela posé, si ω et ν ne sont pas tous deux de la forme $4x + 1$, on aura

$$
\begin{aligned}
\varphi(\alpha, \varsigma) = \ & a + b\,(\alpha + \alpha^{a^i} + \ldots + \alpha^{a^{\mu-1}}) + c\,(\alpha^a + \alpha^{a^i} + \ldots + \alpha^{a^{\mu-1}}) \\
& + [a' + b'\,(\alpha + \alpha^{a^i} + \ldots + \alpha^{a^{\mu-1}}) + c'\,(\alpha^a + \alpha^{a^i} + \ldots + \alpha^{a^{\mu-1}})](\varsigma + \varsigma^{a} + \ldots + \varsigma^{a^{\nu-1}}) \\
& + [a'' + b''\,(\alpha + \alpha^{a^i} + \ldots + \alpha^{a^{\mu-1}}) + c''\,(\alpha^a + \alpha^{a^i} + \ldots + \alpha^{a^{\mu-1}})](\varsigma^a + \varsigma^{a^i} + \ldots + \varsigma^{a^{\nu-1}}),
\end{aligned}
$$

ou, ce qui revient au même,

$$
\begin{aligned}
2\varphi(\alpha, \varsigma) = \ & 2a - b - c + (b - c)(\alpha - \alpha^a + \alpha^{a^i} - \ldots + \alpha^{a^{\mu-1}} - \alpha^{a^{\mu-1}}) \\
& + [2a' - b' - c' + (b' - c')(\alpha - \alpha^a + \alpha^{a^i} - \ldots + \alpha^{a^{\mu-1}} - \alpha^{a^{\mu-1}})](\varsigma + \ldots + \varsigma^{a^{\nu-1}}) \\
& + [2a'' - b'' - c'' + (b'' - c'')(\alpha - \alpha^a + \alpha^{a^i} - \ldots + \alpha^{a^{\mu-1}} - \alpha^{a^{\mu-1}})](\varsigma^a + \ldots + \varsigma^{a^{\nu-1}}),
\end{aligned}
$$

ou enfin

$$
\begin{aligned}
4\varphi(\alpha, \varsigma) = \ & 2(2a - b - c) - (2a' - b' - c') - (2a'' - b'' - c'') \\
& + [(2a' - b' - c') - (2a'' - b'' - c'')](\varsigma - \varsigma^a + \varsigma^{a^i} - \ldots + \varsigma^{a^{\nu-1}} - \varsigma^{a^{\nu-1}}) \\
& + [2(b - c) - (b' - c') - (b'' - c'')](\alpha - \alpha^a + \alpha^{a^i} - \ldots + \alpha^{a^{\mu-1}} - \alpha^{a^{\mu-1}}) \\
& + [(b' - c') - (b'' - c'')](\varsigma - \varsigma^a + \ldots - \varsigma^{a^{\nu-1}})(\alpha - \alpha^a + \ldots - \alpha^{a^{\mu-1}}),
\end{aligned}
$$

Si l'on fait, pour abréger,

$$
\begin{aligned}
A &= 2(2a - b - c) - (2a' - b' - c') - (2a'' - b'' - c''), \\
B &= 2(b - c) - (b' - c') - (b'' - c''), \\
C &= 2a' - b' - c' - (2a'' - b'' - c''), \\
D &= (b' - c') - (b'' - c''),
\end{aligned}
$$

les quatre nombres A, B, C, D seront tous pairs, ou tous impairs, et l'on aura

$$
(10) \quad
\left\{
\begin{aligned}
4\varphi(\alpha, \varsigma) = \ & A + B(\alpha - \alpha^a + \ldots - \alpha^{a^{\mu-1}}) + C(\varsigma - \varsigma^a + \ldots - \varsigma^{a^{\nu-1}}) \\
& + D(\alpha - \alpha^a + \ldots - \alpha^{a^{\mu-1}})(\varsigma - \varsigma^a + \ldots - \varsigma^{a^{\nu-1}}).
\end{aligned}
\right.
$$

Si ν et ω étaient tous deux de la forme $4x + 1$, alors l'expression

$$\varphi(\alpha, \varsigma) = \varphi(\alpha^{-1}, \varsigma^{-1})$$

se réduirait à une puissance entière de p, et l'équation (10) prendrait la forme

(11) $$4\varphi(\alpha, \varsigma) = A,$$

en sorte qu'on aurait

$$B = 0, \qquad C = 0, \qquad D = 0.$$

Lorsque ω et ν ne sont pas tous deux de la forme $4x + 1$, le produit

$$\varphi(\alpha, \varsigma)\,\varphi(\alpha^{-1}, \varsigma^{-1})$$

se réduit à une puissance entière de p. On a d'ailleurs généralement

(12) $$\begin{cases} (\alpha - \alpha^a + \ldots - \alpha^{a^{\omega-2}})^2 = (-1)^{\frac{\omega-1}{2}}\,\omega, \\[2mm] (\varsigma - \varsigma^a + \ldots - \varsigma^{a^{\nu-2}})^2 = (-1)^{\frac{\nu-1}{2}}\,\nu. \end{cases}$$

De plus, on tirera de l'équation (10), en y remplaçant successivement α par α^a et ς par ς^a,

(13) $$\begin{cases} 4\varphi(\alpha, \varsigma^a) = A + B(\alpha - \alpha^a + \ldots - \alpha^{a^{\omega-2}}) - C(\varsigma - \varsigma^a + \ldots - \varsigma^{a^{\nu-2}}) \\ \qquad - D(\alpha - \alpha^a + \ldots - \alpha^{a^{\omega-2}})(\varsigma - \varsigma^a + \ldots - \varsigma^{a^{\nu-2}}), \\[2mm] 4\varphi(\alpha^a, \varsigma) = A - B(\alpha - \alpha^a + \ldots - \alpha^{a^{\omega-2}}) + C(\varsigma - \varsigma^a + \ldots - \varsigma^{a^{\nu-2}}) \\ \qquad - D(\alpha - \alpha^a + \ldots - \alpha^{a^{\omega-2}})(\varsigma - \varsigma^a + \ldots - \varsigma^{a^{\nu-2}}), \\[2mm] 4\varphi(\alpha^a, \varsigma^a) = A - B(\alpha - \alpha^a + \ldots - \alpha^{a^{\omega-2}}) - C(\varsigma - \varsigma^a + \ldots - \varsigma^{a^{\nu-2}}) \\ \qquad + D(\alpha - \alpha^a + \ldots - \alpha^{a^{\omega-2}})(\varsigma - \varsigma^a + \ldots - \varsigma^{a^{\nu-2}}); \end{cases}$$

et l'on trouvera : 1° en supposant ω et ν de la forme $4x + 1$,

$$\varphi(\alpha, \varsigma) = \varphi(\alpha^{-1}, \varsigma) = \varphi(\alpha, \varsigma^{-1}) = \varphi(\alpha^{-1}, \varsigma^{-1});$$

2° en supposant ν de la forme $4x + 1$ et ω de la forme $4x + 3$,

$$\varphi(\alpha, \varsigma) = \varphi(\alpha, \varsigma^{-1}), \qquad \varphi(\alpha^a, \varsigma) = \varphi(\alpha^{-1}, \varsigma^{-1});$$

3° en supposant ν de la forme $4x + 3$ et ω de la forme $4x + 1$,

$$\varphi(\alpha, \varsigma) = \varphi(\alpha^{-1}, \varsigma), \qquad \varphi(\alpha, \varsigma^a) = \varphi(\alpha^{-1}, \varsigma^{-1});$$

4° en supposant ν et ω de la forme $4x+3$,

$$\varphi(\alpha^\nu, \zeta^\omega) = \varphi(\alpha^{-1}, \zeta^{-1}).$$

Donc, si l'on fait généralement

$$(14) \qquad \varphi(\alpha,\zeta)\,\varphi(\alpha^{-1},\zeta^{-1}) = p^k,$$

on aura : 1° en supposant ν de la forme $4x+1$ et ω de la forme $4x+3$,

$$(15) \qquad p^k = \varphi(\alpha,\zeta)\,\varphi(\alpha^\nu,\zeta) = \varphi(\alpha,\zeta^\omega)\,\varphi(\alpha^\nu,\zeta^\omega);$$

2° en supposant ν de la forme $4x+3$ et ω de la forme $4x+1$,

$$(16) \qquad p^k = \varphi(\alpha,\zeta)\,\varphi(\alpha,\zeta^\omega) = \varphi(\alpha^\nu,\zeta)\,\varphi(\alpha^\nu,\zeta^\omega);$$

3° en supposant ν et ω de la forme $4x+3$,

$$(17) \qquad p^k = \varphi(\alpha,\zeta)\,\varphi(\alpha^\nu,\zeta^\omega) = \varphi(\alpha,\zeta^\omega)\,\varphi(\alpha^\nu,\zeta).$$

Si maintenant on substitue dans les formules (15), (16), (17) les valeurs de

$$Q(\alpha,\zeta), \quad Q(\alpha^\nu,\zeta), \quad Q(\alpha,\zeta^\omega), \quad Q(\alpha^\nu,\zeta^\omega)$$

tirées des équations (10), (13), on trouvera, en ayant égard aux formules (12) : 1° en supposant ν de la forme $4x+1$ et ω de la forme $4x+3$,

$$(18) \qquad 16p^k = A^2 + \omega B^2 + \nu C^2 + \omega\nu D^2, \qquad AC + \omega BD = 0;$$

2° en supposant ν de la forme $4x+3$ et ω de la forme $4x+1$,

$$(19) \qquad 16p^k = A^2 + \omega B^2 + \nu C^2 + \omega\nu D^2, \qquad AB - \nu CD = 0;$$

3° en supposant ω et ν de la forme $4x+3$,

$$(20) \qquad 16p^k = A^2 + \omega B^2 + \nu C^2 + \omega\nu D^2, \qquad AD - BC = 0.$$

On vérifie les équations (18) en prenant

$$A = \beta\delta, \qquad B = \beta\varepsilon, \qquad C = -\omega\gamma\varepsilon, \qquad D = \gamma\delta$$

et, par suite,

$$(21) \qquad 16p^k = (\delta^2 + \omega\varepsilon^2)(\beta^2 + \nu\omega\gamma^2),$$

ou bien

$$A = \omega\delta\delta, \quad B = \delta\epsilon, \quad C = -\gamma\epsilon, \quad D = \gamma\delta$$

et, par suite,

$$(22) \qquad 16p^k = (\omega\delta^2 + \epsilon^2)(\omega\delta^2 + \nu\gamma^2).$$

On vérifie les équations (19) en prenant

$$A = \delta\delta, \quad B = \nu\gamma\epsilon, \quad C = -\delta\epsilon, \quad D = \gamma\epsilon$$

et, par suite,

$$(23) \qquad 16p^k = (\delta^2 + \nu\epsilon^2)(\delta^2 + \omega\nu\gamma^2).$$

ou bien

$$A = \nu\delta\delta, \quad B = \gamma\epsilon, \quad C = -\delta\epsilon, \quad D = \gamma\delta$$

et, par suite,

$$(24) \qquad 16p^k = (\nu\delta^2 + \epsilon^2)(\nu\delta^2 + \omega\gamma^2).$$

Enfin, on vérifie les équations (20) en prenant

$$A = \delta\delta, \quad B = \delta\epsilon, \quad C = \gamma\delta, \quad D = \gamma\epsilon$$

et, par suite,

$$(25) \qquad 16p^k = (\delta^2 + \omega\epsilon^2)(\delta^2 + \nu\gamma^2).$$

Applications. — Supposons, pour fixer les idées,

$$\nu = 5, \quad \omega = 3, \quad \omega\nu = 15;$$

on aura

$$v \equiv \frac{1}{\nu} \equiv \frac{1}{5} \equiv -1 \qquad (\mathrm{mod.}\,3);$$

$$u = 2, \quad a \equiv 2; \quad u^0 \equiv 1, \quad u \equiv 2, \quad u^2 \equiv 4, \quad u^4 \equiv 3 \qquad (\mathrm{mod.}\,5);$$

$$u^m + v\nu(h - u^m) \equiv u^m - 5(h - u^m) \equiv 6u^m - 5h,$$

$$\mathfrak{f}(x^h, \varsigma) = \mathfrak{f}(x^h, \varsigma^h) = \frac{\Theta_{6-4h}\,\Theta_{21-5h}}{\Theta_{20-18h}} = \frac{\Theta_{6-5h}\,\Theta_{9-5h}}{\Theta_{-10h}},$$

$$\mathfrak{f}(x^h, \varsigma^2) = \mathfrak{f}(x^h, \varsigma^2) = \frac{\Theta_{12-3h}\,\Theta_{18-7h}}{\Theta_{30-10h}} = \frac{\Theta_{12-6h}\,\Theta_{9-5h}}{\Theta_{-10h}};$$

on trouvera par suite

$$(26)\quad \begin{cases} \varphi(\alpha,\varsigma) = \mathfrak{F}(\alpha,\varsigma) = \dfrac{\Theta_1\Theta_4}{\Theta_{-10}} = \dfrac{\Theta_1\Theta_4}{\Theta_5} = \mathrm{R}_{1,4}, \\ \varphi(\alpha^2,\varsigma) = \mathfrak{F}(\alpha^2,\varsigma) = \dfrac{\Theta_{-4}\Theta_{-1}}{\Theta_{-5}} = \mathrm{R}_{-4,-1} = \mathrm{R}_{11,14}, \\ \varphi(\alpha,\varsigma^2) = \mathfrak{F}(\alpha,\varsigma^2) = \dfrac{\Theta_7\Theta_{-2}}{\Theta_5} = \mathrm{R}_{7,-2} = \mathrm{R}_{7,13}, \\ \varphi(\alpha^2,\varsigma^2) = \mathfrak{F}(\alpha^2,\varsigma^2) = \dfrac{\Theta_2\Theta_{-7}}{\Theta_{-5}} = \mathrm{R}_{2,-7} = \mathrm{R}_{2,8}. \end{cases}$$

Cela posé, on aura

$$p^2 = \varphi(\alpha,\varsigma)\,\varphi(\alpha^2,\varsigma) = \varphi(\alpha,\varsigma^2)\,\varphi(\alpha^2,\varsigma^2) = \mathrm{R}_{1,4}\mathrm{R}_{11,14} = \mathrm{R}_{7,13}\mathrm{R}_{2,8} = p,$$
$$k = 1$$

et la formule (21) ou (22) donnera

$$(27)\qquad 16p = (\delta^2 + 3\varepsilon^2)(\hat{\varepsilon}^2 + 15\gamma^2)$$

ou

$$(28)\qquad 16p = (\varepsilon^2 + 3\delta^2)(3\hat{\varepsilon}^2 + 5\gamma^2).$$

Revenons aux formules (10) et (13) et supposons ν de la forme $4x+1$ et ω de la forme $4x+3$. On trouvera : 1° en prenant

$$\mathrm{A} = \hat{\varepsilon}\delta,\qquad \mathrm{B} = \hat{\varepsilon}\varepsilon,\qquad \mathrm{C} = -\omega\gamma\varepsilon,\qquad \mathrm{D} = \gamma\delta,$$

$$(29)\quad \begin{cases} 4\varphi(\alpha,\varsigma) = [\delta + \varepsilon(\alpha - \alpha^a + \ldots - \alpha^{a^{n-1}})][\hat{\varepsilon} + \gamma(\varsigma - \varsigma^a + \ldots - \varsigma^{a^{n-1}})(\alpha - \alpha^a + \ldots - \alpha^{a^{n-1}})], \\ 4\varphi(\alpha,\varsigma^a) = [\delta + \varepsilon(\alpha - \alpha^a + \ldots - \alpha^{a^{n-1}})][\hat{\varepsilon} - \gamma(\varsigma - \varsigma^a + \ldots - \varsigma^{a^{n-1}})(\alpha - \alpha^a + \ldots - \alpha^{a^{n-1}})], \\ 4\varphi(\alpha^a,\varsigma) = [\delta - \varepsilon(\alpha - \alpha^a + \ldots - \alpha^{a^{n-1}})][\hat{\varepsilon} - \gamma(\varsigma - \varsigma^a + \ldots - \varsigma^{a^{n-1}})(\alpha - \alpha^a + \ldots - \alpha^{a^{n-1}})], \\ 4\varphi(\alpha^a,\varsigma^a) = [\delta - \varepsilon(\alpha - \alpha^a + \ldots - \alpha^{a^{n-1}})][\hat{\varepsilon} + \gamma(\varsigma - \varsigma^a + \ldots - \varsigma^{a^{n-1}})(\alpha - \alpha^a + \ldots - \alpha^{a^{n-1}})]. \end{cases}$$

Si l'on prend, au contraire,

$$\mathrm{A} = \omega\hat{\varepsilon}\delta,\qquad \mathrm{B} = \hat{\varepsilon}\varepsilon,\qquad \mathrm{C} = -\gamma\varepsilon,\qquad \mathrm{D} = \gamma\delta,$$

on aura

$$(30)\quad \begin{cases} 4\varphi(\alpha,\varsigma) = [\varepsilon - \delta(\alpha - \alpha^a + \ldots - \alpha^{a^{n-1}})][\hat{\varepsilon}(\alpha - \alpha^a + \ldots - \alpha^{a^{n-1}}) - \gamma(\varsigma - \varsigma^a + \ldots - \varsigma^{a^{n-1}})], \\ 4\varphi(\alpha,\varsigma^a) = [\varepsilon - \delta(\alpha - \alpha^a + \ldots - \alpha^{a^{n-1}})][\hat{\varepsilon}(\alpha - \alpha^a + \ldots - \alpha^{a^{n-1}}) + \gamma(\varsigma - \varsigma^a + \ldots - \varsigma^{a^{n-1}})], \\ 4\varphi(\alpha^a,\varsigma) = [\varepsilon + \delta(\alpha - \alpha^a + \ldots - \alpha^{a^{n-1}})][-\hat{\varepsilon}(\alpha - \alpha^a + \ldots - \alpha^{a^{n-1}}) - \gamma(\varsigma - \varsigma^a + \ldots - \varsigma^{a^{n-1}})], \\ 4\varphi(\alpha^a,\varsigma^a) = [\varepsilon + \delta(\alpha - \alpha^a + \ldots - \alpha^{a^{n-1}})][-\hat{\varepsilon}(\alpha - \alpha^a + \ldots - \alpha^{a^{n-1}}) + \gamma(\varsigma - \varsigma^a + \ldots - \varsigma^{a^{n-1}})]. \end{cases}$$

Dans les équations (29), (30) on peut toujours supposer ε, δ premiers entre eux et faire passer les facteurs communs qu'ils pourraient avoir dans 6 et γ. De plus, si les quatre nombres A, B, C, D sont impairs, 6, γ, δ, ε devront l'être aussi, et l'équation (21) se partagera en deux autres de la forme

$$(31) \qquad 4p^{k} = \delta^2 + \omega\varepsilon^2, \qquad 4p^{k'} = 6^2 + \nu\omega\gamma^2,$$

ou l'équation (22) en deux autres de la forme

$$(32) \qquad 4p^{k} = \varepsilon^2 + \omega\delta^2, \qquad 4p^{k'} = \omega 6^2 + \nu\gamma^2.$$

Si, au contraire, A, B, C, D sont pairs, 6, γ seront impairs et les équations (21), (22) se partageront, ou comme on vient de le dire lorsque δ, ε seront impairs, ou dans le cas contraire, ainsi qu'il suit :

$$(33) \qquad p^{k} = \delta^2 + \omega\varepsilon^2, \qquad 4p^{k'} = \left(\frac{6}{2}\right)^2 + \nu\omega\left(\frac{\gamma}{2}\right)^2,$$

$$(34) \qquad p^{k} = \varepsilon^2 + \omega\delta^2, \qquad 4p^{k'} = \omega\left(\frac{6}{2}\right)^2 + \nu\left(\frac{\gamma}{2}\right)^2.$$

Ajoutons que l'on déterminera facilement $p^{k''}$ en cherchant la plus haute puissance de p qui divise simultanément les deux produits

$$\varphi(\alpha, \xi)\,\varphi(\alpha, \xi^n), \quad \varphi(\alpha^n, \xi)\,\varphi(\alpha^n, \xi^n),$$

qui se réduiront, si l'on admet les formules (29), à

$$\frac{1}{16}[\delta + \varepsilon(\alpha - \alpha^n + \ldots - \alpha^{n^{\nu-1}})]\,(6^2 + \nu\omega\gamma^2),$$

$$\frac{1}{16}[\delta - \varepsilon(\alpha - \alpha^n + \ldots - \alpha^{n^{\nu-1}})]^2(6^2 + \nu\omega\gamma^2),$$

et, dans le cas contraire, à

$$-\frac{1}{16}[\varepsilon - \delta(\alpha - \alpha^n + \ldots - \alpha^{n^{\nu-1}})]\,(\omega 6^2 + \nu\gamma^2),$$

$$-\frac{1}{16}[\varepsilon - \delta(\alpha - \alpha^n + \ldots - \alpha^{n^{\nu-1}})]^2(\omega 6^2 + \nu\gamma^2).$$

Supposons, comme ci-dessus,

$$\omega = 3, \qquad \nu = 5, \qquad \omega\nu = 15;$$

on aura

$$\varphi(\alpha,\varsigma)\,\varphi(\alpha,\varsigma^{11}) \;=\; R_{1,4}\;R_{2,13} = p\,\frac{R_{7,13}}{R_{15,11}},$$

$$\varphi(\alpha^7,\varsigma)\,\varphi(\alpha^7,\varsigma^{11}) = R_{15,11}R_{2,3} = p\,\frac{R_{13,11}}{R_{13,7}},$$

Donc alors $k' = 1$, et comme on a trouvé $k = 1$, on aura nécessairement $k' = 0$. Par suite, la somme

$$\delta^2 + \omega\varepsilon^2 \qquad \text{ou} \qquad \varepsilon^2 + \omega\delta^2$$

se réduira nécessairement ou à l'unité, ou à

$$4 = 1 + \omega = 1 + 3$$

et les nombres ε, γ vérifieront l'une des formules

$$4p = \delta^2 + 15\gamma^2, \qquad\qquad 4p = 3\delta^2 + 5\gamma^2,$$

$$4p = \left(\frac{\delta}{2}\right)^2 + 15\left(\frac{\gamma}{2}\right)^2, \qquad 4p = 3\left(\frac{\delta}{2}\right)^2 + 5\left(\frac{\gamma}{2}\right)^2.$$

D'ailleurs, les seconds membres de ces dernières formules seraient divisibles par 8 si δ et γ ou $\frac{\delta}{2}$ et $\frac{\gamma}{2}$ étaient impairs, tandis que les premiers membres sont divisibles seulement par 4. Donc δ et γ ou $\frac{\delta}{2}$ et $\frac{\gamma}{2}$ doivent être pairs et l'on peut résoudre en nombres entiers l'une des équations

$$p = x^2 + 15y^2, \qquad p = 3x^2 + 5y^2.$$

Or, comme on a généralement

$$x^4 \equiv \pm 1 \qquad (\text{mod.}5),$$

on en conclut

$$3x^2 + 5y^2 \equiv \pm 2 \qquad (\text{mod.}5).$$

Donc p étant de la forme $15x + 1$ ne pourra être en même temps de la forme $3x^2 + 5y^2$, et tout nombre premier de la forme $15x + 1$ vérifiera la formule

$$(35) \qquad\qquad\qquad p = x^2 + 15y^2.$$

Il reste à trouver la valeur de x.

Or, d'après ce qui vient d'être dit, on aura : 1° si l'on suppose $\delta^2 + \omega\varepsilon^2 = 1$,

$$16p = \delta^2 + 15\gamma^2 = 16(x^2 + 15y^2),$$

$$x^2 = \frac{\delta^2}{16} = \frac{\delta^2}{16}(\delta^2 + \omega\varepsilon^2), \qquad y^2 = \frac{\gamma^2}{16}(\delta^2 + \omega\varepsilon^2);$$

2° si l'on suppose $\delta^2 + \omega\varepsilon^2 = 4$,

$$4p = \delta^2 + 15\gamma^2 = 4(x^2 + 15y^2),$$

$$x^2 = \frac{\delta^2}{16} = \frac{\delta^2}{16}(\delta^2 + \omega\varepsilon^2), \qquad y^2 = \frac{\gamma^2}{16}(\delta^2 + \omega\varepsilon^2).$$

On aura donc, dans tous les cas,

$$x^2 = \frac{\delta^2}{16}(\delta^2 + \omega\varepsilon^2), \qquad y^2 = \frac{\gamma^2}{16}(\delta^2 + \omega\varepsilon^2).$$

D'ailleurs, on tire des formules (29) et (26)

$$\varphi(\alpha, \varsigma)\varphi(\alpha^a, \varsigma^a) = \frac{1}{16}(\delta^2 + \omega\varepsilon^2)[\delta + \gamma(\varsigma - \varsigma^a + \ldots - \varsigma^{n-2})](\alpha - \alpha^a + \ldots - \alpha^{n-1})]^2 = R_{1,2}R_{2,3},$$

$$\varphi(\alpha^a, \varsigma)\varphi(\alpha, \varsigma^a) = \frac{1}{16}(\delta^2 + \omega\varepsilon^2)[\delta - \gamma(\varsigma - \varsigma^a + \ldots - \varsigma^{n-2})(\alpha - \alpha^a + \ldots - \alpha^{n-1})]^2 = R_{15,11}R_{7,12}.$$

On aura donc, par suite,

$$\tfrac{1}{2}(R_{15,11}R_{7,12} + R_{1,2}R_{2,3}) = x^2 - \omega y^2 = x^2 - 15y^2,$$

puis on conclura, en remplaçant φ par r,

$$x^2 - 15y^2 \equiv \tfrac{1}{2}\Pi_{1,2}\Pi_{2,3} \qquad (\mathrm{mod}.p)$$

et, comme on aura de plus

$$x^2 + 15y^2 \equiv 0 \qquad (\mathrm{mod}.p),$$

on trouvera définitivement

$$x^2 \equiv -15y^2 \equiv \tfrac{1}{4}\Pi_{1,2}\Pi_{2,3}.$$

Exemples. — Supposons $p = 31$. On aura

$$\varpi = 2,$$

$$\Pi_{1,2} = \frac{5\varpi(5\varpi - 1)\ldots(4\varpi + 1)}{1.2.3\ldots\varpi} = \frac{10.9}{1.2} = 45 = 14,$$

$$\Pi_{2,4} = \frac{10\varpi(10\varpi - 1)\ldots(8\varpi + 1)}{1.2.3\ldots 2\varpi} = \frac{20.19.18.17}{1.2.3.4} = 5.19.3.17 = 9,$$

$$x^2 = \frac{1}{4}9.14 = \frac{1}{2}9.7 = \frac{1}{2} = 16 = -15 = -15 y^2.$$

Donc

$$p = x^2 + 15 y^2 = 16 + 15 = 4^2 + 15.1^2.$$

Supposons encore $p = 61$. On trouvera

$$\varpi = 4,$$

$$\Pi_{1,2} = \frac{20.19.18.17}{1.2.3.4} = 5.19.3.17 = -5.7 = -35 = -\frac{9}{2},$$

$$\Pi_{2,4} = \frac{40.39.38.37.36.35.34.33}{1.2.3.4.5.6.7.8} = 5.17.19.33.37.39 = \frac{5}{2},$$

$$x^2 = \frac{1}{4}\Pi_{1,2}\Pi_{2,4} = -\frac{5}{2}\frac{1}{4}\frac{9}{2} = -\frac{45}{16} = 1 = -60.$$

Effectivement

$$61 = p = 1 + 60 = 1^2 + 15.2^2.$$

En général, ν étant de la forme $4x + 1$, ω de la forme $4x + 3$, et δ, ϵ étant supposés premiers entre eux, on conclura des formules (31), (32) ou (33), (34) qu'on peut satisfaire en nombres entiers à l'une des deux équations

$$(36) \qquad 4 p^{\delta'} = X^2 + \nu\omega Y^2, \qquad 4 p^{\delta'} = \nu X^2 + \omega Y^2,$$

et comme les seconds membres de ces dernières seraient divisibles par 8, si

$$\nu + \omega \qquad \text{ou} \qquad 1 + \nu\omega$$

étant eux-mêmes divisibles par 8, les deux quantités X, Y étaient impaires, tandis que les premiers membres sont seulement divisibles par 4; on aura nécessairement, dans cette hypothèse,

$$X = 2X', \qquad Y = 2Y',$$

$$(37) \qquad p^{\delta'} = X'^2 + \nu\omega Y'^2 \qquad \text{ou} \qquad p^{\delta'} = \nu X'^2 + \omega Y'^2.$$

Dans ces diverses formules $p^{k'}$ est la plus haute puissance de p qui divise simultanément les deux produits

$$(38) \qquad \varphi(\alpha,\varsigma)\varphi(\alpha,\varsigma''), \quad \varphi(\alpha^a,\varsigma)\varphi(\alpha^a,\varsigma'').$$

Soit d'ailleurs p^λ la plus haute puissance de p qui divise simultanément les quatre expressions

$$(39) \qquad \varphi(\alpha,\varsigma), \quad \varphi(\alpha,\varsigma''), \quad \varphi(\alpha^a,\varsigma), \quad \varphi(\alpha^a,\varsigma'').$$

X, Y seront divisibles par p^λ ; et, en posant

$$X = p^\lambda x, \qquad Y = p^\lambda y,$$
$$\mu = k' - 2\lambda,$$

on tirera des formules (36)

$$(40) \qquad 4p^\mu = x^2 + \nu\omega y^2 \qquad \text{ou} \qquad 4p^\mu = \nu x^2 + \omega y^2.$$

D'ailleurs, p étant de la forme $\nu\omega x + 1$, la seconde des équations (40) ne pourra être vérifiée qu'autant que l'on aura

$$\nu x^2 \equiv 4 \qquad (\text{mod.}\,\omega),$$
$$\omega y^2 \equiv 4 \qquad (\text{mod.}\,\nu)$$

et, par suite,

$$\nu^{\frac{\omega-1}{2}} \equiv 1 \qquad (\text{mod.}\,\omega),$$
$$\omega^{\frac{\nu-1}{2}} \equiv 1 \qquad (\text{mod.}\,\nu)$$

ou, ce qui revient au même,

$$\left[\frac{\nu}{\omega}\right] = \left[\frac{\omega}{\nu}\right] = 1.$$

Donc, si l'on a

$$(41) \qquad \left[\frac{\nu}{\omega}\right] = \left[\frac{\omega}{\nu}\right] = -1,$$

on ne pourra satisfaire à la seconde des formules (40) et l'on aura nécessairement

$$(42) \qquad 4p^\mu = x^2 + \nu\omega y^2.$$

Application. — Soit $\omega = 3$. Alors, si ν est de la forme $12x + 5$, on aura

$$\left[\frac{\nu}{3}\right] = \left[\frac{5}{3}\right] = -1$$

et, par conséquent, on pourra vérifier, en nombres entiers, l'équation (42). Mais, si ν est de la forme $12x + 1$, on aura

$$\left[\frac{\nu}{3}\right] = \left[\frac{1}{3}\right] = 1$$

et l'on pourra seulement assurer que l'une des équations (40) est résoluble en nombres entiers.

Exemple. — Soient

$$\mu = 3, \qquad \nu = 17, \qquad \omega = 51.$$

On trouvera

$$u = 3, \qquad a = 2,$$

$$u^0 = 1, \quad u = 3, \quad u^2 = -8, \quad u^3 = -7, \quad u^4 = -4, \quad u^5 = 5, \quad u^6 = -2, \quad u^7 = -6,$$
$$u^8 = -1, \quad u^9 = -3, \quad u^{10} = 8, \quad u^{11} = 7, \quad u^{12} = 4, \quad u^{13} = -5, \quad u^{14} = 2, \quad u^{15} = 6,$$

$$\nu = \frac{1}{\nu} = \frac{1}{17} = -1 \quad (\mathrm{mod.}\,3),$$

$$u^m + \nu\gamma(h - u^m) = u^m - 17(h - u^m) = 18u^m - 17h;$$

$$\vartheta(x^h, \varsigma) = \frac{\Theta_{18-17h}\,\Theta_{9-17h}\,\Theta_{48-17h}\,\Theta_{18-17h}\,\Theta_{33-17h}\,\Theta_{15-17h}\,\Theta_{51-17h}\,\Theta_{36-17h}}{\Theta_{17h}},$$

$$\vartheta(x^h, \varsigma^a) = \frac{\Theta_{3-17h}\,\Theta_{27-17h}\,\Theta_{12-17h}\,\Theta_{48-17h}\,\Theta_{48-17h}\,\Theta_{21-17h}\,\Theta_{15-17h}\,\Theta_{6-17h}}{\Theta_{17h}},$$

puis on en conclura

$$\varphi(\alpha, \varsigma) = \frac{\Theta_{3}\,\Theta_{48}\,\Theta_{33}\,\Theta_{48}\,\Theta_{17}\,\Theta_{12}\,\Theta_{9}\,\Theta_{18}}{\Theta_{17}} = R_{3,18}\,R_{33,48}\,R_{12,9}\,R_{48,17}\frac{\Theta_{48}^2\,\Theta_{18}^2}{\Theta_{17}}$$

$$= R_{3,18}\,R_{48,33}\,R_{12,9}\,R_{48,17}\,\Theta_{17}^2 = R_{3,18}\,R_{33,48}\,R_{12,9}\,R_{48,18}\,p\,R_{17,17},$$

$$\varphi(\alpha, \varsigma^a) = \frac{\Theta_{42}\,\Theta_{18}\,\Theta_{27}\,\Theta_{9}\,\Theta_{33}\,\Theta_{3}\,\Theta_{48}\,\Theta_{12}}{\Theta_{17}} = R_{42,27}\,R_{18,9}\,R_{42,48}\,R_{3,12}\,\Theta_{17}^2$$

$$= R_{27,42}\,R_{18,9}\,R_{33,48}\,R_{3,12}\,p\,R_{17,17},$$

$$\varphi(\alpha^2, \varsigma) = R_{48,33}\,R_{9,18}\,R_{27,3}\,R_{12,42}\,p\,R_{51,51},$$

$$\varphi(\alpha^3, \varsigma^a) = R_{12,48}\,R_{27,9}\,R_{42,3}\,R_{18,33}\,p\,R_{51,51}.$$

En d'autres termes, on aura

$$(43)\quad\begin{cases}\varphi(\alpha,\varsigma)=p^{4}\dfrac{\mathrm{R}_{33,13}\,\mathrm{R}_{16,13}}{\mathrm{R}_{40,25}\,\mathrm{R}_{28,17}\,\mathrm{R}_{54,51}},\\[1.2em]\varphi(\alpha,\varsigma^{n})=p^{3}\dfrac{\mathrm{R}_{37,31}\,\mathrm{R}_{11,45}\,\mathrm{R}_{38,25}}{\mathrm{R}_{41,25}\,\mathrm{R}_{34,31}},\\[1.2em]\varphi(\alpha^{2},\varsigma)=p^{4}\dfrac{\mathrm{R}_{29,25}\,\mathrm{R}_{15,47}\,\mathrm{R}_{53,51}}{\mathrm{R}_{52,25}\,\mathrm{R}_{46,19}},\\[1.2em]\varphi(\alpha^{2},\varsigma^{n})=p^{4}\dfrac{\mathrm{R}_{51,31}\,\mathrm{R}_{39,81}}{\mathrm{R}_{37,31}\,\mathrm{R}_{17,16}\,\mathrm{R}_{36,19}}.\end{cases}$$

Or, la plus haute puissance de p, qui divise simultanément les expressions (43), sera p^{3}. On aura donc

$$\lambda=3.$$

De plus, les produits

$$\varphi(\alpha,\varsigma)\,\varphi(\alpha,\varsigma^{n}),\quad\varphi(\alpha^{2},\varsigma)\,\varphi(\alpha^{2},\varsigma^{n})$$

seront l'un et l'autre divisibles par p^{7}. On aura donc

$$k'=7,$$
$$\mu=k'-2\lambda=7-6=1$$

et l'on pourra résoudre en nombres entiers l'équation

$$(44)\qquad 4p=x^{2}+51\,y^{2}.$$

On trouvera d'ailleurs, en raisonnant comme plus haut,

$$\tfrac{1}{4}(x^{2}-51\,y^{2})=\frac{1}{2}\frac{\Pi_{14,26}\,\Pi_{20,5}\,\Pi_{22,11}}{\Pi_{10,7}\,\Pi_{17,37}}\cdot\frac{\Pi_{1,16}\,\Pi_{13,5}\,\Pi_{17,17}}{\Pi_{8,26}\,\Pi_{2,32}}$$

$$=\frac{1}{2}\frac{\Pi_{14,26}\,\Pi_{20,5}\,\Pi_{22,11}\,\Pi_{1,16}\,\Pi_{13,5}}{\Pi_{10,7}\,\Pi_{8,26}\,\Pi_{2,32}}$$

et, par suite,

$$(45)\qquad x^{2}=-51\,y^{2}=\frac{\Pi_{1,16}\,\Pi_{1,15}\,\Pi_{4,20}\,\Pi_{11,22}\,\Pi_{13,26}}{\Pi_{2,32}\,\Pi_{7,1}\,\Pi_{8,26}}.$$

En général, lorsque ω est de la forme $4x+3$ et ν de la forme $4x+1$, on peut décomposer l'équation (21) en deux autres de la forme

$$(46) \qquad 4p^{k'} = \delta^2 + \omega\varepsilon^2, \qquad 4p^{k'} = \delta^2 + \varkappa\omega\gamma^2,$$

ou l'équation (22) en deux autres de la forme

$$(47) \qquad 4p^{k'} = \omega\delta^2 + \varepsilon^2, \qquad 4p^{k'} = \omega\delta^2 + \varkappa\gamma^2,$$

Car, chacun des binomes

$$\delta^2 + \omega\varepsilon^2, \quad \omega\delta^2 + \varepsilon^2, \quad \delta^2 + \varkappa\omega\gamma^2, \quad \omega\delta^2 + \varkappa\gamma^2$$

sera nécessairement impair ou divisible par 4 et, si l'un d'eux était impair, les deux termes de l'autre binome dans la formule (21) ou (22) seraient pairs et divisibles par le facteur 4, qu'on pourrait évidemment faire passer dans le binome impair. Ajoutons que l'on pourra toujours supposer δ et ε premiers entre eux ou n'ayant d'autre commun diviseur que le nombre 2.

Cela posé, soit toujours $p^{k'}$ la plus haute puissance de p qui divise simultanément les expressions (39). $p^{k''}$ sera la plus haute puissance de p qui divise simultanément les produits (38). On aura d'ailleurs

$$k' = k - k'',$$

et l'on pourra résoudre l'équation

$$(48) \qquad 4p^{k'-1} = x^2 + \varkappa\omega y^2,$$

ou

$$(49) \qquad 4p^{k'-1} = \omega x^2 + \varkappa y^2.$$

De plus, on tirera des équations (29)

$$16[\varphi(\alpha,\varsigma)\varphi(\alpha^{\prime\prime},\varsigma^{\prime\prime}) + \varphi(\alpha,\varsigma^{\prime\prime})\varphi(\alpha^{\prime\prime},\varsigma)] = 2(\delta^2 + \omega\varepsilon^2)(\delta^2 - \omega\varkappa\gamma^2)$$
$$= 8p^{k'+2\lambda}(x^2 - \omega\varkappa y^2),$$

$$16[\varphi(\alpha,\varsigma)\varphi(\alpha,\varsigma^{\prime\prime}) + \varphi(\alpha^{\prime\prime},\varsigma)\varphi(\alpha^{\prime\prime},\varsigma^{\prime\prime})] = 2(\delta^2 - \omega\varepsilon^2)(\delta^2 + \omega\varkappa\gamma^2)$$
$$= 8p^{k'}(\delta^4 - \omega\varepsilon^4);$$

ou, ce qui revient au même,

$$(50)\quad\begin{cases} x^2 - \nu\omega y^2 = 2\dfrac{\varphi(\alpha,\varsigma)\varphi(\alpha^2,\varsigma^2) + \varphi(\alpha,\varsigma^2)\varphi(\alpha^2,\varsigma)}{p^{k+2\lambda}}, \\[2ex] \delta^2 - \omega\varepsilon^2 = 2\dfrac{\varphi(\alpha,\varsigma)\varphi(\alpha,\varsigma^2) + \varphi(\alpha^2,\varsigma)\varphi(\alpha^2,\varsigma^2)}{p^{k}}. \end{cases}$$

En opérant de la même manière, on tirera des formules (30)

$$(51)\quad\begin{cases} \omega x^2 - \nu y^2 = 2\dfrac{\varphi(\alpha,\varsigma)\varphi(\alpha^2,\varsigma^2) + \varphi(\alpha,\varsigma^2)\varphi(\alpha^2,\varsigma)}{p^{k+2\lambda}}, \\[2ex] \varepsilon^2 - \omega\delta^2 = 2\dfrac{\varphi(\alpha,\varsigma)\varphi(\alpha,\varsigma^2) + \varphi(\alpha^2,\varsigma)\varphi(\alpha^2,\varsigma^2)}{p^{k}}. \end{cases}$$

Si, dans les équations (50), (51), on remplace ϱ par r, on déduira facilement des formules ainsi obtenues et des équations (46), (47), (48), (49) les valeurs de x, y, δ, ε.

Exemple. — Soient toujours

$$\omega = 3, \qquad \nu = 5.$$

On aura

$$\varphi(\alpha,\varsigma) = R_{1,6}, \qquad \varphi(\alpha^2,\varsigma) = R_{13,11}, \qquad \varphi(\alpha,\varsigma^2) = R_{7,12}, \qquad \varphi(\alpha^2,\varsigma^2) = R_{3,6},$$
$$k = 1, \qquad k' = 0, \qquad k'' = 1, \qquad \lambda = 0,$$

et les formules (50) donneront

$$(52)\quad\begin{cases} x^2 - 15 y^2 = 2(R_{1,6}R_{3,6} + R_{7,12}R_{13,11}), \\[2ex] \delta^2 - 3\varepsilon^2 = 2\dfrac{R_{1,6}R_{7,12} + R_{3,6}R_{13,11}}{p}. \end{cases}$$

De plus, les formules (46) et (48) donneront

$$(53)\qquad \delta^2 + 3\varepsilon^2 = 4, \qquad x^2 + 15 y^2 = 4p.$$

Enfin, on aura

$$R_{1,6}R_{13,11} = p, \qquad R_{3,6}R_{13,7} = p,$$

et, par suite, les formules (52) se réduiront à

$$x^2 - 15 y^2 = 2\left(\mathrm{R}_{5,12}\mathrm{R}_{11,01} + \frac{p^2}{\mathrm{R}_{1,12}\mathrm{R}_{11,01}}\right),$$

$$\delta^2 - 3t^2 = 2\left(\frac{\mathrm{R}_{1,11}}{\mathrm{R}_{11,01}} - \frac{\mathrm{R}_{11,11}}{\mathrm{R}_{1,01}}\right).$$

Si, dans ces dernières, on remplace p par r, on trouvera

$$(54)\quad\begin{cases} x^2 - 15 y^2 \equiv 2\mathrm{H}_{1,1}\mathrm{H}_{2,2} \\ \delta^2 - 3t^2 \equiv 2\left(\dfrac{\mathrm{H}_{1,2}}{\mathrm{H}_{2,1}} - \dfrac{\mathrm{H}_{2,1}}{\mathrm{H}_{1,2}}\right) \end{cases}\quad(\mathrm{mod}.\,p);$$

puis, en combinant les formules (54) avec les suivantes,

$$\delta^2 + 3t^2 \equiv 4, \qquad x^2 + 15 y^2 \equiv 0 \qquad (\mathrm{mod}.\,p),$$

on trouvera

$$x^2 \equiv -15 y^2 \equiv \mathrm{H}_{1,1}\mathrm{H}_{2,2} \qquad (\mathrm{mod}.\,p).$$

Ajoutons que la première des équations (53) entraine l'une des suppositions

$$\delta^2 \equiv 4, \qquad t^2 \equiv 0,$$
$$\delta^2 \equiv 1, \qquad t^2 \equiv 1,$$

en vertu desquelles

$$\delta^2 - 3t^2$$

se réduit à 4 ou à -2. Donc

$$(55)\qquad \frac{\mathrm{H}_{1,2}}{\mathrm{H}_{2,1}} + \frac{\mathrm{H}_{2,1}}{\mathrm{H}_{1,2}} \equiv 2 \quad \text{ou} \quad -1 \qquad (\mathrm{mod}.\,p).$$

Quant aux valeurs de x, y, elles doivent être paires pour que la seconde des équations (53) puisse être vérifiée.

Prenons, pour fixer les idées, $p = 31$. On aura

$$\mathrm{H}_{1,2} \equiv 14, \qquad \mathrm{H}_{2,1} \equiv 9 \qquad (\mathrm{mod}.\,31),$$

$$\frac{\mathrm{H}_{1,2}}{\mathrm{H}_{2,1}} + \frac{\mathrm{H}_{2,1}}{\mathrm{H}_{1,2}} \equiv 5 + \frac{1}{5} \equiv 5 - 6 \equiv -1 \qquad (\mathrm{mod}.\,31),$$

$$\delta^2 \equiv 1, \qquad t^2 \equiv 1,$$

$$\frac{x^2}{4} \equiv -15\,\frac{y^2}{4} \equiv 16 \equiv -15 \qquad (\mathrm{mod}.\,31),$$

$$31 = 16 + 15 = 4^2 + 15 \cdot 1^2.$$

Prenons encore $p = 61$. On trouvera

$$\Pi_{1,3} \equiv -\frac{9}{5}, \qquad \Pi_{2,3} \equiv \frac{5}{9} \qquad (\mathrm{mod}.61),$$

$$\frac{\Pi_{1,3}}{\Pi_{2,3}} + \frac{\Pi_{2,3}}{\Pi_{1,3}} \equiv -\frac{9}{5} - \frac{5}{9} \equiv -1,$$

$$\frac{x^2}{4} \equiv -15\frac{y^2}{4} \equiv 1 \equiv -60,$$

$$61 = 1 + 60 = 1^2 + 15.2^2.$$

Supposons maintenant que ω soit de la forme $4x + 1$ et ν de la forme $4x + 3$. L'équation (23) sera divisible en deux autres de la forme

$$(56) \qquad 4p^k = \delta^2 + \nu\varepsilon^2, \qquad 4p^{k'} = \delta^2 + \omega\gamma^2,$$

ou l'équation (24) en deux autres de la forme

$$(57) \qquad 4p^k = \nu\delta^2 + \varepsilon^2, \qquad 4p^{k'} = \nu\delta^2 + \omega\gamma^2,$$

δ, ε étant des nombres non divisibles par p. Si d'ailleurs p^λ désigne la plus haute puissance de p qui divise simultanément δ et γ, alors, en posant

$$\delta = p^\lambda x, \qquad \gamma = p^\lambda y,$$

on réduira la seconde des équations (56) ou (57) à

$$(58) \qquad 4p^{k'-2\lambda} = x^2 + \omega y^2$$

ou bien à

$$(59) \qquad 4p^{k'-2\lambda} = \nu x^2 + \omega y^2,$$

Enfin, au lieu des formules (29) ou (30), on trouvera

$$(60)\quad\begin{cases} 4\varphi(\alpha,\varsigma) &= [\delta - \varepsilon(\varsigma - \varsigma^n + \ldots - \varsigma^{n^{n-1}})][\theta + \gamma(\alpha - \alpha^n + \ldots - \alpha^{n^{n-1}})(\varsigma - \varsigma^n + \ldots - \varsigma^{n^{n-1}})], \\ 4\varphi(\alpha,\varsigma^n) &= [\delta + \varepsilon(\varsigma - \varsigma^n + \ldots - \varsigma^{n^{n-1}})][\delta - \gamma(\alpha - \alpha^n + \ldots - \alpha^{n^{n-1}})(\varsigma - \varsigma^n + \ldots - \varsigma^{n^{n-1}})], \\ 4\varphi(\alpha^n,\varsigma) &= [\delta - \varepsilon(\varsigma - \varsigma^n + \ldots - \varsigma^{n^{n-1}})][\delta - \gamma(\alpha - \alpha^n + \ldots - \alpha^{n^{n-1}})(\varsigma - \varsigma^n + \ldots - \varsigma^{n^{n-1}})], \\ 4\varphi(\alpha^n,\varsigma^n) &= [\delta + \varepsilon(\varsigma - \varsigma^n + \ldots - \varsigma^{n^{n-1}})][\delta + \gamma(\alpha - \alpha^n + \ldots - \alpha^{n^{n-1}})(\varsigma - \varsigma^n + \ldots - \varsigma^{n^{n-1}})] \end{cases}$$

ou bien

$$(61)\quad\begin{cases} 4\varphi(\alpha,\zeta) \;\;\;= [t + \delta(\zeta - \zeta^h + \ldots - \zeta^{h^{n-1}})][-\delta(\zeta - \zeta^h + \ldots - \zeta^{h^{n-1}}) + \gamma(\alpha - \alpha^h + \ldots - \alpha^{h^{n-1}})], \\ 4\varphi(\alpha,\zeta^h) \;= [t - \delta(\zeta - \zeta^h + \ldots - \zeta^{h^{n-1}})][\;\;\delta(\zeta - \zeta^h + \ldots - \zeta^{h^{n-1}}) + \gamma(\alpha - \alpha^h + \ldots - \alpha^{h^{n-1}})], \\ 4\varphi(\alpha^h,\zeta) \;= [t - \delta(\zeta - \zeta^h + \ldots - \zeta^{h^{n-1}})][-\delta(\zeta - \zeta^h + \ldots - \zeta^{h^{n-1}}) - \gamma(\alpha - \alpha^h + \ldots - \alpha^{h^{n-1}})], \\ 4\varphi(\alpha^h,\zeta^h) = [t - \delta(\zeta - \zeta^h + \ldots - \zeta^{h^{n-1}})][\;\;\delta(\zeta - \zeta^h + \ldots - \zeta^{h^{n-1}}) - \gamma(\alpha - \alpha^h + \ldots - \alpha^{h^{n-1}})]; \end{cases}$$

puis on en conclura, dans le premier cas,

$$(62)\quad\begin{cases} x^2 - \omega\nu y^2 = 2\dfrac{\varphi(\alpha,\zeta)\varphi(\alpha^h,\zeta^h) - \varphi(\alpha^h,\zeta)\varphi(\alpha,\zeta^h)}{p^{\lambda+1}}, \\ \delta^2 - \nu\gamma^2 \;\;= 2\dfrac{\varphi(\alpha,\zeta)\varphi(\alpha^h,\zeta) + \varphi(\alpha,\zeta^h)\varphi(\alpha^h,\zeta^h)}{p^{\lambda}}, \end{cases}$$

et, dans le second cas,

$$(63)\quad\begin{cases} \omega y^2 - \nu x^2 = 2\dfrac{\varphi(\alpha,\zeta)\varphi(\alpha^h,\zeta^h) - \varphi(\alpha^h,\zeta)\varphi(\alpha,\zeta^h)}{p^{\lambda+1}}, \\ t^2 \;\;- \nu\delta^2 = 2\dfrac{\varphi(\alpha,\zeta)\varphi(\alpha^h,\zeta) + \varphi(\alpha,\zeta^h)\varphi(\alpha^h,\zeta^h)}{p^{\lambda}}. \end{cases}$$

Exemple. — Supposons

$$\omega = 5, \qquad \nu = 7.$$

On trouvera

$$u = 3, \qquad \alpha = 2,$$

$$v \equiv \frac{1}{7} \equiv -2 \qquad (\text{mod. } 5),$$

$$u^m + v\nu(h - u^m) = u^m - 14(h - u^m) = 15u^m - 14h,$$

$$f(\alpha^h,\zeta) \;= \frac{\Theta_{15-14h}\,\Theta_{-2-14h}\,\Theta_{-(?)-14h}}{\Theta_{-14h}},$$

$$f(\alpha^h,\zeta^h) = \frac{\Theta_{-11-14h}\,\Theta_{5-14h}\,\Theta_{18-14h}}{\Theta_{-14h}},$$

$$\varphi(\alpha,\zeta) \;\;= R_{1,16}\,R_{11,32}\,R_{5,8}\;\,R_{13,29} = p^2\,\frac{R_{13,29}}{R_{23,18}\,R_{11,18}\,R_{21,26}},$$

$$\varphi(\alpha,\zeta^h) \;= R_{24,18}\,R_{32,18}\,R_{25,31}\,R_{27,6} = p\,\frac{R_{33,18}\,R_{34,18}\,R_{31,28}}{R_{14,23}},$$

$$\varphi(\alpha^h,\zeta) \;= R_{2,21}\,R_{25,33}\,R_{8,18}\;\,R_{28,33} = p^2\,\frac{R_{21,42}\,R_{31,22}}{R_{30,13}\,R_{27,17}},$$

$$\varphi(\alpha^h,\zeta^h) = R_{32,2}\;\,R_{1,12}\;\,R_{27,17}\,R_{7,31} = p^2\,\frac{R_{25,2}\,R_{27,15}}{R_{31,22}\,R_{28,12}}$$

et
$$k = 4, \quad k' = 3, \quad k'' = 1, \quad \lambda = 1.$$

On aura, par suite,

$$x^2 - 35 y^2 \quad \text{ou} \quad 5 y^2 - 7 x^2 = 2 \left(\frac{R_{21,15} R_{24,15} R_{31,25} R_{23,27} R_{25,12}}{R_{14,19} R_{43,14} R_{27,17}} + p^2 \times \ldots \right),$$

$$\delta^2 - 7 \varepsilon^2 \quad \text{ou} \quad \varepsilon^2 - 7 \delta^2 = 2 \left(\frac{R_{21,15} R_{24,19} R_{21,26} R_{43,3} R_{27,17}}{R_{13,26} R_{34,23} R_{26,29}} + p^2 \times \ldots \right);$$

puis on en conclura

$$x^2 - 35 y^2 \quad \text{ou} \quad 5 y^2 - 7 x^2 = 2 \frac{\Pi_{1,14} \Pi_{11,17} \Pi_{4,3}}{\Pi_{17,6}} \frac{\Pi_{11,4} \Pi_{5,14}}{\Pi_{2,27} \Pi_{8,14}} \qquad (\text{mod.} p).$$

$$\delta^2 - 7 \varepsilon^2 \quad \text{ou} \quad \varepsilon^2 - 7 \delta^2 = 2 \frac{\Pi_{1,14} \Pi_{11,17} \Pi_{4,3}}{\Pi_{17,6}} \frac{\Pi_{2,29} \Pi_{8,14}}{\Pi_{1,13} \Pi_{6,12}}$$

On aura d'ailleurs, en vertu des formules (56),

$$\delta^2 + 7 \varepsilon^2 \quad \text{ou} \quad \varepsilon^2 + 7 \delta^2 = 4 p,$$
$$x^2 + 35 y^2 \quad \text{ou} \quad 5 y^2 + 7 x^2 = 4 p.$$

D'autre part, p étant de la forme $15 x + 1$, on ne peut supposer

$$5 y^2 + 7 x^2 = 4 p,$$

puisqu'on en tirerait

$$7 x^2 \equiv 4, \quad 7 \equiv \left(\frac{2}{x} \right)^2, \quad 7^2 \equiv 1 \qquad (\text{mod.} 5),$$

tandis que

$$7^2 \equiv 49 \equiv -1 \qquad (\text{mod.} 5).$$

Donc, on aura simplement

$$(64) \qquad \delta^2 + 7 \varepsilon^2 = 4 p, \quad x^2 + 35 y^2 = 4 p,$$

les valeurs de

$$x^2, \quad y^2, \quad \delta^2, \quad \varepsilon^2$$

pouvant être déterminées par les formules

$$(65) \qquad \begin{cases} x^2 \equiv 35 y^2 \equiv \dfrac{\Pi_{1,14} \Pi_{11,17} \Pi_{4,3}}{\Pi_{17,6}} \dfrac{\Pi_{11,4} \Pi_{5,14}}{\Pi_{4,22} \Pi_{8,14}}, \\[2ex] \delta^2 \equiv 7 \varepsilon^2 \equiv \dfrac{\Pi_{1,14} \Pi_{11,17} \Pi_{4,3}}{\Pi_{17,6}} \dfrac{\Pi_{2,22} \Pi_{8,14}}{\Pi_{1,12} \Pi_{6,12}}. \end{cases}$$

Si l'on eût pris, au contraire,

$$u = 7, \qquad v = 5,$$

on aurait trouvé

$$u = 2, \qquad a = 3,$$

$$v \equiv \frac{1}{5} \equiv 3 \qquad (\text{mod. } 7),$$

$$u^m + v\nu(h - u^m) \equiv 15h - 14u^m.$$

$$\bar{\mathfrak{F}}(x^h, \varsigma) = \frac{\Theta_{15h-14}\,\Theta_{15h+14}}{\Theta_{20h}},$$

$$\mathfrak{F}(x^h, \varsigma^n) = \frac{\Theta_{15h+7}\,\Theta_{15h-7}}{\Theta_{25h}},$$

$$\varphi(x, \varsigma) = \frac{\Theta_1\,\Theta_4\,\Theta_{16}\,\Theta_9\,\Theta_{11}\,\Theta_2}{\Theta_{30}\,\Theta_{33}\,\Theta_{15}} = \mathrm{R}_{1,23}\,\mathrm{R}_{16,9}\,\mathrm{R}_{11,4} = P^2\frac{1}{\mathrm{R}_{33,6}\,\mathrm{R}_{19,26}\,\mathrm{R}_{24,31}},$$

$$\varphi(x, \varsigma^n) = \frac{\Theta_{13}\,\Theta_8\,\Theta_2\,\Theta_{27}\,\Theta_{12}\,\Theta_{18}}{\Theta_{20}\,\Theta_{25}\,\Theta_{10}} = \mathrm{R}_{23,8}\,\mathrm{R}_{2,27}\,\mathrm{R}_{32,18} = P^2\frac{\mathrm{R}_{12,13}}{\mathrm{R}_{18,17}\,\mathrm{R}_{22,12}},$$

$$\varphi(x^n, \varsigma) = \mathrm{R}_{11,6}\,\mathrm{R}_{19,26}\,\mathrm{R}_{24,31},$$

$$\varphi(x^n, \varsigma^n) = P\frac{\mathrm{R}_{12,27}\,\mathrm{R}_{32,12}}{\mathrm{R}_{22,13}},$$

$$k = 3, \qquad k'' = 1, \qquad k' = 2, \qquad \lambda = 0,$$

$$(66) \qquad 4p = x^2 + 35y^2, \qquad 4p = \delta^2 + 7\varepsilon^2,$$

$$(67) \quad \begin{cases} x^2 - 35y^2 \equiv \dfrac{\Pi_{3,17}}{\Pi_{23,5}\,\Pi_{8,23}}\,\Pi_{4,29}\,\Pi_{16,9}\,\Pi_{11,4}, \\[2ex] \delta^2 - 7\varepsilon^2 \equiv \dfrac{\Pi_{23,5}\,\Pi_{8,23}}{\Pi_{3,17}}\,\Pi_{4,29}\,\Pi_{16,9}\,\Pi_{11,4}. \end{cases}$$

Il est important d'observer que les équations (65) peuvent être présentées sous les formes

$$(68) \quad \begin{cases} x^2 - 35y^2 = \dfrac{1}{P^2}\big[\varphi(x, \varsigma^n)\,\varphi(x^n, \varsigma) + \varphi(x, \varsigma)\,\varphi(x^n, \varsigma^n)\big] \\[2ex] \qquad = \dfrac{1}{P^2}\left(\dfrac{\Theta_6\,\Theta_{24}\,\Theta_{11}\,\Theta_{31}\,\Theta_{15}\,\Theta_{11}}{\Theta_{25}\,\Theta_7}\ \dfrac{\Theta_{16}\,\Theta_9\,\Theta_{13}\,\Theta_8\,\Theta_{18}\,\Theta_{23}}{\Theta_{13}\,\Theta_{14}} + \ldots\right), \\[3ex] \delta^2 - 7\varepsilon^2 = \dfrac{1}{P^2}\left(\dfrac{\Theta_6\,\Theta_{24}\,\Theta_{11}\,\Theta_{31}\,\Theta_{15}\,\Theta_{11}}{\Theta_{25}\,\Theta_7}\ \dfrac{\Theta_{13}\,\Theta_1\,\Theta_{12}\,\Theta_{13}\,\Theta_{23}\,\Theta_9}{\Theta_{23}\,\Theta_{14}} + \ldots\right). \end{cases}$$

On tirera, au contraire, des formules (67)

$$(69) \quad \begin{cases} x^2 \equiv 35 y^2 \equiv \dfrac{1}{p^2}\left[\varphi(z,\zeta'')\,\varphi(z'',\zeta) + \varphi(z,\zeta)\,\varphi(z'',\zeta'')\right] \\[2mm] \qquad = \dfrac{1}{p^2}\left(\dfrac{\Theta_{34}\,\Theta_{7}\,\Theta_{14}\,\Theta_{6}\,\Theta_{26}\,\Theta_{11}}{\Theta_{5}\,\Theta_{10}\,\Theta_{20}}\ \dfrac{\Theta_{32}\,\Theta_{8}\,\Theta_{44}\,\Theta_{9}\,\Theta_{18}\,\Theta_{23}}{\Theta_{39}\,\Theta_{21}\,\Theta_{43}} + \ldots\right), \\[4mm] \delta^2 \equiv 7\varepsilon^2 \equiv \dfrac{1}{p}\left[\varphi(z'',\zeta)\,\varphi(z'',\zeta'') + \varphi(z,\zeta)\,\varphi(z,\zeta'')\right] \\[2mm] \qquad = \dfrac{1}{p}\left(\dfrac{\Theta_{34}\,\Theta_{32}\,\Theta_{24}\,\Theta_{6}\,\Theta_{26}\,\Theta_{41}}{\Theta_{5}\,\Theta_{10}\,\Theta_{20}}\ \dfrac{\Theta_{14}\,\Theta_{33}\,\Theta_{9}\,\Theta_{27}\,\Theta_{18}\,\Theta_{12}}{\Theta_{5}\,\Theta_{10}\,\Theta_{40}} + \ldots\right). \end{cases}$$

Or, la première des formules (68) coïncide évidemment avec la première des formules (69), attendu qu'on a

$$p^3\,\Theta_{28}\,\Theta_{7}\,\Theta_{11}\,\Theta_{11} \equiv p^3 \equiv p^2\,\Theta_{5}\,\Theta_{10}\,\Theta_{40}\,\Theta_{20}\,\Theta_{23}\,\Theta_{13}.$$

Quant à la seconde des formules (68), elle fournit des valeurs de δ, ε distinctes de celles que fournit la seconde des équations (69), et si, pour plus de commodité, on désigne ces dernières par

$$\delta', \quad \varepsilon',$$

on aura

$$\frac{\delta'^2}{\delta^2} \equiv \frac{\varepsilon'^2}{\varepsilon^2} \equiv p^2 \frac{\Theta_{28}\,\Theta_{7}\,\Theta_{11}\,\Theta_{21}}{(\Theta_{5}\,\Theta_{10}\,\Theta_{40})^2} \equiv \frac{p^3}{(\Theta_{5}\,\Theta_{10}\,\Theta_{20})^2} \equiv \frac{p^3}{p^2\,\mathrm{R}^2_{3,10}} \equiv \mathrm{R}^2_{19,20} \equiv \mathrm{H}^2_{5,10}.$$

Ainsi les équations

$$(70) \qquad \delta^2 + 7\varepsilon^2 = 4p, \qquad \delta'^2 + 7\varepsilon'^2 = 4p^2$$

seront vérifiées simultanément de manière qu'on ait

$$(71) \qquad \frac{\delta'^2}{\delta^2} \equiv \frac{\varepsilon'^2}{\varepsilon^2} \equiv \mathrm{H}^2_{5,10} \qquad (\mathrm{mod}.\,p).$$

Exemple. — Supposons $p = 71$. On aura

$$71 = 64 + 7 = 8^2 + 7 \cdot 1^2 = \left(8 + 7^{\frac{1}{2}}\sqrt{-1}\right)\left(8 - 7^{\frac{1}{2}}\sqrt{-1}\right),$$

$$71^2 = \left(8 + 7^{\frac{1}{2}}\sqrt{-1}\right)^2\left(8 - 7^{\frac{1}{2}}\sqrt{-1}\right)^2$$

$$= \left(57 + 16\cdot 7^{\frac{1}{2}}\sqrt{-1}\right)\left(57 - 16\cdot 7^{\frac{1}{2}}\sqrt{-1}\right) = 57^2 + 7\cdot 16^2,$$

$$\frac{\delta}{2} = 8, \qquad \frac{\varepsilon}{2} = 1, \qquad \frac{\delta'}{2} = 57, \qquad \frac{\varepsilon'}{2} = 16$$

et l'équation (71) donnera

$$\left(\frac{57}{8}\right)^2 \equiv 16^2 \equiv \Pi_{5,10}^2 \qquad (\text{mod. } 71).$$

Effectivement

$$57 \equiv 8.16 \qquad (\text{mod. } 71)$$

et, de plus,

$$\Pi_{5,10} = \frac{15\varpi(15\varpi-1)\ldots(10\varpi+1)}{1.2\ldots5\varpi} = \frac{30.29.28.27.26.25.24.23.22.21}{1.2.3.4.5.6.7.8.9.10} \equiv 16.$$

Supposons enfin que ω et ν soient tous deux de la forme $4x+3$. Alors, en posant

$$A = 6\delta, \qquad B = 6\varepsilon, \qquad C = \gamma\delta, \qquad D = \gamma\varepsilon,$$

on tirera des formules (10), (13)

$$(72)\quad \begin{cases} 4\varphi(\alpha,\varsigma) = [\delta+\varepsilon(\alpha-\alpha^{r}+\ldots-\alpha^{r^{n-2}})][6+\gamma(\varsigma-\varsigma^{r}+\ldots-\varsigma^{r^{n-2}})], \\ 4\varphi(\alpha,\varsigma^{r}) = [\delta+\varepsilon(\alpha-\alpha^{r}+\ldots-\alpha^{r^{n-2}})][6-\gamma(\varsigma-\varsigma^{r}+\ldots-\varsigma^{r^{n-2}})], \\ 4\varphi(\alpha^{r},\varsigma) = [\delta-\varepsilon(\alpha-\alpha^{r}+\ldots-\alpha^{r^{n-2}})][6+\gamma(\varsigma-\varsigma^{r}+\ldots-\varsigma^{r^{n-2}})], \\ 4\varphi(\alpha^{r},\varsigma^{r}) = [\delta-\varepsilon(\alpha-\alpha^{r}+\ldots-\alpha^{r^{n-2}})][6-\gamma(\varsigma-\varsigma^{r}+\ldots-\varsigma^{r^{n-2}})]. \end{cases}$$

De plus, comme, dans la formule (25), $\delta^2+\omega\varepsilon^2$ ne peut être impair sans que 6, γ deviennent pairs l'un et l'autre, et qu'alors on peut faire passer dans δ^2 et ε^2 le facteur 4 commun à 6^2 et γ^2, on pourra toujours partager la formule (25) en deux autres de la forme

$$(73)\qquad 4p^{\lambda} = \delta^2+\omega\varepsilon^2, \qquad 4p^{\lambda'} = 6^2+\nu\gamma^2.$$

On pourra d'ailleurs supposer δ, ε non divisibles par p; et, si l'on nomme p^{i} la plus haute puissance de p qui divise 6 et γ, alors, en faisant

$$6 = p^{i}x, \qquad \gamma = p^{i}y,$$

on trouvera

$$(74)\qquad 4p^{\lambda'-2i} = x^2+\nu y^2.$$

D'autre part, il est clair que $p^{\lambda''}$ sera la plus haute puissance de p qui divise les deux produits

$$\varphi(\alpha,\varsigma)\,\varphi(\alpha,\varsigma^{r}), \quad \varphi(\alpha^{r},\varsigma)\,\varphi(\alpha^{r},\varsigma^{r}),$$

et p^λ la plus haute puissance de μ, qui divise simultanément les expressions

$$\varphi(\alpha,\varsigma), \quad \varphi(\alpha,\varsigma^n), \quad \varphi(\alpha^n,\varsigma), \quad \varphi(\alpha^n,\varsigma^n),$$

et l'on tirera des équations (72)

$$(75) \quad \begin{cases} x^2 - \nu y^2 = 2\,\dfrac{\varphi(\alpha,\varsigma)\,\varphi(\alpha^n,\varsigma) + \varphi(\alpha,\varsigma^n)\,\varphi(\alpha^n,\varsigma^n)}{p^{k+2\lambda}}, \\[2ex] \delta^2 - \omega\varepsilon^2 = 2\,\dfrac{\varphi(\alpha,\varsigma)\,\varphi(\alpha,\varsigma^n) + \varphi(\alpha^n,\varsigma)\,\varphi(\alpha^n,\varsigma^n)}{p^{\lambda}}. \end{cases}$$

Exemple. — Prenons

$$\omega = 3, \quad \nu = 7.$$

On trouvera

$$n = 2, \quad u = 3,$$

$$v \equiv \frac{1}{\nu} \equiv 1 \pmod{\omega},$$

$$u^m + v\nu(h - u^m) = u^m + 7(h - u^m) = 7h - 6u^m,$$

$$\vartheta(\alpha^h,\varsigma) = \frac{\Theta_{7h-6}\,\Theta_{7h-12}\,\Theta_{7h+18}}{\Theta_{21h}},$$

$$\vartheta(\alpha^h,\varsigma^n) = \frac{\Theta_{7h+6}\,\Theta_{7h+12}\,\Theta_{7h-18}}{\Theta_{21h}},$$

$$\varphi(\alpha,\varsigma) = \frac{\Theta_1\,\Theta_{16}\,\Theta_4}{\Theta_{21}} = p\,\mathrm{R}_{1,4} = p\,\mathrm{R}_{4,16} = p\,\mathrm{R}_{3,16},$$

$$\varphi(\alpha,\varsigma^n) = \frac{\Theta_{13}\,\Theta_{18}\,\Theta_{10}}{\Theta_{21}} = p\,\mathrm{R}_{18,13} = p\,\mathrm{R}_{13,19} = p\,\mathrm{R}_{20,19},$$

$$\varphi(\alpha^2,\varsigma) = \frac{\Theta_8\,\Theta_2\,\Theta_{11}}{\Theta_{12}} = p\,\mathrm{R}_{2,8} = p\,\mathrm{R}_{8,11} = p\,\mathrm{R}_{2,11},$$

$$\varphi(\alpha^2,\varsigma^n) = \frac{\Theta_{10}\,\Theta_4\,\Theta_{17}}{\Theta_{15}} = p\,\mathrm{R}_{20,5} = p\,\mathrm{R}_{5,17} = p\,\mathrm{R}_{20,17}.$$

Ainsi l'on aura

$$\varphi(\alpha,\varsigma) = \frac{p^3}{\mathrm{R}_{20,17}}, \qquad \varphi(\alpha,\varsigma^n) = p\,\mathrm{R}_{13,19},$$

$$\varphi(\alpha^2,\varsigma) = \frac{p^2}{\mathrm{R}_{13,19}}, \qquad \varphi(\alpha^2,\varsigma^n) = p\,\mathrm{R}_{20,17};$$

$$k = 3, \quad k' = 3, \quad k'' = 0, \quad \lambda = 1$$

et, par suite,

(76) $$4 = \delta^2 + 3\varepsilon^2, \qquad 4p = x^2 + 7y^2.$$

(77) $$\left\{\begin{aligned} x^2 &\equiv -7y^2 \equiv B_{13,19}B_{20,17} \equiv \Pi_{2,6}\Pi_{1,3}, \\ \frac{1}{2}(\delta^2 - 3\varepsilon^2) &\equiv \frac{B_{13,19}}{B_{20,17}} + \frac{B_{20,17}}{B_{13,19}} \equiv \frac{\Pi_{2,6}}{\Pi_{1,3}} + \frac{\Pi_{1,3}}{\Pi_{2,6}}. \end{aligned}\right.$$

Supposons, pour fixer les idées, $p = 43$. On aura

$$\varpi = 2,$$

$$\Pi_{1,3} \equiv \frac{5\varpi\ldots(4\varpi+1)}{1.2\ldots\varpi} = \frac{10.9}{1.2} = 45 \equiv 2,$$

$$\Pi_{2,6} \equiv \frac{10\varpi\ldots(8\varpi+1)}{1.2\ldots2\varpi} = \frac{20.19.18.17}{1.2.3.4} = 3.17.19.5 \equiv -14,$$

$$\frac{x^2}{4} \equiv -7\frac{y^2}{4} \equiv -\frac{28}{4} \equiv -7 \equiv 36,$$

$$\frac{1}{2}(\delta^2 - 3\varepsilon^2) \equiv -7 - \frac{1}{7} \equiv -1,$$

$$\delta^2 - 3\varepsilon^2 \equiv -2, \qquad \delta^2 + 3\varepsilon^2 = 4$$

et, par suite,

$$\delta^2 = 1, \qquad \varepsilon^2 = 1, \qquad \frac{1}{4}x^2 = 36, \qquad \frac{1}{4}y^2 = 1.$$

Effectivement

$$43 = 36 + 7 = 6^2 + 7.1^2.$$

Il est bon d'observer qu'on aura encore, en vertu des principes établis dans le paragraphe I,

(78) $$x^2 \equiv \Pi^2_{3,6}.$$

Donc

(79) $$\Pi^2_{3,6} \equiv \Pi_{1,3}\Pi_{2,6}.$$

Effectivement, si l'on prend $p = 43$, on trouvera

$$\Pi_{3,6} \equiv \frac{18.17.16.15.14.13}{1.2.3.4.5.6} = 6.13.14.17 \equiv -12,$$

$$\Pi^2_{3,6} \equiv 144 \equiv 15 \equiv -28 \equiv \Pi_{1,3}\Pi_{2,6}.$$

On aura d'ailleurs, en vertu de la première des formules (75),

$$x^2 - 7y^2 = \frac{p^2}{2}\left(\frac{\Theta_1\,\Theta_3\,\Theta_{16}}{\Theta_{21}}\,\frac{\Theta_4\,\Theta_6\,\Theta_{11}}{\Theta_{71}} - \frac{\Theta_3\,\Theta_2\,\Theta_{17}}{\Theta_{21}}\,\frac{\Theta_{16}\,\Theta_{12}\,\Theta_{13}}{\Theta_{11}}\right),$$

$$x^2 - 7y^2 = \frac{p^2}{2}\left(\Theta_1\,\Theta_3\,\Theta_{16}\times\Theta_4\,\Theta_6\,\Theta_{11} + \frac{p^2}{\Theta_1\,\Theta_3\,\Theta_{16}\times\Theta_4\,\Theta_6\,\Theta_{11}}\right),$$

tandis que les principes ci-dessus rappelés donneront

$$x^2 - 7y^2 = \frac{2}{p^2}\left(\Theta_1^2\,\Theta_3^2\,\Theta_4^2 + \frac{p^2}{\Theta_1^2\,\Theta_2^2\,\Theta_3^2}\right).$$

En général, on vérifie l'équivalence

$$v \equiv \frac{1}{y} \qquad (\bmod.\ \omega),$$

lorsque ω est premier, en prenant

$$v = y^{\omega-2}.$$

Donc la formule (1) peut être réduite à

$$(80) \qquad f(x^h, \varsigma) = \frac{\Theta_{1+v^{\omega-2}(h-1)}\,\Theta_{2+v^{\omega-2}(h-1)+\omega^2(\ldots)}\cdots\Theta_{\omega-1+v^{\omega-2}(h-1)+\omega^{2}(\ldots)}}{\Theta_{v^{\omega-2}\frac{\omega-1}{2}h}},$$

et la formule (2) à

$$(81) \qquad f(x^h, \varsigma^n) = \frac{\Theta_{\omega+v^{\omega-2}(h-n)}\,\Theta_{2+v^{\omega-2}(h-n)+\cdots}\cdots\Theta_{\omega-1+v^{\omega-2}(h-n)+\cdots}}{\Theta_{v^{\omega-2}\frac{\omega-1}{2}h}}.$$

Par suite, les divers facteurs que renfermera le numérateur de la fraction équivalente à $\varphi(x, \varsigma)$ seront de la forme

$$\Theta_{\omega^{\mu-1}+v^{\omega-2}-\mu^{\omega-2}\omega^{\nu}}.$$

De même, les numérateurs des fractions équivalentes à $\varphi(x, \varsigma^n)$, $\varphi(x^n, \varsigma)$, $\varphi(x^n, \varsigma^n)$ auront pour facteurs des expressions de la forme

$$\Theta_{\omega^{\mu-1}+v^{\omega-2}-\mu^{\omega-2}+\omega^{\nu}},$$
$$\Theta_{\omega^{\mu-1}+v^{\omega-2}-\mu^{\omega-2}+\omega^{\nu}},$$
$$\Theta_{\omega^{\mu-1}+v^{\omega-2}-\mu^{\omega-2}+\omega^{\nu}}.$$

Cela posé, il sera facile de déterminer les nombres ci-dessus désignés par

$$k,\quad k',\quad k'',\quad \lambda$$

si l'on parvient à trouver combien il y a de nombres entiers de chacune des formes

$$u^{2m}+\nu^{\omega-1}(a^{2m}-u^{2m}),\quad u^{2m+1}+\nu^{\omega-1}(a^{2m}-u^{2m+1}),$$
$$u^{2m}+\nu^{\omega-1}(a^{2m+1}-u^{2m}),\quad u^{2m+1}+\nu^{\omega-1}(a^{2m+1}-u^{2m+1})$$

entre les limites $0, \frac{n}{2}$.

§ IV. — *Suite du même sujet.*

Supposons, comme dans le paragraphe II,

$$n=\omega\nu \qquad (\nu \text{ étant un nombre premier}),$$
$$p-1=n\varpi=\nu\psi,\qquad \psi=\omega\varpi,$$

et soient

$$\rho,\quad \sigma,\quad \varsigma$$

des racines primitives des équations

$$x^n=1,\qquad x^\omega=1,\qquad x^\nu=1.$$

Soient encore θ, τ des racines primitives de

$$x^p=1,\qquad x^{p-1}=1$$

et t, s, u des racines primitives des équivalences

$$x^{p-1}\equiv 1 \pmod{p},\qquad x^\nu\equiv 1 \pmod{p},\qquad x^{\nu-1}\equiv 1 \pmod{\nu}.$$

Soit enfin

$$v\equiv\frac{1}{\nu} \pmod{\omega}.$$

On aura

$$\mathfrak{F}(\alpha^h, \varsigma) = \mathfrak{F}(\alpha^h, \varsigma^{n'}) = \mathfrak{F}(\alpha^h, \varsigma^{n''}) = \ldots = \mathfrak{F}(\alpha^h, \varsigma^{n^{s-1}})$$
$$= \frac{\Theta_{(a+v)(h-u)} \Theta_{a'+v'(h-u')} \Theta_{a''+v''(h-u'')} \ldots \Theta_{a^{s-1}+v^{s-1}(h-u^{s-1})}}{\Theta_{\frac{v(v-1)}{2}h}},$$

$$\mathfrak{F}(\alpha^h, \varsigma^u) = \mathfrak{F}(\alpha^h, \varsigma^{u'}) = \mathfrak{F}(\alpha^h, \varsigma^{u''}) = \ldots = \mathfrak{F}(\alpha^h, \varsigma^{u^{s-1}})$$
$$= \frac{\Theta_{a+v'(h-u)} \Theta_{a'+v''(h-u')} \Theta_{a''+v'''(h-u'')} \ldots \Theta_{a^{s-1}+v^{s}(h-u^{s-1})}}{\Theta_{\frac{v(v-1)}{2}h}}.$$

Si ω est un nombre premier, on pourra prendre

$$v = v^{\omega-2}.$$

Soit d'ailleurs a une racine de l'équivalence

$$x^{\omega-1} \equiv 1 \qquad (\mathrm{mod.}\,\omega)$$

et faisons

$$\varphi(\alpha, \varsigma) = \mathfrak{F}(\alpha, \varsigma)\,\mathfrak{F}(\alpha^{a}, \varsigma)\,\mathfrak{F}(\alpha^{a^2}, \varsigma)\ldots\mathfrak{F}(\alpha^{a^{\omega-2}}, \varsigma),$$
$$\chi(\alpha, \varsigma) = \varphi(\alpha, \varsigma)\,\varphi(\alpha^{a}, \varsigma^{a}).$$

On aura

$$\chi(\alpha, \varsigma) = \varphi(\alpha, \varsigma)\,\varphi(\alpha^{a}, \varsigma^{a}) = \chi(\alpha^{a}, \varsigma^{a}),$$
$$\chi(\alpha^{a}, \varsigma) = \varphi(\alpha^{a}, \varsigma)\,\varphi(\alpha, \varsigma^{a}) = \chi(\alpha, \varsigma^{a}).$$

Observons maintenant : 1° que a et u vérifient les formules

$$a^{\frac{\omega-1}{2}} \equiv -1 \quad (\mathrm{mod.}\,\omega), \qquad a^{\frac{v-1}{2}} \equiv -1 \quad (\mathrm{mod.}\,v)$$

et que $\frac{\omega-1}{2}$, $\frac{v-1}{2}$ seront pairs ou impairs, suivant que ω, v seront de la forme $4x+1$ ou $4x+3$; 2° que, dans une expression de la forme

$$\Theta_{a^m+v^m(a^m-u^m)} = \Theta_{(1-v^m)u^m+v^m a^m},$$

on peut remplacer u^m par un nombre équivalent à a^m, suivant le module v, et a^m par un nombre équivalent à a^m suivant le module ω. On en conclura sans peine : 1° que chacune des expressions

$$\mathfrak{F}(\alpha, \varsigma),\quad \mathfrak{F}(\alpha^{a}, \varsigma),\quad \ldots,\quad \mathfrak{F}(\alpha, \varsigma^{a}),\quad \ldots,$$
$$\varphi(\alpha, \varsigma),\quad \varphi(\alpha^{a}, \varsigma),\quad \varphi(\alpha, \varsigma^{a}),\quad \varphi(\alpha^{a}, \varsigma^{a})$$

se réduit à une puissance de p lorsque ν et ω sont tous deux de la forme $4x+1$; 2° que les expressions

$$\varphi(\alpha, \zeta)\,\varphi(\alpha^n, \zeta^n) = \chi(\alpha, \zeta) = \chi(\alpha^n, \zeta^n),$$
$$\varphi(\alpha^n, \zeta)\,\varphi(\alpha, \zeta^n) = \chi(\alpha^n, \zeta) = \chi(\alpha, \zeta^n)$$

se réduisent à des puissances de p lorsque ν et ω sont tous deux de la forme $4x+3$. Mais si des deux nombres ω, ν l'un est de la forme $4x+1$, l'autre de la forme $4x+3$, ce sera seulement le produit

$$\chi(\alpha, \zeta)\,\chi(\alpha^n, \zeta)$$

qui se réduira à une puissance entière de p. Alors, si l'on fait, pour abréger,

$$\zeta - \zeta^n + \zeta^{n^2} - \ldots + \zeta^{n^{\omega-3}} - \zeta^{n^{\omega-2}} = \Delta,$$
$$\alpha - \alpha^n + \alpha^{n^2} - \ldots + \alpha^{n^{\nu-3}} - \alpha^{n^{\nu-2}} = \Delta',$$

on aura

$$\zeta + \zeta^{n^2} + \ldots + \zeta^{n^{\omega-3}} = \frac{\Delta - 1}{2}, \qquad \zeta^n + \zeta^{n^3} + \ldots + \zeta^{n^{\omega-2}} = -\frac{\Delta + 1}{2},$$
$$\alpha + \alpha^{n^2} + \ldots + \alpha^{n^{\nu-3}} = \frac{\Delta' - 1}{2}, \qquad \alpha^n + \alpha^{n^3} + \ldots + \alpha^{n^{\nu-2}} = -\frac{\Delta' + 1}{2},$$

et $\chi(\alpha, \zeta)$ sera une fonction entière et linéaire des polynomes

$$\zeta + \zeta^{n^2} + \ldots + \zeta^{n^{\omega-3}}, \quad \zeta^n + \zeta^{n^3} + \ldots + \zeta^{n^{\omega-2}},$$
$$\alpha + \alpha^{n^2} + \ldots + \alpha^{n^{\nu-3}}, \quad \alpha^n + \alpha^{n^3} + \ldots + \alpha^{n^{\nu-2}}$$

qui restera invariable, tandis que l'on remplacera simultanément ζ par ζ^n et α par α^n (1). Donc $2\chi(\alpha, \zeta)$ sera une fonction entière et

(1) Il faudra que l'on ait

$$\begin{aligned}\chi(\alpha, \zeta) = f + g[&(\alpha + \alpha^{n^2} + \ldots + \alpha^{n^{\nu-3}})(\zeta + \zeta^{n^2} + \ldots + \zeta^{n^{\omega-3}}) \\ &+ (\alpha^n + \alpha^{n^3} + \ldots + \alpha^{n^{\nu-2}})(\zeta^n + \zeta^{n^3} + \ldots + \zeta^{n^{\omega-2}})] \\ + h[&(\alpha + \alpha^{n^2} + \ldots + \alpha^{n^{\nu-3}})(\zeta^n + \zeta^{n^3} + \ldots + \zeta^{n^{\omega-2}}) \\ &+ (\alpha^n + \alpha^{n^3} + \ldots + \alpha^{n^{\nu-2}})(\zeta + \zeta^{n^2} + \ldots + \zeta^{n^{\omega-3}})] \\ = f + \frac{g}{2}&(\Delta\Delta' + 1) + \frac{h}{2}(1 - \Delta\Delta'),\end{aligned}$$

f, g, h étant entiers,

$$2\chi(\alpha, \zeta) = 2f + g + h + (g - h)\Delta\Delta'$$

ou

$$2\chi(\alpha, \zeta) = A + B\Delta\Delta',$$

A, B étant de même espèce.

linéaire de Δ et Δ', qui ne changera pas quand on remplacera simultanément Δ par $-\Delta$, Δ' par $-\Delta'$. On aura donc

$$(1) \qquad 2\chi(\alpha,\varsigma) = A + B\Delta\Delta';$$

A, B désignent deux quantités entières. On trouvera, au contraire,

$$(2) \qquad 2\chi(\alpha^\mu,\varsigma) = A - B\Delta\Delta'$$

et, par suite,

$$4\chi(\alpha,\varsigma)\chi(\alpha^\mu,\varsigma) = A^2 - B^2\Delta^2\Delta'^2 = A^2 + \varpi\nu B^2$$

ou, ce qui revient au même,

$$(3) \qquad 4p^{2k} = A^2 + \varpi\nu B^2 \ (^1),$$

A, B étant deux nombres de même espèce, c'est-à-dire tous deux pairs ou tous deux impairs.

Exemple. — Soient

$$\varpi = 3, \qquad \nu = 5.$$

On trouvera

$$k = 2,$$
$$4p^2 = A^2 + 15B^2.$$

Cette dernière équation ne peut subsister, quand A et B sont impairs, puisque alors $A^2 + 15B^2$ est divisible par 8. Donc

$$A = 2X, \qquad B = 2Y,$$
$$(4) \qquad p^2 = X^2 + 15Y^2.$$

D'ailleurs p^2, divisé par 8, donne 1 pour reste. Donc X doit être impair et y impair. Donc

$$Y^2 = 4x^2y^2,$$
$$(5) \qquad p^2 - X^2 = 60x^2y^2.$$

Enfin $p - X$, $p + X$ devant être pairs et $\dfrac{p - X}{2}$, $\dfrac{p + X}{2}$ devant être

---

(^{1}) $\chi(\alpha,\varsigma)$ et $\chi(\alpha^\mu,\varsigma)$ sont des produits de plusieurs facteurs de la forme $R_{h,k}$ dont le nombre est nécessairement pair ou de la forme $2k$.

premiers entre eux, puisque leur somme p est un nombre premier, l'équation (5) ou

$$\frac{p-X}{2}\cdot\frac{p+X}{2}=15\,x^2 y^2$$

se décomposera en deux autres de la forme

$$\frac{p+X}{2}=x^2,\qquad \frac{p-X}{2}=15 y^2$$

ou

$$\frac{p+X}{2}=3 x^2,\qquad \frac{p-X}{2}=5 y^2.$$

Mais, dans le dernier cas, on trouverait

$$p=3 x^2+5 y^2,\qquad 3 x^2\equiv 1 \qquad (\mathrm{mod.}\,5),$$

$$x^2\equiv\frac{1}{3}\equiv 2 \qquad (\mathrm{mod.}\,5),$$

ce qui est impossible. Donc, le premier cas est seul admissible et l'on aura

$$(6)\qquad p=x^2+15 y^2,\qquad X=x^2-15 y^2.$$

En général, l'équation (3) peut s'écrire comme il suit :

$$(7)\qquad (2 p^k - A)(2 p^k + A)=60\,B^2.$$

Soit p^λ la plus haute puissance de p qui divise simultanément A et B; on pourra faire

$$(8)\qquad A=p^\lambda X,\qquad B=p^\lambda Y,\qquad 2k-2\lambda=2\mu$$

et l'équation (7) deviendra

$$4 p^{2k-2\lambda}=4 p^{2\mu}=X^2+60\,Y^2$$

ou

$$(9)\qquad (2 p^\mu + X)(2 p^\mu - X)=60\,Y^2.$$

Alors X et Y seront premiers à p et, comme tout diviseur commun des facteurs

$$(10)\qquad 2 p^\mu + X,\qquad 2 p^\mu - X$$

divisera nécessairement leur somme $4p^2$, ces facteurs ne pourront avoir d'autre commun diviseur que 2 ou 4. Cela posé, si les facteurs (10) sont premiers entre eux, on vérifiera la formule (9) en prenant

$$(11) \qquad 2p^2 + X = \nu x^2, \qquad 2p^2 - X = \varpi y^2$$

et, par suite,

$$(12) \qquad 4p^2 = \nu x^2 + \varpi y^2,$$

ou bien en prenant

$$(13) \qquad 2p^2 + X = x^2, \qquad 2p^2 - X = \varpi y^2$$

et, par suite,

$$(14) \qquad 4p^2 = x^2 + \varpi y^2.$$

Si les facteurs (10) sont pairs l'un et l'autre, X sera pair ainsi que Y et, en posant

$$X = 2X', \qquad Y = 2Y',$$

on tirera de la formule (9)

$$(15) \qquad (p^2 + X')(p^2 - X') = \varpi Y'^2$$

ou

$$p^4 = X'^2 + \varpi Y'^2.$$

Dans cette dernière formule, le premier membre, divisé par 4, donne 1 pour reste. Il doit en être de même du second membre, ce qui exige que X' soit impair et Y' pair, puisque $\nu\varpi$, divisé par 4, donne 3 pour reste. Donc, on ne peut vérifier l'équation (15) qu'en supposant

$$p^2 + X' = \nu x^2, \qquad p^2 - X' = \varpi y^2$$

et, par suite,

$$2p^2 = \nu x^2 + \varpi y^2,$$

ce qui est inadmissible, puisque $2p^2$, divisé par 4, donne 2 pour reste, tandis que $\nu x^2 + \varpi y^2$ ne peut être pair sans être divisible par 4: ou bien en supposant

$$p^\mu + X' = x^2, \qquad p^\mu - X' = \omega\nu y^2,$$
$$2p^\mu = x^2 + \omega\nu y^2,$$

ce qui est encore inadmissible pour la même raison, attendu que $x^2 + \omega\nu y^2$, en devenant pair, sera toujours divisible par 4; ou en adoptant l'une des hypothèses suivantes :

$$p^\mu + X' = 2\nu x^2, \qquad p^\mu - X' = 2\omega y^2,$$
$$(16) \qquad\qquad p^\mu = \nu x^2 + \omega y^2;$$
$$p^\mu + X' = 2x^2, \qquad p^\mu - X' = 2\omega\nu y^2,$$
$$(17) \qquad\qquad p^\mu = x^2 + \omega\nu y^2.$$

Donc, en définitive, on pourra toujours satisfaire par des valeurs entières de x, y à l'une des équations (12), (14), (16), (17).

Comme p est de la forme $\nu\omega x + 1$, les équations (12), (16) ne peuvent subsister qu'autant que l'on a

$$\nu x^2 \equiv 1 \text{ ou } 4 \qquad (\bmod. \omega),$$
$$\omega x^2 \equiv 1 \text{ ou } 4 \qquad (\bmod. \nu)$$

et, par suite,

$$\nu^{\frac{\omega-1}{2}} \equiv 1 \quad (\bmod. \omega) \qquad \omega^{\frac{\nu-1}{2}} \equiv 1 \quad (\bmod. \nu)$$

ou, ce qui revient au même,

$$\left[\frac{\nu}{\omega}\right] = 1, \qquad \left[\frac{\omega}{\nu}\right] = 1.$$

On a d'ailleurs, dans tous les cas,

$$\left[\frac{\nu}{\omega}\right] = \left[\frac{\omega}{\nu}\right].$$

Si

$$\left[\frac{\nu}{\omega}\right] = \left[\frac{\omega}{\nu}\right] = -1,$$

on ne peut admettre que la formule (14) ou (17). Si, de plus, $1 + \nu\omega$ est divisible par 8, on ne peut admettre que la formule (17).

Observons encore que l'on tire des équations (1), (2) et (8)

$$\Lambda = p^\lambda X = \chi(\alpha, \varsigma) + \chi(\alpha^n, \varsigma).$$

Donc

$$X = \frac{\chi(\alpha, \varsigma) + \chi(\alpha^n, \varsigma)}{p^\lambda} = \frac{\varphi(\alpha, \varsigma)\varphi(\alpha^n, \varsigma) + \varphi(\alpha, \varsigma^n)\varphi(\alpha^n, \varsigma^n)}{p^\lambda}.$$

D'ailleurs, on tire des formules (11)

$$2X = 2x^2 - \omega y^2$$

et des formules (13)

$$2X = x^2 - 2\omega y^2.$$

Donc

$$2x^2 - \omega y^2 \quad \text{ou} \quad x^2 - 2\omega y^2 = 2\frac{\varphi(\alpha, \varsigma)\varphi(\alpha^n, \varsigma) + \varphi(\alpha, \varsigma^n)\varphi(\alpha^n, \varsigma^n)}{p^\lambda}.$$

À l'aide de cette dernière équation et de la formule

$$4p^\mu = 2x^2 - \omega y^2 \quad \text{ou} \quad x^2 - 2\omega y^2,$$

on pourra déterminer x et y. On aura, en effet,

$$(18) \quad \begin{cases} 2x^2 - \omega y^2 = \dfrac{\varphi(\alpha, \varsigma)\varphi(\alpha^n, \varsigma) + \varphi(\alpha, \varsigma^n)\varphi(\alpha^n, \varsigma^n)}{p^\lambda} \\ \text{ou} \\ x^2 - 2\omega y^2 = \dfrac{\varphi(\alpha, \varsigma)\varphi(\alpha^n, \varsigma) + \varphi(\alpha, \varsigma^n)\varphi(\alpha^n, \varsigma^n)}{p^\lambda} \end{cases} \quad (\text{mod. } p^\mu).$$

Ces dernières formules offriront le moyen de déterminer x et y lorsqu'on aura $\mu = 1$. Alors, en effet, il suffira de remplacer dans ces formules α et ς par les racines primitives des équivalences

$$x^\varpi \equiv 1 \quad (\text{mod. } p), \qquad x^4 \equiv 1 \quad (\text{mod. } p).$$

En vertu de cette substitution, l'expression

$$R_{h,k} = \frac{\Theta_h \Theta_k}{\Theta_{h+k}} = \left[\frac{1+1}{p}\right]^{-h-k} + \rho^h \left[\frac{1+t}{p}\right]^{-h-k} + \ldots + \rho^{(p-1)h}\left[\frac{1+t^{p-2}}{p}\right]^{-h-k}$$

$$= \left[\frac{1+1}{p}\right]^t + \rho^h \left[\frac{1+t}{p}\right]^t + \ldots + \rho^{(p-2)a}\left[\frac{1+t^{p-2}}{p}\right]^t,$$

dans laquelle on suppose

$$k + h + l \equiv 0 \pmod{n},$$

deviendra

$$\begin{aligned}
&(1+1)^{l\varpi} + \rho^h(1+t)^{l\varpi} + \ldots + \rho^{(p-2)h}(1+t^{p-2})^{l\varpi} \\
&= (1+1)^{l\varpi} + t^{h\varpi}(1+t)^{l\varpi} + \ldots + t^{(p-2)h\varpi}(1+t^{p-2})^{l\varpi} \\
&\equiv (p-1)\mathrm{H}_{n-h,\,n-k} \qquad \pmod{p},
\end{aligned}$$

la valeur de $\mathrm{H}_{h,k}$ étant

$$\mathrm{H}_{h,k} = \frac{1.2.3\ldots\ldots(h+k)\varpi}{(1.2\ldots\ldots h\varpi)(1.2\ldots\ldots k\varpi)}.$$

Soit maintenant

$$(19) \qquad \mathrm{R}_{h,k} = a_0 + a_1\rho + a_2\rho^2 + \ldots + a_{n-1}\rho^{n-1}.$$

On aura identiquement

$$\begin{aligned}
&a_0 + a_1\rho + a_2\rho^2 + \ldots + a_{n-1}\rho^{n-1} \\
&= \left[\frac{1+1}{p}\right]^l + \rho^h\left[\frac{1+t}{p}\right]^l + \ldots + \rho^{(p-2)h}\left[\frac{1+t^{p-2}}{p}\right]^l
\end{aligned}$$

ou

$$\begin{aligned}
&a_0 + a_1\tau^{\varpi} + a_2\tau^{2\varpi} + \ldots + a_{n-1}\tau^{(n-1)\varpi} \\
&= \tau^{l\varpi \mathrm{I}(1)} + \tau^{h\varpi}\tau^{l\varpi \mathrm{I}(1+t)} + \ldots + \tau^{(p-2)h\varpi}\tau^{l\varpi \mathrm{I}(1+t^{p-2})}.
\end{aligned}$$

Si, dans cette dernière formule, on remplace τ par t, on aura

$$(20) \quad \left\{ \begin{aligned}
&a_0 + a_1 t^{\varpi} + a_2 t^{2\varpi} + \ldots + a_{n-1}\tau^{(n-1)\varpi} \\
&\equiv (1+1)^{l\varpi} + t^{h\varpi}(1+t)^{l\varpi} + \ldots + t^{(p-2)h\varpi}(1+t^{p-2})^{l\varpi}
\end{aligned} \right. \pmod{p}.$$

Soit maintenant T une racine primitive de l'équivalence

$$x^{p-1} \equiv 1 \pmod{p^{\nu}}.$$

Je dis qu'on aura

$$(21) \quad \left\{ \begin{aligned}
&a_0 + a_1 \mathrm{T}^{\varpi p^{\nu-1}} + a_2 \mathrm{T}^{2\varpi p^{\nu-1}} + \ldots + a_{n-1} t^{(n-1)\varpi p^{\nu-1}} \\
&\equiv (1+1)^{l\varpi p^{\nu-1}} + \mathrm{T}^{h\varpi p^{\nu-1}}(1+\mathrm{T})^{l\varpi p^{\nu-1}} + \ldots + \mathrm{T}^{(p-2)h\varpi p^{\nu-1}}(1+\mathrm{T}^{p-2})^{l\varpi p^{\nu-1}}
\end{aligned} \right. \pmod{p^{\nu}}.$$

En effet, t étant une racine primitive de l'équivalence

$$x^{p-1} \equiv 1 \pmod{p},$$

on pourra supposer
$$T \equiv t \pmod{p}$$
ou
$$T = t + py,$$
et l'on en conclura
$$T^{p^{k-1}} = (t + py)^{p^{k-1}} = t^{p^{k-1}} + p^k Y$$
ou
$$T^{p^{k-1}} \equiv t^{p^{k-1}} \pmod{p^k} \quad (^1).$$

De même, si l'on a
$$(1 + t^i)^l \equiv t^j \pmod{p}$$
on en conclura
$$(1 + T^i)^l \equiv (1 + t^i)^l \equiv t^j \equiv T^j \pmod{p}$$
ou
$$(1 + T^i)^l = T^j + pz,$$
et, par suite,
$$(1 + T^i)^{l p^{k-1}} = (T^j + pz)^{p^{k-1}} = T^{j p^{k-1}} + p^k Z$$
ou
$$(1 + T^i)^{l p^{k-1}} \equiv T^{j p^{k-1}} \pmod{p^k} \quad (^2).$$

(^{1}) En effet, une équivalence de la forme
$$x \equiv y \pmod{p^i},$$
pouvant s'écrire comme il suit,
$$x \equiv y + p^i z,$$
entraîne la formule
$$x^p \equiv y^p + p^{i+1} z + \ldots$$
ou
$$x^p \equiv y^p \pmod{p^{i+1}}.$$
Donc l'équivalence
$$T \equiv t \pmod{p}$$
entraînera les suivantes :
$$T^p \equiv t^p \pmod{p^2}, \quad T^{p^2} \equiv t^{p^2} \pmod{p^3}, \quad \ldots \quad \text{et} \quad T^{p^{k-1}} \equiv t^{p^{k-1}} \pmod{p^k}.$$

(^{2}) De ce que l'équivalence
$$(1 + t^i)^l \equiv t^j \pmod{p}$$
entraîne les suivantes,
$$(1 + t^i)^{l p^{k-1}} \equiv t^{j p^{k-1}} \pmod{p^k} \quad \text{et} \quad (1 + T^i)^{l p^{k-1}} \equiv T^{j p^{k-1}} \pmod{p^k},$$
résulte immédiatement que l'équivalence
$$t^{h\varpi}(1 + t^i)^{l\varpi} \equiv t^{k\varpi} \pmod{p}$$

Au reste, l'équation (20) entraîne encore la suivante :

$$(22)\quad \left\{\begin{array}{l} a_0 + a_1 t^{\varpi p^{\lambda-1}} + \ldots + a_{n-1} t^{(n-1)\varpi p^{\lambda-1}} \\ \equiv (1+1)^{l\varpi p^{\lambda-1}} + t^{h\varpi p^{\lambda-1}}(1+t)^{l\varpi p^{\lambda-1}} + \ldots + t^{(n-1)h\varpi p^{\lambda-1}}(1+t^{n-1})^{l\varpi p^{\lambda-1}} \end{array}\right. \pmod{p^\lambda}.$$

Il est bon d'observer que, pour obtenir le premier membre de la formule (21), il suffit de remplacer, dans $R_{h,k}$,

$$\rho \quad \text{par} \quad T^{\varpi p^{\lambda-1}},$$

qui est, ainsi que T^{ϖ}, une racine primitive de l'équivalence

$$x^n \equiv 1 \pmod{p^\lambda}.$$

D'autre part, comme on aura

$$T^{p-1} \equiv 1 \pmod{p^\lambda}$$

et, par suite,

$$T^{p^\lambda} \equiv T^{p^{\lambda-1}} \equiv \ldots \equiv T^p \equiv T \pmod{p^\lambda},$$

la formule (21) pourra être réduite à

$$(23)\quad \left\{\begin{array}{l} a_0 + a_1 T^{\varpi p^{\lambda-1}} + \ldots + a_{n-1} T^{(n-1)\varpi p^{\lambda-1}} \\ \equiv (1+1)^{l\varpi p^{\lambda-1}} + T^{h\varpi}(1+T)^{l\varpi p^{\lambda-1}} + \ldots + T^{(n-1)h\varpi}(1+T^{p-2})^{l\varpi p^{\lambda-1}} \end{array}\right. \pmod{p^\lambda}.$$

Il est facile de trouver un nombre équivalent suivant le module p^λ au second membre de la formule (23). En effet, on a

$$(1+T^i)^{l\varpi p^{\lambda-1}} = 1 + \frac{l\varpi p^{\lambda-1}}{1} T^i + \frac{l\varpi p^{\lambda-1}(l\varpi p^{\lambda-1}-1)}{1.2} T^{2i} + \ldots$$

et, par suite,

$$\Sigma(1+T^i)^{l\varpi p^{\lambda-1}} = p-1 + \frac{l\varpi p^{\lambda-1}}{1}\Sigma T^i + \frac{l\varpi p^{\lambda-1}(l\varpi p^{\lambda-1}-1)}{1.2}\Sigma T^{2i} + \ldots,$$

$$\Sigma T^{ih\varpi}(1+T^i)^{l\varpi p^{\lambda-1}} = \Sigma T^{ih\varpi} + \frac{l\varpi p^{\lambda-1}}{1}\Sigma T^{i(h\varpi+1)} + \ldots,$$

entraîne les suivantes :

$$t^{h\varpi p^{\lambda-1}}(1+t)^{l\varpi p^{\lambda-1}} \equiv t^{h\varpi p^{\lambda-1}} \pmod{p^\lambda},$$

$$T^{h\varpi p^{\lambda-1}}(1+T)^{l\varpi p^{\lambda-1}} \equiv T^{h\varpi p^{\lambda-1}} \pmod{p^\lambda}.$$

Or, en vertu de ces dernières formules, l'équivalence (20) entraîne à son tour les équivalences (22) et (23).

le signe Σ s'étendant à toutes les valeurs de i, renfermées entre les limites 0, $p-2$. D'ailleurs, on aura

$$\Sigma T^k \equiv 0 \quad (\text{mod. } p^\mu)$$

lorsque k ne sera pas divisible par $p-1 = n\varpi$, et

$$\Sigma T^k \equiv p-1 = n\varpi \quad (\text{mod. } p^\mu)$$

dans le cas contraire. Donc

$$(24) \quad \Sigma T^{ih\varpi}(1+T^i)^{\varpi p^{\mu-1}} \equiv (p-1)\left(\Pi_{n-h,\,lp^{\mu-1}+h-n} + \Pi_{2n-h,\,lp^{\mu-1}+h-2n} + \dots\right),$$

la valeur de $\Pi_{h,k}$ étant

$$(25) \quad \Pi_{h,k} = \frac{1.2.3.\dots.(h+k)\varpi}{(1.2.\dots.h\varpi)(1.2.\dots.k\varpi)}.$$

Cela posé, on aura

$$\Pi_{n-h,\,lp^{\mu-1}+h-n} = \frac{1.2.3.\dots.(lp^{\mu-1}\varpi)}{[1.2.\dots.(n-h)\varpi][1.2.\dots.(lp^{\mu-1}+h-n)\varpi]}$$

$$= \frac{(lp^{\mu-1}\varpi)(lp^{\mu-1}\varpi-1)\dots[(lp^{\mu-1}+h-n)\varpi+1]}{1.2.3.\dots.(n-h)\varpi} \quad (\text{mod. } p^\mu),$$

$$\equiv -\frac{lp^{\mu-1}}{n-h}$$

$$\Pi_{2n-h,\,lp^{\mu-1}+h-2n} = \frac{(lp^{\mu-1}\varpi)(lp^{\mu-1}\varpi-1)\dots[(lp^{\mu-1}+h-2n)\varpi+1]}{1.2.3.\dots.(2n-h)\varpi}$$

$$\equiv \frac{(lp^{\mu-1}\varpi)(lp^{\mu-1}\varpi-p)}{(2n-h)\varpi p} \quad (\text{mod. } p^\mu),$$

$$\equiv \frac{(lp^{\mu-1}\varpi)(lp^{\mu-1}\varpi-1)}{1.(2n-h)\varpi} P$$

$$\Pi_{3n-h,\,lp^{\mu-1}+h-3n} = \frac{(lp^{\mu-1}\varpi)(lp^{\mu-1}\varpi-1)\dots[(lp^{\mu-1}+h-3n)\varpi+1]}{1.2.3.\dots.(3n-h)\varpi}$$

$$\equiv -\frac{(lp^{\mu-1}\varpi)(lp^{\mu-1}\varpi-p)(lp^{\mu-1}\varpi-2p)}{p.2p.(3n-h)\varpi} \quad (\text{mod. } p^\mu),$$

$$\equiv -\frac{(lp^{\mu-1}\varpi)(lp^{\mu-1}\varpi-1)(lp^{\mu-1}\varpi-2)}{1.2.(3n-h)\varpi} P$$

. . . .

Généralement, on aura

$$(26) \quad \begin{cases} \Pi_{in-h,\,lp^{\mu-1}+h-in} \equiv (-1)^i \dfrac{(lp^{\mu-2}\varpi)(lp^{\mu-2}\varpi-1)\dots(lp^{\mu-2}\varpi-i+1)}{1.2.3.\dots(i-1)(in-h)\varpi}\,p \\[2ex] \equiv (-1)^i p^{\mu-1} \dfrac{l}{in-h}\,\dfrac{(lp^{\mu-2}\varpi-1)\dots(lp^{\mu-2}\varpi-i+1)}{1.2.3.\dots(i-1)} \end{cases} \quad (\text{mod. } p^\mu).$$

Lorsque μ surpasse 2, la formule (26) donne

$$\Pi_{in-h,\,lp^{\mu-1}+h-in} \equiv -\,p^{\mu-1}\frac{l}{in-h}.$$

Lorsque $\mu = 2$, elle donne

$$\Pi_{in-h,\,lp+h-in} \equiv (-1)^i p\,\frac{l}{in-h}\,\frac{(l\varpi-1)(l\varpi-2)\dots(l\varpi-i+1)}{1.2.3.\dots(i-1)}.$$

Pour montrer une application des formules qui précèdent, supposons $n = 3$. On trouvera, en prenant $h=1$, $k=1$, $l=1$,

$$R_{1,1} = a_0 + a_1 p + a_2 p^2 = \left[\frac{1+1}{p}\right] + p\left[\frac{1+t}{p}\right] + p^2\left[\frac{1+t^2}{p}\right] + \dots,$$

$$R_{2,2} = a_0 + a_1 p^2 + a_2 p^4 = \left[\frac{1+1}{p}\right]^2 + p^2\left[\frac{1+t}{p}\right]^2 + p^4\left[\frac{1+t^2}{p}\right]^2 + \dots,$$

$$(27) \qquad 4p = (2a_0 - a_1 - a_2)^2 + 3(a_1 - a_2)^2 = x^2 + 3y^2,$$

$$(28) \quad \begin{cases} x = R_{1,1} + R_{2,2} \equiv (1+1)^\varpi + t^\varpi(1+t)^\varpi + t^{2\varpi}(1+t^2)^\varpi + \dots \\[1ex] \qquad + (1+1)^{2\varpi} + t^{2\varpi}(1+t)^{2\varpi} + t^{4\varpi}(1+t^2)^{2\varpi} + \dots \\[1ex] \equiv (p-1)\,\Pi_{1,1}. \end{cases}$$

D'autre part, en ayant égard aux formules (21), (24), et prenant $\mu = 2$, on trouvera encore

$$(29) \quad \begin{cases} x \equiv \sum T^{i\varpi p}(1+T^i)^{\varpi p} + \sum T^{2i\varpi p}(1+T^i)^{2\varpi p} \\[1ex] \equiv (p-1)(\Pi_{1,p-2} + \Pi_{1,p-3} + \Pi_{1,p-1} + \dots + \Pi_{1,2p-1} + \Pi_{1,2p-1} + \dots). \end{cases}$$

Enfin, la formule (26) donnera

$$\Pi_{3i-1,\,p+1-3i} \equiv (-1)^i \frac{p}{3i-1}\,\frac{(\varpi-1)(\varpi-2)\dots(\varpi-i+1)}{1.2.3.\dots(i-1)}$$
$$\Pi_{3i-1,\,2p+1-3i} \equiv (-1)^i \frac{2p}{3i-2}\,\frac{(2\varpi-1)(2\varpi-2)\dots(2\varpi-i+1)}{1.2.3.\dots(i-1)} \qquad (\text{mod. } p^2).$$

Donc, on tirera de la formule (29)

$$(30)\quad \begin{cases} x \equiv (p-1)\left[-\frac{p}{2} + \frac{p}{5}\frac{\varpi-1}{1} - \frac{p}{8}\frac{(\varpi-1)(\varpi-2)}{1.2} + \dots\right] \\[2mm] \quad + (p-1)\left[-\frac{2p}{1} + \frac{2p}{4}\frac{2\varpi-1}{1} - \frac{2p}{7}\frac{(2\varpi-1)(2\varpi-2)}{1.2} + \dots\right]. \end{cases}$$

Il est important d'observer qu'en prenant

$$h = n-1 \quad \text{et} \quad t = \frac{p+n-1}{n} = \varpi+1,$$

on obtiendra une valeur de

$$\Pi_{(n-h,(p^{\mu-1}-h-h)n)} = \Pi_{p,(p^{\mu-1}-p)}$$

déterminée, non plus par la formule (26), mais par la suivante :

$$\Pi_{p,(p^{\mu-1}-1)n} = \frac{(lp^{\mu-1}\varpi)(lp^{\mu-1}\varpi - 1)\dots(lp^{\mu-1}\varpi - p\varpi + 1)}{1.2.3.\dots p\varpi},$$

de laquelle on tirera, en supposant $n = 3$, $\mu = 2$, $l = 2$,

$$(31)\qquad \Pi_{p,p} = \frac{2p\varpi(2p\varpi - 1)\dots(p\varpi + 1)}{1.2.3.\dots p\varpi} \qquad (\text{mod. } p^2).$$

Comme on a d'ailleurs

$$(1 + px)(2 + px)\dots(p - 1 + px)$$
$$\equiv 1.2.3.\dots(p-1)(1 + px)\left(1 + \frac{px}{2}\right)\left(1 + \frac{px}{3}\right)\dots\left(1 + \frac{px}{p-1}\right)$$
$$\equiv 1.2.3.\dots(p-1)\left[1 + px\left(1 + \frac{1}{2} + \frac{1}{3} + \dots + \frac{1}{p-1}\right)\right] \qquad (\text{mod. } p^2)\,(^1),$$
$$\equiv 1.2.3.\dots(p-1)$$

<hr>

(^{1}) En effet, les divers termes de la progression arithmétique

$$1, \quad 2, \quad 3, \quad \dots, \quad p-1$$

seront équivalents, suivant le module p, si l'on fait abstraction de l'ordre dans lequel on les range, aux divers termes de la progression géométrique

$$1, \quad t, \quad t^2, \quad \dots, \quad t^{p-2};$$

d'où il résulte que les divers termes de la suite

$$1, \quad \frac{1}{2}, \quad \frac{1}{3}, \quad \dots, \quad \frac{1}{p-1}$$

on en conclut

$$\frac{(1+px)(2+px)\dots(p-1+px)}{1.2.3\dots(p-1)} \equiv 1 \qquad (\mathrm{mod}.\,p^2),$$

et la formule (31) peut être réduite à

$$(32) \qquad \left\{ \begin{aligned} \Pi_{p,p} &= \frac{2p\varpi(2p\varpi - p)\dots(p\varpi + p)}{p.2p\dots p\varpi} \\ &= \frac{2\varpi(2\varpi - 1)\dots(\varpi + 1)}{1.2.3\dots\varpi} = \Pi_{1,1} \end{aligned} \right. \qquad (\mathrm{mod}.\,p^2).$$

D'ailleurs, dans la formule (29), les quantités désignées à l'aide de la lettre Π étant égales deux à deux, à l'exception de

$$\Pi_{p,p} = \Pi_{1,1} \qquad (\mathrm{mod}.\,p^2),$$

on trouvera

$$x \equiv (p-1)\Big[\Pi_{p,p} + 2\big(\Pi_{2,p-1} + \Pi_{3,p-2} + \dots + \Pi_{\frac{p-1}{2},\frac{p+1}{2}}\big) \\ + 2\big(\Pi_{1,2p-1} + \Pi_{1,2p-2} + \dots + \Pi_{p-1,p+1}\big)\Big],$$

seront équivalents, abstraction faite de l'ordre suivant lequel ils sont rangés, aux divers termes de la progression géométrique

$$1, \quad \frac{1}{2}, \quad \frac{1}{2^2}, \quad \dots, \quad \frac{1}{2^{p-2}},$$

ou, ce qui revient au même, aux divers termes de la suivante :

$$2^{p-1}, \quad 2^{p-2}, \quad 2^{p-3}, \quad \dots, \quad 1.$$

D'ailleurs, la somme de ces derniers termes, savoir

$$1 + 2 + 2^2 + \dots + 2^{p-1} = \frac{2^p - 1}{2 - 1},$$

sera, ainsi que la différence $2^p - 1$, équivalente à zéro, suivant le module p. On aura donc aussi

$$1 + \frac{1}{2} + \frac{1}{3} + \dots + \frac{1}{p-1} \equiv 0 \qquad (\mathrm{mod}.\,p);$$

puis on en conclura

$$p\Big(1 + \frac{1}{2} + \frac{1}{3} + \dots + \frac{1}{p-1}\Big) \equiv 0 \qquad (\mathrm{mod}.\,p^2),$$

et

$$1.2.3\dots(p-1)\Big[1 + px\Big(1 + \frac{1}{2} + \frac{1}{3} + \dots + \frac{1}{p-1}\Big)\Big] \qquad (\mathrm{mod}.\,p^2).$$
$$\equiv 1.2.3\dots(p-1).$$

ou, ce qui revient au même,

$$(33) \qquad x \equiv (p-1)\frac{2\varpi(2\varpi+1)\dots(\varpi+1)}{1.2.3.\dots.\varpi} \qquad (\bmod.\ p^2),$$

$$-2p(p-1)\left[\frac{1}{3}-\frac{1}{5}\frac{\varpi-1}{1}+\frac{1}{8}\frac{(\varpi-1)(\varpi-2)}{1.2}-\dots\pm\frac{1}{\frac{1}{2}(p-3)}\frac{(\varpi-1)\dots\left(\frac{\varpi+3}{2}\right)}{1.2.\dots.\left(\frac{\varpi-3}{2}\right)}\right]$$

$$-2p(p-1)\left[2-\frac{2}{4}\frac{2\varpi-1}{1}+\frac{2}{7}\frac{(2\varpi-1)(2\varpi-2)}{1.2}-\dots\mp\frac{2}{p-3}\frac{(2\varpi-1)\dots(\varpi+1)}{1.2.3.\dots.(\varpi-1)}\right].$$

Ainsi, par exemple, on trouvera, en prenant $p=7$, $\varpi=2$,

$$x \equiv 6[\Pi_{7,7}+2(\Pi_{2,5}+\Pi_{1,13}+\Pi_{4,16})]$$
$$\equiv 6.6+14\left(\frac{1}{2}+2-\frac{3}{2}\right)\equiv 36+14\equiv 1 \qquad (\bmod.\ 49);$$

en prenant $p=13$, $\varpi=4$,

$$x \equiv 12[\Pi_{13,13}+2(\Pi_{2,11}+\Pi_{4,9}+\Pi_{1,25}+\Pi_{5,22}+\Pi_{7,19}+\Pi_{10,16})]$$
$$\equiv 12\left[70-26\left(\frac{1}{2}-\frac{3}{5}+2-\frac{7}{2}+6-7\right)\right] \qquad (\bmod.\ 13^2).$$
$$\equiv 12\left[70+26\left(2+\frac{3}{5}\right)\right]\equiv 12.70\equiv (13-1)(13+1)5\equiv -5$$

NOTE I.

PROPRIÉTÉS FONDAMENTALES DES FONCTIONS Θ_0, Θ_1, ...

n étant un nombre entier quelconque et u, v deux quantités entières positives ou négatives, nous disons que u est *équivalent* à v, suivant le *module* n, lorsque la différence $u - v$ ou $v - u$ est divisible par n, et nous indiquons cette *équivalence*, nommée *congruence* par M. Gauss, à l'aide de la notation

$$u \equiv v \qquad (\mathrm{mod.}\ n)$$

employée par ce géomètre. De plus, p étant un nombre premier, nous disons, avec Euler d'une part et de l'autre avec M. Poinsot, que r est *racine primitive* de l'équivalence

$$x^n \equiv 1 \qquad (\mathrm{mod.}\ p)$$

et ρ *racine primitive* de l'équation

$$x^n = 1$$

lorsque r^n est la plus petite puissance de r qui soit équivalente à l'unité suivant le module p, et ρ^n la plus petite puissance de ρ qui se réduise à l'unité. Dans cette hypothèse, les diverses racines de l'équation

$$\rho^n = 1$$

sont les diverses puissances de ρ, et comme deux puissances, dont les exposants restent équivalents suivant le module n, sont égales entre elles, il est clair que ces diverses racines peuvent être réduites à

$$1,\ \rho,\ \rho^2,\ \ldots,\ \rho^{n-1},$$

De plus, m étant une quantité entière, on peut affirmer que la somme

$$1 + \rho^m + \rho^{2m} + \ldots + \rho^{(n-1)m} = \frac{\rho^{nm} - 1}{\rho^m - 1}$$

se réduira au nombre n ou à zéro, suivant que m sera divisible ou non divisible par n. Enfin, si n est un nombre pair, on aura

$$\rho^{\frac{n}{2}} = -1.$$

Pareillement, si l'équivalence

$$x^n \equiv 1 \quad (\text{mod. } p)$$

offre n racines distinctes, ce qui arrivera si n est diviseur de $p-1$, ces diverses racines seront les diverses puissances de r, et comme deux puissances, dont les exposants seraient équivalents entre eux suivant le module n, resteraient équivalentes entre elles suivant le module p, il est clair que ces diverses racines pourront être réduites à

$$1,\quad r,\quad r^2,\quad \ldots,\quad r^{n-1}.$$

De plus, m étant une quantité entière, on peut affirmer que la somme

$$1 + r^m + r^{2m} + \ldots + r^{(n-1)m} = \frac{r^{nm}-1}{r^m-1}$$

sera équivalente, suivant le module p, au nombre n ou à zéro, selon que m sera divisible ou non divisible par n. Enfin, si n est un nombre pair, on aura

$$r^{\frac{n}{2}} \equiv -1 \quad (\text{mod. } p).$$

Ces principes étant admis, les propositions rappelées dans les premières pages de ce Mémoire et relatives aux propriétés fondamentales des fonctions

$$\Theta_h,\quad \Theta_k,\quad \ldots$$

pourront être facilement établies de la manière suivante.

Nommons :

p un nombre premier impair;
θ une racine primitive de l'équation

$$x^p = 1;$$

τ une racine primitive de l'équation

$$x^{p-1} = 1$$

et t une racine primitive de l'équivalence

$$x^{p-1} \equiv 1 \pmod{p}.$$

Comme les diverses racines de cette équivalence peuvent être représentées par les divers termes de la progression arithmétique

$$1, \quad 2, \quad 3, \quad \ldots, \quad p-1$$

ou, si l'on ne tient pas compte de l'ordre dans lequel elles sont rangées, par les divers termes de la progression géométrique

$$1, \quad t, \quad t^2, \quad \ldots, \quad t^{p-2},$$

l'équation

$$1 + \theta + \theta^2 + \ldots + \theta^{p-1} = 0$$

pourra s'écrire comme il suit :

$$(1) \qquad 1 + \theta^t + \theta^{t^2} + \ldots + \theta^{t^{p-2}} = 0.$$

On aura, d'autre part,

$$\tau^{\frac{p-1}{2}} = -1$$

et

$$1 + \tau^m + \tau^{2m} + \ldots + \tau^{(p-2)m} = p-1$$

ou bien

$$1 + \tau^m + \tau^{2m} + \ldots + \tau^{(p-2)m} = 0,$$

suivant que m sera divisible ou non divisible par $p-1$. Soient d'ailleurs h, k des quantités entières et posons

$$\Theta_h = \theta + \tau^h \theta^t + \tau^{2h} \theta^{t^2} + \ldots + \tau^{(p-2)h} \theta^{t^{p-2}};$$

il est clair que Θ_h, Θ_k seront égaux lorsque h et k seront équivalents entre eux suivant le module $p-1$. De plus, l'équation (1) pourra être présentée sous la forme

$$\Theta_0 = -1.$$

Enfin l'on aura évidemment, quels que soient h et k,

$$(2) \qquad \Theta_h \Theta_k = S(\tau^{ih+jk} \rho^{i+j}),$$

le signe S s'étendant à toutes les valeurs de i et de j comprises dans la suite

$$0, \quad 1, \quad 2, \quad 3, \quad \ldots, \quad p-2.$$

Les valeurs de i et de j qui, dans l'équation (2), rendront, sous le signe S, l'exposant θ équivalent à zéro, suivant le module p, sont celles qui vérifieront la formule

$$t^i + t^j \equiv 0 \qquad (\mathrm{mod}.\, p),$$

de laquelle on tire

$$t^{j-i} \equiv -1 \equiv t^{\pm\frac{p-1}{2}} \qquad (\mathrm{mod}.\, p)$$

et, par suite,

$$j - i \equiv \pm \frac{p-1}{2}$$

ou, ce qui revient au même,

$$j = i \pm \frac{p-1}{2};$$

le signe supérieur ou inférieur devant être adopté, suivant que i est inférieur ou supérieur à $\dfrac{p-1}{2}$. Donc, dans l'équation (2), l'exposant de θ, sous le signe S, deviendra équivalent à zéro, suivant le module p, pour $p-1$ systèmes de valeurs correspondantes de i et de j, la valeur de i pouvant être un quelconque des termes de la suite

$$0, \quad 1, \quad 2, \quad 3, \quad \ldots, \quad p-2;$$

et, dans la somme que représente le second membre de l'équation (2), la partie correspondante à ces valeurs de i et de j sera

$$S\left(\tau^{ih+jk}\right) = S\left(\tau^{i(h+k)} \tau^{\pm\frac{p-1}{2}k}\right)$$

ou, ce qui revient au même,

$$(-1)^k S\left(\tau^{i(h+k)}\right) = (-1)^k \left(1 + \tau^{h+k} + \tau^{2(h+k)} + \ldots + \tau^{(p-2)(h+k)}\right).$$

Donc, en vertu de ce qui a été dit plus haut, cette partie se réduira simplement à

$$(-1)^k (p-1) = (-1)^h (p-1)$$

ou bien à zéro, suivant que $h + k$ sera divisible ou non divisible par $p-1$.

Considérons à présent les systèmes de valeurs de i et de j qui, dans l'équation (2), rendent, sous le signe S, l'exposant de θ équivalent à l'unité suivant le module p. Ces systèmes seront ceux pour lesquels l'équivalence

$$i + j = 1 \qquad (\mathrm{mod.}\, p)$$

se trouvera vérifiée. Or, cette équivalence, présentée sous la forme

$$j = 1 - i,$$

fournira une seule valeur de j, comprise dans la suite

$$0, \quad 1, \quad 2, \quad 3, \quad \ldots, \quad p-2,$$

pour toute valeur de i qui, étant comprise dans la même suite, ne rendra pas nulle la différence

$$1 - i,$$

et, comme la seule valeur $i = 0$ fera évanouir cette différence, il en résulte que l'équivalence dont il s'agit se vérifiera pour $p-2$ systèmes de valeurs correspondantes de i et de j, chacune des valeurs de j étant un terme de la suite

$$1, \quad 2, \quad 3, \quad \ldots, \quad p-2.$$

Cela posé, concevons d'abord que la somme $h + k$ ne soit pas divisible par $p-1$ et désignons alors par $R_{h,k}$ la somme des termes qui, dans le second membre de l'équation (2), seront proportionnels à la première puissance de θ. La valeur de $R_{h,k}$, qui sera déterminée par la formule

$$(3) \qquad\qquad R_{h,k} = S(\tau^{ih+jk}),$$

jointe à la condition

$$(4) \qquad\qquad t^i + t^j \equiv 1 \qquad (\mathrm{mod}.\,p),$$

se composera seulement de $p - 2$ termes de la forme

$$\tau^{ih+jk},$$

et, comme chacun de ces termes sera nécessairement égal à l'un des termes de la progression géométrique

$$1, \quad \tau, \quad \tau^2, \quad \ldots, \quad \tau^{p-2},$$

il est clair qu'on aura

$$(5) \qquad\qquad B_{h,k} = a_0 + a_1\tau + a_2\tau^2 + \ldots + a_{p-2}\tau^{p-2},$$

$a_0, a_1, \ldots, a_{p-2}$ désignant des nombres entiers dont plusieurs pourront s'évanouir et dont la somme vérifiera la condition

$$(6) \qquad\qquad a_0 + a_1 + a_2 + \ldots + a_{p-2} = p - 2.$$

Soit maintenant m l'un quelconque des nombres entiers compris dans la suite

$$1, \quad 2, \quad 3, \quad \ldots, \quad p-2.$$

La somme des termes proportionnels à

$$\varphi^m,$$

dans le second membre de la formule (2), sera évidemment

$$\varphi^m \, S(\tau^{ih+jk}),$$

pourvu que l'on étende le signe S à toutes les valeurs de i et de j qui, n'étant pas situées hors des limites 0, $p - 2$, vérifient l'équivalence

$$t^i + t^j \equiv t^m \qquad (\mathrm{mod}.\,p).$$

Or, cette équivalence pouvant être présentée sous la forme

$$t^{i-m} + t^{j-m} \equiv 1 \qquad (\mathrm{mod}.\,p),$$

si l'on étend le signe S à toutes les valeurs de $i - m$ et de $j - m$ qui la vérifient, on trouvera, en faisant usage de la notation ci-dessus adoptée,

$$R_{h,k} = S(\tau^{(l-m)h+(l-m)k})$$

ou, ce qui revient au même,

$$R_{h,k} = \tau^{-m(h+k)} S(\tau^{ih+jk}),$$

et, par suite,

$$S(\tau^{ih+jk}) = R_{h,k}\tau^{m(h+k)}.$$

Donc, dans le second membre de l'équation (2), la somme des termes proportionnels à

$$\theta^{m}$$

sera généralement

$$R_{h,k}\tau^{m(h+k)}\theta^{m}.$$

Donc, la somme des termes qui renfermeront des puissances positives de θ sera

$$R_{h,k}\, S(\tau^{m(h+k)}\theta^{m}),$$

le signe S s'étendant à toutes les valeurs de m non situées hors des limites 0, $p-2$. D'ailleurs, on aura évidemment, sous cette condition,

$$\Theta_h = S(\tau^{mh}\theta^{m})$$

et, par suite,

$$\Theta_{h+k} = S(\tau^{m(h+k)}\theta^{m}).$$

Ainsi, dans l'hypothèse admise, c'est-à-dire lorsque $h+k$ n'est pas divisible par $p-1$, la somme des termes qui, dans le second membre de l'équation (2), renferment des puissances positives de θ se réduit simplement à

$$R_{h,k}\Theta_{h+k},$$

et comme alors, d'après ce qui a été dit ci-dessus, la somme des autres termes se réduit à zéro, il en résulte qu'on a

$$(7) \qquad \Theta_h \Theta_k = R_{h,k}\Theta_{h+k},$$

la valeur de $R_{h,k}$ étant déterminée par la formule (3) jointe à la formule (4), ou, ce qui revient au même

$$(8) \qquad \Theta_h \Theta_k = \Theta_{h+k} \, \mathrm{S}(\tau^{ih+jk}),$$

pourvu que l'on étende le signe S à toutes les valeurs de i et de j qui, étant comprises dans la suite

$$0, \quad 1, \quad 2, \quad 3, \quad \ldots, \quad p-2,$$

vérifient la condition (4).

Passons au cas où la somme $h+k$ est divisible par $p-1$. Alors, d'après ce qui a été dit ci-dessus, on devra remplacer l'équation (8) par la suivante :

$$\Theta_h \Theta_k = \Theta_{h+k} \, \mathrm{S}(\tau^{ih+jk}) + (-1)^h (p-1),$$

que l'on pourra réduire à

$$\Theta_h \Theta_{-h} = - \mathrm{S}(\tau^{(i-j)h}) + (-1)^h (p-1),$$

attendu que l'équivalence

$$h+k \equiv 0 \qquad \text{ou} \qquad k \equiv -h \qquad (\mathrm{mod}. \, p-1)$$

entraînera les formules

$$\tau^k = \tau^{-h}, \qquad \Theta_k = \Theta_{-h}, \qquad \Theta_{h+k} = \Theta_0 = -1.$$

Donc, si l'on suppose la formule (7) étendue au cas où la somme $h+k$ est divisible par $p-1$, c'est-à-dire si, en choisissant $\mathrm{R}_{h,k}$ de manière à vérifier dans tous les cas cette formule, on pose

$$(9) \qquad \Theta_h \Theta_{-h} = \mathrm{R}_{h,-h} \Theta_0,$$

on aura

$$\mathrm{R}_{h,-h} = \mathrm{S}(\tau^{(i-j)h}) - (-1)^h (p-1).$$

Dans le second membre de cette dernière formule, le signe S doit toujours être étendu aux valeurs de i et de j qui, étant comprises dans la suite

$$0, \quad 1, \quad 2, \quad 3, \quad \ldots, \quad p-2$$

vérifient la condition (4) ou, ce qui revient au même, à toutes les valeurs de $i - j$ qui, étant comprises dans la même suite, vérifient la formule

$$t^{i-j} \equiv t^{i-j} - 1 \qquad (\mathrm{mod.}\, p - 1)$$

et, par conséquent, à toutes les valeurs de $i - j$ distinctes de la valeur

$$\frac{p-1}{2}$$

qui donnerait

$$t^{i-j} \equiv -1 \qquad (\mathrm{mod.}\, p - 1).$$

Or, comme en admettant cette dernière valeur de $i - j$ on aurait généralement

$$S(\tau^{(i-j)h}) = 0,$$

on trouvera au contraire, en l'excluant,

$$S(\tau^{(i-j)h}) = -\tau^{\frac{p-1}{2}h} = -(-1)^h,$$

et, par suite, la valeur trouvée de $R_{h,-h}$ deviendra

$$(10) \qquad\qquad R_{h,-h} = -(-1)^h p,$$

pourvu que h ne soit pas divisible par $p - 1$. Alors aussi l'équation (9) donnera

$$(11) \qquad\qquad \Theta_h \Theta_{-h} = (-1)^h p.$$

Si h devenait lui-même divisible par $p - 1$, il serait pair et, comme on aurait

$$(-1)^h = 1, \qquad \tau^h = 1,$$

la valeur trouvée de $R_{h,-h}$ se réduirait à

$$p - 2 - (p - 1) = -1.$$

Au reste, on peut conclure immédiatement de la formule (7) : 1° que la valeur de $R_{h,k}$ ne varie pas lorsqu'on fait croître ou décroître h ou k d'un multiple de $p - 1$: 2° que $R_{h,k}$ se réduit à -1 dès que l'une des quantités h, k est divisible par $p - 1$. Ainsi, par exemple, si l'on suppose k divisible par $p - 1$, l'on aura

$$\Theta_k = \Theta_0 = -1$$

et, par suite, la formule (7) donnera

$$(12) \qquad R_{h,0} = R_{0,h} = -1.$$

Si, dans la formule (7), on change les signes de h et de k, l'on trouvera

$$\Theta_{-h} \Theta_{-k} = R_{-h,-k} \Theta_{-h,-k}.$$

puis, de cette équation combinée par voie de multiplication avec la formule (7), on tirera, en ayant égard à la formule (11),

$$(13) \qquad R_{h,k} R_{-h,-k} = p.$$

L'équation (13) suppose évidemment h, k et $h + k$ non divisibles par $p - 1$.

Les équations (7), (10), (11), (12), (13) coïncident avec les formules (9), (11), (13) et (12) du paragraphe I de ce Mémoire lorsque le diviseur de $p - 1$, représenté dans ce paragraphe par la lettre ϖ, se réduit à l'unité. Dans le cas contraire, pour passer des unes aux autres, il suffira de remplacer

$$h \text{ par } \varpi h, \quad k \text{ par } \varpi k,$$

puis d'écrire, pour abréger,

$$\Theta_h \text{ au lieu de } \Theta_{\varpi h} \quad \text{et} \quad R_{h,k} \text{ au lieu de } R_{\varpi h,\varpi k}.$$

Lorsque dans la formule (11) on pose

$$h = \frac{p-1}{2},$$

elle fournit un théorème, très remarquable, de M. Gauss et se réduit à

$$(14) \qquad \Theta_{\frac{p-1}{2}}^2 = (-1)^{\frac{p-1}{2}} p.$$

ou, ce qui revient au même, à

$$(14) \qquad (\vartheta - \vartheta^g + \vartheta^{g^2} - \vartheta^{g^3} + \ldots + \vartheta^{g^{p-3}} - \vartheta^{g^{p-2}})^2 = (-1)^{\frac{p-1}{2}} p.$$

Cette dernière équation coïncide avec diverses formules du Mémoire, par exemple avec les formules (12) du paragraphe III.

NOTE II.

SUR DIVERSES FORMULES OBTENUES DANS LE DEUXIÈME PARAGRAPHE.

Il est facile de s'assurer que la formule (61) du paragraphe II entraîne les formules (62), non seulement, comme nous l'avons avancé, dans le cas particulier où μ se réduit à l'unité, mais généralement et quelle que soit la valeur de μ. C'est ce que nous allons démontrer.

Lorsque ν sera de la forme $4x + 1$, les termes des suites (63), (64) étant eux-mêmes de cette forme, puisqu'on a généralement

$$u^m + \nu(1 - u^m) = 1 + (\nu - 1)(1 - u^m) \qquad \text{et} \qquad \nu - 1 \equiv 0 \qquad (\mathrm{mod.}\,4),$$

seront équivalents, suivant le module $n = 4\nu$, à certains termes de la suite

$$1, \quad 5, \quad 9, \quad \ldots, \quad 4\nu - 11, \quad 4\nu - 7, \quad 4\nu - 3.$$

D'ailleurs celle-ci renfermera : 1° un terme égal à ν; 2° $\nu - 1$ termes premiers, non seulement à ν, mais encore à

$$n = 4\nu,$$

et qui, étant en même nombre que les termes des deux suites (63), (64), devront être équivalents, les uns aux termes de la suite (63), les autres aux termes de la suite (64). Parmi ces $\nu - 1$ termes, ceux qui se réduiront à l'un des suivants :

$$1, \quad 2, \quad 3, \quad \dots, \quad \frac{n}{2} = 2\nu,$$

étant précisément

$$1, \quad 5, \quad 9, \quad \dots, \quad 2\nu - 9, \quad 2\nu - 5, \quad 2\nu - 1,$$

seront en nombre égal à

$$\frac{\nu - 1}{2},$$

les uns, dont le nombre sera ν', étant équivalents à certains termes de la suite (63) et les autres, dont le nombre sera ν'', étant équivalents à certains termes de la suite (64). On aura, en conséquence,

$$\nu' + \nu'' = \frac{\nu - 1}{2}.$$

Observons maintenant qu'en vertu des formules

$$u^{\frac{\nu-1}{2}} + 1 \equiv 0 \quad (\mathrm{mod}.\,\nu), \qquad \nu - 1 \equiv 0 \quad (\mathrm{mod}.\,4).$$

on trouvera, quel que soit le nombre entier m,

$$[u^m + \nu(1 - u^m)] + \left[u^{m + \frac{\nu-1}{2}} + \nu\left(1 - u^{m + \frac{\nu-1}{2}}\right)\right] \equiv 2\nu \qquad (\mathrm{mod}.\,n = 4\nu).$$

Donc, chacune des suites (63), (64) se composera de termes qui, pris deux à deux, pourront être représentés par des nombres de la forme

$$h, \quad 2\nu - h,$$

auxquels ils seront équivalents, suivant le module $n = 4\nu$. D'ailleurs, si l'indice h se trouve compris dans la suite

$$1, \quad 5, \quad 9, \quad \dots, \quad 2\nu - 9, \quad 2\nu - 5, \quad 2\nu - 1,$$

on pourra en dire autant de l'indice $2\nu - h$ qui sera distinct de h si h diffère de ν. Donc, chacun des nombres désignés par ν', ν'' sera pair et

$$\frac{1}{2}\nu', \quad \frac{1}{2}\nu''$$

seront entiers. Enfin, comme on aura

$$\frac{\nu + \nu'}{2} = \frac{\nu - 1}{4},$$

on peut affirmer que, si ν est non seulement de la forme $4x + 1$, mais
aussi de la forme $8x + 5$, les deux entiers

$$\tfrac{1}{2}\nu, \quad \tfrac{1}{2}\nu'$$

seront l'un pair, l'autre impair. Donc alors, la différence

$$\tfrac{1}{2}\nu - \tfrac{1}{2}\nu'$$

sera impaire elle-même et ne pourra se réduire à zéro.

A l'aide des observations qui précèdent, on peut ramener à une
forme très simple les valeurs de

$$\mathfrak{I}(\sqrt{-1}, \varsigma), \quad \mathfrak{I}(\sqrt{-1}, \varsigma^x)$$

fournies par les équations (25), (26); et d'abord, puisque les différents termes de chacune des séries (63), (64), pris deux à deux,
peuvent être censés de la forme

$$h, \quad \nu\nu - h,$$

les équations (25), (26), combinées avec la formule

$$\Theta_h \, \Theta_{\nu\nu - h} = \mathrm{R}_{h,\nu\nu - h} \, \Theta_{\nu\nu},$$

donneront

$$\mathfrak{I}(\sqrt{-1}, \varsigma) = \mathrm{R} \ldots \mathrm{R} \ldots \mathrm{R} \ldots \frac{\Theta_{\frac{\nu - 1}{4}}}{\Theta_{\frac{\nu(\nu - 1)}{4}}},$$

$$\mathfrak{I}(\sqrt{-1}, \varsigma^x) = \mathrm{R} \ldots \mathrm{R} \ldots \frac{\Theta_{\frac{\nu - 1}{4}}}{\Theta_{\frac{\nu(\nu - 1)}{4}}}.$$

Si d'ailleurs ν est de la forme $8x + 5$, alors $\dfrac{\nu - 5}{4}$ sera un nombre pair et l'on aura, non seulement

$$\Theta_{2\nu} = \Theta_{-2\nu}, \qquad \Theta_{2\nu}\,\Theta_{-2\nu} = \Theta_{2\nu}^2 = (-1)^{2\nu\varpi}\,p = p,$$

mais encore

$$\Theta_{\frac{\nu(\nu-1)}{2}} = \Theta_{2\nu}, \qquad \frac{\Theta_{2\nu}^{\frac{\nu-1}{2}}}{\Theta_{\frac{\nu(\nu-1)}{2}}} = \Theta_{2\nu}^{\frac{\nu-3}{2}} = p^{\frac{\nu-3}{4}},$$

ce qui réduira les formules précédentes à

$$\mathcal{F}(\sqrt{-1},\varsigma) = p^{\frac{\nu-3}{8}}\, \mathrm{R}_{1,2\nu-1}\mathrm{R}_{-(\nu-1)\varpi,2\nu-(1)\varpi}\cdots \mathrm{R}_{\nu-(\nu-1)\varpi}{}^{\frac{\varpi}{2}},{}_{\nu-(\nu-1)\varpi}{}^{\frac{\varpi}{2}},$$

$$\mathcal{F}(\sqrt{-1},\varsigma^a) = p^{\frac{\nu-3}{8}} \qquad \mathrm{R}_{-(\nu-1)\varpi,3\nu(\nu-1)\varpi}\cdots \mathrm{R}_{\nu-(\nu-1)\varpi}{}^{\frac{\varpi}{2}},{}_{\nu-(\nu-1)\varpi}{}^{\frac{\varpi}{2}},$$

Ces dernières équations et les équations analogues, qui fourniraient les valeurs de

$$\mathcal{F}(-\sqrt{-1},\varsigma), \quad \mathcal{F}(-\sqrt{-1},\varsigma^a),$$

coïncident, comme on devait s'y attendre, avec les formules (66) lorsqu'on prend $\nu = 5$ et avec les formules (74), (75) lorsqu'on prend $\nu = 13$.

Si ν était de la forme $8x + 1$, alors, $\dfrac{\nu-1}{4}$ étant un nombre pair, on aurait

$$\Theta_{\frac{\nu(\nu-1)}{2}} = \Theta_{2\nu} = \Theta_0 = -1, \qquad \Theta_{2\nu}^{\frac{\nu-1}{2}} = p^{\frac{\nu-1}{4}},$$

ce qui réduirait les formules précédemment obtenues à

$$\mathcal{F}(\sqrt{-1},\varsigma) = -p^{\frac{\nu-1}{8}}\,\mathrm{R}_{1,2\nu-1}\mathrm{R}_{\nu-(\nu-1)\varpi,2\nu-(1)\varpi}\cdots \mathrm{R}_{\nu-(\nu-1)\varpi}{}^{\frac{\varpi}{2}},{}_{\nu-(\nu-1)\varpi}{}^{\frac{\varpi}{2}},$$

$$\mathcal{F}(\sqrt{-1},\varsigma^a) = -p^{\frac{\nu-1}{8}} \qquad \mathrm{R}_{\nu-(\nu-1)\varpi,\nu(\nu-1)\varpi}\cdots \mathrm{R}_{\nu-(\nu-1)\varpi}{}^{\frac{\varpi}{2}},{}_{\nu-(\nu-1)\varpi}{}^{\frac{\varpi}{2}},$$

Dans tous les cas, en divisant la valeur de $\mathcal{F}(\sqrt{-1},\varsigma)$ par celle de $\mathcal{F}(\sqrt{-1},\varsigma^a)$, on trouvera

$$\frac{\mathcal{F}(\sqrt{-1},\varsigma)}{\mathcal{F}(\sqrt{-1},\varsigma^a)} = \frac{\mathrm{R}_{1,2\nu-1}\mathrm{R}_{\nu-(\nu-1)\varpi}\cdots \mathrm{R}_{\nu-(\nu-1)\varpi}{}^{\frac{\varpi}{2}},{}_{\nu-(\nu-1)\varpi}{}^{\frac{\varpi}{2}}}{\mathrm{R}_{\nu-(\nu-1)\varpi}\cdots \mathrm{R}_{\nu}{}^{\frac{\varpi}{2}},{}_{\nu-(\nu-1)\varpi}{}^{\frac{\varpi}{2}}}.$$

Si, dans cette dernière formule, on remplace

$$R_{h,k} \quad \text{par} \quad \frac{p}{R_{n-h,n-k}},$$

toutes les fois que h et k sont équivalents, suivant le module $n = 4\nu$, à des nombres compris entre les limites

$$0, \quad \nu,$$

on en tirera

$$\frac{f(\sqrt{-1}, s)}{f(\sqrt{-1}, s^n)} = \frac{p^{\frac{\nu}{2}} f(\rho)}{p^{\frac{\nu}{2}} f(\rho)},$$

$f(\rho)$ et $f(\rho)$ désignant des produits de la forme

$$R_{h,2\nu-h} R_{h,2\nu-h} \ldots$$

composés de facteurs

$$R_{h,2\nu-h} \quad R_{h,2\nu-k} \quad \ldots$$

dont aucun ne deviendra divisible par p lorsqu'on y substituera r à ρ; puis, en ayant égard aux formules (49) ou (56) et représentant par $\frac{\varepsilon}{\gamma}$ la valeur du rapport $\frac{\varepsilon}{\gamma}$ réduit à sa plus simple expression, l'on trouvera successivement

$$\frac{\varepsilon + \gamma(s - s^n + \ldots - s^{n-1})\sqrt{-1}}{\varepsilon - \gamma(s - s^n + \ldots - s^{n-1})\sqrt{-1}} = \frac{p^{\frac{\nu}{2}} f(\rho)}{p^{\frac{\nu}{2}} f(\rho)}$$

et

$$\frac{x + y(s - s^n + \ldots - s^{n-1})\sqrt{-1}}{x - y(s - s^n + \ldots - s^{n-1})\sqrt{-1}} = \frac{p^{\frac{\nu}{2}} f(\rho)}{p^{\frac{\nu}{2}} f(\rho)}.$$

On aura d'ailleurs, en vertu de la seconde des formules (43),

$$[x + y(s - s^n + \ldots - s^{n-1})\sqrt{-1}][x - y(s - s^n + \ldots - s^{n-1})\sqrt{-1}] = x^2 + \nu y^2$$

et, par suite, on trouvera encore

$$[x + y(s - s^n + \ldots - s^{n-1})\sqrt{-1}]^2 f(\rho) = p^{\frac{\nu - \nu}{2}}(x^2 + \nu y^2) f(\rho),$$
$$[x - y(s - s^n + \ldots - s^{n-1})\sqrt{-1}]^2 f(\rho) = p^{\frac{\nu - \nu}{2}}(x^2 + \nu y^2) f(\rho).$$

Si, dans ces dernières équations, on remplace ς par r, on devra y remplacer en même temps ς par s, $\sqrt{-1}$ par a et le signe $=$ par $\equiv$, le module étant le nombre p. On trouvera ainsi

$$[x + (s - s^3 + \ldots - s^{n-2})ay]^2 f(r) \equiv p^{\frac{x^2 - y^2}{2}}(x^2 - yy^2) f(r)$$
$$[x - (s - s^3 + \ldots - s^{n-2})ay]^2 f(r) \equiv p^{\frac{y - y}{2}}(x^2 - yy^2) f(r) \qquad (\mathrm{mod}.\,p).$$

Observons à présent que x et y, n'ayant pas de facteurs communs, ne peuvent être simultanément divisibles par p. Par suite, on pourra en dire autant des expressions

$$x + (s - s^3 + \ldots - s^{n-2})ay, \quad x - (s - s^3 + \ldots - s^{n-2})ay,$$

qui ne peuvent devenir simultanément divisibles par p qu'avec leur somme

$$2x$$

et leur différence

$$2(s - s^3 + \ldots - s^{n-2})ay,$$

par conséquent avec x et y, attendu que les quantités

$$s - s^3 + \ldots - s^{n-2} \quad \text{et} \quad a$$

sont racines des équivalences

$$x^2 \equiv y \quad (\mathrm{mod}.\,p), \qquad x^2 \equiv 1 \quad (\mathrm{mod}.\,p).$$

Cela posé, comme $f(r)$ et $f(r)$ ne seront pas non plus divisibles par p, il est clair que, des deux produits

$$[x + (s - s^3 + \ldots - s^{n-2})ay]^2 f(r), \quad [x - (s - s^3 + \ldots - s^{n-2})ay]^2 f(r),$$

l'un au moins sera équivalent, suivant le module p, à un terme de la suite

$$1, \quad 2, \quad 3, \quad \ldots, \quad p-1,$$

Donc, en vertu des formules obtenues, on pourra en dire autant de l'un des produits

$$p^{\frac{y - y}{2}}(x^2 - yy^2), \quad p^{\frac{x - y}{2}}(x^2 - yy^2).$$

D'ailleurs le binôme

$$x^2 + \nu y^2,$$

étant diviseur de

$$\xi^2 + \nu y^2,$$

devra, en vertu de la formule (47) ou (48), diviser l'un des produits

$$4p^{\frac{\nu-1}{2}}, \quad 4p^{\frac{\nu-3}{2}},$$

et par conséquent il sera, ou de la forme

$$p^\mu$$

si l'un des deux nombres x, y est pair, l'autre impair, ou de la forme

$$2p^\mu$$

si x, y sont tous deux impairs, attendu qu'alors $x^2 + \nu y^2$, divisé par 4, donnera 2 pour reste et ne pourra devenir égal à $4p^\mu$. Or, comme les produits

$$p^{\frac{\nu-\nu'}{2}}(x^2 + \nu y^2), \quad p^{\frac{\nu-\nu'}{2}}(x^2 + \nu y^2)$$

se réduiront, dans le premier cas, à

$$p^{\mu + \frac{\nu-\nu'}{2}}, \quad p^{\mu + \frac{\nu-\nu'}{2}},$$

et, dans le second cas, à

$$2p^{\mu + \frac{\nu-\nu'}{2}}, \quad 2p^{\mu + \frac{\nu-\nu'}{2}},$$

il est clair que l'un des exposants

$$\mu + \frac{\nu-\nu'}{2}, \quad \mu + \frac{\nu-\nu'}{2}$$

devra être égal à zéro. Par conséquent, *si, en prenant pour μ la valeur numérique de la différence* $\dfrac{\nu'}{2} - \dfrac{\nu'}{2}$, *on pose*

$$\mu = \pm \frac{\nu-\nu'}{2},$$

on pourra satisfaire, par des nombres x, y entiers et premiers entre eux,
à l'une des formules

$$p^2 = x^2 + \nu y^2,$$
$$2p^2 = x^2 + \nu y^2,$$

savoir, à la première, par deux nombres entiers, l'un pair, l'autre
impair, ou à la seconde par deux nombres entiers impairs. Mais la
seconde formule ne peut subsister lorsque ν est de la forme $8x + 5$,
puisque alors, pour des valeurs impaires de x, y, $x^2 + \nu y^2$ est de la
forme $8x + 6$, tandis que

$$2p^2 = 2(4\varpi + 1)^2$$

est de la forme $8x + 2$. Donc, *si ν est de la forme $8x + 5$, des nombres
x, y, entiers et premiers entre eux, vérifieront la formule*

$$p^2 = x^2 + \nu y^2,$$

*pourvu que l'on y suppose μ égal à la valeur numérique de la diffé-
rence $\frac{1}{2}\nu' - \frac{1}{2}\nu''$, par conséquent*

$$\mu = \pm \frac{\nu' - \nu''}{2}.$$

D'ailleurs, la valeur précédente de μ est précisément celle que fournit
la première des équations (60). En effet, les expressions (65) se
réduisant, en vertu de la formule

$$\nu' + \nu'' = \frac{\nu - 1}{2},$$

aux deux suivantes,

$$\frac{1}{2}\nu', \quad \frac{1}{2}\nu'',$$

si l'on égale l'une ou l'autre à la différence $\lambda - \frac{1}{2}\frac{\nu - 5}{4}$, on aura

$$2\lambda - \frac{\nu - 5}{4} = \nu' \quad \text{ou} \quad \nu''$$

et la première des formules (60) donnera

$$\mu = \frac{\nu - 3}{2} - 2\lambda = \frac{\nu - 1}{4} + \left(\frac{\nu - 5}{4} - 2\lambda\right) = \frac{\nu' + \nu''}{2} + \left(\frac{\nu - 5}{4} - 2\lambda\right) = \pm \frac{\nu' - \nu''}{2}.$$

Pour établir les propositions ci-dessus énoncées, nous avons eu recours à la formule qui fournit la valeur du rapport des expressions imaginaires

$$\mathfrak{f}(\sqrt{-1}, \varsigma), \quad \mathfrak{f}(\sqrt{-1}, \varsigma^a)$$

et nous avons transformé la fraction qui représente cette valeur, de manière à mettre en évidence tous les facteurs égaux à p, soit dans le numérateur, soit dans le dénominateur. On pourrait faire subir une semblable transformation aux valeurs mêmes des deux expressions imaginaires

$$\mathfrak{f}(\sqrt{-1}, \varsigma), \quad \mathfrak{f}(\sqrt{-1}, \varsigma^a)$$

ou bien encore les deux suivantes :

$$\mathfrak{f}(-\sqrt{-1}, \varsigma), \quad \mathfrak{f}(-\sqrt{-1}, \varsigma^a).$$

Concevons en particulier que, dans les valeurs précédemment trouvées de $\mathfrak{f}(\sqrt{-1}, \varsigma)$ et de $\mathfrak{f}(\sqrt{-1}, \varsigma^a)$, l'on remplace

$$\mathrm{R}_{h,k} \quad \text{par} \quad \frac{p}{\mathrm{R}_{n-h, n-k}},$$

toutes les fois que h et k sont équivalents, suivant le module $n = 4\nu$, à des nombres compris entre les limites

$$0, \quad 2\nu.$$

On trouvera, si ν est de la forme $8x + 5$,

$$\mathfrak{f}(\sqrt{-1}, \varsigma) = p^{\frac{2\nu-3}{4} + \frac{\nu}{2}} \varphi(p), \quad \mathfrak{f}(\sqrt{-1}, \varsigma^a) = p^{\frac{2\nu-5}{4} + \frac{\nu}{2}} \chi(p),$$

en désignant par

$$\varphi(p), \quad \chi(p)$$

deux fractions qui auront pour numérateurs et pour dénominateurs des produits de la forme

$$\mathrm{R}_{h, n-k} \mathrm{R}_{k, q-k} \cdots$$

composés de facteurs dont aucun ne deviendra divisible par p lorsqu'on substituera r à ρ; puis, en ayant égard aux équations (30) du paragraphe II et à la formule

$$\frac{\nu-3}{2} = \frac{\nu-5}{4} + \frac{\nu-1}{4} = \frac{\nu-5}{4} + \frac{\nu'+\nu'}{2},$$

on trouvera encore

$$f(-\sqrt{-1},\varsigma) = p^{\frac{\nu-3}{4}+\frac{\nu'}{2}}\frac{1}{\varphi(\rho)}, \qquad f(-\sqrt{-1},\varsigma^a) = p^{\frac{\nu-3}{2}}\varsigma\frac{1}{\chi(\rho)}.$$

Si ν, au lieu d'être de la forme $8x+5$, était de la forme $8x+1$, les valeurs de

$$f(\sqrt{-1},\varsigma), \quad f(\sqrt{-1},\varsigma^a), \quad f(-\sqrt{-1},\varsigma), \quad f(-\sqrt{-1},\varsigma^a)$$

seraient semblables à celles que nous venons de trouver, à cela près que, dans les exposants de p, la première partie

$$\frac{\nu-5}{8}$$

se trouverait remplacée par

$$\frac{\nu-1}{8}.$$

Dans l'un et l'autre cas, on aura

$$\frac{f(\sqrt{-1},\varsigma)}{p^{\frac{1}{4}}\varphi(\rho)} = \frac{f(\sqrt{-1},\varsigma^a)}{p^{\frac{3}{4}}\chi(\rho)} = \frac{f(-\sqrt{-1},\varsigma)}{p^{\frac{1}{4}}\frac{1}{\varphi(\rho)}} = \frac{f(-\sqrt{-1},\varsigma^a)}{p^{\frac{3}{4}}\frac{1}{\chi(\rho)}},$$

puis on tirera de cette dernière formule, combinée avec les équations (49),

$$\frac{\delta+\varepsilon\sqrt{-1}}{\delta-\varepsilon\sqrt{-1}} = \frac{f(\sqrt{-1},\varsigma)}{f(-\sqrt{-1},\varsigma^a)} = \frac{f(\sqrt{-1},\varsigma^a)}{f(-\sqrt{-1},\varsigma)} = \varphi(\rho)\chi(\rho)$$

et, par suite,

$$(\delta+\varepsilon\sqrt{-1})^2 = (\delta^2+\varepsilon^2)\varphi(\rho)\chi(\rho),$$

$$(\delta-\varepsilon\sqrt{-1})^2 = (\delta^2+\varepsilon^2)\frac{1}{\varphi(\rho)\chi(\rho)}.$$

Si, dans ces dernières formules, on remplace ρ par r, on devra remplacer en même temps $\sqrt{-1}$ par α et le signe $=$ par le signe $\equiv$, le module étant le nombre p. On trouvera ainsi

$$(\delta + \varepsilon a)^2 \equiv (\delta^2 + \varepsilon^2)\, \varphi(r)\, \chi(r)$$
$$(\delta - \varepsilon a)^2 \equiv (\delta^2 + \varepsilon^2)\, \frac{1}{\varphi(r)\, \chi(r)} \qquad (\mathrm{mod}.\, p).$$

Donc, puisque $\varphi(r)$, $\chi(r)$ ne sont équivalents ni à zéro ni à $\frac{1}{0}$, suivant le module p, la somme

$$\delta^2 + \varepsilon^2$$

ne pourra devenir divisible par p qu'avec les deux binomes

$$\delta + \varepsilon a, \quad \delta - \varepsilon a,$$

par conséquent, avec les deux nombres

$$\delta, \quad \varepsilon.$$

D'ailleurs, il est permis de supposer que les nombres δ, ε sont premiers entre eux, attendu qu'on n'altère pas les équations (49) en transportant dans δ et dans γ les facteurs qui seraient communs à δ et à ε. Donc, cette hypothèse étant admise, $\delta^2 + \varepsilon^2$ sera premier à p; et, si l'on nomme comme ci-dessus $\frac{x}{y}$ la forme la plus simple de la fraction $\frac{\delta}{\varepsilon}$, l'équation (47) ou (48) entraînera, ou les deux suivantes :

$$\delta^2 + \varepsilon^2 = 1, \qquad x^2 + \gamma y^2 = p^2$$

si des nombres x, y l'un est pair et l'autre impair, ou les deux suivantes :

$$\delta^2 + \varepsilon^2 = 2, \qquad x + \gamma y^2 = 2 p^2$$

si les nombres x, y sont tous deux impairs. Dans le premier cas, on aura

$$\delta = \pm 1, \qquad \varepsilon = 0$$

ou

$$\delta = 0, \qquad \varepsilon = \pm 1,$$

par conséquent

$$(\delta \pm \varepsilon a)^2 \equiv \pm 1 \qquad (\mathrm{mod}.\, p)$$

et
$$\varphi(r)\chi(r) \equiv \pm 1$$
$$[\varphi(r)\chi(r)]^2 \equiv 1 \qquad (\mathrm{mod.}\,p).$$

Dans le second cas, qui ne se présente jamais lorsque ν est de la forme $8x + 5$, on aurait
$$\delta = \pm 1, \qquad \varepsilon = \pm 1,$$
par conséquent
$$(\delta \pm \varepsilon a)^2 \equiv \pm 2a \qquad (\mathrm{mod.}\,p)$$
et
$$\varphi(r)\chi(r) \equiv \pm a$$
$$[\varphi(r)\chi(r)]^2 \equiv -1 \qquad (\mathrm{mod.}\,p).$$

Pour déduire de ce qui a été dit plus haut la valeur du produit
$$\varphi(r)\chi(r),$$
il suffirait d'observer que les deux expressions
$$p^{\frac{\nu}{2}}\varphi(p), \quad p^{\frac{\nu}{2}}\chi(p)$$
renferment tous les facteurs de la forme
$$\mathrm{R}_{h,2\nu-h} = \mathrm{R}_{h,\,h+2\nu-h} = \mathrm{R}_{h,4\nu-h},$$
h désignant un nombre distinct de ν et compris parmi les termes de la suite
$$1, \quad 5, \quad 9, \quad \ldots, \quad 4\nu-11, \quad 4\nu-7, \quad 4\nu-3.$$

Comme d'ailleurs, pour mettre en évidence les facteurs égaux à p, il suffit de remplacer
$$\mathrm{R}_{h,2\nu-h} \qquad \text{par} \qquad \frac{p}{\mathrm{R}_{\nu-h,\,2-2\nu+h}} = \frac{p}{\mathrm{R}_{4\nu-h,2\nu+h}},$$
lorsque h est renfermé entre les limites 0, 2ν, on trouvera
$$\varphi(p)\chi(p) = \frac{\mathrm{R}_{2\nu+1,2\nu-3}\,\mathrm{R}_{2\nu+5,4\nu-7}\cdots\mathrm{R}_{3\nu-3,3\nu+1}}{\mathrm{R}_{2\nu+1,4\nu-1}\,\mathrm{R}_{2\nu+5,4\nu-5}\cdots\mathrm{R}_{3\nu-1,3\nu+1}}.$$

Il y a plus : comme on aura généralement, ainsi qu'il est facile de le prouver,

$$R_{4v-b}^2 = R_{h,k}\,R_{2v-h,2v-k},$$

on trouvera encore

$$[\varphi(\rho)\chi(\rho)]^3 = \frac{R_{2v+1,2v+3}\,R_{2v+5,2v+7}\cdots R_{4v-3,4v-3}}{R_{2v+3,2v+3}\,R_{2v+5,2v+5}\cdots R_{4v-1,4v-1}}.$$

Si maintenant on remplace ρ par r et le signe $=$ par le signe $\equiv$, on devra remplacer généralement

$$R_{h,k}$$

par

$$-\Pi_{v-h,v-k}$$

et l'on aura, par suite,

$$\varphi(r)\chi(r) \equiv \frac{\Pi_{1,2v-3}\,\Pi_{3,2v+1}\cdots\Pi_{v-3,v+3}}{\Pi_{1,2v-1}\,\Pi_{3,2v-1}\cdots\Pi_{v-1,v+1}}$$

$$[\varphi(r)\chi(r)]^3 \equiv \frac{\Pi_{5,3}\,\Pi_{7,1}\cdots\Pi_{v-3,2v-1}\,\Pi_{v+3,2v+1}\cdots\Pi_{2v-3,4v-3}}{\Pi_{1,1}\,\Pi_{3,6}\cdots\Pi_{v-1,2v-1}\,\Pi_{v+1,2v+1}\cdots\Pi_{2v-1,4v-1}}$$

(mod. p).

En joignant cette dernière formule à celles que nous avons précédemment obtenues, on arrivera immédiatement aux conclusions renfermées dans le théorème suivant :

Théorème. — v et p étant deux nombres premiers, l'un de la forme $4x+1$ et l'autre de la forme $4vx+1$, supposons que la suite des nombres

$$1, \; 5, \; 9, \; \ldots, \; 4v-9, \; 4v-5, \; 4v-1$$

offre v' racines de l'équivalence

$$x^{\frac{v-1}{4}} \equiv 1 \quad (\text{mod. } v)$$

et v'' racines de l'équivalence

$$x^{\frac{v-1}{4}} \equiv -1 \quad (\text{mod. } v),$$

on aura

$$v' + v'' = \frac{v-1}{2};$$

et, si l'on nomme

$$\mu$$

la valeur numérique de

$$\frac{v'-v''}{2},$$

*on pourra satisfaire, par des nombres x, y entiers et premiers entre eux,
à l'équation*

$$x^2 + \nu y^2 = p^\mu,$$

*non seulement lorsque ν sera de la forme $8x + 5$, mais aussi lorsque,
ν étant de la forme $8x + 1$, le rapport*

$$\frac{\Pi_{1,2\nu-1}\Pi_{3,2\nu-3}\ldots\Pi_{\nu-1,\nu+1}}{\Pi_{3,2\nu-3}\Pi_{7,2\nu-7}\ldots\Pi_{\nu-2,\nu+2}}$$

sera une des racines de l'équivalence

$$x^2 \equiv 1 \qquad (\mathrm{mod.}\,p).$$

Si le même rapport cessait d'être équivalent, suivant le module p,
à $+1$ ou à -1, il suit de ce qu'on a dit qu'il deviendrait racine de
l'équivalence

$$x^2 \equiv -1 \qquad (\mathrm{mod.}\,p),$$

et alors on pourrait satisfaire, par des nombres x, y entiers et premiers
entre eux, à l'équation

$$x^2 + \nu y^2 = 2 p^\mu.$$

Au reste, nous n'avons pas encore trouvé d'exemple dans lequel le
rapport dont il s'agit ne fût équivalent, suivant le module p, à ± 1;
et, si l'on démontrait qu'il en est toujours ainsi, on en conclurait
immédiatement qu'on peut satisfaire, par des nombres x, y entiers et
premiers entre eux, à l'équation

$$x^2 + \nu y^2 = p^\mu,$$

non seulement lorsque ν est de la forme $8x + 5$, mais encore lorsque
ν est de la forme $8x + 1$.

Il nous reste à montrer comment on peut déterminer directement la
valeur du nombre

$$\mu = \pm \frac{\nu - \nu'}{2}.$$

Parmi les termes de la suite

$$1, \quad 5, \quad 9, \quad \ldots, \quad 2\nu - 9, \quad 2\nu - 5, \quad 2\nu - 1,$$

plusieurs, en nombre égal à ν', vérifient l'équivalence

$$x^{\frac{\nu-1}{3}} \equiv 1 \qquad (\mathrm{mod.}\,\nu);$$

d'autres, en nombre égal à ν'', vérifient l'équivalence

$$x^{\frac{\nu-1}{3}} \equiv -1 \qquad (\mathrm{mod.}\,\nu),$$

et un seul, savoir le terme ν, satisfait à la condition

$$x^{\frac{\nu-1}{3}} \equiv 0 \qquad (\mathrm{mod.}\,\nu).$$

Cela posé, il est clair qu'on aura non seulement

$$\nu' + \nu'' = \frac{\nu-1}{3},$$

mais encore

$$\nu' - \nu'' \equiv 1^{\frac{\nu-1}{3}} + 5^{\frac{\nu-1}{3}} + 9^{\frac{\nu-1}{3}} + \ldots + (3\nu-9)^{\frac{\nu-1}{3}} + (3\nu-5)^{\frac{\nu-1}{3}} + (3\nu-1)^{\frac{\nu-1}{3}} \qquad (\mathrm{mod.}\,\nu);$$

par conséquent

$$\nu' - \nu'' \equiv \frac{d^{\frac{\nu-1}{3}}}{dz^{\frac{\nu-1}{3}}}\left(e^z + e^{5z} + e^{9z} + \ldots + e^{(3\nu-9)z} + e^{(3\nu-5)z} + e^{(3\nu-1)z}\right) \qquad (\mathrm{mod.}\,\nu),$$

pourvu que l'on suppose $z = 0$ après les différentiations effectuées. On aura d'ailleurs

$$e^z + e^{5z} + e^{9z} + \ldots + e^{(3\nu-1)z} = \frac{e^{(3\nu+1)z} - e^z}{e^{4z} - 1} = (e^{3\nu z} - 1)\frac{e^z}{e^{4z} - e^{-3z}} + \frac{1}{e^z + e^{-3z}},$$

et comme le facteur

$$e^{3\nu z} - 1,$$

ainsi que ses dérivées relatives à z, devient, pour une valeur nulle de z, équivalent à zéro suivant le module ν, on trouvera, en définitive,

$$\nu' - \nu'' \equiv \frac{d^{\frac{\nu-1}{3}}}{dz^{\frac{\nu-1}{3}}}\left(\frac{1}{e^z + e^{-3z}}\right) \qquad (\mathrm{mod.}\,\nu);$$

par conséquent

$$\nu' - \nu'' = \frac{1}{2} \frac{d^{\frac{\nu-1}{2}}}{dz^{\frac{\nu-1}{2}}} \left(1 + \frac{z^2}{1.2} + \frac{z^4}{1.2.3.4} + \ldots \right)^{-1} \qquad (\text{mod. } \nu)$$

et

$$\mu = \pm \frac{1}{4} \frac{d^{\frac{\nu-1}{2}}}{dz^{\frac{\nu-1}{2}}} \left(1 + \frac{z^2}{1.2} + \frac{z^4}{1.2.3.4} + \ldots \right)^{-1} \qquad (\text{mod. } \nu),$$

z devant être réduit à zéro après les différentiations; puis on en conclura

$$\mu = \pm \frac{1.2.3.\ldots.\frac{\nu-1}{2}}{4} S \left[(-1)^{f+g+h+\ldots} \frac{1.2.3.\ldots.(f+g+\ldots)}{(1.2.\ldots.f)(1.2.\ldots.g)\ldots} \left(\frac{1}{1.2} \right)^f \left(\frac{1}{1.2.3.4} \right)^g \ldots \right] \qquad (\text{mod. } \nu),$$

le signe S devant s'étendre à toutes les valeurs entières, nulles ou positives, de $f, g, \ldots$ qui vérifient la formule

$$f + 2g + 3h + \ldots = \frac{\nu-1}{4},$$

et chacun des produits $1.2.\ldots.f$, $1.2.\ldots.g$, $\ldots$ devant être remplacé par l'unité lorsque le dernier facteur f, ou g, $\ldots$ se réduit à zéro. La valeur de l'exposant μ se trouvera ainsi complètement déterminée, puisque d'ailleurs cet exposant doit être positif et inférieur à

$$\frac{\nu + \nu'}{2} = \frac{\nu-1}{4}.$$

Si l'on prend successivement pour ν les différents termes de la suite

$$5, \quad 13, \quad 17, \quad 29, \quad 37, \quad 41, \quad 53, \quad 61, \quad \ldots,$$

on trouvera successivement, pour $\nu = 5$,

$$\mu = \pm \frac{1.2}{4} \cdot \frac{1}{2} = \pm \frac{1}{4} = \pm 1, \qquad \mu = 1;$$

pour $\nu = 13$,

$$\mu = \pm \frac{1.2.3.4.5.6}{4} \left(\frac{1}{2^3} - \frac{1}{1.2.3.4} + \frac{1}{1.2.3.4.5.6} \right) = \pm 1, \qquad \mu = 1;$$

pour $\nu = 17$,

$$\mu = 2, \quad \ldots$$

NOTE III.

SUR LA MULTIPLICATION DES FONCTIONS Θ_h, Θ_k, ...

Les principales formules auxquelles nous sommes parvenus dans le précédent Mémoire y sont déduites de la considération des produits de la forme

$$\Theta_b \Theta_c \Theta_l \ldots$$

Lorsque, p étant un nombre premier impair, on désigne par

$$\vartheta, \tau$$

des racines primitives des équations

$$x^p = 1, \qquad x^{p-1} = 1$$

et par t une racine primitive de l'équivalence

$$x^{p-1} \equiv t \qquad (\mathrm{mod}.\, p),$$

alors la valeur de Θ_h, déterminée par la formule

$$\Theta_h = \vartheta + \tau^h \vartheta^t + \tau^{2h} \vartheta^{t^2} + \ldots + \tau^{(p-2)h} \vartheta^{t^{p-2}},$$

ne varie pas quand on fait croître ou diminuer h d'un multiple de $p - 1$; et l'on a : 1° en supposant h divisible par $p - 1$,

$$\Theta_h = \Theta_0 = -1;$$

2° en supposant h non divisible par $p - 1$,

$$\Theta_h \Theta_{-h} = (-1)^h p.$$

Si, au contraire, en nommant h un diviseur de $p - 1$, on pose

$$\varpi = \frac{p-1}{h}, \qquad \rho = \tau^\varpi$$

et, de plus,

$$(1) \qquad \Theta_h = \theta + \rho^h \theta' + \rho^{2h} \theta'' + \ldots + \rho^{(p-1)h} \theta^{(p-1)},$$

alors Θ_h sera une fonction des racines primitives

$$\theta, \quad \rho$$

des deux équations

$$x^p = 1, \qquad x^n = 1,$$

qui ne variera pas quand on fera croître ou diminuer h d'un multiple de n; et l'on aura : 1° en supposant h divisible par n,

$$(2) \qquad \Theta_h = \Theta_0 = -1;$$

2° en supposant h non divisible par n,

$$(3) \qquad \Theta_h \Theta_{-h} = (-1)^{mh} p = \Theta_h \Theta_{n-h}.$$

Ajoutons qu'en vertu des principes établis dans la première Note, si l'on multiplie Θ_h par Θ_k, on trouvera

$$(4) \qquad \Theta_h \Theta_k = R_{h,k} \Theta_{h+k},$$

$R_{h,k}$ désignant une fonction qui ne renfermera plus θ, mais seulement la racine primitive $\rho = \tau^m$ et ses puissances entières. On aura d'ailleurs, lorsque $h + k$ ne sera pas divisible par n,

$$(5) \qquad R_{h,k} = S(\rho^{ih+jk}),$$

le signe S s'étendant à toutes les valeurs de i et de j qui, étant comprises dans la suite

$$0, \quad 1, \quad 2, \quad 3, \quad \ldots, \quad p - 2,$$

vérifient la formule

$$(6) \qquad t^i + t'^j \equiv 1 \qquad (\mathrm{mod}.\, p).$$

Soient maintenant

$$h, \quad k, \quad l, \quad \ldots$$

des nombres entiers divers. On trouvera successivement

$$\Theta_h \Theta_k = R_{h,k}\, \Theta_{h+k},$$

$$\Theta_h \Theta_k \Theta_l = R_{h,k}\, \Theta_{h+k}\, \Theta_l = R_{h,k} R_{h+k,l}\, \Theta_{h+k+l}, \quad \dots.$$

Donc, si l'on pose généralement

(7) $$\Theta_h \Theta_k \Theta_l \dots = R_{h,k,l,\dots}\, \Theta_{h+k+l+\dots},$$

$R_{h,k,l,\dots}$ sera encore une fonction de ρ déterminée par une équation de la forme

$$R_{h,k,l,\dots} = R_{h,k} R_{h+k,l} \quad \dots.$$

Il est bon d'observer que, si

$$h + k + l + \dots$$

n'est pas divisible par n, on aura

(8) $$R_{h,k,l,\dots} = S(\rho^{ih+i'k+i''l+\dots}),$$

le signe S s'étendant à toutes les valeurs de i, i', i'', ... qui, étant comprises dans la suite

$$0, \quad 1, \quad 2, \quad 3, \quad \dots, \quad p-2,$$

vérifient la condition

(9) $$t^i + t^{i'} + t^{i''} + \dots \equiv 1 \quad (\text{mod.}\, p).$$

Ajoutons qu'en vertu de la formule (7), l'expression

$$R_{h,k,l,\dots} = \frac{\Theta_h \Theta_k \Theta_l \dots}{\Theta_{h+k+l+\dots}}$$

sera, comme le produit

$$\Theta_h \Theta_k \Theta_l \dots$$

et comme l'expression

$$\Theta_{h+k+l+\dots} = \theta + \rho^h \rho^k \rho^l \dots \theta^t + \rho^{2h} \rho^{2k} \rho^{2l} \dots \theta^{t^2} + \dots + \rho^{(p-2)h} \rho^{(p-2)k} \rho^{(p-2)l} \dots \theta^{t^{p-2}},$$

une fonction entière et symétrique de

$$\rho^h, \quad \rho^k, \quad \rho^l, \quad \dots,$$

par conséquent une fonction linéaire des sommes

$$\rho^h \quad + \rho^k \quad + \rho^l \quad + \ldots,$$
$$\rho^{2h} \quad + \rho^{2k} \quad + \rho^{2l} \quad + \ldots,$$
$$\cdots\cdots\cdots\cdots\cdots\cdots\cdots\cdots,$$
$$\rho^{(n-1)h} + \rho^{(n-1)k} + \rho^{(n-1)l} + \ldots,$$

dans lesquelles les coefficients seront des nombres entiers.

Les équations (2), (3) et (7) entraînent les diverses formules que nous avons données dans le Mémoire, et particulièrement celles qui changent le quadruple d'un nombre premier p, ou d'une puissance entière de p, et quelquefois ce nombre lui-même en expressions de la forme

$$x^2 + n y^2,$$

n étant un diviseur de $p - 1$.

D'abord, si l'on suppose $n = 2$, et par suite $\varpi = \dfrac{p-1}{2}$, la racine primitive ρ de l'équivalence

$$x^2 \equiv 1$$

sera simplement

$$\rho \equiv -1,$$

et, en posant $h = 1$, on tirera de la formule (3)

$$\Theta_1^2 = (-1)^{\frac{p-1}{2}} p$$

ou, ce qui revient au même,

$$(10) \qquad (\rho - \rho^9 + \rho^{25} - \ldots - \rho^{p-1})^2 = (-1)^{\frac{p-1}{2}} p.$$

On se trouvera ainsi ramené à la formule (14) de la première Note.

Concevons maintenant que n soit un nombre premier impair. Alors les diverses racines primitives de l'équation

$$(11) \qquad x^n \equiv 1$$

seront

$$\rho, \quad \rho^2, \quad \rho^3, \quad \ldots, \quad \rho^{n-3}, \quad \rho^{n-2}, \quad \rho^{n-1};$$

et si l'on prend successivement pour h les divers exposants de ρ dans ces racines primitives, c'est-à-dire les divers termes de la progression arithmétique

$$1, \quad 2, \quad 3, \quad \ldots, \quad n-3, \quad n-2, \quad n-1,$$

on obtiendra pour valeurs correspondantes de Θ_h les expressions

$$\Theta_1, \quad \Theta_2, \quad \Theta_3, \quad \ldots, \quad \Theta_{n-3}, \quad \Theta_{n-2}, \quad \Theta_{n-1},$$

lesquelles, eu égard à l'équation (3), vérifieront la formule

$$\Theta_1 \Theta_{n-1} = \Theta_2 \Theta_{n-2} = \ldots = \Theta_{\frac{n-1}{2}} \Theta_{\frac{n+1}{2}} = p,$$

par conséquent la suivante :

$$(12) \qquad p^{\frac{n-1}{2}} = \Theta_1 \Theta_2 \Theta_3 \ldots \Theta_{n-3} \Theta_{n-2} \Theta_{n-1}.$$

D'ailleurs, les divers termes de la progression arithmétique

$$1, \quad 2, \quad 3, \quad \ldots, \quad n-3, \quad n-2, \quad n-1$$

peuvent être censés représenter les diverses racines de l'équivalence

$$(13) \qquad x^{n-1} \equiv 1 \qquad (\text{mod. } n).$$

Il y a plus ; si l'on nomme s une racine primitive de cette équivalence, les termes dont il s'agit, abstraction faite de l'ordre dans lequel ils sont rangés, seront équivalents, suivant le module n, aux divers termes de la progression géométrique

$$1, \quad s, \quad s^2, \quad \ldots, \quad s^{n-2},$$

et, par suite, la formule (12) donnera

$$(14) \qquad p^{\frac{n-1}{2}} = \Theta_1 \Theta_s \Theta_{s^2} \ldots \Theta_{s^{n-3}} \Theta_{s^{n-2}}.$$

Observons à présent que l'équivalence (13) se décompose en deux autres dont la première,

$$x^{\frac{n-1}{2}} \equiv 1 \qquad (\text{mod. } n),$$

a pour racines les puissances paires de s, savoir

$$1,\quad s^2,\quad s^4,\quad \ldots,\quad s^{n-3},$$

tandis que la seconde,

$$x^{\frac{n-1}{2}} \equiv -1 \qquad (\text{mod.}\, n),$$

a pour racines les puissances impaires de s. Donc le produit qui constitue le second membre de l'équation (14) peut être décomposé en deux autres produits de la forme

$$\Theta_1\Theta_{s^2}\Theta_{s^4}\ldots\Theta_{s^{n-3}} = R_{1,s^2,s^4,\ldots,s^{n-3}}\Theta_{1+s^2+s^4+\ldots+s^{n-3}},$$
$$\Theta_s\Theta_{s^3}\Theta_{s^5}\ldots\Theta_{s^{n-2}} = R_{s,s^3,s^5,\ldots,s^{n-2}}\Theta_{s+s^3+s^5+\ldots+s^{n-2}};$$

et comme on aura

$$\left.\begin{aligned} 1+s^2+s^4+\ldots+s^{n-3} &= \frac{s^{n-1}-1}{s^2-1} \equiv 0 \\ s+s^3+s^5+\ldots+s^{n-2} &= s\frac{s^{n-1}-1}{s^2-1} \equiv 0 \end{aligned}\right\} \quad (\text{mod.}\, n),$$

par conséquent

$$\Theta_{1+s^2+s^4+\ldots+s^{n-3}} = \Theta_0 = -1,$$
$$\Theta_{s+s^3+s^5+\ldots+s^{n-2}} = \Theta_0 = -1,$$

il est clair que les deux produits

$$\Theta_1\Theta_{s^2}\Theta_{s^4}\ldots\Theta_{s^{n-3}},\quad \Theta_s\Theta_{s^3}\Theta_{s^5}\ldots\Theta_{s^{n-2}}$$

se réduiront, le premier, avec $R_{1,s^2,s^4,\ldots,s^{n-3}}$, à une fonction entière et symétrique de

$$\rho,\quad \rho^{s^2},\quad \rho^{s^4},\quad \ldots,\quad \rho^{s^{n-3}},$$

le second, avec $R_{s,s^3,s^5,\ldots,s^{n-2}}$, à une fonction semblable de

$$\rho^s,\quad \rho^{s^3},\quad \rho^{s^5},\quad \ldots,\quad \rho^{s^{n-2}},$$

les coefficients étant des nombres entiers. D'ailleurs, une fonction entière et symétrique de

$$\rho,\quad \rho^{s^2},\quad \rho^{s^4},\quad \ldots,\quad \rho^{s^{n-3}}$$

sera simplement une fonction linéaire des sommes de la forme

$$\rho^m + \rho^{ms^2} + \rho^{ms^4} + \ldots + \rho^{ms^{n-3}},$$

m désignant un entier inférieur à n; et une semblable somme se réduit toujours à

$$\rho + \rho^{s^2} + \rho^{s^4} + \ldots + \rho^{s^{n-3}}$$

ou bien à

$$\rho^s + \rho^{s^3} + \rho^{s^5} + \ldots + \rho^{s^{n-2}},$$

selon que m est équivalent, suivant le module n, à une puissance paire ou à une puissance impaire de s. On aura donc, en désignant par c_0, c_1, c_2 des quantités entières,

$$\Theta_1\,\Theta_2\,\Theta_3\ldots\Theta_{n-1} = c_0 + c_1(\rho + \rho^{s^2} + \ldots + \rho^{s^{n-3}}) + c_2(\rho^s + \rho^{s^3} + \ldots + \rho^{s^{n-2}}),$$

puis on en conclura, en remplaçant ρ par ρ^s,

$$\Theta_1\,\Theta_2\,\Theta_3\ldots\Theta_{n-1} = c_0 + c_1(\rho^s + \rho^{s^3} + \ldots + \rho^{s^{n-2}}) + c_2(\rho + \rho^{s^2} + \ldots + \rho^{s^{n-3}}).$$

D'autre part, les expressions

$$1, \quad \rho, \quad \rho^s, \quad \ldots, \quad \rho^{s^{n-2}},$$

qui coïncident, à l'ordre près, avec les suivantes :

$$1, \quad \rho, \quad \rho^2, \quad \ldots, \quad \rho^{n-1},$$

représentent les diverses racines de l'équation

$$x^n = 1$$

et offrent une somme nulle; en sorte qu'on a

$$\rho + \rho^s + \rho^{s^2} + \ldots + \rho^{s^{n-2}} = -1.$$

Ce n'est pas tout; si l'on pose

$$\rho - \rho^s + \rho^{s^2} - \ldots - \rho^{s^{n-2}} = \Delta,$$

on tirera de l'équation (10), en y remplaçant p par n, θ par ρ et t par s,

$$(15) \qquad\qquad \Delta^2 = (-1)^{\frac{n-1}{2}}\, n.$$

Cela posé, on trouvera

$$p + p^{r^2} + \ldots + p^{r^{n-3}} = - \frac{1 - \Delta}{2},$$

$$p^s + p^{s^2} + \ldots + p^{s^{n-3}} = - \frac{1 + \Delta}{2}$$

et, par suite,

$$\Theta_1 \Theta_2 \Theta_3 \ldots \Theta_{s^{n-2}} = \frac{1}{2}(A + B\Delta),$$

$$\Theta_s \Theta_{s^2} \Theta_{s^3} \ldots \Theta_{s^{n-1}} = \frac{1}{2}(A - B\Delta),$$

ou, ce qui revient au même,

$$(16) \quad \begin{cases} 2\Theta_1 \Theta_2 \Theta_3 \ldots \Theta_{s^{n-2}} = A + B\Delta, \\ 2\Theta_s \Theta_{s^2} \Theta_{s^3} \ldots \Theta_{s^{n-1}} = A - B\Delta, \end{cases}$$

les valeurs de A, B étant

$$(17) \qquad A = 2c_0 - c_1 - c_4, \qquad B = c_1 - c_3;$$

puis on tirera des équations (16), combinées avec les formules (14) et (15),

$$4p^{\frac{n-1}{2}} = A^2 - B^2 \Delta^2$$

ou, ce qui revient au même,

$$(18) \qquad 4p^{\frac{n-1}{2}} = A^2 - (-1)^{\frac{n-1}{2}} n B^2,$$

les valeurs numériques de A, B étant deux entiers qui, en vertu des formules (17), seront de même espèce, c'est-à-dire tous deux pairs ou tous deux impairs.

Observons encore qu'en vertu de la formule

$$s^{\frac{n-1}{2}} \equiv -1 \qquad (\mathrm{mod}.\,n),$$

l'équation

$$\Theta_h \Theta_{-h} = p$$

pourra s'écrire comme il suit :

$$(19) \qquad \Theta_r \Theta_{r \pm \frac{n-1}{2}} = p \qquad (\mathrm{mod}.\,n).$$

D'ailleurs, si l'exposant m est un terme de la suite

$$0, \quad 1, \quad 2, \quad 3, \quad \ldots, \quad n-2,$$

pour que l'exposant $m \pm \dfrac{n-1}{2}$ soit lui-même un terme de cette suite, il suffira de réduire le double signe $\pm$ au signe $+$ ou au signe $-$, selon que m sera inférieur ou supérieur à $\dfrac{n-1}{2}$. Enfin, dans la formule (19), les exposants

$$m, \quad m \pm \frac{n-1}{2}$$

seront évidemment de même espèce, c'est-à-dire tous deux pairs ou tous deux impairs si n est de la forme $4x+1$; tandis qu'ils seront d'espèces différentes si n est de la forme $4x+3$. Donc, si n est de la forme $4x+1$, chacune des expressions

$$\Theta_1 \Theta_3 \Theta_5 \ldots \Theta_{n-2}, \quad \Theta_2 \Theta_4 \Theta_6 \ldots \Theta_{n-1}$$

se composera de facteurs qui, multipliés deux à deux l'un par l'autre, fourniront des produits égaux à p. Donc alors, les formules (16) devront se réduire à

$$\Theta_1 \Theta_3 \Theta_5 \ldots \Theta_{n-2} = p^{\frac{n-1}{4}},$$
$$\Theta_2 \Theta_4 \Theta_6 \ldots \Theta_{n-1} = p^{\frac{n-1}{4}}$$

et l'on aura, en conséquence,

$$A = 2 p^{\frac{n-1}{4}}, \qquad B = 0.$$

Si, au contraire, n est de la forme $4x+3$, alors $\dfrac{n-1}{2}$ étant pair, l'équation (18) donnera

$$(20) \qquad 4 p^{\frac{n-1}{2}} = A^2 + n B^2$$

et si, en nommant p^{λ} la plus haute puissance de p qui divise simultanément A et B, on pose

$$A = \rho^\lambda x, \qquad B = \rho^\lambda y,$$

$$\mu = \frac{n-1}{2} - 2\lambda,$$

on verra la formule (20) se réduire à

(21) $$4p^\mu = x^2 + n y^2.$$

Si, pour abréger, on désignait par la notation

$$[1]$$

le produit

$$\Theta_1 \Theta_{\ell} \Theta_{\ell'} \ldots \Theta_{\ell^{n-2}}$$

composé des facteurs de la forme Θ_h qui correspondent aux valeurs
de h propres à vérifier la formule

$$x^{\frac{n-1}{2}} \equiv 1 \qquad (\mathrm{mod}. n)$$

et par la notation

$$[-1]$$

le produit

$$\Theta_{\ell} \Theta_{\ell'} \Theta_{\ell''} \ldots \Theta_{\ell^{n-2}}$$

composé des facteurs de la forme Θ_h qui correspondent aux valeurs
de h propres à vérifier la formule

$$x^{\frac{n-1}{2}} \equiv -1 \qquad (\mathrm{mod}. n),$$

les équations (14), (16) se présenteraient sous les formes

$$p^{\frac{n-1}{2}} = [1][-1],$$

$$2[1] = A + B\Delta, \qquad 2[-1] = A - B\Delta$$

et les deux dernières se réduiraient, lorsque n serait de la forme
$4x + 1$, aux deux équations

$$[1] = p^{\frac{n-1}{4}}, \qquad [-1] = p^{\frac{n-1}{4}}.$$

Concevons maintenant que n soit un nombre composé, en sorte qu'on ait

$$n = \nu\omega$$

et supposons d'abord les facteurs

$$\nu, \quad \omega$$

premiers entre eux. L'un d'eux, ν par exemple, sera nécessairement impair. Si d'ailleurs on nomme ζ une racine primitive de l'équation

$$x^\nu = 1$$

et α une racine primitive de l'équation

$$x^\omega = 1,$$

on pourra prendre

$$\rho = \zeta\alpha;$$

puis, en supposant qu'un nombre entier donné h soit équivalent à i suivant le module ν, et j suivant le module ω, on trouvera

$$\rho^h = \zeta^i \alpha^j.$$

Par suite, l'équation (1) donnera

$$(22) \qquad \Theta_h = \theta + \zeta^i \alpha^j \theta' + \zeta^{2i} \alpha^{2j} \theta'' + \ldots + \zeta^{(n-1)i} \alpha^{(n-1)j} \theta^{n-1}.$$

Pour abréger, nous désignerons par

$$\Theta_{i,j}$$

la valeur de Θ_h que fournit l'équation (22). Cela posé, on reconnaîtra sans peine : 1° que la valeur de l'expression

$$\Theta_{i,j}$$

complétement déterminée pour chaque systéme de valeurs de i et de j, ne varie pas quand on fait croître i d'un multiple de ν ou j d'un multiple de ω; 2° que l'équation

$$\Theta_h = \Theta_{i,j}$$

entraîne la suivante :

$$\Theta_{-h} = \Theta_{-i,-j};$$

3° que les nombres h et i seront de même espèce, c'est-à-dire tous deux pairs ou tous deux impairs si

$$\varpi = \frac{p-1}{\nu\omega}$$

est un nombre impair, puisque, ν étant impair et $p-1$ pair, ϖ ne pourra devenir impair que pour des valeurs paires de ω. De plus, on tirera des formules (2) et (3) : 1° en supposant à la fois i divisible par ν et j par ω,

$$(23) \qquad \Theta_{i,j} = \Theta_{0,0} = -1;$$

2° dans la supposition contraire,

$$(24) \qquad \Theta_{i,j}\Theta_{-i,-j} = (-1)^{\varpi} p = \Theta_{i,j}\Theta_{\nu-i,\omega-j}.$$

Si ω est impair ainsi que ν, alors ϖ étant nécessairement pair, la formule (24) donnera simplement

$$(25) \qquad \Theta_{i,j}\Theta_{-i,-j} = p.$$

Pour montrer une application de ces nouvelles formules, considérons d'abord le cas où

$$\omega \quad \text{et} \quad \nu$$

seraient deux nombres premiers impairs. Soient, dans ce cas, a une racine primitive de l'équivalence

$$(26) \qquad x^{\nu-1} \equiv 1 \pmod{\nu}$$

et α une racine primitive de l'équivalence

$$(27) \qquad x^{\omega-1} \equiv 1 \pmod{\omega}.$$

Les diverses racines de l'équivalence (26), en nombre égal à $\nu - 1$, pourront être représentées indifféremment, soit par les divers termes de la progression arithmétique

$$1, \quad 2, \quad 3, \quad \ldots, \quad \nu-2, \quad \nu-1,$$

soit par les divers termes de la progression géométrique

$$1, \quad u, \quad u^2, \quad \ldots, \quad u^{\nu-2}, \quad u^{\nu-1},$$

et pareillement les diverses racines de l'équivalence (17), en nombre égal à $\omega-1$, pourront être représentées indifféremment, soit par les divers termes de la progression arithmétique

$$1, \quad 2, \quad 3, \quad \ldots, \quad \omega-2, \quad \omega-1,$$

soit par les divers termes de la progression géométrique

$$1, \quad a, \quad a^2, \quad \ldots, \quad a^{\omega-2}, \quad a^{\omega-1}.$$

Or, parmi les valeurs de

$$\Theta_h = \Theta_{i,j}$$

que fournira l'équation (22), celles qu'on obtiendra, en supposant h premier à n, ne différeront pas de celles qu'on peut obtenir en prenant pour i une racine quelconque de la formule (26) et pour j une racine quelconque de la formule (27). Donc elles coïncideront avec l'une quelconque de celles que présente le Tableau suivant :

$$(28) \quad \left\{ \begin{array}{ccccc}
\Theta_{1,a} & \Theta_{u,1} & \Theta_{u^2,a} & \ldots & \Theta_{u^{\nu-2},1} \\
\Theta_{1,a} & \Theta_{u,a} & \Theta_{u^2,a} & \ldots & \Theta_{u^{\nu-2},a} \\
\Theta_{1,a^2} & \Theta_{u,a^2} & \Theta_{u^2,a^2} & \ldots & \Theta_{u^{\nu-2},a^2} \\
\ldots & \ldots & \ldots & \ldots & \ldots \\
\Theta_{1,a^{\omega-2}} & \Theta_{u,a^{\omega-2}} & \Theta_{u^2,a^{\omega-2}} & \ldots & \Theta_{u^{\nu-2},a^{\omega-2}},
\end{array} \right.$$

et leur nombre N, déterminé par la formule

$$N = (\nu-1)(\omega-1),$$

ne sera autre chose que le nombre des termes de la suite

$$1, \quad 2, \quad 3, \quad \ldots, \quad n-1$$

inférieurs à

$$n = \omega\nu,$$

mais premiers à n. D'ailleurs, l'équation (7), combinée avec la formule

$$\Theta_{h+k+l+\ldots} = -1$$

et réduite ainsi à la forme

$$\Theta_h\,\Theta_k\,\Theta_l\ldots = -\,\mathrm{R}_{h,k,l,\ldots}$$

fournira pour valeur du produit

$$\Theta_h\,\Theta_k\,\Theta_l\ldots$$

une fonction entière et symétrique de

$$\rho^h,\quad \rho^k,\quad \rho^l,\quad \ldots,$$

par conséquent une fonction entière et symétrique, non seulement de

$$z^h,\quad z^k,\quad z^l,\quad \ldots$$

mais encore de

$$x^h,\quad x^k,\quad x^l,\quad \ldots$$

si la somme

$$h + k + l + \ldots$$

est divisible par

$$n = \omega\nu,$$

c'est-à-dire, en d'autres termes, si cette somme est divisible à la fois par ν et par ω. Or cette condition sera évidemment remplie si l'on fait coïncider

$$\Theta_h,\quad \Theta_k,\quad \Theta_l,\quad \ldots$$

avec celles des expressions de la forme

$$\Theta_{i,j}$$

qui, dans le Tableau (28), offrent pour premier indice une puissance paire de u et pour second indice une puissance paire de a, puisqu'alors la somme

$$h + k + l + \ldots$$

sera équivalente, suivant le module ν, au produit

$$\frac{\omega-1}{2}(1+a^2+\ldots+a^{\nu-3})=\frac{\omega-1}{2}\,\frac{a^{\nu-1}-1}{a^2-1}\equiv 0$$

et, suivant le module ω, au produit

$$\frac{\nu-1}{2}(1+a^2+\ldots+a^{\omega-3})=\frac{\nu-1}{2}\,\frac{a^{\omega-1}-1}{a^2-1}\equiv 0.$$

D'autre part, en supposant

$$\Theta_h=\Theta_{i,j}$$

et, par conséquent,

$$i\equiv h \quad (\text{mod.}\,\nu), \qquad j\equiv h \quad (\text{mod.}\,\omega),$$

on en conclura

$$\varsigma^h=\varsigma^i, \qquad x^h=x^j.$$

Donc, en vertu des remarques précédentes, le produit

$$(\Theta_{1,1}\Theta_{a^2,1}\ldots\Theta_{a^{\nu-3},1})(\Theta_{1,a^2}\Theta_{a^2,a^2}\ldots\Theta_{a^{\nu-3},a^2})\ldots(\Theta_{1,a^{\omega-3}}\Theta_{a^2,a^{\omega-3}}\ldots\Theta_{a^{\nu-3},a^{\omega-3}})$$

sera en même temps fonction symétrique de

$$\varsigma,\quad \varsigma^{a^2},\quad \varsigma^{a^4},\quad \ldots,\quad \varsigma^{a^{\nu-3}}$$

et de

$$x,\quad x^{a^2},\quad x^{a^4},\quad \ldots,\quad x^{a^{\omega-3}}.$$

Concevons maintenant que, pour abréger, on désigne par la notation

$$[1, 1]$$

le produit dont nous venons de parler, c'est-à-dire, en d'autres termes, le produit des valeurs de Θ_h, correspondant aux valeurs de h, qui, étant premières à n, vérifient les deux équivalences

$$(29) \qquad x^{\frac{\nu-1}{2}}\equiv 1 \quad (\text{mod.}\,\nu), \qquad x^{\frac{\omega-1}{2}}\equiv 1 \quad (\text{mod.}\,\omega).$$

Désignons de même par

$$[1, -1]$$

le produit des valeurs de Θ_h, correspondant aux valeurs de h, qui vérifient les deux équivalences

$$(30) \qquad x^{\frac{\nu-1}{2}} \equiv 1 \quad (\text{mod.}\nu), \qquad x^{\frac{\omega-1}{2}} \equiv -1 \quad (\text{mod.}\omega);$$

par

$$[-1, 1]$$

le produit des valeurs de Θ_h, correspondant aux valeurs de h, qui vérifient les deux équivalences

$$(31) \qquad x^{\frac{\nu-1}{2}} \equiv -1 \quad (\text{mod.}\nu), \qquad x^{\frac{\omega-1}{2}} \equiv 1 \quad (\text{mod.}\omega);$$

enfin par

$$[-1, -1]$$

le produit des valeurs de Θ_h, correspondant aux valeurs de h, qui vérifient les équivalences

$$(32) \qquad x^{\frac{\nu-1}{2}} \equiv -1 \quad (\text{mod.}\nu), \qquad x^{\frac{\omega-1}{2}} \equiv -1 \quad (\text{mod.}\omega);$$

on aura

$$(33) \quad [1, 1] \quad = (\Theta_{1,1}\,\Theta_{a,1}\ldots\Theta_{a^{n-1},1})(\Theta_{1,a}\,\Theta_{a,a}\ldots\Theta_{a^{n-1},a})\ldots(\Theta_{1,a^{m-1}}\,\Theta_{a,a^{m-1}}\ldots\Theta_{a^{n-1},a^{m-1}}),$$

$$(34) \quad [1, -1] \quad = (\Theta_{1,a}\,\Theta_{a,a}\ldots\Theta_{a^{n-1},a})(\Theta_{1,a^2}\,\Theta_{a,a^2}\ldots\Theta_{a^{n-1},a^2})\ldots(\Theta_{1,a^{m}}\,\Theta_{a,a^{m}}\ldots\Theta_{a^{n-1},a^{m}}),$$

$$(35) \quad [-1, 1] \quad = (\Theta_{a,1}\,\Theta_{a,1}\ldots\Theta_{a^{n-1},1})(\Theta_{a,a}\,\Theta_{a^2,a}\ldots\Theta_{a^{n-1},a})\ldots(\Theta_{a,a^{m-1}}\,\Theta_{a^2,a^{m-1}}\ldots\Theta_{a^{n-1},a^{m-1}}),$$

$$(36) \quad [-1, -1] = (\Theta_{a,a}\,\Theta_{a,a}\ldots\Theta_{a^{n-1},a})(\Theta_{a,a^2}\,\Theta_{a,a^2}\ldots\Theta_{a^{n-1},a^2})\ldots(\Theta_{a,a^{m}}\,\Theta_{a^2,a^{m}}\ldots\Theta_{a^{n-1},a^{m}}),$$

et, d'après ce qu'on a dit ci-dessus, le produit

$$[1, 1]$$

sera une fonction symétrique, non seulement de

$$\zeta, \quad \zeta^{a^2}, \quad \zeta^{a^4}, \quad \ldots, \quad \zeta^{a^{n-1}},$$

mais encore de

$$\alpha, \quad \alpha^{a^2}, \quad \alpha^{a^4}, \quad \ldots, \quad \alpha^{a^{n-1}},$$

Pareillement, on reconnaîtra que le produit

$$[1, -1]$$

est fonction symétrique, non seulement de

$$\zeta, \quad \zeta^{n}, \quad \zeta^{n^2}, \quad \ldots, \quad \zeta^{n^{\nu-2}},$$

mais encore de

$$x^{n}, \quad x^{n^2}, \quad x^{n^3}, \quad x^{n^{\nu-1}};$$

que le produit

$$[-1, 1]$$

est fonction symétrique, non seulement de

$$\zeta^{n}, \quad \zeta^{n^2}, \quad \zeta^{n^3}, \quad \ldots, \quad \zeta^{n^{\nu-1}},$$

mais encore de

$$x, \quad x^{n^2}, \quad x^{n^3}, \quad \ldots, \quad x^{n^{\nu-1}};$$

enfin que le produit

$$[-1, -1]$$

est fonction symétrique, non seulement de

$$\zeta^{n}, \quad \zeta^{n^2}, \quad \ldots, \quad \zeta^{n^{\nu-1}},$$

mais encore de

$$x^{n}, \quad x^{n^2}, \quad \ldots, \quad x^{2^{n-1}}.$$

D'autre part, comme on aura

$$u^{\frac{\nu-1}{2}} \equiv -1 \quad (\mathrm{mod}.\nu), \qquad x^{\frac{\omega-1}{2}} \equiv -1 \quad (\mathrm{mod}.\omega),$$

l'équation (25) pourra s'écrire comme il suit :

$$(37) \qquad \Theta_{b^m, a^{m'}} \, \Theta_{a^{m \pm \frac{\nu-1}{2}}, a^{m' \pm \frac{\omega-1}{2}}} = p,$$

et il est clair que, dans cette équation, les exposants

$$m, \quad m \pm \frac{\nu-1}{2}$$

seront de même espèce, c'est-à-dire tous deux pairs ou tous deux impairs, si ν est de la forme $4x + 1$, mais d'espèces différentes si ν est de la forme $4x + 3$. Pareillement, les exposants

$$m', \quad m' \pm \frac{\omega-1}{2}$$

seront de même espèce si ω est de la forme $4x+1$ et d'espèces différentes si ω est de la forme $4x+3$. Cela posé, si les nombres

$$\nu, \quad \omega$$

sont tous deux de la forme $4x+1$, chacun des produits

$$[1,1], \quad [1,-1], \quad [-1,1], \quad [-1,-1],$$

composé de facteurs de la forme $\Theta_{i,j}$, en nombre égal à $\dfrac{N}{4}$, se réduira évidemment, en vertu de l'équation (37), à

$$p^{\frac{N}{8}}.$$

On aura donc alors les formules

$$[1,1]=p^{\frac{N}{8}}, \quad [1,-1]=p^{\frac{N}{8}}, \quad [-1,1]=p^{\frac{N}{8}}, \quad [-1,-1]=p^{\frac{N}{8}}$$

qui entraîneront l'équation

$$(38) \qquad p^{\frac{N}{2}}=[1,1][1,-1][-1,1][-1,-1],$$

analogue à la formule (14).

Si les nombres ν, ω sont tous deux de la forme $4x+3$, alors on tirera des formules (33) et (36) ou (34) et (35), jointes à la formule (37),

$$(39) \qquad [1,1][-1,-1]=p^{\frac{N}{4}}, \quad [1,-1][-1,1]=p^{\frac{N}{4}},$$

et l'on déduira encore de ces dernières l'équation (38).

Enfin, si des nombres ν, ω, un seul, ν par exemple, est de la forme $4x+1$, l'autre, ω, étant de la forme $4x+3$, alors on tirera des formules (33) et (34) ou (35) et (36), jointes à la formule (37),

$$(40) \qquad [1,1][1,-1]=p^{\frac{N}{4}}, \quad [-1,1][-1,-1]=p^{\frac{N}{4}},$$

et l'on déduira encore de ces dernières l'équation (38).

L'équation (38), analogue à (14), conduit aussi à des conclusions du même genre lorsque les nombres

$$\nu, \quad \omega$$

ne sont pas tous deux de la forme $4x+1$; et d'abord, supposons qu'ils soient tous deux de la forme $4x+3$. Alors, dans le second membre de l'équation (38), le produit

$$[1, 1][1, -1]$$

représentera une fonction symétrique, non seulement de

$$\rho, \quad \rho^{n^2}, \quad \ldots, \quad \rho^{n^{\nu-3}},$$

mais encore de

$$x, \quad x^{\theta}, \quad x^{\theta^2}, \quad \ldots, \quad x^{\theta^{\omega-3}}, \quad x^{\theta^{\omega-2}};$$

par conséquent, une fonction linéaire, non seulement des sommes

$$\rho + \rho^{n^2} + \ldots + \rho^{n^{\nu-3}}, \quad \rho^{n} + \rho^{n^3} + \ldots + \rho^{n^{\nu-2}},$$

mais encore de la somme

$$x + x^{\theta} + x^{\theta^2} + x^{\theta^3} + \ldots + x^{\theta^{\omega-3}} + x^{\theta^{\omega-2}}.$$

Or, comme cette dernière somme, qui comprend toutes les racines de l'équation

$$x^{\omega} = 1,$$

à l'exception de la racine 1, se réduira simplement à -1, il est clair qu'en supposant ν et ω tous deux de la forme $4x+3$ et désignant par c_0, c_1, c_2 des quantités entières, on trouvera

$$[1, 1][1, -1] = c_0 + c_1(\rho + \rho^{n^2} + \ldots + \rho^{n^{\nu-3}}) + c_2(\rho^{n} + \rho^{n^3} + \ldots + \rho^{n^{\nu-2}}),$$

puis, en remplaçant ρ par ρ^{n},

$$[-1, 1][-1, -1] = c_0 + c_1(\rho^{n} + \rho^{n^3} + \ldots + \rho^{n^{\nu-2}}) + c_2(\rho + \rho^{n^2} + \ldots + \rho^{n^{\nu-3}}).$$

On pourra d'ailleurs présenter les deux équations qui précèdent sous une forme analogue à celle des équations (16) et alors, en les multipliant l'une par l'autre, on obtiendra, au lieu de la formule (20), la suivante :

$$(41) \qquad 4p^{\frac{N}{2}} = A^2 + \nu B^2,$$

les valeurs entières de A, B étant toujours déterminées par les formules (17). Enfin si, en nommant p^λ la plus haute puissance de p qui
divise simultanément A et B, on pose

$$A = p^\lambda x, \qquad B = p^\lambda y,$$
$$\mu = \frac{N}{2} - 2\lambda,$$

on verra la formule (41) se réduire à

$$(42) \qquad 4p^\mu = x^2 + \nu y^2.$$

On pourrait encore, dans l'hypothèse admise, c'est-à-dire lorsque
ν, ω sont tous deux de la forme $4x + 3$, décomposer le second membre
de la formule (38) en deux facteurs égaux, non plus aux deux produits

$$[1, 1][1, -1], \quad [-1, 1][-1, -1],$$

mais aux deux produits

$$[1, 1][-1, 1], \quad [1, -1][-1, -1],$$

et alors on se trouverait conduit, non plus à la formule (42), mais à
une équation de la forme

$$(43) \qquad 4p^\mu = x^2 + \omega y^2.$$

Considérons maintenant le cas où ν serait de la forme $4x + 1$, ω étant
de la forme $4x + 3$. Alors la formule (41) se trouverait remplacée par
les formules (40), en sorte qu'on aurait simplement

$$A = 2p^{\frac{N}{2}}, \qquad B = 0;$$

et, en conséquence, la formule (42) cesserait de fournir la transformation d'une puissance entière de p, multipliée par 4, en un binome

de la forme

$$x^2 + 2y^2.$$

Mais la formule (43) continuerait de subsister et l'on pourrait au reste déduire une nouvelle formule de la décomposition du second membre de l'équation (38) en deux facteurs de la forme

$$[1, 1][-1, -1], \quad [1, -1][-1, 1].$$

Alors, en effet, le produit

$$[1, 1][-1, -1]$$

serait une fonction entière et symétrique, non seulement de

$$\varsigma, \ \varsigma^{h^2}, \ \ldots, \ \varsigma^{h^{n-2}}$$

et de

$$\varsigma^h, \ \varsigma^{h^3}, \ \ldots, \ \varsigma^{h^{n-1}},$$

mais encore de

$$\alpha, \ \alpha^{h^2}, \ \ldots, \ \alpha^{h^{n-2}}$$

et de

$$\alpha^h, \ \alpha^{h^3}, \ \ldots, \ \alpha^{h^{n-1}},$$

qui ne serait point altérée quand on y remplacerait simultanément

$$\varsigma \ \text{par} \ \varsigma^h, \quad \alpha \ \text{par} \ \alpha^h,$$

les coefficients numériques des différents termes étant d'ailleurs des nombres entiers. Par suite, le produit

$$[1, 1][-1, -1]$$

se réduirait à une fonction linéaire, non seulement des sommes

$$(\varsigma + \varsigma^{h^2} + \ldots + \varsigma^{h^{n-2}}) + (\varsigma^h + \varsigma^{h^3} + \ldots + \varsigma^{h^{n-1}}),$$
$$(\alpha + \alpha^{h^2} + \ldots + \alpha^{h^{n-2}}) + (\alpha^h + \alpha^{h^3} + \ldots + \alpha^{h^{n-1}}),$$

mais encore des sommes

$$(\alpha + \alpha^{h^2} + \ldots + \alpha^{h^{n-2}})(\varsigma + \varsigma^{h^2} + \ldots + \varsigma^{h^{n-2}})$$
$$+ (\alpha^h + \alpha^{h^3} + \ldots + \alpha^{h^{n-1}})(\varsigma^h + \varsigma^{h^3} + \ldots + \varsigma^{h^{n-1}}),$$
$$(\alpha^h + \alpha^{h^3} + \ldots + \alpha^{h^{n-1}})(\varsigma + \varsigma^{h^2} + \ldots + \varsigma^{h^{n-2}})$$
$$+ (\alpha + \alpha^{h^2} + \ldots + \alpha^{h^{n-2}})(\varsigma^h + \varsigma^{h^3} + \ldots + \varsigma^{h^{n-1}}).$$

Or, des quatre sommes qui précèdent, les deux premières se réduiront à -1, puisqu'on aura généralement

$$\zeta + \zeta^a + \zeta^{a^2} + \ldots + \zeta^{a^{n-2}} + \zeta^{a^{n-1}} = -1,$$
$$\alpha + \alpha^a + \alpha^{a^2} + \ldots + \alpha^{a^{n-2}} + \alpha^{a^{n-1}} = -1,$$

et, quant aux deux dernières, comme, en posant pour abréger

$$\zeta - \zeta^a + \zeta^{a^2} - \ldots + \zeta^{a^{n-2}} - \zeta^{a^{n-1}} = \Delta,$$
$$\alpha - \alpha^a + \alpha^{a^2} - \ldots + \alpha^{a^{n-2}} - \alpha^{a^{n-1}} = \Delta',$$

on trouve

$$\zeta + \zeta^{a^2} + \ldots + \zeta^{a^{n-2}} = -\frac{1-\Delta}{2}, \qquad \zeta^a + \zeta^{a^3} + \ldots + \zeta^{a^{n-1}} = -\frac{1+\Delta}{2},$$
$$\alpha + \alpha^{a^2} + \ldots + \alpha^{a^{n-2}} = -\frac{1-\Delta'}{2}, \qquad \alpha^a + \alpha^{a^3} + \ldots + \alpha^{a^{n-1}} = -\frac{1+\Delta'}{2},$$

elles pourront être représentées par les expressions

$$\frac{1-\Delta'}{2}\,\frac{1+\Delta}{2} + \frac{1+\Delta'}{2}\,\frac{1-\Delta}{2} = \frac{1+\Delta\Delta'}{2},$$
$$\frac{1-\Delta'}{2}\,\frac{1-\Delta}{2} + \frac{1+\Delta'}{2}\,\frac{1+\Delta}{2} = \frac{1-\Delta\Delta'}{2}.$$

Donc, dans l'hypothèse admise, le produit

$$[1, 1][-1, -1]$$

se réduira simplement à une fonction entière et linéaire des rapports

$$\frac{1+\Delta\Delta'}{2}, \qquad \frac{1-\Delta\Delta'}{2},$$

les coefficients étant des nombres entiers; en sorte qu'on aura

$$[1, 1][-1, -1] = c_0 + c_1\frac{1+\Delta\Delta'}{2} + c_2\frac{1-\Delta\Delta'}{2},$$

c_0, c_1, c_2 désignant des quantités entières. Si l'on pose maintenant

$$A = 2c_0 + c_1 + c_2, \qquad B = c_1 - c_2,$$

la formule précédente donnera

$$(44) \qquad 2[1, 1][-1, -1] = A + B\Delta\Delta',$$

les valeurs numériques de A, B étant deux entiers de même espèce, c'est-à-dire tous deux pairs ou tous deux impairs. D'autre part, si, dans la formule (44), on remplace ζ par ζ^g, sans remplacer en même temps α par α^g, alors, au lieu de cette formule, on obtiendra la suivante :

$$(45) \qquad 2[1, -1][-1, 1] = A - B\Delta\Delta',$$

puis on tirera des formules (44), (45), combinées avec l'équation (38),

$$(46) \qquad 4p^{\frac{N}{2}} = A^2 - B^2\Delta^2\Delta'^2.$$

De plus on aura, en vertu de l'équation (10),

$$(\zeta - \zeta^g + \zeta^{g^2} - \ldots + \zeta^{g^{\nu-3}} - \zeta^{g^{\nu-2}})^2 = (-1)^{\frac{\nu-1}{2}}\nu,$$
$$(\alpha - \alpha^g + \alpha^{g^2} - \ldots + \alpha^{g^{\omega-3}} - \alpha^{g^{\omega-2}})^2 = (-1)^{\frac{\omega-1}{2}}\omega$$

ou, ce qui revient au même,

$$\Delta^2 = (-1)^{\frac{\nu-1}{2}}\nu, \qquad \Delta'^2 = (-1)^{\frac{\omega-1}{2}}\omega.$$

Donc, lorsque ν sera, comme on le suppose, de la forme $4x + 1$, ω étant de la forme $4x + 3$, on trouvera

$$\Delta^2 = \nu, \qquad \Delta'^2 = -\omega,$$

et la formule (46) donnera

$$(47) \qquad 4p^{\frac{N}{2}} = A^2 + \nu\omega B^2.$$

Enfin, si l'on nomme p^λ la plus haute puissance de p qui divise simultanément A et B, alors, en posant

$$A = p^\lambda x, \qquad B = p^\lambda y,$$
$$\mu = \frac{N}{2} - 2\lambda,$$

on verra la formule (47) se réduire à

$$(48) \qquad 4p^n = x^2 + \nu\omega y^2$$

ou, ce qui revient au même, à l'équation

$$(49) \qquad 4p^n = x^2 + n y^2,$$

la valeur de n étant

$$n = \nu\omega.$$

Il est bon d'observer que, le nombre ν étant supposé de la forme $4x + 1$ et le nombre ω de la forme $4x + 3$, le nombre n sera de la forme $4x + 3$, dans l'équation (49) aussi bien que dans l'équation (21). On peut ajouter que n, étant le produit de deux facteurs premiers impairs, ν, ω, ne pourra être de la forme $4x + 3$ que dans le cas où un seul des facteurs sera de cette forme. Effectivement, si ν et ω étaient tous deux de la forme $4x + 3$ ou tous deux de la forme $4x + 1$, leur produit

$$n = \nu\omega$$

serait évidemment de la forme $4x + 1$.

Les diverses formules qui précèdent s'accordent avec celles que nous avons établies dans le premier et les deux derniers paragraphes du Mémoire. Elles peuvent d'ailleurs être facilement étendues au cas où n serait le produit de plusieurs nombres premiers impairs

$$\nu, \; \nu', \; \nu'', \; \ldots$$

Ainsi, en particulier, supposons

$$n = \nu\nu'\nu'',$$

ν, ν', ν'' désignant trois nombres premiers impairs, et représentons par

$$[1, 1, 1]$$

le produit des diverses valeurs de Θ_h correspondant aux valeurs de h

qui, étant premières à n, vérifient les équivalences

$$(50) \qquad x^{\frac{\nu-1}{2}} \equiv 1 \quad (\mathrm{mod.}\,\nu), \qquad x^{\frac{\nu'-1}{2}} \equiv 1 \quad (\mathrm{mod.}\,\nu'), \qquad x^{\frac{\nu''-1}{2}} \equiv 1 \quad (\mathrm{mod.}\,\nu'').$$

Soit encore

$$[-1,-1,-1]$$

le produit des diverses valeurs de Θ_h correspondant aux valeurs de h qui, étant premières à n, vérifient les équivalences

$$(51) \qquad x^{\frac{\nu-1}{2}} \equiv -1 \quad (\mathrm{mod.}\,\nu), \qquad x^{\frac{\nu'-1}{2}} \equiv -1 \quad (\mathrm{mod.}\,\nu'), \qquad x^{\frac{\nu''-1}{2}} \equiv -1 \quad (\mathrm{mod.}\,\nu''),$$

et concevons que l'on emploie, dans un sens analogue, chacune des huit expressions comprises dans la formule

$$[\pm 1, \pm 1, \pm 1],$$

de sorte qu'à un changement de signe opéré dans le dernier membre de la première, ou de la seconde, ou de la troisième des formules (50), doive toujours correspondre un changement du signe qui affecte la première, la seconde ou la troisième unité dans la notation

$$[1, 1, 1].$$

Soient d'ailleurs respectivement

$$u, \quad u', \quad u''$$

des racines primitives des trois équivalences

$$x^{\nu-1} \equiv 1 \quad (\mathrm{mod.}\,\nu), \qquad x^{\nu'-1} \equiv 1 \quad (\mathrm{mod.}\,\nu'), \qquad x^{\nu''-1} \equiv 1 \quad (\mathrm{mod.}\,\nu'')$$

et

$$\zeta, \quad \zeta', \quad \zeta''$$

des racines primitives des trois équations

$$x^\nu = 1, \qquad x^{\nu'} = 1, \qquad x^{\nu''} = 1.$$

Enfin posons

$$(52) \qquad \zeta - \zeta^h + \zeta^{h^2} - \ldots + \zeta^{h^{\mu-2}} - \zeta^{h^{\mu-1}} = \Delta$$

et nommons Δ', Δ'' ce que devient Δ quand on remplace ν par ν' ou ν''. Chacune des huit expressions

$$(53) \qquad \begin{cases} [1,1,1], & [1,-1,-1], & [-1,1,-1], & [-1,-1,1], \\ [-1,-1,-1], & [-1,1,1], & [1,-1,1], & [1,1,-1] \end{cases}$$

sera une fonction entière et symétrique, non seulement de

$$\zeta, \quad \zeta^{n'}, \quad \ldots, \quad \zeta^{n'^{\nu-1}}$$

ou de

$$\zeta^{n}, \quad \zeta^{n^{N}}, \quad \ldots, \quad \zeta^{n^{\nu-1}},$$

mais encore de

$$\zeta, \quad \zeta^{n'^{2}}, \quad \ldots, \quad \zeta^{n'^{\nu-2}}$$

ou de

$$\zeta^{n}, \quad \zeta^{n^{N^{2}}}, \quad \ldots, \quad \zeta^{n^{\nu-2}},$$

et aussi de

$$\zeta^{2}, \quad \zeta^{n^{2}}, \quad \ldots, \quad \zeta^{n^{\nu-2}}$$

ou de

$$\zeta^{2n}, \quad \zeta^{2n^{2}}, \quad \ldots, \quad \zeta^{2n^{\nu-1}},$$

les coefficients numériques étant des nombres entiers. Par suite, on pourra en dire autant des produits qu'on obtient en multipliant l'une par l'autre deux ou plusieurs des expressions (53), et chacun de ces produits, ainsi que chacune de ces expressions, sera non seulement une fonction linéaire des deux sommes

$$\zeta + \zeta^{n^{2}} + \ldots + \zeta^{n^{\nu-2}} = -\frac{1-\Delta}{2}, \qquad \zeta^{n} + \zeta^{n^{3}} + \ldots + \zeta^{n^{\nu-1}} = -\frac{1+\Delta}{2},$$

par conséquent des deux rapports

$$\frac{1-\Delta}{2}, \quad \frac{1+\Delta}{2},$$

mais encore une fonction linéaire des deux rapports

$$\frac{1-\Delta'}{2}, \quad \frac{1+\Delta'}{2}$$

et aussi une fonction linéaire des deux rapports

$$\frac{1-\Delta''}{2}, \quad \frac{1+\Delta''}{2}.$$

Donc chacune des expressions (53), ou chacun de leurs produits, multiplié par $2^3 = 8$, deviendra non seulement une fonction linéaire de

$$1 - \Delta, \quad 1 + \Delta,$$

par conséquent de Δ, mais encore une fonction linéaire de

$$1 - \Delta', \quad 1 + \Delta',$$

par conséquent de Δ', et aussi une fonction linéaire de

$$1 - \Delta'', \quad 1 + \Delta'',$$

par conséquent de Δ'', de manière à offrir généralement huit termes dont l'un sera constant, les sept autres termes étant respectivement proportionnels à

$$\Delta, \quad \Delta', \quad \Delta'', \quad \Delta\Delta', \quad \Delta\Delta'', \quad \Delta'\Delta'', \quad \Delta\Delta'\Delta''$$

et les coefficients numériques étant toujours des nombres entiers. Ajoutons que de la première des expressions (53) on peut déduire successivement les sept autres en y remplaçant séparément ou simultanément

$$\Delta \ \text{par} \ -\Delta, \quad \Delta' \ \text{par} \ -\Delta', \quad \Delta'' \ \text{par} \ -\Delta'',$$

c'est-à-dire en changeant le signe de Δ, ou de Δ', ou de Δ'', au moment où, dans la notation

$$[1, 1, 1],$$

on change le signe qui affecte la première, la deuxième ou la troisième unité. Cela posé, si l'on considère en particulier les deux produits

$$(54) \qquad \begin{cases} [1, 1, 1][1, -1, -1][-1, 1, -1][-1, -1, 1], \\ [-1, -1, -1][-1, 1, 1][1, -1, 1][1, 1, -1], \end{cases}$$

il est clair que chacun d'eux restera invariable, tandis que, des trois différences représentées par

$$\Delta, \quad \Delta', \quad \Delta'',$$

deux seulement changeront de signe et que, pour déduire le second produit du premier, il suffira de changer à la fois le signe de Δ, celui de Δ' et celui de Δ''. Il suit de cette remarque, et de ce qui a été dit plus haut, que les produits (54), multipliés par le nombre $2^3 = 8$, ne devront renfermer aucun terme proportionnel à une seule des différences

$$\Delta, \quad \Delta', \quad \Delta''$$

ou à l'un des produits partiels

$$\Delta\Delta', \quad \Delta\Delta'', \quad \Delta'\Delta''$$

et devront se réduire à deux binomes de la forme

$$a + b\Delta\Delta'\Delta'',$$
$$a - b\Delta\Delta'\Delta'',$$

a, b désignant deux quantités entières. On aura donc

$$(55) \quad \begin{cases} 8[1,1,1][1,-1,-1][-1,1,-1][-1,-1,1] = a + b\Delta\Delta'\Delta'', \\ 8[-1,-1,-1][-1,1,1][1,-1,1][1,1,-1] = a - b\Delta\Delta'\Delta''. \end{cases}$$

D'autre part, chacun des produits (54), pouvant être considéré comme une fonction entière des rapports

$$\frac{1-\Delta}{2}, \quad \frac{1+\Delta}{2}, \quad \frac{1-\Delta'}{2}, \quad \frac{1+\Delta'}{2}, \quad \frac{1-\Delta''}{2}, \quad \frac{1+\Delta''}{2},$$

dans laquelle les coefficients numériques sont entiers, se réduira, au signe près, à un nombre entier si l'on y remplace chacune des différences

$$\Delta, \quad \Delta', \quad \Delta''$$

par un nombre impair; par exemple, par l'unité. Donc un tel remplacement doit rendre le premier membre et, par suite, le second membre de chacune des équations (55), divisible par 8. Donc les deux binomes

$$a + b, \quad a - b$$

seront divisibles par 8; d'où il suit que leur demi-somme a et leur demi-différence b seront divisibles par 4 ou de la forme

$$a = 4\mathrm{A}, \qquad b = 4\mathrm{B},$$

A, B étant des quantités entières. Donc les formules (55) donneront

$$(56)\quad \begin{cases} 2[1, 1, 1][1, -1, -1][-1, 1, -1][-1, -1, 1] = \mathrm{A} + \mathrm{B}\Delta\Delta'\Delta'', \\ 2[-1, -1, -1][-1, 1, 1][1, -1, 1][1, 1, -1] = \mathrm{A} - \mathrm{B}\Delta\Delta'\Delta'', \end{cases}$$

les valeurs numériques de A, B étant des nombres entiers.

Observons à présent que -1 sera une racine de l'équivalence

$$(57)\qquad x^{\frac{\nu-1}{2}} \equiv 1 \quad (\text{mod.}\ \nu)$$

si, ν étant de la forme $4x+1$, le rapport $\frac{\nu-1}{2}$ est un nombre pair et sera, au contraire, une racine de l'équivalence

$$(58)\qquad x^{\frac{\nu-1}{2}} \equiv -1 \quad (\text{mod.}\ \nu)$$

si, ν étant de la forme $4x+3$, le rapport $\frac{\nu-1}{2}$ est un nombre impair. Donc, par suite, des deux quantités

$$h, \quad -h,$$

l'une sera racine de l'équivalence (57) et l'autre racine de l'équivalence (58) si ν est de la forme $4x+1$; mais toutes deux seront racines d'une seule de ces équivalences si ν est de la forme $4x+3$. Pareillement, les deux quantités $+h$, $-h$ seront racines, l'une de l'équivalence

$$(59)\qquad x^{\frac{\nu'-1}{2}} \equiv 1 \quad (\text{mod.}\ \nu'),$$

l'autre de l'équivalence

$$(60)\qquad x^{\frac{\nu'-1}{2}} \equiv -1 \quad (\text{mod.}\ \nu')$$

si ν' est de la forme $4x+1$; et toutes deux, au contraire, seront racines

d'une seule de ces équivalences si ν est de la forme $4x + 3$. Enfin,
les deux quantités $+ h$, $- h$ seront racines, l'une de l'équivalence

$$(61) \qquad x^{\frac{\nu''-1}{4}} \equiv 1 \qquad (\mathrm{mod}.\,\nu''),$$

l'autre de l'équivalence

$$(62) \qquad x^{\frac{\nu'-1}{4}} \equiv 1 \qquad (\mathrm{mod}.\,\nu')$$

si ν'' est de la forme $4x + 1$; et toutes deux, au contraire, seront racines
d'une seule de ces équivalences si ν' est de la forme $4x + 3$. Cela posé,
il est clair que les deux monômes

$$\Theta_h, \quad \Theta_{-h}$$

appartiendront, comme facteurs, à une seule des expressions (53) si
les nombres

$$\nu, \quad \nu', \quad \nu''$$

sont tous trois de la forme $4x + 1$; et, comme le nombre des facteurs
compris dans chacune de ces expressions est égal au huitième du
produit

$$N = (\nu - 1)(\nu' - 1)(\nu'' - 1),$$

qui représente le nombre des termes premiers à $n = \nu\nu'\nu''$ dans la suite

$$1, \quad 2, \quad 3, \quad \ldots, \quad n - 1,$$

on aura évidemment, dans le cas dont il s'agit, eu égard à la formule (3),

$$(63) \quad \begin{cases} [1, 1, 1] = p^{\frac{N}{8}}, & [1, -1, -1] = p^{\frac{N}{8}}, & [-1, 1, -1] = p^{\frac{N}{8}}, & [-1, -1, 1] = p^{\frac{N}{8}}, \\ [-1, -1, -1] = p^{\frac{N}{8}}, & [-1, 1, 1] = p^{\frac{N}{8}}, & [1, -1, 1] = p^{\frac{N}{8}}, & [1, 1, -1] = p^{\frac{N}{8}}. \end{cases}$$

Si des nombres

$$\nu, \quad \nu', \quad \nu''$$

deux seulement, par exemple ν, ν', sont de la forme $4x + 1$, le troisième, ν'', étant de la forme $4x + 3$, alors les monômes

$$\Theta_h, \quad \Theta_{-h}$$

appartiendront comme facteurs, non plus à une seule, mais à deux des expressions (53) qui ne diffèrent entre elles que par le signe de la troisième unité, et l'on trouvera, par suite,

$$(64) \quad \begin{cases} [1,1,1][1,1,-1] = p^{\frac{N}{5}}, & [-1,-1,-1][-1,-1,1] = p^{\frac{N}{5}}, \\ [1,-1,1][1,-1,-1] = p^{\frac{N}{5}}, & [-1,1,1][1,-1,1] = p^{\frac{N}{5}}. \end{cases}$$

Pareillement, si des nombres

$$\nu, \quad \nu', \quad \nu''$$

un seul, ν par exemple, est de la forme $4x + 1$, les deux autres, ν', ν'', étant de la forme $4x + 3$, les monômes

$$\Theta_h, \quad \Theta_{-h}$$

appartiendront, comme facteurs, à deux des expressions (53) qui ne différeront entre elles que par les signes de la deuxième et de la troisième unité. On aura donc, par suite,

$$(65) \quad \begin{cases} [1,1,1][1,-1,-1] = p^{\frac{N}{5}}, & [-1,1,-1][-1,-1,1] = p^{\frac{N}{5}}, \\ [1,-1,1][1,1,-1] = p^{\frac{N}{5}}, & [-1,1,1][-1,-1,-1] = p^{\frac{N}{5}}. \end{cases}$$

Enfin, si les trois nombres

$$\nu, \quad \nu', \quad \nu''$$

sont tous trois de la forme $4x + 3$, les monômes

$$\Theta_h, \quad \Theta_{-h}$$

appartiendront, comme facteurs, à deux des expressions (53) qui différeront entre elles par les signes des trois unités, et l'on aura, par suite,

$$(66) \quad \begin{cases} [1,1,1][-1,-1,-1] = p^{\frac{N}{5}}, & [1,-1,-1][-1,1,1] = p^{\frac{N}{5}}, \\ [-1,1,-1][1,-1,1] = p^{\frac{N}{5}}, & [-1,-1,1][1,1,-1] = p^{\frac{N}{5}}. \end{cases}$$

Il est d'ailleurs évident que, dans tous les cas, les formules (63),
ou (64), ou (65), ou (66), entraînent la suivante :

$$(67) \quad p^{\frac{N}{2}} = [1,1,1][1,-1,-1][-1,1,-1][-1,-1,1][-1,-1,-1][-1,1,1][1,-1,1][1,1,-1].$$

Comme, dans le premier et le troisième cas, on tire des formules (63)
ou (64)

$$(68) \quad \begin{cases} [1,1,1][1,-1,-1][-1,1,-1][-1,-1,1] = p^{\frac{N}{2}}, \\ [-1,-1,-1][-1,1,1][1,-1,1][1,1,-1] = p^{\frac{N}{2}}, \end{cases}$$

il est clair qu'alors on doit avoir, dans les formules (56),

$$A = 2p^{\frac{N}{2}}, \qquad B = 0.$$

Au contraire, dans le deuxième et le quatrième cas, on tire de
l'équation (67), jointe aux formules (56),

$$(69) \qquad 4p^{\frac{N}{2}} = A^2 - B^2 \Delta^2 \Delta'^2 \Delta''^2.$$

On trouve d'ailleurs, dans le deuxième cas,

$$\Delta^2 = \nu, \qquad \Delta'^2 = \nu', \qquad \Delta''^2 = -\nu',$$

et, dans le quatrième,

$$\Delta^2 = -\nu, \qquad \Delta'^2 = -\nu', \qquad \Delta''^2 = -\nu'.$$

On aura donc, dans l'un et l'autre cas,

$$\Delta^2 \Delta'^2 \Delta''^2 = -\nu\nu'\nu' = -n;$$

et, en conséquence, la formule (69) donnera

$$(70) \qquad 4p^{\frac{N}{2}} = A^2 + nB^2.$$

D'ailleurs, parmi les trois facteurs premiers de n, ceux qui sont de la
forme $4x + 3$ seront en nombre impair dans le deuxième et le qua-

trième cas, et en nombre pair dans le premier et le troisième cas.
Donc le deuxième et le quatrième cas, auxquels se rapporte l'équation (70), seront précisément ceux où le nombre n est de la forme $4x + 3$.

Au reste, des raisonnements, semblables à ceux qui précèdent, s'appliqueraient aux cas où le nombre entier n serait le produit de quatre, cinq, … facteurs premiers impairs

$$\nu, \quad \nu', \quad \nu'', \quad \nu''', \quad \ldots;$$

et alors, en désignant par N le nombre des termes premiers à n qui seront compris dans la suite

$$1, \quad \nu, \quad 3, \quad \ldots, \quad n-1,$$

c'est-à-dire en posant

$$N = (\nu-1)(\nu'-1)(\nu''-1)(\nu'''-1)\ldots$$

on se trouvera de nouveau conduit à la formule (70), A, B étant deux quantités entières dont la seconde sera nulle, si n est de la forme $4x + 1$, mais cessera de s'évanouir, si n est de la forme $4x + 3$.

Si maintenant on désigne par p^λ la plus haute puissance de p qui divise simultanément A et B, alors, en posant

$$A = p^\lambda x, \qquad B = p^\lambda y,$$
$$\mu = \frac{N}{2} - 2\lambda,$$

on tirera de la formule (70)

$$(71) \qquad\qquad 4p^{2\mu} = x^2 + ny^2,$$

Dans ce qui précède, nous avons supposé le nombre n composé de facteurs premiers impairs. Supposons maintenant le nombre n pair et composé de facteurs dont l'un soit 2 ou une puissance de 2, les autres étant des facteurs premiers impairs. Si l'on suppose d'abord ceux-ci réduits à un seul facteur premier ν, n sera de l'une des formes

$$2\nu, \quad 4\nu, \quad 8\nu, \quad \ldots$$

Or, en supposant n divisible une seule fois par 2 ou de la forme 2, on retrouvera des formules analogues à celles qu'on obtient quand on pose simplement $n = \nu$. Mais, si l'on suppose

$$n = 4\nu,$$

ν étant un nombre premier impair, on obtiendra des résultats dignes de remarque. Soient, dans cette hypothèse,

$$\alpha, \quad \zeta, \quad \rho$$

des racines primitives des trois équations

$$x^4 = 1, \qquad x^\nu = 1, \qquad x^n = 1;$$

on pourra prendre

$$\rho = \alpha\zeta.$$

Si d'ailleurs l'indice h de Θ_h est équivalent à i, suivant le module ν, et à j suivant le module 4, on aura

$$\rho^h = \alpha^j \zeta^i,$$

ce qui suffira pour réduire l'équation (1) à l'équation (22); et, si l'on désigne par

$$\Theta_{i,j}$$

la valeur générale de Θ_h que fournit l'équation (22), les valeurs particulières de Θ_h, qui correspondront à des valeurs de h premières à n, seront celles que présente le Tableau suivant :

$$(7^\ast) \qquad \left\{ \begin{array}{ccccc} \Theta_{1,1}, & \Theta_{u,1}, & \Theta_{u^2,1}, & \ldots, & \Theta_{u^{\nu-1},1}, \\ \Theta_{1,3}, & \Theta_{u,3}, & \Theta_{u^2,3}, & \ldots, & \Theta_{u^{\nu-1},3}, \end{array} \right. ;$$

u étant une racine primitive de l'équivalence

$$x^{\nu-1} = 1 \qquad (\text{mod.}\,\nu).$$

Concevons maintenant que, dans la formule (7), on fasse coïncider

$$\Theta_h, \quad \Theta_k, \quad \Theta_l, \quad \ldots$$

avec celles des expressions de la forme $\Theta_{i,j}$ qui, dans le Tableau (72), offrent pour premier indice une puissance paire de u et, pour second indice, l'unité. Il est clair qu'alors la somme

$$h + k + l + \ldots$$

sera équivalente, suivant le module 4, à

$$\frac{\nu - 1}{2},$$

et, suivant le module ν, au produit

$$1 + u^2 + \ldots + u^{\nu-3} = \frac{u^{\nu-1} - 1}{u^2 - 1} \equiv 0.$$

Donc, cette somme sera divisible par

$$n = 4\nu,$$

ou seulement par

$$\frac{1}{2} n = 2\nu,$$

ou enfin par

$$\frac{1}{4} n = \nu,$$

suivant que $\nu - 1$ sera divisible par 8 ou par 4, ou seulement par 2, c'est-à-dire suivant que ν sera de la forme

$$8x + 1, \quad \text{ou} \quad 8x + 5, \quad \text{ou} \quad 4x + 3.$$

On aura donc, dans le premier cas,

$$\Theta_{h+k+l+\ldots} = \Theta_n = -1,$$
$$(73) \qquad \Theta_h \Theta_k \Theta_l \ldots = -R_{h,k,l,\ldots},$$

dans le deuxième cas,

$$\Theta_{h+k+l+\ldots} = \Theta_{\frac{1}{2}n} = \Theta_{2\nu},$$
$$(74) \qquad \Theta_h \Theta_k \Theta_l \ldots = R_{h,k,l,\ldots} \Theta_{2\nu},$$

et, dans le troisième cas,

$$\Theta_{h+k+l+\ldots} = \Theta_{\frac{1}{4}n} = \Theta_\nu,$$
$$(75) \qquad \Theta_h \Theta_k \Theta_l \ldots = R_{h,k,l,\ldots} \Theta_\nu.$$

pourvu que

$$\Theta_h, \quad \Theta_k, \quad \Theta_l, \quad \ldots$$

remplissent les conditions ci-dessus énoncées, c'est-à-dire, en d'autres termes, pourvu qu'on fasse coïncider les indices

$$h, \quad k, \quad l, \quad \ldots$$

avec ceux qui vérifient simultanément les deux équivalences

$$(76) \qquad x^{\frac{\nu-1}{2}} \equiv 1 \quad (\mathrm{mod}.\,\nu), \qquad x \equiv 1 \quad (\mathrm{mod}.\,4).$$

On prouvera d'ailleurs facilement : 1° que, si n est de la forme $8x + 1$ ou $8x + 5$, l'équation (73) ou (74) s'étendra au cas même où l'on ferait coïncider les indices

$$h, \quad k, \quad l, \quad \ldots$$

avec ceux qui vérifient simultanément les deux équivalences

$$(77) \qquad x^{\frac{\nu-1}{2}} \equiv 1 \quad (\mathrm{mod}.\,\nu), \qquad x \equiv 3 \equiv -1 \quad (\mathrm{mod}.\,4),$$

ou les deux équivalences

$$(78) \qquad x^{\frac{\nu-1}{2}} \equiv -1 \quad (\mathrm{mod}.\,\nu), \qquad x \equiv 1 \quad (\mathrm{mod}.\,4),$$

ou bien encore les deux équivalences

$$(79) \qquad x^{\frac{\nu-1}{2}} \equiv -1 \quad (\mathrm{mod}.\,\nu), \qquad x \equiv -1 \quad (\mathrm{mod}.\,4);$$

2° que si ν est de la forme $4x + 3$, l'équation (75) s'étendra au cas même où l'on ferait coïncider les indices

$$h, \quad k, \quad l, \quad \ldots$$

avec ceux qui vérifient simultanément les équivalences (76) ou (78), mais devra être remplacée par l'équation suivante :

$$(80) \qquad \Theta_h \Theta_k \Theta_l \ldots = \mathrm{R}_{h,k,l,\ldots} \, \Theta_\nu,$$

si l'on fait coïncider les indices

$$h, \quad k, \quad l, \quad \ldots$$

avec ceux qui vérifient les équations (77) ou (79). Donc, si l'on désigne respectivement par les quatre notations

$$[1,1], \quad [1,-1], \quad [-1,1], \quad [-1,-1]$$

les quatre produits formés par la multiplication des valeurs de

$$\Theta_h, \quad \Theta_k, \quad \Theta_l, \quad \ldots$$

correspondantes aux valeurs de

$$h, \quad k, \quad l, \quad \ldots$$

qui vérifient les formules

$$(76), \quad \text{ou} \quad (77), \quad \text{ou} \quad (78), \quad \text{ou} \quad (79),$$

on pourra, dans l'équation (73), lorsque ν sera de la forme $8x + 1$, et dans l'équation (74), lorsque ν sera de la forme $8x + 5$, remplacer successivement le produit

$$\Theta_h \Theta_k \Theta_l \ldots$$

par chacune des quatre expressions

$$(81) \quad \begin{cases} [1,1] \; = \Theta_{1,1} \, \Theta_{n',1} \, \Theta_{n'',1} \ldots \Theta_{n^{x-1},1} \\ [1,-1] = \Theta_{1,3} \, \Theta_{n',3} \, \Theta_{n'',3} \ldots \Theta_{n^{x-1},3} \\ [-1,1] = \Theta_{n,1} \, \Theta_{n',1} \, \Theta_{n'',1} \ldots \Theta_{n^{x-1},1} \\ [-1,-1] = \Theta_{n,3} \, \Theta_{n',3} \, \Theta_{n'',3} \ldots \Theta_{n^{x-1},3} \end{cases}$$

Mais, lorsque ν sera de la forme $4x + 3$, alors on pourra remplacer le produit

$$\Theta_h \Theta_k \Theta_l \ldots,$$

dans l'équation (75), par chacune des expressions

$$[1,1], \quad [1,-1]$$

ou, dans l'équation (80), par chacune des expressions

$$[1,-1], \quad [-1,-1].$$

Observons à présent que -1 sera une des racines de l'équivalence (57), si ν est de la forme $4x + 1$, et de l'équivalence (58), si ν est de la forme $4x + 3$. Donc, par suite, les deux quantités

$$h, \quad -h$$

satisferont, l'une aux formules (76), l'autre aux formules (77), ou l'une aux formules (78), l'autre aux formules (79), si ν est de la forme $4x + 1$; et, au contraire, ces deux quantités satisferont, l'une aux formules (76), l'autre aux formules (79), ou l'une aux formules (77) et l'autre aux formules (78), si ν est de la forme $4x + 3$. Donc, en vertu de la formule (3), on aura : $1°$ si ν est de la forme $8x + 1$ ou $8x + 5$,

$$(82) \qquad [1, 1][1, -1] = p^{\frac{\nu-1}{2}}, \qquad [-1, 1][-1, -1] = p^{\frac{\nu-1}{2}};$$

$2°$ si ν est de la forme $4x + 3$,

$$(83) \qquad [1, 1][-1, -1] = p^{\frac{\nu-1}{2}}, \qquad [1, -1][-1, 1] = p^{\frac{\nu-1}{2}}.$$

Dans l'un et l'autre cas, les formules (82) ou (83) donneront

$$(84) \qquad p^{\nu-1} = [1, 1][1, -1][-1, 1][-1, -1].$$

D'ailleurs, comme, dans chacune des formules (73), (74), (75), (80), l'expression

$$R_{h,k,l,\ldots}$$

représentera une fonction entière et symétrique de

$$\rho^h, \quad \rho^k, \quad \rho^l, \quad \ldots,$$

par conséquent une fonction entière et symétrique, non seulement de

$$\varsigma^h, \quad \varsigma^k, \quad \varsigma^l, \quad \ldots,$$

mais encore de

$$x^h, \quad x^k, \quad x^l, \quad \ldots,$$

les coefficients numériques étant des nombres entiers, il est clair que, si ν est de la forme $8x + 1$, le produit

$$[1, 1][1, -1]$$

sera, en vertu de la formule (73), une fonction entière et symétrique, non seulement de

$$\varsigma, \quad \varsigma^{\omega'}, \quad \ldots, \quad \varsigma^{\omega^{n-1}},$$

mais encore de

$$\alpha, \quad \alpha^3,$$

par conséquent une fonction linéaire, non seulement des deux sommes

$$\varsigma + \varsigma^{\omega^2} + \ldots + \varsigma^{\omega^{n-1}}, \quad \varsigma^\omega + \varsigma^{\omega^3} + \ldots + \varsigma^{\omega^{n-1}},$$

mais encore de la somme

$$\alpha + \alpha^3.$$

Or, cette dernière somme étant nulle, en vertu de l'équation

$$\alpha^2 = -1,$$

à laquelle doit satisfaire la racine primitive $\alpha = \sqrt{-1}$ ou $\alpha = -\sqrt{-1}$ de l'équation

$$x^4 = 1,$$

il en résulte qu'en supposant ν de la forme $8x + 1$, on aura

$$[1, 1][1, -1] = c_0 + c_1(\varsigma + \varsigma^{\omega^2} + \ldots + \varsigma^{\omega^{n-1}}) + c_2(\varsigma^\omega + \varsigma^{\omega^3} + \ldots + \varsigma^{\omega^{n-1}}),$$

c_0, c_1, c_2 désignant des quantités entières. Si, dans l'équation précédente, on remplace ς par ς^ω, on trouvera

$$[-1, 1][-1, -1] = c_0 + c_1(\varsigma^\omega + \varsigma^{\omega^3} + \ldots + \varsigma^{\omega^{n-1}}) + c_2(\varsigma + \varsigma^{\omega^2} + \ldots + \varsigma^{\omega^{n-1}});$$

puis en posant, pour abréger,

$$\varsigma - \varsigma^\omega + \varsigma^{\omega^2} - \ldots + \varsigma^{\omega^{n-2}} - \varsigma^{\omega^{n-1}} = \Delta,$$
$$A = 2c_0 - c_1 - c_2, \qquad B = c_1 - c_2,$$

on réduira les deux équations que nous venons d'obtenir à la forme

$$(85) \qquad \begin{cases} 2[1, 1][1, -1] = A + B\Delta, \\ 2[-1, 1][-1, -1] = A - B\Delta. \end{cases}$$

Si le nombre ν était de la forme $8x + 5$, alors on devrait à l'équation (73) substituer l'équation (74) et, par suite, en ayant égard à la formule

$$\Theta_{2\nu}^2 = \Theta_{2\nu}\,\Theta_{-2\nu} = p,$$

on obtiendrait, au lieu des équations (85), les deux suivantes :

$$(86) \qquad \left\{ \begin{aligned} 2[1, 1][1, -1] &= (A + B\Delta)p, \\ 2[-1, 1][-1, -1] &= (A - B\Delta)p. \end{aligned} \right.$$

Enfin, si ν était de la forme $4x + 3$, on devrait à l'équation (73) substituer l'équation (75) ou (80) et, par suite, en ayant égard à la formule

$$\Theta_\nu\,\Theta_{-\nu} = -p,$$

on se trouverait de nouveau conduit à deux équations de la même forme que les équations (86). Observons d'ailleurs que les équations (86) peuvent être censées comprises elles-mêmes dans les formules (85), desquelles on les déduit en remplaçant les deux quantités entières A, B par deux autres quantités entières pA, pB.

Les résultats que fournissent les équations (82), (84), (85), (86) sont analogues à ceux que nous avons obtenus en prenant $n = \nu$; et d'abord, si ν est de la forme $8x + 1$, on tirera des formules (82) et (85)

$$A = 2p^{\frac{\nu-1}{4}}, \qquad B = 0.$$

Si, au contraire, ν est de la forme $8x + 5$, on tirera des formules (82) et (86)

$$A = 2p^{\frac{\nu-3}{4}}, \qquad B = 0.$$

Enfin, si ν est de la forme $4x + 3$, alors des formules (84) et (86), jointes à l'équation

$$\Delta^2 = -\nu,$$

on tirera

$$(87) \qquad 4p^{\nu-3} = A^2 + \nu B^2;$$

puis, en nommant p^λ la plus haute puissance de p, qui divise simultanément A, B, et posant

$$A = p^{\lambda} x, \qquad B = p^{\lambda} y.$$
$$\mu = \nu - 3 - 2\lambda,$$

on trouvera

$$(88) \qquad\qquad 4 p^{\mu} = x^2 + \nu y^2.$$

Considérons maintenant les deux produits

$$[1, 1][-1, -1], \quad [1, -1][-1, 1]$$

que l'on déduit l'un de l'autre, en remplaçant ζ par ζ^{α}, ou α par $\alpha^3 = \alpha^{-1}$. Chacun de ces produits sera une fonction entière de α et, de plus, une fonction entière et symétrique, non seulement de

$$\zeta, \quad \zeta^{\alpha''}, \quad \ldots, \quad \zeta^{\alpha^{n-1}},$$

mais encore de

$$\zeta^{\alpha}, \quad \zeta^{\alpha'''}, \quad \ldots, \quad \zeta^{\alpha^{n-1}},$$

les coefficients étant des nombres entiers. Comme d'ailleurs chacun de ces produits ne sera point altéré, lorsqu'on y remplacera simultanément

$$\zeta \quad \text{par} \quad \zeta^{\alpha} \qquad \text{et} \qquad \alpha \quad \text{par} \quad \alpha^3,$$

il devra se réduire, non seulement à une fonction linéaire de

$$\alpha, \quad \alpha^3$$

et, en même temps, à une fonction linéaire des deux sommes

$$\zeta + \zeta^{\alpha^2} + \ldots + \zeta^{\alpha^{n-2}}, \quad \zeta^{\alpha} + \zeta^{\alpha^3} + \ldots + \zeta^{\alpha^{n-1}},$$

mais encore, évidemment, à une fonction linéaire des sommes

$$\alpha\,(\zeta + \zeta^{\alpha^2} + \ldots + \zeta^{\alpha^{n-2}}) + \alpha^2(\zeta^{\alpha} + \zeta^{\alpha^3} + \ldots + \zeta^{\alpha^{n-1}}),$$
$$\alpha^3(\zeta + \zeta^{\alpha^2} + \ldots + \zeta^{\alpha^{n-2}}) + \alpha\,(\zeta^{\alpha} + \zeta^{\alpha^3} + \ldots + \zeta^{\alpha^{n-1}}),$$

Or, en vertu de la formule

$$\alpha^4 = -1,$$

on a

$$\alpha^3 = -\alpha,$$

et, par suite, chacune des deux dernières sommes se réduit, au signe près, à

$$\alpha(\varsigma - \varsigma^{n} + \varsigma^{n^2} - \ldots + \varsigma^{n^{\nu-2}} - \varsigma^{n^{\nu-1}}) = \alpha\Delta.$$

Donc les deux produits

$$[1, 1][-1, -1], \quad [1, -1][-1, 1]$$

se réduiront à deux fonctions linéaires du monôme

$$\alpha\Delta$$

qu'on déduira l'une de l'autre, en remplaçant α par $\alpha^3 = -\alpha$ ou, ce qui revient au même, en remplaçant

$$\alpha\Delta \quad \text{par} \quad -\alpha\Delta.$$

D'ailleurs, chacun de ces produits aura pour facteur

$$\Theta_{\frac{1}{4}\nu}^2 = p$$

si ν est de la forme $8x + 1$, et

$$\Theta_\nu \Theta_{-\nu} = -p$$

si ν est de la forme $4x + 3$. On aura donc généralement

$$(89) \quad \begin{cases} [1, 1][-1, -1] = A + B\alpha\Delta, \\ [1, -1][-1, 1] = A - B\alpha\Delta, \end{cases}$$

A, B désignant deux quantités entières qui seront divisibles par p si ν est de l'une des formes $8x + 5$, $4x + 3$. Ces principes étant admis, si l'on suppose ν de l'une des formes

$$8x + 1, \quad 8x + 5,$$

alors des équations (84), (89), jointes aux deux formules

$$\alpha^2 = -1, \qquad \Delta^2 = \nu,$$

on tirera

$$(90) \qquad p^{\nu-1} = A^2 + \nu B^2.$$

Si, au contraire, ν est de la forme $4x + 3$, on tirera des équations (83) et (89)

$$A = p^{\frac{\nu-1}{2}}, \qquad B = 0.$$

L'équation (90), dans laquelle A, B sont divisibles par p, lorsque ν est de la forme $8x + 5$, mérite d'être remarquée. Si l'on désigne par p^λ la plus haute puissance de p qui, dans cette équation, divise simultanément A et B, alors, en posant

$$A = p^k x, \qquad B = p^k y,$$
$$\mu = \nu - 1 - 2\lambda,$$

on trouvera

$$(91) \qquad\qquad p^\mu = x^2 + \nu y^2.$$

Il est bon d'observer que, dans le cas où l'on suppose

$$n = 4\nu,$$

le nombre N des termes premiers à n et compris dans la suite

$$1, \quad 2, \quad 3, \quad \ldots, \quad n-1$$

est précisément

$$2(\nu - 1).$$

Donc, alors, l'exposant de p se réduit à $\dfrac{N}{2}$ dans les formules (84) et (90), aussi bien que dans les formules (38) et (47), (67) et (70).

Dans le cas particulier où, ν se réduisant à l'unité, on a simplement

$$n = 4,$$

on a aussi

$$p = x,$$

x désignant toujours une racine primitive $\sqrt{-1}$ ou $-\sqrt{-1}$ de l'équation

$$x^2 = 1.$$

Alors on tire de l'équation (3)

$$\Theta_2^2 = p, \qquad \Theta_1 \Theta_3 = (-1)^{\frac{p-1}{4}} p,$$

et de l'équation (4)

$$\Theta_1^2 = R_{1,1}\Theta_2, \qquad \Theta_3^2 = R_{3,3}\Theta_2.$$

puis de ces dernières combinées avec les deux précédentes

$$(92) \qquad p = R_{1,1} R_{2,2}.$$

Dans cette même hypothèse, $R_{1,1}$, se réduisant à une fonction entière de z, sera de la forme

$$R_{1,1} = A + Bz,$$

A, B étant des quantités entières, et l'on aura encore

$$R_{2,2} = A + Bz^3$$

ou, puisque $z^2 = -1$,

$$R_{2,2} = A - Bz.$$

Par suite, la formule (92) donnera

$$p = (A + Bz)(A - Bz) = A^2 - Bz^2$$

ou, ce qui revient au même,

$$(93) \qquad p = A^2 + B^2.$$

Donc, alors, la multiplication de Θ_1^2 par Θ_2^2, ou plutôt de $R_{1,1}$ par $R_{2,2}$, fournira la décomposition du nombre p en deux carrés, c'est-à-dire, en d'autres termes, la résolution de l'équation indéterminée

$$(94) \qquad p = x^2 + y^2,$$

dans laquelle p désigne un nombre premier de la forme $4x + 1$.

Si, au lieu de supposer $n = 4\nu$, on supposait

$$n = 4\nu' \ldots,$$

$\nu, \nu', \ldots$ étant des nombres premiers impairs, on se trouverait conduit, en raisonnant toujours de la même manière, à une formule analogue à l'équation (90). Supposons, pour fixer les idées, que, le nombre des facteurs premiers impairs étant réduit à 2, l'on ait

$$n = 4\nu\nu'.$$

Alors, en nommant toujours N le nombre des termes qui, dans la suite

$$1, \quad 2, \quad 3, \quad \ldots, \quad n-1,$$

sont premiers à $n = 4\nu\nu'$, on trouvera

$$N = 2(\nu - 1)(\nu' - 1).$$

Cela posé, en étendant l'usage des notations (53) au cas où, dans le produit

$$n = \nu'\nu'',$$

on remplace le facteur impair ν'' par le facteur 4, par conséquent, au cas où l'on remplace les équivalences

$$x^{\frac{\nu''-1}{2}} \equiv 1 \quad (\mathrm{mod}.\,\nu''), \qquad x^{\frac{\nu''-1}{4}} \equiv -1 \quad (\mathrm{mod}.\,\nu'')$$

par les équivalences

$$x \equiv 1 \quad (\mathrm{mod}.\,4), \qquad x \equiv -1 \quad (\mathrm{mod}.\,4)$$

et les sommes

$$\zeta^0 + \zeta^{2\nu''} + \ldots + \zeta^{2\nu''\ldots} = -\frac{1-\Delta''}{2}, \qquad \zeta^{\nu''} + \zeta^{3\nu''} + \ldots + \zeta^{2\nu''\ldots} = -\frac{1+\Delta''}{2}$$

par

$$\alpha \quad \text{et} \quad \alpha^3 = -\alpha,$$

on obtiendra, pour représenter les produits (54), non plus des fonctions linéaires de

$$\frac{1-\Delta''}{2}, \quad \frac{1+\Delta''}{2},$$

mais des fonctions linéaires de

$$\alpha, \quad -\alpha,$$

lesquelles, d'ailleurs, ne cesseront pas d'être en même temps fonctions linéaires de

$$\frac{1-\Delta}{2}, \quad \frac{1+\Delta}{2}$$

et fonctions linéaires de

$$\frac{1-\Delta}{2}, \quad \frac{1+\Delta}{2}.$$

Donc, alors, au lieu des équations (55), on en obtiendra d'autres de la forme

$$(95)\quad\begin{cases} 4[1,1,1][1,-1,-1][-1,1,-1][-1,-1,1]=a+b\alpha\Delta\Delta', \\ 4[-1,-1,-1][-1,1,1][1,-1,1][1,1,-1]=a-b\alpha\Delta\Delta', \end{cases}$$

a, b désignant des quantités entières qui, comme les produits (54), seront divisibles par p^2, c'est-à-dire par le carré de

$$\Theta^2_{\frac{1}{2}n}\quad\text{ou de}\quad\Theta_{\frac{1}{2}n}\,\Theta_{-\frac{1}{2}n},$$

si le nombre

$$\frac{N}{8}=\frac{\nu-1}{2}\,\frac{\nu'-1}{2}$$

n'est pas divisible par 4. Comme, d'ailleurs, dans chacune des équations (95), le premier membre, ou le quadruple de l'un des produits (54), devra se réduire au quadruple d'un nombre entier, si l'on remplace Δ, Δ' par des nombres impairs tels que l'unité et α par un nombre pair ou par un nombre impair, par exemple par 0 ou par 1, il est clair que

$$a\quad\text{et}\quad a+b$$

devront être des multiples de 4. Donc a, b seront divisibles par 4 ou de la forme

$$a=4\mathrm{A},\qquad b=4\mathrm{B}$$

et les formules (95) donneront

$$(96)\quad\begin{cases} [1,1,1][1,-1,-1][-1,1,-1][-1,-1,1]\ \ =\mathrm{A}+\mathrm{B}\alpha\Delta\Delta', \\ [-1,-1,-1][-1,1,1][1,-1,-1][1,1,-1]=\mathrm{A}-\mathrm{B}\alpha\Delta\Delta', \end{cases}$$

les valeurs numériques de A, B étant des nombres entiers qui seront certainement divisibles par p^2 si le nombre

$$\frac{N}{8}=\frac{\nu-1}{2}\,\frac{\nu'-1}{2}$$

n'est pas divisible par 4. D'autre part, on reconnaîtra sans peine que les formules (64) sont applicables au cas où, dans le produit

$$n=4\varpi',$$

les facteurs impairs ν, ν' sont tous deux de la forme $4x + 1$; les formules (65), au cas où un seul de ces facteurs impairs, ν par exemple, est de la forme $4x + 1$; enfin les formules (66), au cas où les facteurs ν, ν' sont de la forme $4x + 3$. Dans les trois cas, les formules (64), (65) ou (66) entraîneront la formule (67) et, dans le second cas en particulier, les formules (65) ou (68), jointes aux équations (96), donneront

$$A = p^{\frac{N}{4}}, \qquad B = 0.$$

Mais, dans le premier et le troisième cas, on tirera de l'équation (67), jointe aux formules (96),

$$(97) \qquad p^{\frac{N}{2}} = A^2 - B^2 x^2 \Delta^2 \Delta'^2 = A^2 + B^2 \Delta^2 \Delta'^2;$$

et, comme on aura, dans le premier cas,

$$\Delta^2 = \nu, \qquad \Delta'^2 = \nu',$$

dans le troisième cas,

$$\Delta^2 = -\nu, \qquad \Delta'^2 = -\nu',$$

il en résulte que, dans le premier et le troisième cas, on trouvera

$$\Delta^2 \Delta'^2 = \nu \nu',$$

par conséquent

$$(98) \qquad p^{\frac{N}{2}} = A^2 + \nu \nu' B^2.$$

On peut remarquer, d'ailleurs, que les deux cas dont il s'agit sont précisément ceux où le produit

$$\nu \nu' = \frac{n}{4}$$

est de la forme $4x + 1$. Ajoutons que les quantités entières A, B seront divisibles par p^2, si les deux nombres ν, ν' sont de la forme $4x + 3$.

Généralement, si n est de la forme

$$n = 4 \nu \nu' \nu'' \ldots,$$

ν, ν', ν'', ... désignant des facteurs premiers impairs, alors, en nommant toujours N le nombre des termes premiers à n et compris dans la suite

$$1, \quad 2, \quad 3, \quad \ldots, \quad n-1,$$

c'est-à-dire en posant

$$N = 2(\nu-1)(\nu'-1)(\nu''-1)\ldots$$

on trouvera

$$p^{\frac{N}{2}} = A^2 + \nu\nu'\nu''\ldots B^2,$$

ou, ce qui revient au même,

$$(99) \qquad p^{\frac{N}{2}} = A^2 + \frac{n}{4} B^2,$$

A, B désignant des quantités entières, dont la seconde sera nulle lorsque le produit

$$\nu\nu'\ldots = \frac{n}{4},$$

sera de la forme $4x+3$ et cessera de s'évanouir lorsque le même produit sera de la forme $4x+1$. Ajoutons que les quantités A, B seront divisibles par la puissance de p, dont le degré est le nombre des facteurs impairs

$$\nu, \quad \nu', \quad \nu'', \quad \ldots$$

si le produit

$$\frac{\nu-1}{2} \frac{\nu'-1}{2} \frac{\nu''-1}{2} \ldots$$

n'est pas divisible par 4.

Si maintenant on désigne par p^λ la plus haute puissance de p qui divise simultanément A et B, alors, en posant

$$A = p^\lambda x, \qquad B = p^\lambda y,$$
$$\mu = \frac{N}{2} - 2\lambda,$$

on tirera de la formule (99)

$$(100) \qquad p^\mu = x^2 + \frac{n}{4} y^2.$$

Supposons encore $n = 8$. Alors, si l'on nomme α une racine primitive de l'équation

$$\alpha^8 = 1,$$

les quatre racines primitives de cette même équation seront

$$\alpha, \quad \alpha^3, \quad \alpha^5, \quad \alpha^7,$$

et l'on aura

$$\alpha^4 = -1,$$

Alors aussi la formule (3) donnera

$$\Theta_4^2 = p, \qquad \Theta_1 \Theta_2 = \Theta_3 \Theta_3 = (-1)^{\frac{p-1}{4}} p,$$

et l'on tirera de la formule (4)

$$\Theta_1 \Theta_3 = R_{1,3} \Theta_4, \qquad \Theta_2 \Theta_7 = R_{3,7} \Theta_4,$$

puis, de ces dernières équations combinées avec les deux précédentes,

$$(101) \qquad\qquad p = R_{1,3} R_{3,7}.$$

D'ailleurs

$$R_{1,3}$$

sera une fonction entière et symétrique de

$$\alpha, \quad \alpha^3,$$

par conséquent, une fonction linéaire des sommes de la forme

$$\alpha^m + \alpha^{3m},$$

le coefficient numérique de chaque somme étant un nombre entier; et, d'autre part, la somme

$$\alpha^m + \alpha^{2m}$$

se réduit, pour $m = 1$ ou 3, à

$$\alpha + \alpha^2 = \alpha^3 + \alpha^6,$$

pour $m = 2$ ou 6, à

$$\alpha^2 + \alpha^6 = \alpha^6 + \alpha^{18} = 0,$$

pour $m = 4$, à

$$\alpha^4 + \alpha^{12} = -2,$$

enfin, pour $m = 5$ ou 7, à

$$x^5 + x^{13} = x^7 + x^{11} = x^9 + x^2 = -(\alpha + \alpha^3).$$

Donc $R_{1,3}$ se réduira simplement à une fonction linéaire de la somme

$$\alpha + \alpha^3;$$

et, comme on déduira $R_{3,1}$ de $R_{1,3}$ en remplaçant

$$\alpha \quad \text{et} \quad \alpha^3$$

par

$$\alpha^5 = -\alpha \quad \text{et} \quad \alpha^7 = -\alpha^3,$$

on aura nécessairement

$$(102) \qquad \left\{ \begin{array}{l} R_{1,3} = A + B(\alpha + \alpha^3), \\ R_{3,1} = A - B(\alpha + \alpha^3), \end{array} \right.$$

A, B désignant des quantités entières.

Si maintenant on combine les formules (101) avec les équations (102), on en conclura

$$p = A^2 - B^2(\alpha + \alpha^3)^2,$$

et, comme on aura

$$(\alpha + \alpha^3)^2 = \alpha^2 + \alpha^6 + 2\alpha^4 = 2\alpha^4 = -2,$$

on trouvera définitivement

$$(103) \qquad p = A^2 + 2B^2.$$

Donc, p étant un nombre premier de la forme $8x + 1$, on pourra toujours satisfaire, par des valeurs entières de x, y, à l'équation indéterminée

$$(104) \qquad p = x^2 + 2y^2.$$

On pourrait encore facilement étendre les principes que nous venons d'exposer au cas où le nombre n serait de la forme

$$n = 8x$$

ou même de la forme

$$n = 8\nu\nu'\nu''\ldots,$$

ν, ν', ν'', ... étant des facteurs premiers impairs. Alors les résultats seraient analogues à ceux que nous avons obtenus en supposant

$$n = 4\nu\nu'\nu''\ldots.$$

Seulement, en passant d'une hypothèse à l'autre, il faudrait substituer aux racines primitives

$$\alpha \qquad \text{et} \qquad \alpha^8 = -\alpha$$

de l'équation

$$x^{16} = 1$$

les sommes

$$\alpha + \alpha^8 \qquad \text{et} \qquad \alpha^4 + \alpha^7 = -(\alpha + \alpha^8)$$

ou

$$\alpha + \alpha^7 \qquad \text{et} \qquad \alpha^3 + \alpha^4 = -(\alpha + \alpha^7),$$

formées par l'addition de deux des racines primitives

$$\alpha, \quad \alpha^3, \quad \alpha^5, \quad \alpha^7$$

de l'équation

$$x^8 = 1,$$

Cela posé, en nommant N le nombre de ceux des termes de la suite

$$1, \quad 2, \quad 3, \quad \ldots, \quad n-1$$

qui sont premiers à

$$n = 8\nu\nu'\nu''\ldots,$$

c'est-à-dire en posant

$$N = 4(\nu - 1)(\nu' - 1)(\nu'' - 1)\ldots,$$

et désignant par A, B deux quantités entières, on trouverait : 1° dans le cas où le quotient

$$\frac{n}{8} = \nu\nu'\nu''\ldots$$

serait de la forme $4x + 1$,

$$p^{\frac{N}{2}} = A^2 - B^2(\alpha + \alpha^3)^2 \quad \Delta'^2\Delta''^2\ldots;$$

2° dans le cas où le même quotient serait de la forme $4x + 3$,

$$p^{\frac{N}{2}} = \mathrm{A}^2 - \mathrm{B}^2 (\alpha + \alpha^7)^2 \Delta^2 \Delta'^2 \Delta''^2 \ldots,$$

les valeurs de Δ^2, Δ'^2, Δ''^2, ... étant dans l'un et l'autre cas

$$\Delta^2 = (-1)^{\frac{\nu-1}{2}} \nu, \qquad \Delta'^2 = (-1)^{\frac{\nu'-1}{2}} \nu', \qquad \Delta''^2 = (-1)^{\frac{\nu''-1}{2}} \nu'', \qquad \ldots;$$

et, comme on aurait évidemment dans le premier cas

$$(\alpha + \alpha^3)^2 = \alpha^2 + \alpha^6 - 2 = -2,$$

$$\frac{\nu-1}{2} + \frac{\nu'-1}{2} + \frac{\nu''-1}{2} + \ldots \equiv 0 \qquad (\mathrm{mod.}\,2),$$

$$\Delta^2 \Delta'^2 \Delta''^2 \ldots = \nu \nu' \nu'' \ldots,$$

puis, dans le second cas,

$$(\alpha + \alpha^7)^2 = \alpha^2 + \alpha^6 + 2 = 2,$$

$$\frac{\nu-1}{2} + \frac{\nu'-1}{2} + \frac{\nu''-1}{2} + \ldots \equiv 1 \qquad (\mathrm{mod.}\,2),$$

$$\Delta^2 \Delta'^2 \Delta''^2 \ldots = - \nu \nu' \nu'' ,$$

il est clair que, dans l'une et l'autre hypothèse, on se trouvera conduit
à la formule

$$p^{\frac{N}{2}} = \mathrm{A}^2 + 2 \nu \nu' \nu'' \ldots \mathrm{B}^2,$$

qu'on peut encore écrire comme il suit :

$$(105) \qquad p^{\frac{N}{2}} = \mathrm{A}^2 + 2 \left(\frac{n}{8} \right) \mathrm{B}^2.$$

Ajoutons que, dans le premier cas, les quantités A, B seront divisibles
par la puissance de p qui a pour degré le nombre des facteurs impairs

$$\nu, \quad \nu', \quad \nu'', \quad \ldots$$

si tous ces facteurs sont de la forme $4x + 3$, attendu qu'alors le
produit

$$(1 + 3) \frac{\nu-1}{2} \, \frac{\nu'-1}{2} \, \frac{\nu''-1}{2} \ldots$$

sera divisible, non par 8, mais seulement par 4, et qu'on aura d'ailleurs

$$\Theta^2_{\nu\nu'\nu''} = \Theta^2_{\frac{1}{4}n} = p.$$

Dans tous les cas, si l'on désigne par p^λ la plus haute puissance de p, qui divise simultanément A et B, alors, en posant

$$A = p^\lambda x, \qquad B = p^\lambda y,$$
$$\mu = \frac{N}{2} - 2\lambda,$$

on tirera de la formule (105)

$$(106) \qquad p^\mu = x^2 + 2\left(\frac{n}{8}\right)y^2.$$

Nous remarquerons en finissant que, si le nombre premier p, étant de la forme $4x + 3$, se réduit précisément au nombre 3, les formules (16) deviendront inexactes. Mais alors, pour retrouver l'équation (20), il suffira d'observer qu'on tire de la formule (3)

$$\Theta_1 \Theta_2 = p,$$

et de la formule (4)

$$\Theta_1^2 = R_{1,1}\Theta_2, \qquad \Theta_2^2 = R_{2,2}\Theta_1,$$

puis de ces dernières, combinées avec la précédente,

$$(107) \qquad p = R_{1,1}R_{2,2}.$$

Dans cette même hypothèse, si, en nommant ρ une des deux racines primitives de l'équation

$$x^3 = 1,$$

l'on pose

$$\rho - \rho^2 = \Delta,$$

on aura, non seulement

$$(108) \qquad \Delta^2 = -3,$$

mais encore, eu égard à la formule $\rho + \rho^2 = -1,$

$$\rho = -\frac{1-\Delta}{2}, \qquad \rho^2 = -\frac{1+\Delta}{2},$$

Comme on aura, d'autre part,

$$R_{1,1} = c_0 + c_1 \rho + c_2 \rho^2, \qquad R_{2,2} = c_0 + c_1 \rho^2 + c_2 \rho,$$

c_0, c_1 désignant des quantités entières, on en conclura

$$(109) \qquad 2R_{1,1} = A + B\Delta, \qquad 2R_{2,2} = A - B\Delta,$$

les valeurs de A, B étant

$$A = 2c_0 - c_1 - c_2, \qquad B = c_1 - c_2,$$

puis on conclura des formules (107) et (109)

$$4p = A^2 - B^2 \Delta^2,$$

ou, ce qui revient au même, eu égard à la formule (108),

$$(110) \qquad 4p = A^2 + 3B^2.$$

L'équation (110) est évidemment de la forme de celle qu'on obtiendrait en posant $n = 3$ dans la formule (20).

NOTE IV.

p étant un nombre entier quelconque, on a, comme on sait,

$$(1) \qquad (x + y + z + \ldots)^p = S \frac{1 . 2 . 3 . \ldots . p}{(1 . 2 . \ldots . f)(1 . 2 . \ldots . g)(1 . 2 . \ldots . h) \ldots} x^f y^g z^h \ldots,$$

le signe S s'étendant à toutes les valeurs entières, nulles ou positives, de

$$f, \quad g, \quad h, \quad \ldots$$

qui vérifient la condition

$$f + g + h + \ldots = p.$$

Si p est un nombre premier, le coefficient numérique

$$\frac{1.2.3\ldots p}{(1.2\ldots f)(1.2\ldots g)(1.2\ldots h)\ldots}$$

se réduira toujours évidemment à un multiple de p, à moins que l'on ne suppose un seul des exposants f, g, h, … égal à p, tous les autres étant nuls. Donc alors la formule (1) donnera

$$(2) \qquad (x+y+z+\ldots)^p = x^p + y^p + z^p + \ldots + p\mathrm{P},$$

P désignant une fonction entière de x, y, z, … dans laquelle les coefficients numériques seront des nombres entiers. Donc, si l'on attribue à x, y, z, … des valeurs entières, on aura

$$(3) \qquad (x+y+z+\ldots)^p \equiv x^p + y^p + z^p + \ldots \quad (\mathrm{mod.}\,p).$$

Si maintenant on pose

$$x = y = z = \ldots = 1,$$

alors, en nommant k le nombre des quantités x, y, z, …, on verra la formule (3) se réduire à

$$(4) \qquad k^p \equiv k \quad (\mathrm{mod.}\,p).$$

L'équivalence (4) comprend le théorème énoncé par Fermat et suivant lequel la différence

$$x^p - x$$

est, pour des valeurs entières de x, toujours divisible par p, lorsque p est un nombre premier. Comme d'autre part l'équivalence

$$x^p - x \equiv 0 \quad (\mathrm{mod.}\,p)$$

on

$$x(x^{p-1} - 1) \equiv 0 \quad (\mathrm{mod.}\,p)$$

entraîne la suivante

$$(5) \qquad x^{p-1} - 1 \equiv 0 \quad (\mathrm{mod.}\,p)$$

lorsque x n'est pas divisible par p, il en résulte que tout nombre premier à p est racine de l'équivalence (5), qu'on peut encore écrire comme il suit :

$$(6) \qquad x^{p-1} \equiv 1 \qquad (\mathrm{mod.}\,p).$$

Si d'ailleurs on nomme t une racine primitive de l'équivalence (6), les diverses racines de cette équivalence pourront être représentées également, ou par les divers termes de la progression arithmétique

$$1, \quad 2, \quad 3, \quad \ldots, \quad p-1,$$

ou par les divers termes de la progression géométrique

$$1, \quad t, \quad t^2, \quad \ldots, \quad t^{p-2};$$

et, par suite, tout nombre entier, premier à p, sera équivalent, suivant le module p, à une puissance entière de t. Ajoutons qu'en vertu de la formule

$$t^{p-1} \equiv 1 \qquad (\mathrm{mod.}\,p)$$

on aura généralement

$$t^h \equiv t^k$$

si l'on suppose

$$h \equiv k \qquad (\mathrm{mod.}\,p-1).$$

Donc une racine

$$t^h$$

de l'équivalence (6) ne devra point être censée altérée lorsqu'on y fera croître ou diminuer l'exposant h d'un multiple de $p-1$. Enfin, comme, en supposant p impair, on aura

$$x^{p-1} - 1 = \left(x^{\frac{p-1}{2}} - 1 \right)\left(x^{\frac{p-1}{2}} + 1 \right),$$

l'équivalence (5) ou (6) se décomposera, dans cette hypothèse, en deux autres dont la première

$$x^{\frac{p-1}{2}} - 1 \equiv 0$$

ou

$$(7) \qquad x^{\frac{p-1}{2}} \equiv 1 \qquad (\mathrm{mod.}\,p)$$

aura évidemment pour racines les puissances paires de t, savoir

$$1, \quad t^2, \quad t^4, \quad \ldots, \quad t^{p-3},$$

tandis que la seconde

$$x^{\frac{p-1}{2}} - 1 = 0$$

ou

$$(8) \qquad x^{\frac{p-1}{2}} = -1 \qquad (\text{mod}.\, p)$$

aura nécessairement pour racines les puissances impaires de t, savoir

$$t, \quad t^3, \quad t^5, \quad \ldots, \quad t^{p-2}.$$

Ainsi, parmi les termes de la progression arithmétique

$$1, \quad 2, \quad 3, \quad \ldots, \quad p-1$$

représentant les restes ou résidus qui peuvent provenir de la division d'un entier par p, les uns, en nombre égal à $\frac{p-1}{2}$, seront équivalents, suivant le module p, à des puissances paires de t, par conséquent à des carrés parfaits. Ces termes, dont chacun est le reste ou résidu de la division d'un carré par p, se nomment, pour cette raison, *résidus quadratiques*, aussi bien que les nombres équivalents aux mêmes termes suivant le module p; et comme, dans le cas où l'on prend p pour module, tout nombre premier à p équivaut à une puissance entière de t, le carré d'un tel nombre équivaudra nécessairement à une puissance paire de t, c'est-à-dire à une racine de la formule (7); d'où il résulte que tout résidu quadratique, différent de zéro, sera une semblable racine. Donc, les racines de l'équivalence (8) qui sont distinctes des racines de l'équivalence (7), mais, comme elles, en nombre égal à $\frac{p-1}{2}$, ne pourront être des résidus quadratiques suivant le module p. C'est ce que l'on exprime en disant que chacune des racines de l'équivalence (8) est *non-résidu* quadratique suivant le même module.

Pour abréger, nous désignerons, avec M. Legendre, par la notation

$$\left[\frac{k}{p} \right]

le reste de la division de $k^{\frac{p-1}{2}}$ par le nombre premier p. Cela posé, on aura généralement

$$\left[\frac{k}{p}\right] = 0,$$

si k est divisible par p, et, dans le cas contraire,

$$\left[\frac{k}{p}\right] = 1 \quad \text{ou} \quad \left[\frac{k}{p}\right] = -1$$

suivant que k sera *résidu* ou *non-résidu quadratique*. Comme d'ailleurs t, étant une racine primitive de l'équation (6), ne pourra vérifier la formule (7), on aura nécessairement

$$(9) \qquad t^{\frac{p-1}{2}} \equiv -1 \qquad (\text{mod.} p),$$

et comme $t^{\frac{p-1}{2}}$ sera évidemment une puissance paire ou impaire de t, suivant que p sera de la forme $4x + 1$ ou $4x + 3$, on peut affirmer que -1 sera résidu quadratique dans le premier cas et non-résidu quadratique dans le second. Enfin, comme, d'après ce qui a été dit plus haut, la progression arithmétique

$$1, 2, 3, \ldots, p - 1$$

renferme autant de résidus que de non-résidus, on aura nécessairement

$$(10) \qquad \left[\frac{1}{p}\right] + \left[\frac{2}{p}\right] + \left[\frac{3}{p}\right] + \ldots + \left[\frac{p-1}{p}\right] = 0.$$

Généralement, si, une suite de nombres entiers

$$a, b, c, \ldots, l$$

étant composée de n termes différents premiers à p, on suppose que, dans cette suite, les résidus quadratiques sont en nombre égal à n' et les non-résidus en nombre égal à n'', on aura, non seulement

$$(11) \qquad n' + n'' = n,$$

mais encore

$$(12) \qquad n' - n'' = \left[\frac{a}{p}\right] + \left[\frac{b}{p}\right] + \left[\frac{c}{p}\right] + \ldots + \left[\frac{l}{p}\right]$$

et, par conséquent,

$$(13) \qquad n' - n'' \equiv a^{\frac{p-1}{2}} + b^{\frac{p-1}{2}} + c^{\frac{p-1}{2}} + \ldots + l^{\frac{p-1}{2}} \qquad (\mathrm{mod.}\,p).$$

On peut d'ailleurs écrire l'équivalence (13) comme il suit :

$$(14) \qquad n' - n'' \equiv \frac{d^{\frac{p-1}{2}}\left(e^{az} + e^{bz} + e^{cz} + \ldots + e^{lz}\right)}{dz^{\frac{p-1}{2}}} \qquad (\mathrm{mod.}\,p),$$

la variable z devant être réduite à zéro après les différentiations effectuées.

La formule (14) offre un moyen facile de déterminer la différence $n' - n''$, et par suite, eu égard à la formule (11), chacun des nombres n', n'' lorsque, le nombre n étant inférieur à p, la suite

$$a, \quad b, \quad c, \quad \ldots, \quad l$$

se réduit à une progression arithmétique

$$h, \quad h + k, \quad h + 2k, \quad \ldots, \quad h + (n-1)k.$$

Alors, en effet, la somme

$$e^{az} + e^{bz} + e^{cz} + \ldots + e^{lz}$$

devient

$$e^{hz}\left(1 + e^{kz} + e^{2kz} + \ldots + e^{(n-1)kz}\right) = e^{hz}\frac{e^{nkz}-1}{e^{kz}-1},$$

et, par suite, la formule (14) se réduit à

$$(15) \qquad n' - n'' = \frac{d^{\frac{p-1}{2}}}{dz^{\frac{p-1}{2}}}\left[e^{hz}\frac{e^{nkz}-1}{e^{kz}-1}\right].$$

Concevons, pour fixer les idées, qu'on demande le nombre n' des résidus quadratiques et le nombre n'' des non-résidus inférieurs à $\frac{p}{2}$, c'est-à-dire compris dans la progression arithmétique

$$1,\quad 2,\quad 3,\quad \ldots,\quad \frac{p-1}{2}.$$

Alors on aura

$$n = \frac{p-1}{2}, \qquad h = 1, \qquad k = 1$$

et, par suite,

$$n' - n'' = \frac{d^{\frac{p-1}{2}}}{dz^{\frac{p-1}{2}}}\left(\frac{e^{\frac{p+1}{2}z} - e^z}{e^z - 1}\right). \tag{16}$$

D'autre part, la différence entre le rapport

$$\frac{e^{\frac{p+1}{2}z} - e^z}{e^z - 1}$$

et celui dans lequel il se transforme, quand on y remplace p par zéro, est

$$\frac{e^{\frac{p+1}{2}z} - e^z}{e^z - 1} - \frac{e^{\frac{1}{2}z} - e^z}{e^z - 1} = \frac{e^{\frac{p+1}{2}z} - e^{\frac{1}{2}z}}{e^z - 1}. \tag{17}$$

Elle est donc égale au produit

$$\left(e^{\frac{p+1}{2}z} - e^{\frac{1}{2}z}\right)(e^z - 1)^{-1}$$

et sa dérivée de l'ordre $\frac{p-1}{2}$, relative à z, se composera d'une suite de termes dont chacun sera proportionnel au facteur

$$e^{\frac{p+1}{2}z} - e^{\frac{1}{2}z}$$

ou à l'une des dérivées de ce facteur. Or, comme ces dérivées s'évanouissent avec le facteur lui-même quand on y remplace z et p par zéro, comme d'ailleurs on trouvera

$$\frac{e^{\frac{1}{2}z} - e^z}{e^z - 1} = -\frac{e^{\frac{1}{2}z}}{1 + e^{\frac{1}{2}z}} = -\frac{1}{2}\left(1 + \frac{e^{\frac{1}{4}z} - e^{-\frac{1}{4}z}}{e^{\frac{1}{4}z} + e^{-\frac{1}{4}z}}\right),$$

il suit de la formule (17) qu'on aura, pour une valeur nulle de z,

$$\frac{d^{\frac{p-1}{2}}}{dz^{\frac{p-1}{2}}}\left(\frac{e^{\frac{p+1}{2}z}-e^z}{e^z-1}-\frac{e^{\frac{1}{2}z}-e^z}{e^z-1}\right)\equiv 0 \qquad (\mathrm{mod}.\,p),$$

par conséquent

$$\frac{d^{\frac{p-1}{2}}}{dz^{\frac{p-1}{2}}}\left(\frac{e^{\frac{p+1}{2}z}-e^z}{e^z-1}\right)\equiv\frac{d^{\frac{p-1}{2}}}{dz^{\frac{p-1}{2}}}\left(\frac{e^{\frac{1}{2}z}-e^z}{e^z-1}\right)\equiv-\frac{1}{2}\frac{d^{\frac{p-1}{2}}}{dz^{\frac{p-1}{2}}}\left(\frac{e^{\frac{1}{2}z}-e^{-\frac{1}{2}z}}{e^{\frac{1}{2}z}+e^{-\frac{1}{2}z}}\right) \qquad (\mathrm{mod}.\,p).$$

Donc la formule (16) donnera, dans l'hypothèse admise,

$$(18)\qquad n'-n''\equiv-\frac{1}{2}\frac{d^{\frac{p-1}{2}}}{dz^{\frac{p-1}{2}}}\left(\frac{e^{\frac{1}{2}z}-e^{-\frac{1}{2}z}}{e^{\frac{1}{2}z}+e^{-\frac{1}{2}z}}\right)\qquad(\mathrm{mod}.\,p).$$

Enfin, z devant être réduit à zéro après les différentiations, on pourra, sans inconvénient, remplacer z par $z\sqrt{-1}$ dans la formule (18), qui se trouvera ainsi réduite à

$$(19)\qquad n'-n''\equiv(-1)^{1-\frac{p-1}{4}}\frac{1}{2}\frac{d^{\frac{p-1}{2}}\operatorname{tang}\frac{z}{4}}{dz^{\frac{p-1}{2}}}\qquad(\mathrm{mod}.\,p).$$

Ajoutons qu'en vertu de formules connues, la valeur de $\operatorname{tang}\frac{z}{4}$ sera généralement fournie par l'équation

$$(20)\quad\left\{\begin{aligned}\operatorname{tang}\frac{z}{4}=2\Big(&\frac{1}{6}\frac{2^2-1}{2}\frac{z}{1.2}+\frac{1}{30}\frac{2^4-1}{2^3}\frac{z^3}{1.2.3.4}\\ &+\frac{1}{42}\frac{2^6-1}{2^5}\frac{z^5}{1.2.3.4.5.6}+\cdots\Big),\end{aligned}\right.$$

dans laquelle les coefficients numériques

$$\frac{1}{6},\quad\frac{1}{30},\quad\frac{1}{42},\quad\cdots$$

que nous désignerons généralement par

$$A_1,\quad A_2,\quad A_3,\quad\cdots,$$

sont ce qu'on appelle les *nombres de Bernoulli*.

Pour appliquer la formule (19), il convient de distinguer deux cas
suivant que $\frac{p-1}{2}$ est pair ou impair, c'est-à-dire, en d'autres termes,
suivant que p est de la forme $4x+1$ ou $4x+3$. Dans le premier cas
on a, pour une valeur nulle de z,

$$\frac{d^{\frac{p-1}{2}}\,\tang\frac{z}{4}}{dz^{\frac{p-1}{2}}}=0,$$

et, par suite, la formule (19) étant réduite à

$$n'-n''\equiv 0 \qquad (\bmod.\,p),$$

on tire de cette formule, jointe à l'équation

$$n'+n''=n=\frac{p-1}{2},$$

$$n\equiv n''\equiv \frac{p-1}{4} \qquad (\bmod.\,p),$$

par conséquent,

$$(21) \qquad\qquad n'=n''=\frac{p-1}{4}.$$

Au contraire, lorsque $\frac{p-1}{2}$ est impair et p de la forme $4x+3$, alors,
en ayant égard à l'équivalence

$$2^{p-1}\equiv 1 \qquad (\bmod.\,p),$$

on tire de la formule (20), pour une valeur nulle de z,

$$\frac{d^{\frac{p-1}{2}}\,\tang\frac{z}{4}}{dz^{\frac{p-1}{2}}}=4\,\frac{2^{\frac{p+1}{2}}-4+1}{2^{\frac{p-1}{2}}}\,\frac{4}{p+1}\,A_{\frac{p+1}{2}}\equiv 4\left(2-2^{\frac{p-1}{2}}\right)A_{\frac{p+1}{2}} \qquad (\bmod.\,p),$$

et, par suite, la formule (19) donne

$$(22) \qquad n'-n''\equiv(-1)^{\frac{p+1}{4}}\,2\left(2-2^{\frac{p-1}{2}}\right)A_{\frac{p+1}{2}} \qquad (\bmod.\,p).$$

D'ailleurs, lorsque p est de la forme $4x+3$, il est nécessairement de

l'une des formes $8x + 3$, $8x + 7$ et, comme on le verra tout à l'heure,
on a : 1° en supposant p de la forme $8x + 3$,

$$2^{\frac{p-1}{4}} \equiv -1 \qquad (\text{mod.}\,p);$$

2° en supposant p de la forme $8x + 7$,

$$2^{\frac{p-1}{4}} \equiv 1.$$

Donc, la formule (22) donnera, lorsque p sera de la forme $8x + 3$,

$$(23) \qquad n' - n'' \equiv -6\,\mathcal{A}_{\frac{p-1}{4}}, \qquad \frac{n' - n''}{2} \equiv -3\,\mathcal{A}_{\frac{p-1}{4}},$$

et, lorsque p sera de la forme $8x + 7$,

$$(24) \qquad n' - n'' \equiv 2\,\mathcal{A}_{\frac{p-1}{4}}, \qquad \frac{n' - n''}{2} \equiv \mathcal{A}_{\frac{p-1}{4}}.$$

Ainsi, lorsque p est premier et de la forme $4x + 3$, la demi-différence
entre le nombre des résidus et le nombre des non-résidus inférieurs
à $\frac{1}{2}p$ est équivalente, suivant le module p, à un nombre de Bernoulli
ou au triple de ce nombre pris en signe contraire. Cette proposition
remarquable a été, pour la première fois, énoncée et démontrée,
en 1830, dans le précédent Mémoire dont un extrait a été publié dans
le *Bulletin de M. de Férussac* sous la date de mars 1831.

En joignant aux équivalences (23) ou (24) la formule (11), on

$$n' + n'' = \frac{p-1}{2},$$

on en tire : 1° lorsque p est de la forme $8x + 3$,

$$(25) \qquad n' \equiv \frac{p-1}{4} - 3\,\mathcal{A}_{\frac{p+1}{4}}, \qquad n'' \equiv \frac{p-1}{4} + 3\,\mathcal{A}_{\frac{p+1}{4}} \qquad (\text{mod.}\,p)\,;$$

2° lorsque p est de la forme $8x + 7$,

$$(26) \qquad n' \equiv \frac{p-1}{4} + \mathcal{A}_{\frac{p+1}{4}}, \qquad n'' \equiv \frac{p-1}{4} - \mathcal{A}_{\frac{p+1}{4}} \qquad (\text{mod.}\,p).$$

Au reste, les formules (11) et (15) fourniraient, avec la même facilité, le nombre des résidus et le nombre des non-résidus quadratiques compris dans une progression arithmétique dont les termes seraient positifs et inférieurs à

$$\frac{p}{3}, \quad \text{ou à} \quad \frac{p}{4}, \quad \text{ou à} \quad \frac{p}{5}, \quad \ldots$$

Concevons maintenant que, p étant un nombre premier impair, on demande la valeur de

$$\left[\frac{2}{p}\right]$$

ou, ce qui revient au même, le reste de la division de 2^{p-1} par p. Pour y parvenir, il suffira, comme on sait, d'élever à la puissance du degré p l'un quelconque des facteurs imaginaires dans lesquels peut se décomposer le nombre 2. Or on a évidemment

$$2 = (1 + \sqrt{-1})(1 - \sqrt{-1})$$

ou, ce qui revient au même,

$$2 = (1 + \alpha)(1 - \alpha),$$

α désignant une des deux racines primitives $\sqrt{-1}, \; -\sqrt{-1}$ de l'équation

$$x^2 = 1.$$

D'ailleurs, on tirera de la formule (2)

$$(17) \qquad (1 + \alpha)^p = 1 + \alpha^p + p\,\mathrm{P},$$

P désignant une fonction entière de α dans laquelle les coefficients numériques seront des nombres entiers, et comme on aura, d'autre part,

$$\alpha^2 = -1, \qquad (1 + \alpha)^2 = 2\alpha,$$

par conséquent,

$$(1 + \alpha)^{p-1} = 2^{\frac{p-1}{2}} \alpha^{\frac{p-1}{2}}$$

et

$$(1 + \alpha)^p = 2^{\frac{p-1}{2}} \alpha^{\frac{p-1}{2}} (1 + \alpha).$$

la formule (27) donnera

$$2^{\frac{p-1}{2}}\alpha^{\frac{p-1}{2}}(1+\alpha) = 1+\alpha^p+p\mathrm{P}$$

ou, ce qui revient au même,

$$(28)\qquad 2^{\frac{p-1}{2}} = \frac{1+\alpha^p}{\alpha^{\frac{p-1}{2}}(1+\alpha)} + p\frac{\mathrm{P}}{\alpha^{\frac{p-1}{2}}(1+\alpha)}.$$

Enfin, comme on aura : 1° en supposant p de la forme $4x+1$,

$$1+\alpha^p = 1+\alpha,$$

$$\frac{1}{\alpha^{\frac{p-1}{2}}} = \alpha^{\frac{p-1}{2}} = (-1)^{\frac{p-1}{4}} = (-1)^{\frac{p+1}{2}\frac{p-1}{4}};$$

2° en supposant p de la forme $4x+3$,

$$1+\alpha = \alpha(1+\alpha^3) = \alpha(1+\alpha^p),$$

$$\frac{1}{\alpha^{\frac{p+1}{2}}} = \alpha^{\frac{p+1}{2}} = (-1)^{\frac{p+1}{4}} = (-1)^{\frac{p-1}{2}\frac{p+1}{4}};$$

on en conclura, dans tous les cas,

$$\frac{1+\alpha^p}{\alpha^{\frac{p-1}{2}}(1+\alpha)} = (-1)^{\frac{(p-1)(p+1)}{8}},$$

ce qui permettra de réduire l'équation (28) à la suivante :

$$(29)\qquad 2^{\frac{p-1}{2}} = (-1)^{\frac{1}{2}\frac{p-1}{2}\frac{p+1}{2}}\left(1+p\frac{\mathrm{P}}{1+\alpha^p}\right).$$

En vertu de cette dernière équation, le produit

$$p\frac{\mathrm{P}}{1+\alpha^p} = p\frac{\mathrm{P}(1-\alpha^p)}{2}$$

sera égal, au signe près, à l'un des nombres entiers

$$2^{\frac{p-1}{2}}-1,\quad 2^{\frac{p-1}{2}}+1;$$

et comme l'expression

$$P(1 - x^p)$$

sera nécessairement une fonction entière de x dans laquelle les coefficients seront entiers, cette expression, en devenant indépendante de x ne pourra se réduire qu'à une quantité entière. Donc le produit

$$p\,P(1 - x^p)$$

et sa moitié

$$p\frac{P(1 - x^p)}{2}$$

seront deux multiples du nombre premier p, et la formule (29) donnera

$$(30) \qquad 2^{\frac{p-1}{2}} \equiv (-1)^{\frac{1}{2}\frac{p-1}{2}\frac{p+1}{2}} \qquad (\text{mod.}\,p)$$

ou, ce qui revient au même,

$$(31) \qquad \left[\frac{2}{p}\right] = (-1)^{\frac{1}{2}\frac{p-1}{2}\frac{p+1}{2}}.$$

On tirera, en particulier, de la formule (31) : 1° en supposant p de la forme $8x \pm 1$, c'est-à-dire de l'une des formes $8x + 1$, $8x + 7$,

$$\left[\frac{2}{p}\right] = (-1)^2 = 1;$$

2° en supposant p de la forme $8x \pm 3$, c'est-à-dire de l'une des formes $8x + 3$, $8x + 5$,

$$\left[\frac{2}{p}\right] = (-1)^1 = -1.$$

Ainsi le nombre 2 sera résidu quadratique pour les modules premiers de la forme $8x + 1$, $8x + 7$ et non-résidu pour les modules de la forme $8x + 3$, $8x + 5$.

Observons encore qu'on tirera de la formule (31) : 1° en supposant p de la forme $4x + 1$,

$$\left[\frac{2}{p}\right] = (-1)^{\frac{p-1}{4}};$$

$2°$ en supposant p de la forme $4x + 3$.

$$\left[\frac{2}{p}\right] = (-1)^{\frac{p+1}{4}}.$$

Ces deux dernières formules sont précisément celles que, dans les deux cas dont il s'agit, on déduirait immédiatement de la formule (28). Il résulte de la seconde que, le nombre premier p étant de la forme $4x + 3$, $2^{\frac{p-1}{2}}$ sera équivalent, suivant le module p, à $+1$ si ce module est, en outre, de la forme $8x + 7$ et à -1 si le même module est de la forme $8x + 3$.

Comme la démonstration de la formule (30) ou (31) repose entièrement sur le développement de la puissance p du binome

$$1 + \alpha,$$

α étant une racine de l'équation $x^2 = -1$, on arriverait encore à la même formule en développant immédiatement, à l'aide du théorème de Newton, l'expression

$$(1 + \sqrt{-1})^p \quad \text{ou} \quad (1 - \sqrt{-1})^p$$

et ayant égard à la formule

$$(1 + \sqrt{-1})^2 = 2\sqrt{-1} \quad \text{ou} \quad (1 - \sqrt{-1})^2 = -2\sqrt{-1}.$$

Effectivement, on trouverait alors : $1°$ en supposant p de la forme $4x + 1$.

$$(32) \quad 2^{\frac{p-1}{2}} = (-1)^{\frac{p-1}{2}} \left[1 + p - \frac{p(p-1)}{1.2} - \frac{p(p-1)(p-2)}{1.2.3} + \ldots \pm \frac{p(p-1)\ldots\left(\frac{p+1}{2}\right)}{1.2.3.\ldots\left(\frac{p-1}{2}\right)} \right];$$

$2°$ en supposant p de la forme $4x + 3$.

$$(33) \quad 2^{\frac{p-1}{2}} = (-1)^{\frac{p+1}{2}} \left[1 - p - \frac{p(p-1)}{2} + \frac{p(p-1)(p-2)}{1.2.3} + \ldots \pm \frac{p(p-1)\ldots\left(\frac{p+1}{2}\right)}{1.2.3.\ldots\left(\frac{p-1}{2}\right)} \right].$$

Ainsi, en particulier, en prenant

$$p = 3, \quad p = 5, \quad p = 7, \quad p = 11, \quad \ldots$$

on trouvera successivement

$$2 = -(1-3),$$
$$2^2 = -(1+5-10),$$
$$2^3 = 1-7-21+35,$$
$$2^5 = -(1-11-55+165+330-462),$$
$$\dotfill$$

Une méthode semblable à celle que nous venons de rappeler et par laquelle on obtient la valeur de

$$\left[\frac{2}{p}\right]$$

peut servir à trouver généralement la relation qui existe entre les deux expressions

$$\left[\frac{q}{p}\right] \quad \text{et} \quad \left[\frac{p}{q}\right]$$

ou, ce qui revient au même, entre les restes de la division de 2^{q-1} par p et de 2^{p-1} par q, p et q désignant deux nombres premiers impairs. Effectivement, pour obtenir une transformation de l'expression

$$\left[\frac{q}{p}\right] = p^{q-1},$$

il suffit d'élever à la puissance p l'une des racines carrées imaginaires de $\pm p$. Or, d'après ce qui a été dit dans la Note I, si l'on désigne par θ une racine primitive de l'équation

$$(34) \qquad\qquad x^p = 1,$$

alors, en posant

$$(35) \qquad \theta - \theta^p + \theta^{p^2} - \ldots + \theta^{p^{p-3}} - \theta^{p^{p-2}} = \Delta,$$

on aura

$$(36) \qquad\qquad \Delta^2 = (-1)^{\frac{p-1}{2}} p.$$

D'autre part, q étant un nombre premier impair, il résulte de la formule (2) que l'équation (35) entraînera la suivante :

$$(37) \qquad \Delta^q = \theta^q - \theta^{qt} + \theta^{qt^2} - \ldots + \theta^{qt^{p-3}} - \theta^{qt^{p-2}} + qQ,$$

qQ étant une fonction entière de θ dans laquelle les coefficients numériques seront non seulement des entiers, mais encore des multiples de q ; et comme, t étant une racine primitive de l'équation (6), on aura évidemment

$$\theta^q - \theta^{qt} + \theta^{qt^2} - \ldots + \theta^{qt^{p-3}} - \theta^{qt^{p-2}} = \pm(\theta - \theta^t + \theta^{t^2} - \ldots + \theta^{t^{p-3}} - \theta^{t^{p-2}}) = \pm\Delta,$$

le double signe devant être réduit au signe + ou au signe − selon que le nombre q sera équivalent, suivant le module p, à une puissance paire ou impaire de t, c'est-à-dire suivant que l'on aura

$$\left[\frac{q}{p}\right] = 1 \qquad \text{ou} \qquad \left[\frac{q}{p}\right] = -1,$$

il est clair que l'équation (37) pourra être réduite à

$$(38) \qquad \Delta^q = \left[\frac{q}{p}\right]\Delta + qQ.$$

Enfin, comme

$$\Delta^q = (\theta - \theta^t + \theta^{t^2} - \ldots + \theta^{t^{p-3}} - \theta^{t^{p-2}})^q$$

sera évidemment une fonction entière et symétrique, non seulement de

$$\theta, \quad \theta^{t^2}, \quad \theta^{t^4}, \quad \ldots, \quad \theta^{t^{p-3}},$$

mais encore de

$$\theta^t, \quad \theta^{t^3}, \quad \theta^{t^5}, \quad \ldots, \quad \theta^{t^{p-2}},$$

par conséquent une fonction entière et linéaire des deux sommes

$$\theta + \theta^{t^2} + \theta^{t^4} + \ldots + \theta^{t^{p-3}},$$
$$\theta^t + \theta^{t^3} + \theta^{t^5} + \ldots + \theta^{t^{p-2}},$$

et même une fonction qui changera de signe lorsqu'on remplacera θ par θ^t, par conséquent lorsqu'on remplacera la première somme par la seconde, on peut affirmer que Δ^q sera proportionnel à la différence de ces deux sommes, c'est-à-dire à Δ, le coefficient numérique de Δ étant un nombre entier. Donc, puisque, dans le second membre de l'équation (38), le premier terme se réduit à $\pm \Delta$, le second terme

$$q Q$$

sera encore proportionnel à Δ, le coefficient numérique de Δ étant un nombre entier multiple de q. Cela posé, l'équation (38), divisée par Δ, donnera

$$(39) \qquad \Delta^{q-1} \equiv \left[\frac{q}{p} \right] \qquad (\mathrm{mod.}\, q).$$

De cette dernière équation, combinée avec la formule (36), on tire

$$\left[\frac{q}{p} \right] \equiv (-1)^{\frac{p-1}{2} \frac{q-1}{2}} \, p^{\frac{q-1}{2}} \qquad (\mathrm{mod.}\, q),$$

par conséquent

$$(40) \qquad \left[\frac{q}{p} \right] = (-1)^{\frac{p-1}{2} \frac{q-1}{2}} \left[\frac{p}{q} \right].$$

Telle est la loi de réciprocité qu'a trouvée M. Legendre et qui sert de base à la théorie des résidus quadratiques. La démonstration (¹) que je viens d'en donner, et que j'avais déjà exposée dans le *Bulletin de M. de Férussac* de septembre 1829, est plus rigoureuse que celle qu'avait obtenue M. Legendre et plus courte que celles auxquelles M. Gauss était d'abord parvenu.

Si le nombre k est le produit de plusieurs facteurs a, b, c, ..., l'équation

$$k = abc\dots$$

entraînera évidemment la suivante :

$$\left[\frac{k}{p} \right] = \left[\frac{a}{p} \right] \left[\frac{b}{p} \right] \left[\frac{c}{p} \right] \dots$$

(¹) Dans la troisième édition de la *Théorie des nombres*, qui a paru en 1830, M. Legendre présente cette démonstration comme étant la plus simple de toutes et l'attribue à M. Jacobi, sans indiquer aucun Ouvrage où ce géomètre l'ait publiée, et dont la date soit antérieure au mois de septembre 1829.

En d'autres termes, on aura généralement

$$\left[\frac{abc\ldots}{p}\right]=\left[\frac{a}{p}\right]\left[\frac{b}{p}\right]\left[\frac{c}{p}\right]\cdots$$

On trouvera de même

$$\left[\frac{a^n}{p}\right]=\left[\frac{a}{p}\right]^n.$$

On peut voir, dans le *Bulletin de M. de Férussac* déjà cité, comment les mêmes principes peuvent être appliqués à la théorie des résidus cubiques, biquadratiques, etc.

NOTE V.

DÉTERMINATION DES FONCTIONS $R_{h,k\ldots}$ ET DES COEFFICIENTS QU'ELLES RENFERMENT.

Si, en désignant par p un nombre premier impair, par θ, τ des racines primitives des équations

$$x^p=1, \qquad x^{p-1}=1,$$

par t une racine primitive de l'équivalence

$$x^{p-1}\equiv 1 \qquad (\mathrm{mod}.\,p),$$

enfin par h, k des quantités entières, on pose

$$(1) \qquad \Theta_h=\theta+\tau^h\theta^t+\tau^{2h}\theta^{t^2}+\ldots+\tau^{(p-2)h}\theta^{t^{p-2}},$$

il est clair que la condition

$$k\equiv h \qquad (\mathrm{mod}.\,p-1)$$

entraînera les formules

$$\tau^k=\tau^h, \qquad \Theta_k=\Theta_h.$$

en vertu desquelles on pourra toujours, si l'on veut, réduire l'exposant h d'une puissance entière soit positive, soit négative de τ, ou l'indice h d'une expression de la forme Θ_h, à l'un des nombres

$$0,\quad 1,\quad 2,\quad 3,\quad \ldots,\quad p-2.$$

D'ailleurs, ainsi qu'on l'a prouvé, on trouvera : 1° en supposant h divisible par $p-1$,

$$(2)\qquad \Theta_h = \Theta_0 = -1;$$

2° en supposant h non divisible par $p-1$,

$$(3)\qquad \Theta_h \Theta_{-h} = (-1)^h p.$$

Donc, si l'on pose généralement

$$\Theta_h \Theta_k = \mathrm{R}_{h+k}\, \Theta_{h+k}$$

ou, ce qui revient au même,

$$(4)\qquad \mathrm{R}_{h,k} = \frac{\Theta_h \Theta_k}{\Theta_{h+k}},$$

on aura : 1° en supposant h ou k divisible par $p-1$,

$$(5)\qquad \mathrm{R}_{h,k} = -1;$$

2° en supposant h non divisible par $p-1$,

$$(6)\qquad \mathrm{R}_{h,-h} = -(-1)^h p;$$

et, comme on trouvera encore

$$\mathrm{R}_{h,k}\, \mathrm{R}_{-h,-k} = \frac{\Theta_h \Theta_k}{\Theta_{h+k}}\, \frac{\Theta_{-h} \Theta_{-k}}{\Theta_{-h-k}},$$

on en conclura, en égard à la formule (3) et en supposant h, k, ainsi que $h+k$, non divisibles par $p-1$,

$$(7)\qquad \mathrm{R}_{h,k}\, \mathrm{R}_{-h,-k} = p.$$

Ajoutons que, si $h+k$ n'est pas divisible par $p-1$, on aura [*voir* la formule (3) de la page 88]

$$(8) \qquad R_{h,k} = S(\tau^{ih+jk}).$$

le signe S s'étendant à toutes les valeurs de i comprises dans la suite

$$1, \quad 2, \quad 3, \quad \ldots, \quad p-2$$

et les valeurs correspondantes de i, j étant choisies de manière à vérifier la condition

$$(9) \qquad t^i + t^j \equiv t \qquad (\mathrm{mod.}\,p).$$

Concevons maintenant que, dans le second membre de la formule (8), on réduise l'exposant de chaque puissance de τ à l'un des nombres

$$0, \quad 1, \quad 2, \quad 3, \quad \ldots, \quad p-2.$$

Ce second membre deviendra une fonction entière de τ du degré $p-2$ et l'on aura identiquement

$$(10) \qquad S(\tau^{ih+jk}) = a_0 + a_1\tau + a_2\tau^2 + \ldots + a_{p-2}\tau^{p-2},$$

a_0, a_1, a_2, $\ldots$, a_{p-2} désignant des nombres entiers dont plusieurs pourront s'évanouir et dont la somme, égale au nombre des valeurs de i, vérifiera la formule

$$(11) \qquad a_0 + a_1 + a_2 + \ldots + a_{p-2} = p-2.$$

Cela posé, l'équation (10) donnera

$$(12) \qquad R_{h,k} = a_0 + a_1\tau + a_2\tau^2 + \ldots + a_{p-2}\tau^{p-2}.$$

D'ailleurs si, dans l'équation (10), on remplace τ par τ^m, on trouvera

$$(13) \qquad S(\tau^{imh+jmk}) = a_0 + a_1\tau^m + a_2\tau^{2m} + \ldots + a_{p-2}\tau^{(p-2)m}.$$

Donc, si le produit

$$m(h+k) = mh + mk$$

n'est pas divisible par $p-1$, l'équation (12) entraînera la suivante :

$$(14) \qquad R_{mh,mk} = a_0 + a_1\tau^m + a_2\tau^{2m} + \ldots + a_{p-2}\tau^{(p-2)m}.$$

Si $p-1$ divisait le produit

$$m(h+k),$$

alors on trouverait : 1° en supposant mh, mk non divisibles par $p-1$,

$$(15) \qquad S(\tau^{jmh-jmk}) = -1,$$

par conséquent

$$(16) \qquad a_0 + a_1\tau^m + a_2\tau^{2m} + \ldots + a_{p-2}\tau^{(p-2)m} = -1;$$

2° en supposant mh et mk séparément divisibles par $p-1$,

$$(17) \qquad S(\tau^{(jmh+jmk)}) = p-2,$$

par conséquent

$$(18) \qquad a_0 + a_1\tau^m + a_2\tau^{2m} + \ldots + a_{p-2}\tau^{(p-2)m} = p-2.$$

Il est bon d'observer que, dans le premier membre de l'équation (18), les seules puissances de τ, qui se trouveront multipliées par des coefficients positifs et distincts de zéro, seront les puissances qui offriront des exposants divisibles par $p-1$ ou, ce qui revient au même, celles qui se réduiront à l'unité. Donc le premier membre de la formule (18) se réduira identiquement au premier membre de la formule (11).

Un moyen fort simple d'obtenir, pour des valeurs données de t, h et k, les coefficients

$$a_0, \quad a_1, \quad a_2, \quad \ldots, \quad a_{p-2}$$

est de résoudre l'équation (9) par rapport à j et d'en tirer, pour chaque valeur de i, la valeur correspondante de j. Concevons, par exemple, qu'on prenne $p = 5$. Alors τ sera une racine primitive

$$\sqrt{-1} \quad \text{ou} \quad -\sqrt{-1}$$

de l'équation

$$x^4 = 1,$$

tandis que t désignera une racine primitive de l'équivalence

$$x^4 \equiv 1 \qquad (\mathrm{mod.}\,5).$$

On pourra donc prendre

$$i = 2$$

et en effet, aux valeurs

$$0, \ 1, \ 2, \ 3$$

de l'exposant i correspondront des valeurs essentiellement distinctes et non équivalentes

$$1, \ 2, \ 4, \ 8 \equiv 3 \quad (\text{mod.} 5)$$

de la puissance 2^i. D'ailleurs, si l'on attribue successivement à i les valeurs

$$1, \ 2, \ 3,$$

les valeurs correspondantes de

$$1 - 2^i \equiv 2^j \quad (\text{mod.} 5)$$

seront

$$1 - 2 \equiv 4, \quad 1 - 4 \equiv 2, \quad 1 - 8 \equiv 1 - 3 \equiv 3 \quad (\text{mod.} 5)$$

et, par suite, on trouvera, pour valeurs correspondantes de j,

$$2, \ 1, \ 3.$$

Cela posé, on aura

$$S(\tau^{ih+jk}) = \tau^{h+2k} + \tau^{2h+k} + \tau^{3h+3k}$$

et de cette dernière formule, jointe aux équations (8) et (10), on tirera :

Pour $h = 1, k = 1, h + k = 2,$

$$R_{1,1} = 2\tau^2 + \tau^4 = \tau^2 + 2\tau^4, \quad a_0 = 0, \quad a_1 = 0, \quad a_2 = 1, \quad a_3 = 1;$$

Pour $h = 1, k = 2, h + k = 3,$

$$R_{1,2} = \tau^2 + \tau^3 + \tau^4 = 1 + 2\tau, \quad a_0 = 1, \quad a_1 = 2, \quad a_2 = 0, \quad a_3 = 0;$$

Pour $h = 3, k = 3, h + k = 6 \equiv 2 \, (\text{mod.} 4),$

$$R_{3,3} = 2\tau^2 + \tau^4 = \tau^2 + 2\tau, \quad a_0 = 0, \quad a_1 = 2, \quad a_2 = 1, \quad a_3 = 0, \bullet \ldots$$

$$\ldots\ldots$$

Il serait facile d'exprimer les valeurs des constantes positives

$$a_0, \ a_1, \ a_2, \ \ldots, \ a_{p-2}$$

comprises dans les formules (10) et (13), en fonction des sommes de
la forme

$$\mathrm{S}(\tau^{(h+j)k}) \quad \text{ou} \quad \mathrm{S}(\tau^{j(hk+jk)}).$$

En effet, si, dans la formule (13), on prend successivement pour m
chacun des termes de la suite

$$0, \quad 1, \quad 2, \quad 3, \quad \ldots \quad p-2,$$

on en tirera

$$
(19)
\begin{cases}
a_0 + a_1 \; \;+ a_2 \; \;+ \ldots + a_{p-2} \;\; = p-2, \\
a_0 + a_1\tau \; \;+ a_2\tau^2 \; \;+ \ldots + a_{p-2}\tau^{p-2} = \mathrm{S}(\tau^{(h+j)k}), \\
a_0 + a_1\tau^2 \; \;+ a_2\tau^4 \; \;+ \ldots + a_{p-2}\tau^{2(p-2)} = \mathrm{S}(\tau^{2(h+j)k}), \\
\hdotsfor{1} \\
a_0 + a_1\tau^{p-2} + a_2\tau^{2(p-2)} + \ldots + a_{p-2}\tau^{(p-2)^2} = \mathrm{S}(\tau^{(p-2)(h+j)k}).
\end{cases}
$$

Or, comme, en désignant par h une quantité entière positive ou négative, on aura généralement, si h est non divisible par $p-1$,

$$(20) \qquad\qquad 1 + \tau^h + \tau^{2h} + \ldots + \tau^{(p-2)h} = 0$$

et, si h est divisible par $p-1$,

$$(21) \qquad\qquad 1 + \tau^h + \tau^{2h} + \ldots + \tau^{(p-2)h} = p-1,$$

on conclura des formules (19), respectivement multipliées par les
facteurs

$$1, \quad \tau^{-m}, \quad \tau^{-2m}, \quad \ldots, \quad \tau^{-(p-2)m},$$

puis combinées entre elles par voie d'addition,

$$
(22)
\begin{cases}
(p-1)a_m = p-2 + \tau^{-m}\,\mathrm{S}(\tau^{(h+jk)}) \\
\qquad\qquad + \tau^{-2m}\,\mathrm{S}(\tau^{2(h+jk)}) + \ldots + \tau^{-(p-2)m}\,\mathrm{S}(\tau^{(p-2)(h+jk)})
\end{cases}
$$

ou, ce qui revient au même,

$$
(23)
\begin{cases}
(p-2)a_m = p-2 + \tau^{p-2-m}\,\mathrm{S}(\tau^{(h+jk)}) \\
\qquad\qquad + \tau^{p-3-2m}\,\mathrm{S}(\tau^{2(h+jk)}) + \ldots + \tau^{m}\,\mathrm{S}(\tau^{(p-2)(h+jk)}).
\end{cases}
$$

Ce n'est pas tout. Si, en attribuant à i et j deux valeurs correspondantes, propres à vérifier la formule (9), on a

$$ih + jk \equiv l \quad (\mathrm{mod.}\, p-1),$$

l désignant l'un des nombres

$$0, 1, 2, 3, \ldots, p-2,$$

on en conclura, non seulement

$$t^{ih+jk} = t^l,$$

mais aussi

$$t^{ih+jk} \equiv t^l \quad (\mathrm{mod.}\, p).$$

Donc la formule (10) entraînera la suivante :

(24) $S(t^{ih+jk}) \equiv a_0 + a_1 t + a_2 t^2 + \ldots + a_{p-2} t^{p-2} \quad (\mathrm{mod.}\, p)$

et la formule (13) donnera pareillement

(25) $S(t^{(m+i)h+jk}) \equiv a_0 + a_1 t^m + a_2 t^{2m} + \ldots + a_{p-2} t^{(p-2)m} \quad (\mathrm{mod.}\, p)$.

Si, dans cette dernière, on prend successivement pour m chacun des termes de la suite,

$$0, 1, 2, 3, \ldots, p-2,$$

on en tirera

$$
(26) \quad
\begin{cases}
a_0 + a_1 \ \ + a_2 \ \ \ \ \ \ldots + a_{p-2} & \equiv p-1 \\
a_0 + a_1 t \ \ + a_2 t^2 \ \ \ldots + a_{p-2} t^{p-2} & = S(t^{ih+jk}) \\
a_0 + a_1 t^2 + a_2 t^4 \ \ \ldots + a_{p-2} t^{2(p-2)} & = S(t^{2ih+jk}) \\
\ldots\ldots\ldots\ldots\ldots\ldots\ldots\ldots\ldots\ldots\ldots\ldots\ldots \\
a_0 + a_1 t^{p-2} + a_2 t^{2(p-2)} \ldots + a_{p-2} t^{(p-2)^2} & = S(t^{(p-2)ih+jk})
\end{cases}
\quad (\mathrm{mod.}\, p).
$$

Or, comme, en désignant par h une quantité entière positive ou négative, on aura généralement, si h est non divisible par $p-1$,

(27) $1 + t^h + t^{2h} + \ldots + t^{(p-2)h} \equiv 0 \quad (\mathrm{mod.}\, p)$

et, si h est divisible par $p-1$,

(28) $1 + t^h + t^{2h} + \ldots + t^{(p-2)h} \equiv p-1 \quad (\mathrm{mod.}\, p)$.

on conclura des formules (26), respectivement multipliées par les facteurs

$$1, \quad t^{-m}, \quad t^{-2m}, \quad \ldots, \quad t^{-(p-2)m},$$

puis combinées entre elles par voie d'addition,

$$(29) \quad \begin{cases} (p-1)a_m = p-2 + t^{-m}\,\mathrm{S}\!\left(t^{(h+2k)}\right) + t^{-2m}\,\mathrm{S}\!\left(t^{2(h+2k)}\right) - \ldots \\ \qquad\qquad + t^{-(p-2)m}\,\mathrm{S}\!\left(t^{(p-2)(h+2k)}\right) \end{cases} \qquad (\mathrm{mod}.\,p)$$

ou, ce qui revient au même,

$$(30) \quad \begin{cases} a_m = 1 - t^{(p-2)m}\,\mathrm{S}\!\left(t^{h+2k}\right) - t^{(p-3)m}\,\mathrm{S}\!\left(t^{2(h+2k)}\right) - \ldots \\ \qquad\qquad - t^{m}\,\mathrm{S}\!\left(t^{(p-2)(h+2k)}\right) \end{cases} \qquad (\mathrm{mod}.\,p).$$

La quantité positive a_m devant être, en vertu de la formule (11), inférieure à $p-2$ pourra être aisément déterminée à l'aide de la formule (30), si l'on parvient à trouver des quantités équivalentes, suivant le module p, à des sommes de la forme

$$\mathrm{S}\!\left(t^{(h+2k)}\right) \quad \text{ou} \quad \mathrm{S}\!\left(t^{mnh+2nk}\right).$$

Or concevons que, dans la somme

$$\mathrm{S}\!\left(t^{(h+2k)}\right),$$

h et k se réduisent, comme on peut toujours le supposer, à deux termes de la suite

$$0, \quad 1, \quad 2, \quad 3, \quad \ldots, \quad p-2.$$

Alors, si l'on a

$$(31) \qquad\qquad h+k=0,$$

ce qui suppose $h=0$, $k=0$, on trouvera évidemment

$$(32) \qquad\qquad \mathrm{S}\!\left(t^{(h+2k)}\right) = p-2,$$

par conséquent,

$$(33) \qquad\qquad \mathrm{S}\!\left(t^{(h+2k)}\right) \equiv -2 \qquad (\mathrm{mod}.\,p)$$

et, si l'on suppose

$$(34) \qquad\qquad h+k = p-1,$$

on trouvera

$$S(\tau^{(h+j)k}) = S(\tau^{(j-1)k}) = \tau + \tau^2 + \ldots + \tau^{p-1}$$

ou, ce qui revient au même,

$$(35) \qquad\qquad S(\tau^{hk+jk}) = -1,$$

par conséquent,

$$S(t^{(h+j)k}) \equiv S(t^{(j-1)k}) \equiv t + t^k + \ldots + t^{p-1} \qquad (\mathrm{mod}.\,p)$$

ou, ce qui revient au même,

$$(36) \qquad\qquad S(t^{hk+jk}) \equiv -1 \qquad (\mathrm{mod}.\,p).$$

Si $h + k$ est renfermé entre les limites 0, $p - 1$, en sorte qu'on ait

$$(37) \qquad\qquad p - 1 > h + k > 0,$$

on trouvera, en vertu de la formule (9),

$$(38) \qquad\qquad S(t^{hk+jk}) \equiv S[t^{jh}(1 - t^i)^k] \qquad (\mathrm{mod}.\,p)$$

et puisque, pour $i = 0$, on aura

$$1 - t^i = 0,$$

il est clair que, dans le second membre de la formule (38), on pourra étendre la sommation, indiquée par le signe S, ou comme dans le premier membre, aux seules valeurs de i comprises dans la suite

$$1, \quad 2, \quad 3, \quad \ldots, \quad p - 2$$

ou bien encore à toutes les valeurs de i comprises dans la suite

$$0, \quad 1, \quad 2, \quad 3, \quad \ldots, \quad p - 2.$$

D'ailleurs, dans cette dernière hypothèse, on aura, en vertu des formules (27) et (37),

$$S(t^h) \equiv 0, \qquad S(t^{h+k+1}) \equiv 0, \qquad \ldots \qquad S(t^{h+k}) \equiv 0 \qquad (\mathrm{mod}.\,p);$$

et, par suite, après le développement de

$$(1 - t^i)^k$$

suivant les puissances ascendantes de t', le second membre de la formule (38) se composera d'une suite de termes dont chacun sera équivalent à zéro suivant le module p. Donc la condition (37) entraînera l'équivalence

$$(39) \qquad S(t^{jh+jk}) \equiv 0 \qquad (\mathrm{mod.}\, p).$$

Supposons enfin

$$(40) \qquad h + k > p - 1.$$

Alors, $h + k$ étant renfermé entre les limites $p - 1$, $2(p - 1)$, si l'on pose

$$(41) \qquad \mathrm{h} = (p-1) - h, \qquad \mathrm{k} = (p-1) - k,$$

la somme

$$\mathrm{h} + \mathrm{k} = 2(p-1) - (h + k)$$

sera renfermée entre les limites 0, $p - 1$, de manière à vérifier la condition

$$(42) \qquad p - 1 > \mathrm{h} + \mathrm{k} > 0.$$

Alors aussi on aura

$$S(t^{jh+jk}) \equiv S(t^{-jh-jk}) \qquad (\mathrm{mod.}\, p);$$

puis, en posant

$$(43) \qquad j - i \equiv \nu \qquad (\mathrm{mod.}\, p)$$

ou, ce qui revient au même,

$$j \equiv i + \nu,$$

on trouvera

$$S(t^{jh+jk}) \equiv S(t^{-jh} t^{-j(h+k)}) \qquad (\mathrm{mod.}\, p).$$

D'ailleurs, comme, en vertu de l'équivalence (43), la formule (9) se réduit à

$$(44) \qquad t^{\nu} \equiv 1 + t^{i} \qquad (\mathrm{mod.}\, p)$$

on trouvera encore

$$(45) \qquad S\left(t^{(h+1k)}\right) = S\left[t^{-s}(1+t^s)^{h+k}\right] \qquad (\mathrm{mod.}\,p).$$

Dans le second membre de la formule (45), la sommation indiquée par le signe S doit s'étendre aux diverses valeurs de t^s qui permettent de vérifier la condition (44), par conséquent aux diverses valeurs de s comprises dans la suite

$$0, \ 1, \ 2, \ 3, \ \ldots, \ p-2,$$

mais distinctes de la valeur

$$s = \frac{p-1}{2},$$

pour laquelle il ne serait plus possible de vérifier la condition (44), réduite à la forme inadmissible

$$t^s = 0,$$

et comme, pour $s = \dfrac{p-1}{2}$, on aura $t^s = -1$, par conséquent

$$1 + t^s = 0 \qquad (\mathrm{mod.}\,p),$$

il en résulte que, dans le second membre de la formule (45), la sommation indiquée par le signe S pourra être étendue sans inconvénient à toutes les valeurs

$$0, \ 1, \ 2, \ 3, \ \ldots, \ p-1$$

de l'exposant s. Or, dans cette dernière hypothèse, en développant

$$(1 + t^s)^{h+k}$$

suivant les puissances ascendantes de t^s, puis ayant égard aux formules (27), (28) et (42), on tirera de l'équation (45)

$$S\left(t^{(h+1k)}\right) = (p-1)\frac{1.2.3.\ldots.(h+k)}{(1.2.\ldots.h)(1.2.\ldots.k)} \qquad (\mathrm{mod.}\,p)$$

ou, ce qui revient au même,

$$(46) \qquad S\left(t^{(h+1k)}\right) = -\Pi_{h,k} \qquad (\mathrm{mod.}\,p).$$

la valeur de $\Pi_{h,k}$ étant

$$(47) \qquad \Pi_{h,k} = \frac{1.2.3\ldots.(h+k)}{(1.2\ldots.h)(1.2\ldots.k)}.$$

Il est bon d'observer que la formule (46), dans laquelle h,k et h,k sont liés entre eux par les équations (41), s'étend au cas même où la somme

$$h + k$$

redeviendrait inférieure à $p-1$ et se trouverait comprise entre les limites

$$0, \quad p-1.$$

Alors, en effet, comme on aurait

$$(48) \qquad h + k > p - 1$$

et, par suite,

$$1.2.3\ldots.(h+k) \equiv 0 \qquad (\mathrm{mod.}\,p),$$

l'équivalence (47) donnerait évidemment

$$(49) \qquad \Pi_{h,k} \equiv 0$$

et, en conséquence, la formule (46) se trouverait réduite à la formule (39).

Observons encore que de la formule (46), jointe aux équations (41), on tire immédiatement

$$(50) \qquad S(l^{h+k}) \equiv -\Pi_{p-1-h,p-1-k} \qquad (\mathrm{mod.}\,p).$$

Dans les formules qui précèdent, chacune des lettres h, k représente l'un des nombres

$$0, \quad 1, \quad 2, \quad 3, \quad \ldots, \quad p-2$$

et, par suite, chacune des lettres h, k représente l'un des nombre

$$1, \quad 2, \quad 3, \quad 4, \quad \ldots, \quad p-1.$$

Pour rendre les notations facilement applicables au cas où

$$h, \quad k, \quad \mathrm{h}, \quad \mathrm{k}$$

représenteraient des quantités entières quelconques, soit positives,
soit négatives, nous désignerons généralement par

$$H_{h,k}$$

ce que devient le rapport

$$\frac{1.2.3.\ldots.(h+k)}{(1.2.\ldots.h)(1.2.\ldots.k)}$$

quand on y remplace les quantités entières

$$h \quad \text{et} \quad k$$

par les deux termes qui, dans la suite

$$1,\ 2,\ 3,\ 4,\ \ldots,\ p-1,$$

sont équivalentes à ces quantités, suivant le module $p-1$. Cela posé,
la formule (50), étendue à des valeurs entières quelconques de h et
de k, donnera généralement, si $h+k$ n'est pas divisible par $p-1$,

$$(51) \qquad S(t^{m(h+k)}) \equiv -H_{h,k} \qquad (\text{mod.}\,p).$$

Ajoutons que, si $h+k$ devient divisible par $p-1$, la formule (51)
devra être remplacée, ou par la formule (33), ou par la formule (36);
savoir : par la formule (33) lorsque $p-1$ divisera séparément h et k
et par la formule (36) dans le cas contraire.

Concevons maintenant que, dans les formules (33), (36) et (51),
on remplace

$$h \quad \text{par} \quad mh \qquad \text{et} \quad k \quad \text{par} \quad mk,$$

m étant un terme de la suite

$$0,\ 1,\ 2,\ 3,\ \ldots,\ p-1.$$

Alors on trouvera : 1° en supposant mh et mk séparément divisibles
par $p-1$,

$$(52) \qquad S(t^{m(h+k)}) \equiv -2 \qquad (\text{mod.}\,p)$$

2° en supposant que $p-1$ divise la somme

$$m(h+k) = mh + mk,$$

sans diviser ses deux parties mh, mk,

$$(53) \qquad S(t^{m(h+k)}) \equiv -1 \qquad (\mathrm{mod}.\, p);$$

3° en supposant le produit $m(h+k)$ non divisible par $p-1$,

$$(54) \qquad S(t^{m(h+k)}) \equiv -H_{-mh,-mk} \qquad (\mathrm{mod}.\, p).$$

En vertu de ces dernières équivalences, la formule (30) donnera

$$(55) \quad \begin{cases} a_m \equiv 2 + H_{-h,-k}\, t^{(p-2)m} \\ \qquad + H_{-2h,-2k}\, t^{(p-4)m} + \ldots + H_{-(p-2)h,-(p-2)k}\, t^{m} \end{cases} \qquad (\mathrm{mod}.\, p)$$

ou, ce qui revient au même,

$$(56) \quad a_m \equiv 2 + H_{h,k}\, t^{m} + H_{2h,2k}\, t^{2m} + \ldots + H_{(p-2)h,(p-2)k}\, t^{(p-2)m} \qquad (\mathrm{mod}.\, p),$$

pourvu que, t désignant l'un quelconque des nombres entiers

$$1, \quad 2, \quad 3, \quad \ldots, \quad p-2,$$

on ait soin de remplacer généralement le coefficient t^{im}, savoir

$$H_{ih,ik},$$

1° par l'unité, quand $p-1$ divisera la somme des produits ih, ik sans diviser chacun d'eux; 2° par le nombre 2 quand $p-1$ divisera séparément chacun de ces produits.

Lorsque, à l'aide de la formule (56), on aura calculé les valeurs de

$$a_0, \quad a_1, \quad a_2, \quad \ldots, \quad a_{p-2}$$

correspondant à une valeur donnée de t et à des valeurs de h, k pour lesquelles la somme $h+k$ n'est pas divisible par $p-1$, alors, pour obtenir la valeur de

$$B_{h,k},$$

il suffira de recourir à l'équation (12).

Pour montrer une application de la formule (56), considérons en particulier le cas où l'on aurait

$$p = 5.$$

Alors, si l'on suppose, comme on peut le faire, $t = 2$, la formule (56) donnera

$$a_m \equiv 2 + \Pi_{h,k}\, 2^m + \Pi_{2h,2k}\, 2^{2m} + \Pi_{3h,3k}\, 2^{3m} \qquad (\mathrm{mod.}\,5).$$

Si d'ailleurs on prend

$$h = 1, \qquad k = 1,$$

on trouvera

$$a_m \equiv 2 + \Pi_{1,1}\, 2^m + \Pi_{2,2}\, 2^{2m} + \Pi_{3,3}\, 2^{3m} \qquad (\mathrm{mod.}\,5)$$

ou plutôt

$$a_m \equiv 2 + \Pi_{1,1}\, 2^m + 2^{2m} + \Pi_{3,3}\, 2^{3m} \qquad (\mathrm{mod.}\,5)$$

en remplaçant, comme on doit le faire,

$$\Pi_{2,2}$$

par l'unité, attendu que $p - 1 = 4$ divise la somme

$$2 + 2$$

des indices placés ici au bas de la lettre Π sans diviser séparément chacun d'eux. Comme on aura d'ailleurs, en vertu de la formule (47),

$$\Pi_{1,1} = \frac{1 \cdot 2}{1 \cdot 1} = 2$$

et, en vertu de la formule (49),

$$\Pi_{1,3} = 0,$$

on trouvera définitivement, dans l'hypothèse admise,

$$a_m \equiv 2 + 2^{m+1} + 2^{2m} \qquad (\mathrm{mod.}\,5),$$

ou, ce qui revient au même,

$$a_m \equiv 2 + (-1)^m + 2^{m+1} \qquad (\mathrm{mod.}\,5),$$

puis on conclura : 1° pour des valeurs paires de m,

$$a_m \equiv -2 + 2^{m+1} ;$$

2° pour des valeurs impaires de m,

$$a_m \equiv 1 + 2^{m+1}$$

et, par suite,

$$a_0 \equiv 0, \qquad a_1 \equiv 5 \equiv 0, \qquad a_2 \equiv 6 \equiv 1, \qquad a_3 \equiv 17 \equiv 2 \qquad (\mathrm{mod.}\,5).$$

Donc, puisque chacun des coefficients

$$a_0, \quad a_1, \quad a_2, \quad a_3$$

doit être nul ou positif et ne peut surpasser $p-2=3$, on aura nécessairement

$$a_0 = 0, \qquad a_1 = 0, \qquad a_2 = 1, \qquad a_3 = 2.$$

Cela posé, la formule (12) donnera

$$R_{1,1} = \tau^2 + 2\tau^3.$$

On se trouve donc ainsi ramené à l'une des formules que nous avions déduites directement de la formule (8).

On pourrait remarquer que l'unité, par laquelle nous avons remplacé le coefficient

$$H_{4,2} = \frac{1.2.3.4}{(1.2)(1.2)} = 6,$$

est équivalente à ce coefficient suivant le module 5. Mais on se tromperait si l'on supposait que, dans le cas où $p-1$ divise $h+k$ sans diviser h et k, on a toujours

$$H_{h,k} \equiv 1 \qquad (\bmod. p).$$

Effectivement, en prenant comme ci-dessus $p=5$, on trouvera

$$H_{1,3} = \frac{1.2.3.4}{1.(1.2.3)} = 4 \equiv -1 \qquad (\bmod. 5).$$

En général, si $p-1$ divise $h+k$ sans diviser h et k, alors h et k, étant réduits chacun à l'un des nombres

$$1, \quad 2, \quad 3, \quad \ldots, \quad p-2,$$

fourniront une somme précisément égale à $p-1$, en sorte qu'on aura

$$h + k \equiv p - 1 \equiv -1 \qquad (\bmod. p),$$
$$k \equiv -h - 1 \qquad (\bmod. p),$$

et, par suite,

$$(k+1)(k+2)\ldots(k+h) \equiv (-1)^h 1.2.3.\ldots.h.$$

Or, on tire de cette dernière formule

$$(-1)^h \frac{(k+1)(k+2)\ldots(k+h)}{1.2\ldots h} = \frac{1.2.3\ldots(k+h)}{(1.2\ldots h)(1.2\ldots k)},$$

par conséquent

$$(57) \qquad\qquad \Pi_{h,k} \equiv (-1)^h \qquad (\mathrm{mod.}\,p);$$

et il résulte évidemment de l'équivalence (57) que, dans la formule (56), on peut laisser à t^{kk}, pour coefficient, l'expression

$$\Pi_{h,k},$$

lors même que $p-1$ divise la somme $th + tk$, sans diviser th et tk, pourvu que th et tk offrent des valeurs paires.

Une conséquence importante à laquelle on se trouve immédiatement conduit par la seule inspection des formules (8) et (51), c'est que, dans le cas où la somme $h+k$ n'est pas divisible par $p-1$, l'expression

$$\Pi_{-h,-k}$$

équivaut, au signe près, à ce que devient la fonction entière de τ représentée par

$$R_{h,k},$$

quand on y remplace une racine primitive τ de l'équation

$$x^{p-1} = 1$$

par une racine primitive t de l'équivalence

$$x^{p-1} \equiv 1 \qquad (\mathrm{mod.}\,p).$$

Cette dernière racine t doit d'ailleurs coïncider avec celle que renferme la formule (9).

Lorsqu'on veut appliquer à des cas particuliers les formules ci-dessus établies, toute la difficulté se réduit à trouver, pour des valeurs de h et de k positives, mais inférieures au module p, des quantités équivalentes aux expressions de la forme

$$\Pi_{h,k} = \frac{1.2.3\ldots(h+k)}{(1.2\ldots h)(1.2\ldots k)}.$$

c'est-à-dire aux coefficients numériques que renferme le développement de la puissance

$$(1+t)^{h+k}$$

du binome $1+t$. Le calcul direct de ces coefficients devient assez
pénible lorsque le nombre t acquiert une valeur considérable. Mais
alors même des quantités équivalentes à ces coefficients, suivant le
module p, peuvent être assez facilement obtenues par l'une des méthodes que nous allons indiquer.

D'abord, si, en désignant par t une racine primitive de l'équivalence

$$t^{p-1} \equiv 1 \qquad (\bmod. p),$$

on nomme *indices* des nombres entiers

$$1, \quad 2, \quad 3, \quad 4, \quad \ldots$$

les diverses valeurs de l'exposant i, pour lesquelles la puissance t^i
deviendra successivement équivalente à ces nombres entiers suivant
le module p, il est clair, d'une part, que deux nombres seront équivalents, suivant le module p, quand leurs indices seront, ou égaux, ou
équivalents suivant le module $p-1$, d'autre part que l'indice d'un
produit sera équivalent à la somme des indices de ses facteurs et
l'indice d'un rapport à la différence des indices de ses deux termes.
Cela posé, si, en se bornant à considérer des nombres entiers et des
indices plus petits que la limite p, on construit deux Tables qui
offrent le nombre correspondant à chaque indice et l'indice correspondant à chaque nombre, l'addition successive des indices placés à
la suite les uns des autres dans la seconde Table fournira les indices
des produits

$$1.2, \quad 1.2.3, \quad 1.2.3.4, \quad \ldots$$

et dès lors il deviendra facile de calculer l'indice du rapport

$$\Pi_{h,k} = \frac{1.2.3.\ldots.(h+k)}{(1.2.\ldots.h)(1.2.\ldots.k)},$$

par conséquent une quantité qui soit équivalente à ce rapport suivant

le module p. M. Jacobi ayant effectivement construit les Tables dont
nous venons de parler pour toute valeur de p inférieure à 1000, il en
résulte que, pour une semblable valeur, on obtiendra sans peine un
nombre équivalent à $H_{s,t}$, suivant le module p.

Il est bon d'observer qu'au lieu de réduire chaque indice à l'un des
nombres

$$0, \quad 1, \quad 2, \quad 3, \quad \ldots, \quad p-2,$$

on pourrait le réduire à l'une des quantités

$$-\frac{p-1}{2}, \quad -\frac{p-3}{2}, \quad \ldots, \quad -2, \quad -1, \quad 0, \quad 1, \quad 2, \quad \ldots, \quad \frac{p-3}{2}, \quad \frac{p-1}{2}.$$

Supposons, pour fixer les idées,

$$p = 17.$$

Alors en prenant, comme on peut le faire, $t = 10$, on reconnaîtra
qu'aux nombres

$$1, \quad 2, \quad 3, \quad 4, \quad 5, \quad 6, \quad 7, \quad 8, \quad 9, \quad 10, \quad 11, \quad 12, \quad 13, \quad 14, \quad 15, \quad 16$$

correspondent les indices

$$0, \quad 10, \quad 11, \quad 4, \quad 7, \quad 5, \quad 9, \quad 14, \quad 6, \quad 1, \quad 13, \quad 15, \quad 12, \quad 3, \quad 2, \quad 8$$

ou

$$0, \quad -6, \quad -5, \quad 4, \quad 7, \quad 5, \quad -7, \quad -2, \quad 6, \quad 1, \quad -3, \quad -1, \quad -4, \quad 3, \quad 2, \quad 8.$$

Or les sommes formées par l'addition successive de ces indices seront
équivalentes, suivant le module 16, aux quantités

$$0, \quad -6, \quad 5, \quad -7, \quad 0, \quad 5, \quad -2, \quad -4, \quad 2, \quad 3, \quad 0, \quad -1, \quad -5, \quad -2, \quad 0, \quad 8.$$

Donc ces dernières quantités représenteront les indices des produits
de la forme

$$1.2.3.4.\ldots.h,$$

pour les valeurs de h représentées par les nombres

$$1, \quad 2, \quad 3, \quad 4, \quad 5, \quad 6, \quad 7, \quad 8, \quad 9, \quad 10, \quad 11, \quad 12, \quad 13, \quad 14, \quad 15, \quad 16.$$

Ainsi, en particulier, quatre de ces produits correspondront à l'indice o et seront, en conséquence, équivalents à l'unité suivant le module 17; tandis qu'un seul produit, ayant 8 pour indice, sera équivalent à 16 ou à — 1, suivant ce même module. Les quatre produits équivalents à + 1 seront ceux qu'on obtiendra en prenant pour h un des nombres

$$1, \quad 5, \quad 11, \quad 13$$

et se réduiront à

$$1, \quad 1.2.3.4.5,$$
$$1.2.3.4.5.6.7.8.9.10.11, \quad 1.2.3.4.5.6.7.8.9.10.11.12.13.14.15,$$

tandis que le seul produit, équivalent à — 1, sera, conformément à un théorème connu, le produit de tous les nombres entiers positifs inférieurs au module 17, savoir :

$$1.2.3.4.5.6.7.8.9.10.11.12.13.14.15.16.$$

Il sera maintenant facile de calculer les valeurs de

$$\Pi_{h,k}$$

correspondant à la valeur 17 du module p et à des valeurs données de h, k. Ainsi, par exemple, en posant

$$h = 4, \quad k = 4, \quad h + k = 8,$$

on trouvera pour indice des produits

$$1.2.3.4, \quad 1.2.3.4.5.6.7.8$$

les quantités

$$-7, \quad -4.$$

Donc l'indice du rapport

$$\Pi_{h,k} = \frac{1.2.3.4.5.6.7.8}{(1.2.3.4)(1.2.3.4)}$$

sera

$$-4 + 7 + 7 = 10 \equiv -6 \qquad (\text{mod. } 16),$$

et, en conséquence, ce rapport sera équivalent, suivant le module 17, au nombre 2. Pareillement, si l'on prend

$$h = 2, \quad k = 6, \quad h + k = 8.$$

on trouvera pour indices des produits

$$1.2, \quad 1.2.3.4.5.6, \quad 1.2.3.4.5.6.7.8$$

les quantités

$$-6, \quad 5, \quad -4.$$

Donc l'indice du rapport

$$\Pi_{2,6} = \frac{1.2.3.4.5.6.7.8}{(1.2)(1.2.3.4.5.6)}$$

sera

$$-4+6-5=-3.$$

et, en conséquence, ce rapport sera équivalent, suivant le module 17, au nombre 11 ou, ce qui revient au même, à la quantité négative — 6.

Au reste, sans recourir aux Tables qui fournissent, pour chaque module, l'indice correspondant à un nombre ou le nombre correspondant à un indice donné, on pourrait, à l'aide de simples additions et soustractions, obtenir facilement des quantités équivalentes aux diverses valeurs de $\Pi_{h,k}$, c'est-à-dire aux nombres figurés des divers ordres. En effet, d'après les propriétés bien connues de ces nombres, on peut les déduire par addition les uns des autres en formant ce qu'on appelle le *triangle arithmétique* de Pascal. Il suffira donc, pour arriver au but qu'on se propose, de calculer quelques-uns des termes que doit renfermer le triangle arithmétique en réduisant chacun d'eux à un nombre inférieur au module donné ou à une quantité dont la valeur numérique ne surpasse pas la moitié de ce module. Entrons à ce sujet dans quelques détails.

Supposons les deux nombres h, k inférieurs au module p ou même à $p - 1$. Il suit évidemment de la formule (47) que les valeurs de

$$\Pi_{h,k}, \quad \Pi_{h-1,k}, \quad \Pi_{h,k-1}$$

seront respectivement égales aux produits du rapport

$$\frac{1.2.3.\ldots.(h+k-1)}{[(1.2.\ldots.(h-1)][(1.2.\ldots.(k-1)]}$$

par les trois nombres

$$\frac{h+k}{hk}, \quad \frac{1}{k}, \quad \frac{1}{h}.$$

Or, comme le premier de ces trois nombres est précisément la somme des deux autres, nous devons en conclure qu'on aura

$$(58) \qquad H_{h,k} = H_{h-1,k} + H_{h,k-1}.$$

De plus, il est clair qu'on aura, en vertu de la formule (47), non seulement

$$(59) \qquad H_{h,k} = H_{k,h},$$

mais encore

$$(60) \qquad H_{h,1} = h + 1, \qquad H_{1,k} = k + 1.$$

Cela posé, imaginons une Table, analogue à la Table de Pythagore, dans laquelle la première ligne verticale et la première ligne horizontale renferment les valeurs de h, k positives et inférieures à p ou même à $p - 1$, c'est-à-dire les nombres

$$1, \quad 2, \quad 3, \quad 4, \quad \ldots, \quad p - 1,$$

et concevons que, dans la case correspondant à des valeurs données de h, k, on place une quantité, non seulement équivalente à $H_{h,k}$, suivant le module p, mais, de plus, renfermée entre les limites $-\frac{p}{2}$, $+\frac{p}{2}$. Il résulte des formules (60) que, dans la Table dont il s'agit, chaque terme de la seconde ligne horizontale ou verticale sera équivalent au terme correspondant de la première ligne augmenté de l'unité, et de la formule (58) que, dans chacune des autres lignes horizontales et verticales, un terme quelconque sera équivalent à la somme des deux termes antérieur et supérieur, c'est-à-dire des deux termes qui le précèdent immédiatement, l'un dans la même ligne horizontale, l'autre dans la même ligne verticale. Or, ces remarques fournissent un moyen très simple de construire la Table que nous venons d'imaginer et qui, dans le cas où l'on suppose $p = 17$, se réduit à la suivante :

Quantités équivalentes aux nombres figurés suivant le module $p=17$.

	1	2	3	4	5	6	7	8	9	10	11	12	13	14	15	16
1	2	3	4	5	6	7	8	−8	−7	−6	−5	−4	−3	−2	−1	0
2	3	6	−7	−2	4	−6	2	−6	4	−2	−7	6	3	1	0	
3	4	−7	3	1	5	−1	1	−5	−1	−3	7	−4	−1	0		
4	5	−2	1	2	7	6	7	2	1	−2	5	1	0			
5	6	4	5	7	−3	3	−7	−5	−4	−6	−1	0				
6	7	−6	−1	6	3	6	−1	−6	7	1	0					
7	8	2	1	7	−7	−1	−2	−8	−1	0						
8	−8	−6	−5	2	−5	−6	−8	1	0							
9	−7	4	−1	1	−4	7	−1	0								
10	−6	−2	−3	−2	−6	1	0									
11	−5	−7	7	5	−1	0										
12	−4	6	−4	1	0											
13	−3	3	−1	0												
14	−2	1	0													
15	−1	0														
16	0															

Dans la Table précédente, on s'est dispensé d'écrire les quantités auxquelles $H_{h,k}$ devient équivalent, lorsque la somme $h+k$ est renfermée entre les limites p, $2(p-1)$; attendu que ces quantités, en vertu de la formule (49), se réduisent toutes à zéro, comme celles qui correspondent au cas où l'on a

$$h+k=p.$$

Quant à celles qui répondent au cas où l'on a

$$h+k=p-1,$$

elles se réduisent alternativement, en vertu de la formule (57), à $+1$ ou à -1, selon que h est pair ou impair, et occupent les cases situées sur l'une des diagonales de la Table. Les cases situées sur l'autre diagonale renferment les quantités

$$2, \quad 6, \quad 3, \quad 2, \quad -3, \quad 6, \quad -2, \quad 1,$$

qui représentent les valeurs de

$$H_{h,8}$$

correspondant aux valeurs

$$1, \quad 2, \quad 3, \quad 4, \quad 5, \quad 6, \quad 7, \quad 8$$

du nombre h; et, dans les cases symétriquement placées à l'égard de cette autre diagonale, on trouve des quantités deux à deux égales entre elles, conformément à l'équation (59). Ajoutons que les quantités écrites dans la partie du Tableau comprise entre la première ligne horizontale, la première ligne verticale et la première diagonale, sont encore, dans chaque ligne horizontale ou verticale, égales deux à deux, au signe près, à distances égales des extrémités de chaque ligne. Or, c'est ce qu'il était facile de prévoir. Car si l'on nomme

$$h, \quad k, \quad l$$

trois quantités entières, non divisibles par $p-1$ et choisies de manière à vérifier la formule

$$(60) \qquad h + k + l = p - 1$$

ou même, plus généralement, de manière à vérifier l'équivalence

$$(61) \qquad h + k + l \equiv 0 \qquad (\bmod.\, p-1),$$

on aura, en vertu de l'équation (3),

$$\Theta_{h+k} = \Theta_{-l} = (-1)^l \frac{p}{\Theta_l}$$

et, par suite,

$$R_{h,k} = \frac{\Theta_h \Theta_k}{\Theta_{h+k}} = (-1)^l \frac{\Theta_h \Theta_k \Theta_l}{p}.$$

Or, cette dernière équation devant subsister, ainsi que la formule (61) ou (62), lorsqu'on échange entre eux les nombres

$$h, \quad k, \quad l,$$

on en conclura

$$(63) \qquad \frac{\Theta_h \Theta_k \Theta_l}{l} = (-1)^h R_{k,l} = (-1)^k R_{l,h} = (-1)^l R_{h,k}.$$

On aura donc, dans l'hypothèse admise,

$$(64) \qquad (-1)^h R_{k,l} = (-1)^k R_{l,h} = (-1)^l R_{h,k};$$

et, en remplaçant τ par t, on trouvera

$$(65) \qquad (-1)^h \Pi_{k,l} \equiv (-1)^k \Pi_{l,h} \equiv (-1)^l \Pi_{h,k} \qquad (\text{mod.} \, p).$$

On tirera d'ailleurs de la formule (65)

$$\Pi_{k,l} \equiv (-1)^{h+k} \Pi_{h,k} \equiv (-1)^h \Pi_{h,k} \qquad (\text{mod.} \, p)$$

ou, ce qui revient au même,

$$(66) \qquad \Pi_{k,p-1-h-k} \equiv (-1)^h \Pi_{h,k} \qquad (\text{mod.} \, p).$$

Il serait au reste facile de déduire directement la formule (66) de l'équation (47), par un calcul semblable à celui qui nous a conduits à la formule (57).

Les formules (49), (57), (58), (59), (60), (66) offrent le moyen de simplifier la recherche des quantités équivalentes à $\Pi_{h,k}$, et la construction de la Table qui les renferme; et d'abord il résulte des formules (49), (57) qu'on pourra se borner à calculer, dans cette Table, les termes correspondant à des valeurs de h, k, pour lesquelles on aura

$$(67) \qquad h + k < p - 1.$$

De plus, en égard à la formule (59), on pourra supposer que h est le plus petit des deux nombres h, k, lorsque ces deux nombres deviennent inégaux; et, en admettant cette supposition, on tirera de la formule (67)

$$(68) \qquad h < \frac{p-1}{2}.$$

Ce n'est pas tout : en vertu de la formule (66), on pourra se borner à calculer celles des quantités équivalentes à $H_{h,k}$ pour lesquelles on a

$$k \leq p - 1 - h - k,$$

par conséquent,

$$(69) \qquad k \leq \frac{p-1-h}{2};$$

et, de la condition

$$h \leq k,$$

combinée avec la formule (69), on tirera

$$(70) \qquad h \leq \frac{p-1}{3}.$$

On pourra donc, dans la Table ci-dessus mentionnée, conserver seulement la première ligne horizontale et la première ligne verticale, avec les cases correspondant aux valeurs de h, comprises entre les limites

$$h = 1, \qquad h = \frac{p-1}{3} \qquad \text{ou} \qquad \frac{p-2}{3},$$

et aux valeurs de k, renfermées entre les limites

$$k = h, \qquad k = \frac{p-1-h}{2} \qquad \text{ou} \qquad \frac{p-2}{2}, \; k.$$

Ainsi, en particulier, si l'on suppose $p = 17$, la Table dont il s'agit pourra être réduite à la suivante :

Quantités équivalentes aux nombres figurés suivant le module 17.

	1	2	3	4	5	6	7
1	2	3	4	5	6	7	8
2		6	7	8	1	0	9
3			8	1	5	-1	
4				9	7	6	
5				-1			

Pour construire cette dernière Table, il suffit de placer dans la première ligne verticale les valeurs de h inférieures à

$$\frac{p-1}{3} = 5 + \frac{1}{3},$$

savoir

$$1, \quad 2, \quad 3, \quad 4, \quad 5,$$

et dans la première ligne horizontale, les valeurs de k inférieures à

$$\frac{p-1}{2} = 8,$$

savoir

$$1, \quad 2, \quad 3, \quad 4, \quad 5, \quad 6, \quad 7;$$

puis de remplir, pour chaque valeur de h, les cases correspondant aux valeurs de k comprises entre les limites

$$h, \quad \frac{p-1-h}{2},$$

en opérant comme il suit :

Pour obtenir les termes

$$2, \quad 3, \quad 4, \quad 5, \quad 6, \quad 7, \quad 8$$

qui devront composer la deuxième ligne horizontale, on ajoutera l'unité aux termes correspondants de la première ligne. De plus, comme des formules (58) et (59) on tire

$$(71) \qquad\qquad \Pi_{h,1} \equiv 2\Pi_{h-1,1},$$

il est clair que, dans chacune des lignes horizontales qui suivront la deuxième, le premier terme conservé devra être équivalent, suivant le module 17, au double du terme immédiatement supérieur, et chacun des autres termes conservés à la somme faite des deux termes placés en avant et au-dessus de celui que l'on considère.

En opérant de cette manière, on trouvera pour termes de la troisième ligne horizontale, les quantités

$$6 \equiv 2.3, \qquad -7 \equiv 6+4, \qquad -2 \equiv -7+5, \qquad 4 \equiv -2+6,$$
$$-6 \equiv 4+7, \qquad 2 \equiv -6+8;$$

pour termes de la quatrième ligne, les quantités

$$3 \equiv 2(-7), \qquad 1 \equiv 3 - 2, \qquad 5 \equiv 1 + 4, \qquad -1 \equiv 5 - 6;$$

pour termes de la cinquième ligne, les quantités

$$2 \equiv 2.1, \qquad 7 \equiv 2 + 5, \qquad 6 \equiv 7 - 1;$$

enfin, pour terme unique de la sixième ligne horizontale, la quantité

$$-3 \equiv 2.7 \qquad (\text{mod. } 17).$$

A la seule inspection de la Table construite comme on vient de le dire, on obtiendra immédiatement les quantités équivalentes à $\Pi_{h,k}$, pour des valeurs de h et de k non situées hors des limites

$$(72) \qquad h = 1, \qquad h = \frac{p-1}{3}; \qquad k = h, \qquad k = \frac{p-1-h}{2},$$

et l'on trouvera, par exemple, en supposant toujours $p = 17$,

$$\Pi_{1,1} \equiv 2, \qquad \Pi_{2,2} \equiv -6 \qquad (\text{mod. } 17).$$

Si les valeurs de h, k, n'étant plus situées entre les limites (72), étaient néanmoins des valeurs positives propres à vérifier encore la condition (67), on devrait joindre à la Table construite les formules (59) et (66). On trouverait ainsi, par exemple,

$$\Pi_{4,4} \equiv \Pi_{5,5} \equiv \Pi_{7,7} \equiv 6$$
$$\Pi_{5,1} \equiv -\Pi_{6,3} \equiv -\Pi_{4,7} \equiv -2 \qquad (\text{mod. } 17).$$

Enfin, si les quantités h, k acquéraient des valeurs quelconques positives ou négatives, mais non divisibles par $p - 1$, on devrait d'abord les réduire, par l'addition ou la soustraction de $p - 1$ ou de ses multiples, à des quantités positives, mais inférieures à $p - 1$, puis, après cette réduction, on aurait recours soit à la formule (49), soit à la formule (57), soit à la Table construite et aux formules (59), (66), suivant que la somme $h + k$ serait supérieure, égale ou inférieure au nombre $p - 1$.

Il est inutile de s'occuper du cas où l'une des quantités h, k et, par suite, l'une des quantités h, k deviendrait divisible par p, attendu que, dans cette hypothèse, on n'a plus besoin de recourir à la formule (56) pour déterminer la valeur de $R_{h,k}$ qui, en vertu de l'équation (5), se réduit à -1.

Un moyen fort simple de prévenir et de reconnaître les erreurs qui pourraient se glisser dans la construction de la Table ci-dessus mentionnée, consiste à introduire dans chaque ligne horizontale un terme de plus. Effectivement, en vertu de la formule (66), si l'on fait entrer un nouveau terme dans une ligne horizontale correspondant à une valeur donnée de h, ce nouveau terme devra être égal au terme précédent, pris en signe contraire, ou à l'avant-dernier terme de la même ligne, suivant que la valeur de h sera un nombre impair ou un nombre pair. Donc si, au moment où l'on parvient à l'extrémité d'une ligne horizontale, il arrivait que la condition dont nous venons de parler ne fût pas remplie, on devrait recommencer le calcul des termes compris dans cette ligne. En opérant comme on vient de le dire, et supposant par exemple $n = 17$, on obtiendra, au lieu de la Table trouvée plus haut, celle que nous allons transcrire :

Quantités équivalentes aux nombres figurés suivant le module 17.

	1	2	3	4	5	6	7	8
1	2	3	4	5	6	7	8	−8
2		6	−7	−2	4	6	2	6
3			3	4	5	−4	3	
4				4	7	6	7	
5					−3	5		

Si l'on supposait au contraire $p = 19$ ou $p = 29$, on obtiendrait les Tableaux suivants :

Quantités équivalentes aux nombres figurés suivant le module 19.

	1	2	3	4	5	6	7	8	9
1	2	3	4	5	6	7	8	9	-9
2		6	-9	-4	3	9	-2	7	-2
3			1	-3	3	8	6	-6	
4				-6	-7	1	7	1	
5					5	6	-6		
6						-7			

Quantités équivalentes aux nombres figurés suivant le module 20.

	1	2	3	4	5	6	7	8	9	10	11	12	13	14
1	2	3	4	5	6	7	8	9	10	11	12	13	14	-14
2		6	10	-14	-8	1	7	-13	-3	8	-9	4	-11	4
3			-9	6	-2	-3	4	-9	-12	-4	-13	-9	9	
4				13	10	7	11	2	-10	-14	2	-7	2	
5					-9	-7	9	11	1	-13	-14	11		
6						-4	5	-13	-12	4	-7	4		
7							10	-3	14	-11	11			
8								-6	8	-3	8			
9									-13	13				

Lorsque, dans la formule (56), on substitue les quantités équivalentes à

$$\Pi_{b,k}, \quad \Pi_{2b,2k}, \quad \ldots, \quad \Pi_{(b-1)k,(p-1)k}$$

déterminées par l'une des méthodes que nous venons d'exposer, on obtient une valeur de a_m qui dépend évidemment de la valeur attribuée à t. Or, t désignant une des racines primitives de l'équation

$$x^{p-1} \equiv 1 \pmod{p},$$

si l'on pose

$$t = t'^{c},$$

c étant un nombre premier à $p-1$, t' sera une autre racine primitive de la même équivalence; et comme, dans Θ_h, le coefficient de

$$\theta^{hn} = \theta^{h\alpha}$$

sera

$$\tau^{n\alpha h},$$

il est clair que, remplacer dans Θ_h, t par t', revient à y remplacer τ^h par τ^{ih}. Donc, substituer à la racine primitive t la racine primitive $t' = t^c$, c'est, en d'autres termes, transformer Θ_h en Θ_{ih}, par conséquent Θ_k en Θ_{ik}, et

$$R_{h,k} = \frac{\Theta_h \Theta_k}{\Theta_{h+k}}$$

en

$$R_{ih,ik} = \frac{\Theta_{ih}\Theta_{ik}}{\Theta_{i(h+k)}}.$$

Ainsi, par exemple, comme, en prenant $p = 5$ et

$$t = 2,$$

on trouve

$$R_{1,1} = \tau^2 + 2\tau^4, \qquad R_{3,3} = \tau^4 + 2\tau,$$

si l'on prend, au contraire,

$$t = 3 \equiv 2^3 \pmod{5},$$

on trouvera

$$R_{1,1} = \tau^6 + 2\tau^{12} = \tau^4 + 2\tau, \qquad R_{3,3} = \tau^6 + 2\tau^3 = \tau^2 + 2\tau^4.$$

Donc, substituer à la racine primitive 2 la racine primitive

$$3 \equiv 2^3 \pmod{5},$$

ce sera transformer

$$R_{1,1} \quad \text{en} \quad R_{3,3}$$

et réciproquement

$$R_{3,3} \quad \text{en} \quad R_{9,9} = R_{1,1}.$$

Les diverses formules obtenues dans cette Note se rapportent au cas où la valeur de Θ_h est donnée par l'équation (1). Si, en désignant par n un diviseur de $p-1$, et posant

$$(73) \qquad p-1 = n\varpi,$$

on nommait

$$\rho, \quad r$$

des racines primitives des formules

$$x^n \equiv 1 \quad \text{et} \quad x^i \equiv 1 \quad (\text{mod.}\,p),$$

on pourrait prendre

$$\rho \equiv r^\varpi, \quad r \equiv t^\varpi \quad (\text{mod.}\,p).$$

Alors, en remplaçant

$$h \ \text{par} \ \varpi h, \quad k \ \text{par} \ \varpi k,$$

puis écrivant, pour abréger,

$$\Theta_h \qquad \text{au lieu de} \qquad \Theta_{\varpi h},$$
$$\mathrm{R}_{h,k} \qquad \text{»} \qquad \mathrm{R}_{\varpi h,\varpi k},$$
$$\mathrm{H}_{h,k} \qquad \text{»} \qquad \mathrm{H}_{\varpi h,\varpi k},$$

on obtiendrait, à la place des formules trouvées dans cette Note, des formules analogues obtenues dans le Mémoire. Ainsi, en particulier, la valeur de Θ_h serait généralement fournie, non plus par l'équation (1), mais par la suivante

$$(74) \qquad \Theta_h = \delta + \rho^h \delta' + \rho^{2h}\delta'' + \ldots + \rho^{(n-1)h}\delta^{(n-1)},$$

et l'on aurait : 1° en supposant h divisible par n,

$$(75) \qquad \Theta_h = \Theta_k = -1;$$

2° en supposant h non divisible par n,

$$(76) \qquad \Theta_h \Theta_{-h} = (-1)^{\varpi h}p.$$

De plus, en posant toujours

$$\Theta_h \Theta_k = R_{h,k} \Theta_{h+k},$$

ou, ce qui revient au même,

$$(77) \qquad R_{h,k} = \frac{\Theta_h \Theta_k}{\Theta_{h+k}},$$

on trouverait : 1° pour des valeurs de h ou de k divisibles par n,

$$(78) \qquad R_{h,k} = -1;$$

2° pour des valeurs de h non divisibles par n,

$$(79) \qquad R_{h,-h} = -(-1)^{nh} p;$$

3° pour des valeurs de h, de k et de $h + k$, non divisibles par n,

$$(80) \qquad R_{h,k} R_{-h,-k} = p.$$

Ajoutons que, si $h + k$ n'est pas divisible par n, l'on aura

$$(81) \qquad R_{h,k} = S(\rho^{ih+jk}),$$

le signe S s'étendant à toutes les valeurs de i comprises dans la suite

$$1, \quad 2, \quad 3, \quad \ldots, \quad p - 2,$$

et les valeurs correspondantes de i, j étant choisies de manière à vérifier la condition (9), c'est-à-dire la formule

$$i' + i'' \equiv 1 \qquad (\text{mod. } p).$$

Concevons maintenant que, dans le second membre de la formule (81), on réduise l'exposant de chaque puissance de ρ à l'un des nombres

$$0, \quad 1, \quad 2, \quad 3, \quad \ldots, \quad n - 1.$$

Ce second membre deviendra une fonction entière de ρ, du degré $n - 1$; et l'on aura identiquement

$$(82) \qquad S(\rho^{ih+jk}) = a_0 + a_1 \rho + a_2 \rho^2 + \ldots + a_{n-1} \rho^{n-1}.$$

a_0, a_1, a_2, ..., a_{n-1}, désignant des nombres entiers, dont plusieurs pourront s'évanouir, et dont la somme, égale au nombre des valeurs de i, vérifiera la formule

$$(83) \qquad a_0 + a_1 + a_2 + \ldots + a_{n-1} = p - 2.$$

Cela posé, l'équation (81) donnera

$$(84) \qquad \mathrm{R}_{h,k} = a_0 + a_1 \rho + a_2 \rho^2 + \ldots + a_{n-1} \rho^{n-1}.$$

Concevons d'ailleurs que, pour se conformer aux conventions ci-dessus adoptées, l'on remplace

$$h \quad \text{par} \quad \varpi h \quad \text{et} \quad k \quad \text{par} \quad \varpi k,$$

dans le second membre de la formule (47). Cette formule, réduite à

$$(85) \qquad \mathrm{H}_{h,k} = \frac{1.2.3\ldots[\varpi(h+k)]}{(1.2\ldots\varpi h)(1.2\ldots\varpi k)},$$

fournira la valeur de $\mathrm{H}_{h,k}$, dans le cas où les quantités h, k se réduiront à deux termes de la suite

$$1, \quad 2, \quad 3, \quad \ldots, \quad n;$$

et, dans le cas contraire, $\mathrm{H}_{h,k}$ représentera ce que devient le rapport

$$\frac{1.2.3\ldots[\varpi(h+k)]}{(1.2.3\ldots\varpi h)(1.2.3\ldots\varpi k)}$$

quand on y remplace les quantités entières h, k par les deux termes de la suite

$$1, \quad 2, \quad 3, \quad \ldots, \quad n,$$

qui sont équivalents à ces mêmes quantités, suivant le module n. D'autre part, à l'aide de raisonnements semblables à ceux par lesquels nous avons établi les formules (19) et (26), on prouvera que les valeurs de

$$a_0, \quad a_1, \quad a_2, \quad \ldots, \quad a_{n-1}$$

renfermées dans les équations (82) et (84), vérifient non seulement les formules

$$(86)\quad \begin{cases} \mathrm{a}_0 + \mathrm{a}_1 + \mathrm{a}_2 + \ldots + \mathrm{a}_{n-1} = p-2, \\ \mathrm{a}_0 + \mathrm{a}_1 \rho + \mathrm{a}_2 \rho^2 + \ldots + \mathrm{a}_{n-1}\rho^{n-1} = \mathbf{S}(\rho^{ih+jk}), \\ \mathrm{a}_0 + \mathrm{a}_1 \rho^2 + \mathrm{a}_2 \rho^4 + \ldots + \mathrm{a}_{n-1}\rho^{2(n-1)} = \mathbf{S}(\rho^{2(ih+jk)}), \\ \ldots\ldots\ldots\ldots\ldots\ldots\ldots\ldots\ldots\ldots\ldots\ldots, \\ \mathrm{a}_0 + \mathrm{a}_1 \rho^{n-1} + \mathrm{a}_2 \rho^{2(n-1)} + \ldots + \mathrm{a}_{n-1}\rho^{(n-1)^2} = \mathbf{S}(\rho^{(n-1)(ih+jk)}), \end{cases}$$

mais encore les suivantes :

$$(87)\quad \begin{cases} \mathrm{a}_0 + \mathrm{a}_1 + \mathrm{a}_2 + \ldots + \mathrm{a}_{n-1} \equiv p-2 \pmod{p}, \\ \mathrm{a}_0 + \mathrm{a}_1 r + \mathrm{a}_2 r^2 + \ldots + \mathrm{a}_{n-1} r^{n-1} \equiv \mathbf{S}(r^{ih+jk}), \\ \mathrm{a}_0 + \mathrm{a}_1 r^2 + \mathrm{a}_2 r^4 + \ldots + \mathrm{a}_{n-1} r^{2(n-1)} \equiv \mathbf{S}(r^{2(ih+jk)}), \\ \ldots\ldots\ldots\ldots\ldots\ldots\ldots\ldots\ldots\ldots\ldots\ldots, \\ \mathrm{a}_0 + \mathrm{a}_1 r^{n-1} + \mathrm{a}_2 r^{2(n-1)} + \ldots + \mathrm{a}_{n-1} r^{(n-1)^2} \equiv \mathbf{S}(r^{(n-1)(ih+jk)}), \end{cases}$$

et de ces dernières, respectivement multipliées par les facteurs

$$1,\quad r^{-m},\quad r^{-2m},\quad \ldots,\quad r^{-(n-1)m},$$

puis, combinées entre elles par voie d'addition, l'on conclura

$$(88)\quad \begin{cases} n\mathrm{a}_m \equiv p-2 + r^{-m}\mathbf{S}(r^{ih+jk}) + r^{-2m}\mathbf{S}(r^{2(ih+jk)}) + \ldots \\ \qquad + r^{-(n-1)m}\mathbf{S}(r^{(n-1)(ih+jk)}) \end{cases} \pmod{p}.$$

De plus, si l'on remplace h par ϖh et k par ϖk dans les premiers membres des formules (52), (53), (54), on tirera de ces formules : 1° en supposant mh et mk séparément divisibles par n,

$$(89)\qquad \mathbf{S}(r^{m(ih+jk)}) \equiv -2 \pmod{p};$$

2° en supposant que n divise la somme

$$m(h+k) = mh + mk,$$

sans diviser ses deux parties mh, mk,

$$(90)\qquad \mathbf{S}(r^{m(ih+jk)}) \equiv -1 \pmod{p};$$

3° en supposant le produit $m(h+k)$ non divisible par n

$$(91)\qquad \mathbf{S}(r^{m(ih+jk)}) \equiv -\mathbf{R}_{-mh,-mk} \pmod{p}.$$

attendu que l'on devra, en vertu des conditions admises, écrire simplement $\Pi_{mh,mk}$ au lieu de $\Pi_{mnh,mnk}$. Donc la formule (88) donnera

$$(92) \qquad \begin{cases} -na_m \equiv 2 + \Pi_{-h,-k}r^{-m} + \Pi_{-2h,-2k}r^{-2m} + \ldots \\ \qquad + \Pi_{-(n-1)h,-(n-1)k}r^{(n-1)m} \end{cases} \pmod p,$$

ou, ce qui revient au même,

$$(93) \qquad -na_m \equiv 2 + \Pi_{h,k}r^m + \Pi_{2h,2k}r^{2m} + \ldots + \Pi_{(n-1)h,(n-1)k}r^{(n-1)m} \pmod p,$$

pourvu que, ι désignant l'un quelconque des nombres entiers,

$$1, \quad 2, \quad 3, \quad \ldots, \quad n-1,$$

l'on ait soin de remplacer généralement le coefficient de $r^{\iota m}$, savoir :

$$\Pi_{\iota h,\iota k}$$

$1°$ par l'unité, quand n divisera la somme des produits ιh, ιk sans
diviser chacun d'eux ; $2°$ par le nombre 2 quand n divisera séparément
chacun de ces produits. Enfin, comme on tire de l'équation (73)

$$n\varpi \equiv -1 \pmod p,$$

il est clair qu'en multipliant par ϖ les deux membres de la formule (93), on la réduira immédiatement à celle-ci

$$(94) \qquad a_m \equiv \{2 + \Pi_{h,k}r^m + \Pi_{2h,2k}r^{2m} + \ldots + \Pi_{(n-1)h,(n-1)k}r^{(n-1)m}\}\varpi \pmod p.$$

Pour appliquer à des cas particuliers la formule (94), on devra
d'abord rechercher des quantités équivalentes, suivant le module p,
aux nombres figurés qui représenteront les diverses valeurs de $\Pi_{h,k}$.
On y parviendra sans peine à l'aide des méthodes précédemment
exposées, en commençant par réduire chacune des quantités h, k à un
terme de la suite

$$1, \quad 2, \quad 3, \quad \ldots, \quad n-1,$$

Après cette réduction, si l'on a

$$h + k > n,$$

ou

$$\mathrm{h} + \mathrm{k} = n,$$

on en conclura, dans le premier cas,

$$(95) \qquad \mathrm{H}_{\mathrm{h},\mathrm{k}} \equiv 0 \pmod{p},$$

et, dans le second cas,

$$(96) \qquad \mathrm{H}_{\mathrm{h},\mathrm{k}} \equiv (-1)^{\varpi \mathrm{h}} \pmod{p}.$$

Si l'on a, au contraire,

$$\mathrm{h} + \mathrm{k} < n,$$

on pourra, eu égard aux deux formules

$$(97) \qquad \mathrm{H}_{\mathrm{k},\mathrm{h}} = \mathrm{H}_{\mathrm{h},\mathrm{k}}$$

et

$$(98) \qquad \mathrm{H}_{\mathrm{k},n-\mathrm{k}-\mathrm{h}} \equiv (-1)^{\varpi \mathrm{h}} \mathrm{H}_{\mathrm{h},\mathrm{k}} \pmod{p},$$

ramener la recherche d'une quantité qui soit équivalente à $\mathrm{H}_{\mathrm{h},\mathrm{k}}$ suivant le module p, au cas particulier dans lequel h, k représenteraient deux nombres non situés hors des limites

$$(99) \qquad \mathrm{h} = 1, \quad \mathrm{h} = \frac{n}{3}; \qquad \mathrm{k} = \mathrm{h}, \quad \mathrm{k} = \frac{n - \mathrm{h}}{2}.$$

D'ailleurs, h, k étant deux nombres de cette espèce, le terme équivalent à $\mathrm{H}_{\mathrm{h},\mathrm{k}}$, dans la Table que nous avons appris à construire, sera celui que renfermeront la ligne horizontale, dont le premier terme est $\varpi \mathrm{h}$, et la ligne verticale, dont le premier terme est $\varpi \mathrm{k}$.

Concevons, pour fixer les idées, que l'on prenne

$$p = 17, \qquad n = 4.$$

On aura

$$\varpi = \frac{p-1}{n} = \frac{16}{4} = 4,$$

et par suite le terme équivalent à $\mathrm{H}_{1,1}$, dans la Table de la page 208, sera celui que renferment les lignes horizontale et verticale, dont les premiers termes se réduisent au nombre $n = 4$. On aura donc

$$\Pi_{1,4} \equiv 2 \qquad (\text{mod. } 17).$$

Si, en supposant toujours $p = 17$, on prenait

$$n = 8,$$

on trouverait

$$\varpi = \frac{16}{8} = 2,$$

et, par suite, le terme équivalent à $\Pi_{1,3}$ dans la Table dont il s'agit, serait celui que renferment les lignes horizontale et verticale dont les premiers termes se réduisent aux nombres

$$\varpi = 2, \qquad 3\varpi = 6.$$

On aurait donc alors

$$\Pi_{1,3} \equiv -6 \qquad (\text{mod. } 17).$$

Soit encore

$$p = 29, \qquad n = 7.$$

On trouvera

$$\varpi = \frac{28}{7} = 4,$$

et le second Tableau de la page 209, joint à la formule (98), donnera

$$\Pi_{1,4} \equiv 12, \qquad \Pi_{3,2} \equiv -6, \qquad \Pi_{4,4} \equiv \Pi_{1,4} \equiv -7 \qquad (\text{mod. } 29).$$

On aura d'ailleurs

$$\Pi_{1,4} \equiv 0, \qquad \Pi_{3,4} \equiv 0, \qquad \Pi_{4,4} \equiv 0.$$

Enfin, si, en nommant ρ une racine primitive de l'équation

$$x^7 = 1,$$

l'on pose

$$\Pi_{1,4} = a_0 + a_1\rho + a_2\rho^2 + a_3\rho^3 + a_4\rho^4 + a_5\rho^5 + a_6\rho^6,$$

la formule (94), jointe à celles que nous venons d'obtenir, donnera

$$a_n \equiv \tfrac{1}{4}\left(2 + 12\, r^m - 6\, r^{2m} - 7\, r^{3m}\right) \qquad (\text{mod. } p),$$

r étant une racine primitive de l'équivalence

$$x^7 \equiv 1 \qquad (\text{mod. } 29).$$

D'autre part,

$$t = 10$$

étant une racine primitive de l'équivalence

$$x^{28} \equiv 1 \quad (\text{mod. } 29),$$

on pourra prendre

$$r = t^{m} = t^{4} \equiv -5 \quad (\text{mod. } 29),$$

ce qui réduira la valeur trouvée de a_m à

$$a_m = 4[2 + 12(-5)^{m} - 6 \cdot 5^{2m} - 7(-5)^{3m}] \quad (\text{mod. } p).$$

Si, dans cette dernière formule, on attribue successivement à m les valeurs

$$0, \quad 1, \quad 2, \quad 3, \quad 4, \quad 5, \quad 6,$$

on trouvera

$$a_0 \equiv a_4 \equiv a_5 \equiv 4, \quad a_1 \equiv 0, \quad a_2 \equiv a_3 \equiv 6, \quad a_6 \equiv 3 \quad (\text{mod. } 29);$$

et, par suite, puisque chacun des coefficients

$$a_0, \quad a_1, \quad a_2, \quad a_3, \quad a_4, \quad a_5, \quad a_6$$

doit être nul ou positif, mais inférieur au module 29, on aura

$$a_0 = a_4 = a_5 = 4, \quad a_1 = 0, \quad a_2 = a_3 = 6, \quad a_6 = 3$$

$$R_{1,1} = 3\rho^6 + 4(1 + \rho^4 + \rho^5) + 6(\rho^2 + \rho^3).$$

Si maintenant on substitue à ρ l'une des puissances

$$\rho^2, \quad \rho^4, \quad \rho^3, \quad \rho^5, \quad \rho^6,$$

on trouvera immédiatement

$$R_{1,2} = 3\rho^2 + 4(1 + \rho + \rho^5) + 6(\rho^4 + \rho^6),$$
$$R_{2,3} = 3\rho^4 + 4(1 + \rho^2 + \rho) + 6(\rho^6 + \rho^3),$$
$$R_{1,4} = 3\rho^2 + 4(1 + \rho^2 + \rho^6) + 6(\rho + \rho^5),$$
$$R_{2,5} = 3\rho^6 + 4(1 + \rho^5 + \rho^4) + 6(\rho^3 + \rho),$$
$$R_{4,6} = 3\rho + 4(1 + \rho^3 + \rho^2) + 6(\rho^5 + \rho^4).$$

Si, en prenant toujours
$$p = 29, \qquad n = 7,$$
on supposait
$$R_{1,2} = a_0 + a_1 p + a_2 p^2 + a_3 p^3 + a_4 p^4 + a_5 p^5 + a_6 p^6,$$
alors de la formule (94), combinée avec les suivantes
$$\Pi_{1,2} = 2, \qquad \Pi_{2,4} = \Pi_{7,4} = 2, \qquad \Pi_{4,5} = \Pi_{5,2} = \Pi_{5,1} = 3,$$
$$\Pi_{2,6} = 0, \qquad \Pi_{5,10} = \Pi_{3,2} = 0, \qquad \Pi_{6,12} = \Pi_{6,5} = 0.$$
on tirerait
$$a_m \equiv 8(1 + r^m + r^{2m} + r^{3m}) \pmod{29},$$
$$a_0 \equiv 8 . 4 \equiv 32 \equiv 3 \pmod{29}$$
$$a_0 = 3;$$
puis, en prenant $r = -5$, on trouverait
$$a_1 = a_2 = a_4 = 6, \qquad a_3 = a_5 = a_6 = 2,$$
et l'on aurait par suite
$$R_{1,2} = 3 + 6(p + p^2 + p^4) + 2(p^3 + p^5 + p^6).$$
Comme on aura d'ailleurs
$$p + p^2 + p^3 + p^4 + p^5 + p^6 = -1,$$
si l'on pose, pour abréger,
$$p + p^2 + p^4 - p^3 - p^5 - p^6 = \Delta,$$
on trouvera encore
$$p + p^2 + p^4 = -\frac{1-\Delta}{2}, \qquad p^3 + p^5 + p^6 = -\frac{1+\Delta}{2},$$
et par suite la valeur de $R_{1,2}$ deviendra
$$R_{1,2} = -1 + 2\Delta.$$
En remplaçant successivement dans cette dernière formule p par chacune des puissances
$$p^2, \quad p^3, \quad p^4, \quad p^5, \quad p^6,$$

on en tirera

$$R_{1,2} = R_{2,4} = R_{4,8} = -1 + 2\Delta, \qquad R_{3,6} = R_{6,12} = R_{12,11} = -1 - 2\Delta,$$

ou, ce qui revient au même,

$$R_{1,2} = R_{2,3} = R_{4,3} = -1 + 2\Delta, \qquad R_{3,6} = R_{6,5} = R_{5,3} = -1 - 2\Delta.$$

Nous remarquerons, en terminant cette Note, que, dans le cas où l'on suppose la valeur de Θ_h déterminée, non par l'équation (1), mais par l'équation (74), la formule (63) doit être, eu égard aux notations adoptées dans la seconde hypothèse, remplacée par cette autre formule

$$\frac{\Theta_h \Theta_k \Theta_l}{p} = (-1)^{m h} R_{k,l} = (-1)^{m k} R_{l,h} = (-1)^{m l} R_{h,k},$$

qui, pour des valeurs paires du nombre n, se réduit simplement à

$$\frac{\Theta_h \Theta_k \Theta_l}{p} = R_{k,l} = R_{l,h} = R_{h,k}.$$

On doit d'ailleurs, dans ces deux dernières formules, prendre pour

$$h, \quad k, \quad l$$

trois quantités entières, non divisibles par n, et choisies de manière à vérifier non plus la condition (62), mais la suivante :

$$h + k + l \equiv 0 \qquad (\text{mod. } n).$$

Si, pour fixer les idées, on suppose $n = 7$, on pourra prendre

$$h = 1, \quad k = 2, \quad l = 4,$$

ou bien

$$h = 3, \quad k = 5, \quad l = 6,$$

attendu qu'on aura, dans le premier cas

$$h + k + l = 7,$$

et dans le second

$$h + k + l = 14 = 2 . 7.$$

D'ailleurs, le nombre $n = 7$ étant impair, le nombre

$$\varpi = \frac{p-1}{n} = \frac{p-1}{7}$$

devra être pair ainsi que $p - 1$. Donc, en supposant $n = 7$, on trouvera

$$\frac{\Theta_1 \Theta_2 \Theta_4}{p} = \mathrm{R}_{1,4} = \mathrm{R}_{2,1} = \mathrm{R}_{4,2}, \qquad \frac{\Theta_3 \Theta_5 \Theta_6}{p} = \mathrm{R}_{3,5} = \mathrm{R}_{5,6} = \mathrm{R}_{6,3};$$

ce qui s'accorde avec les formules déjà obtenues. Comme on aura d'ailleurs, dans la même supposition, non seulement

$$\mathrm{R}_{1,1} = \frac{\Theta_1^2}{\Theta_2}, \qquad \mathrm{R}_{2,2} = \frac{\Theta_2^2}{\Theta_4},$$

mais encore

$$\mathrm{R}_{4,4} = \frac{\Theta_4^2}{\Theta_8} = \frac{\Theta_4^2}{\Theta_1},$$

on en conclura

$$\mathrm{R}_{1,1} \mathrm{R}_{2,2} \mathrm{R}_{4,4} = \Theta_1 \Theta_2 \Theta_4 = p \mathrm{R}_{1,2}.$$

Or, il sera facile de vérifier cette dernière formule, en prenant $p = 29$. Alors, en effet, en vertu de la formule

$$\rho + \rho^2 + \rho^3 + \rho^4 + \rho^5 + \rho^6 = -1,$$

on pourra réduire les valeurs précédemment calculées de $\mathrm{R}_{1,1}$, $\mathrm{R}_{2,2}$, $\mathrm{R}_{4,4}$ à celles qui suivent

$$\mathrm{R}_{1,1} = 2(\rho^2 + \rho^3) - (\rho^6 + 4\rho), \qquad \mathrm{R}_{2,2} = 2(\rho^4 + \rho^6) - (\rho^5 + 4\rho^2),$$
$$\mathrm{R}_{4,4} = 2(\rho + \rho^5) - (\rho^3 + 4\rho^4);$$

et l'on aura par suite

$$\mathrm{R}_{1,1} \mathrm{R}_{2,2} \mathrm{R}_{4,4} = -25 + 62(\rho + \rho^2 + \rho^4) - 54(\rho^3 + \rho^5 + \rho^6) = -29 + 58\Delta = 29 \mathrm{R}_{1,2}.$$

NOTE VI.

SUR LA SOMME DES RACINES PRIMITIVES D'UNE ÉQUATION BINOME, ET SUR LES FONCTIONS SYMÉTRIQUES DE CES RACINES.

m et n désignant deux quantités entières, et ω leur plus grand commun diviseur numérique, on peut toujours, comme l'on sait, trouver deux autres quantités entières u, v, propres à vérifier la formule

$$mu - nv = \omega.$$

Donc toute racine commune des deux équations binomes

$$x^m = 1, \qquad x^n = 1,$$

et par conséquent des suivantes,

$$x^{mu} = 1, \qquad x^{nv} = 1,$$

vérifiera encore l'équation binome

$$x^\omega = 1,$$

puisqu'en supposant

$$mu - nv = \omega,$$

on en conclura

$$\frac{x^{mu}}{x^{nv}} = x^{mu-nv} = x^\omega.$$

Si d'ailleurs, n étant positif, on a pris pour x une racine primitive de l'équation

$$x^n = 1,$$

ou, en d'autres termes, si x^n est la plus petite puissance positive de x qui se réduise à l'unité, ω ne pourra différer de n; et par conséquent m sera divisible par n, en sorte qu'on aura

$$m \equiv 0 \quad (\text{mod. } n).$$

Cela posé, n étant un nombre entier quelconque, nommons ρ une racine primitive de l'équation binôme

$$(1) \qquad x^n = 1,$$

et

$$h, \quad k, \quad l, \quad \ldots$$

les entiers inférieurs à n, mais premiers à n. D'après ce qu'on vient de dire, ρ ne pourra représenter une valeur de x, propre à vérifier une équation de la forme

$$x^{mh} = 1,$$

que dans le cas où mh, et par conséquent m, sera divisible par n. Or, la plus petite valeur positive de m qui remplisse cette condition est $m = n$. Donc

$$\rho^{nh}$$

sera la plus petite puissance de ρ^h qui se réduise à l'unité. Donc

$$\rho^h, \quad \rho^k, \quad \rho^l, \quad \ldots$$

seront autant de racines primitives de l'équation (1). Ces racines seront d'ailleurs distinctes les unes des autres. Car si l'on avait

$$\rho^h = \rho^k,$$

on en conclurait

$$\rho^{k-h} = 1, \qquad \text{et} \qquad k - h \equiv 0 \qquad (\text{mod. } n),$$

ou, ce qui revient au même,

$$k \equiv h \qquad (\text{mod. } n),$$

et par conséquent

$$k = h,$$

h, k devant être tous deux positifs et inférieurs à n. Ajoutons que les seules racines primitives de l'équation (1) seront les puissances entières de ρ, dont les exposants, premiers à n, pourront être réduits, par l'addition ou la soustraction de n ou d'un multiple de n, à l'un des nombres

$$h, \quad k, \quad l, \quad \ldots$$

En effet, si m représente, au signe près, un entier qui ne soit pas premier à n, alors, ω étant le plus commun diviseur de m et de n, le produit

$$\frac{mn}{\omega}$$

sera le plus petit multiple de m, qui devienne divisible par n; et, par suite,

$$\rho^{\frac{mn}{\omega}}$$

sera la plus petite puissance positive de ρ^m qui se réduise à l'unité.

Donc, alors ρ^m représentera une racine primitive, non plus de l'équation (1), mais de la suivante :

$$(2) \qquad x^{\frac{n}{\omega}} = 1.$$

Si m devient premier à n, on pourra en dire autant des produits

$$mh, \quad mk, \quad ml, \quad \ldots$$

Donc alors

$$\rho^{mh}, \quad \rho^{mk}, \quad \rho^{ml}, \quad \ldots$$

seront encore des racines primitives de l'équation (1). D'ailleurs ces racines seront encore distinctes les unes des autres. Car on ne pourrait supposer

$$\rho^{mh} = \rho^{mk},$$

sans en conclure

$$\rho^{m(k-h)} = 1, \qquad m(k-h) \equiv 0 \qquad (\mathrm{mod}.\, n),$$

par conséquent

$$k - h \equiv 0, \qquad k \equiv h \qquad (\mathrm{mod}.\, n)$$

et

$$k = h,$$

h et k devant être tous deux inférieurs à n. Donc, si m devient premier à n, les diverses racines primitives de l'équation (1) pourront être représentées, soit par les termes de la suite

$$\rho^h, \quad \rho^k, \quad \rho^l, \quad \ldots$$

soit par les termes de la suite

$$\rho^{mh}, \quad \rho^{mk}, \quad \rho^{ml}, \quad \ldots,$$

qui coïncideront avec les termes de la première, rangés dans un ordre différent.

Si, au contraire, m et n n'étant pas premiers entre eux, ω désigne leur plus grand commun diviseur, alors ceux des termes de la suite

$$\rho^{mh}, \quad \rho^{mk}, \quad \rho^{ml}, \quad \ldots,$$

qui resteront distincts les uns des autres, représenteront les diverses racines primitives de l'équation (2).

Supposons à présent que le nombre n soit décomposé en deux facteurs

$$\varphi, \quad \chi,$$

premiers entre eux, et nommons

$$\xi, \quad \eta$$

des racines primitives des deux équations

$$(3) \qquad x^\varphi = 1,$$
$$(4) \qquad x^\chi = 1.$$

Les puissances

$$\xi^m, \quad \eta^m,$$

et, par suite, leur produit

$$\xi^m \eta^m = (\xi \eta)^m,$$

se réduiront évidemment à l'unité, si m est divisible simultanément par φ et par χ, ou, ce qui revient au même, par le produit

$$\varphi \chi = n.$$

Donc on vérifiera l'équation (1) en posant

$$x = \xi \eta.$$

Il y a plus : si m est choisi de manière à vérifier la condition

$$(\xi\eta)^m = 1,$$

on en conclura

$$(\xi\eta)^{m\varphi} = 1, \qquad \eta^{m\varphi} = 1,$$

par conséquent

$$m\varphi \equiv 0 \quad (\mathrm{mod.}\,\chi), \qquad m \equiv 0 \quad (\mathrm{mod.}\,\chi),$$

et

$$(\xi\eta)^{m\chi} = 1, \qquad \xi^{m\chi} = 1,$$

par conséquent

$$m\chi \equiv 0 \quad (\mathrm{mod.}\,\varphi), \qquad m \equiv 0 \quad (\mathrm{mod.}\,\varphi).$$

Donc, pour que la puissance m^e du produit $\xi\eta$ se réduise à l'unité, il sera nécessaire que m soit divisible à la fois par χ et par φ, ou, en d'autres termes, que m soit un multiple de n; et, comme $m = n$ sera la plus petite valeur positive de m pour laquelle cette condition soit remplie, nous devons conclure que le produit $\xi\eta$ de deux racines primitives, propres à vérifier les équations (3) et (4), sera une racine primitive de l'équation (1).

Enfin, chaque racine primitive ρ de l'équation (1) ne pourra être formée que d'une seule manière par la multiplication de deux racines primitives propres à vérifier les équations (3) et (4). En effet, concevons que

$$\xi, \quad \eta,$$

désignent encore deux racines primitives de ces équations. Si l'on a

$$\xi\eta = \xi_1\eta_1,$$

on en conclura

$$(\xi\eta)^\varphi = (\xi_1\eta_1)^\varphi, \qquad \eta^\varphi = \eta_1^\varphi,$$

par conséquent

$$\left(\frac{\eta_1}{\eta}\right)^\varphi = 1;$$

et, comme on aura d'autre part

$$\eta^\chi = \eta_1^\chi = 1,$$

par conséquent

$$\left(\frac{\eta_1}{\eta}\right)^\chi = 1,$$

il est clair que le rapport $\frac{n}{n_1}$ devra être une racine commune des équations (2) et (3). Or, φ, χ étant par hypothèse premiers entre eux, leur plus grand commun diviseur ω sera l'unité. Donc la racine commune dont il s'agit sera la racine unique de l'équation

$$x = 1,$$

et l'on aura

$$\frac{n_1}{n} = 1, \qquad n_1 = n.$$

On trouvera de même $\xi_1 = \xi$. Donc les produits

$$\xi n, \qquad \xi_1 n_1$$

ne pourront être égaux entre eux que dans le cas où l'on aura

$$\xi = \xi_1, \qquad n_1 = n.$$

En conséquence, on peut énoncer la proposition suivante.

THÉORÈME I. — *Si le nombre entier n est le produit de deux facteurs φ, χ, premiers entre eux, on obtiendra les diverses racines primitives de l'équation*

$$x^n = 1,$$

et on les obtiendra chacune d'une seule manière, en multipliant successivement les diverses racines primitives de l'équation

$$x^\varphi = 1$$

par chacune des racines primitives de l'équation

$$x^\chi = 1.$$

Le théorème que nous venons d'énoncer entraîne évidemment ceux qui suivent.

THÉORÈME II. — *Le nombre entier n étant le produit de deux facteurs φ, χ, premiers entre eux, désignons par*

$$\varphi, \quad \varphi_1, \quad \varphi_2, \quad \ldots$$

les diverses racines primitives de l'équation

$$x^n = 1;$$

puis nommons

$$\xi, \; \xi_1, \; \xi_2, \; \dots \quad \text{et} \quad \eta, \; \eta_1, \; \eta_2, \; \dots$$

les diverses racines primitives des équations

$$x^\varphi = 1 \quad \text{et} \quad x^\chi = 1;$$

on aura

$$(5) \qquad (\rho + \rho_1 + \rho_2 + \dots) = (\xi + \xi_1 + \xi_2 + \dots)(\eta + \eta_1 + \eta_2 + \dots).$$

THÉORÈME III. — *Le nombre entier n étant le produit de deux facteurs φ, χ, premiers entre eux, si l'on désigne par*

$$\text{N}, \; \Phi, \; \text{X}$$

le nombre des racines primitives successivement calculé par chacune des trois équations

$$x^n = 1, \qquad x^\varphi = 1, \qquad x^\chi = 1,$$

on aura

$$(6) \qquad \qquad \text{N} = \Phi \text{X}.$$

Comme ces trois théorèmes sont évidemment applicables non seulement au nombre n, mais encore aux nombres φ, χ, facteurs de n, ou même aux facteurs de φ, lorsqu'il en existe, etc., et ainsi de suite, il est clair qu'on pourra énoncer encore les théorèmes suivants :

THÉORÈME IV. — *Si le nombre entier n est le produit de plusieurs facteurs*

$$\varphi, \; \chi, \; \psi, \; \dots$$

premiers entre eux, on obtiendra les diverses racines primitives de l'équation

$$(1) \qquad \qquad x^n = 1,$$

et on les obtiendra chacune d'une seule manière, en cherchant d'abord les diverses racines primitives des équations auxiliaires

$$(7) \qquad x^\varphi = 1, \qquad x^\chi = 1, \qquad x^\psi = 1, \qquad \dots$$

et formant tous les produits, qui ont chacun pour facteurs : 1° l'une des racines primitives de l'équation $x^\varphi = 1$; 2° l'une des racines primitives de l'équation $x^\chi = 1$; 3° l'une des racines primitives de l'équation $x^\psi = 1$, etc.

THÉORÈME V. — *Le nombre entier n étant le produit de plusieurs facteurs*

$$\varphi, \; \chi, \; \psi, \; \dots$$

premiers entre eux, désignons par

$$\rho, \; \rho_1, \; \rho_2, \; \dots$$

les diverses racines primitives de l'équation binome

$$x^n = 1,$$

et soient respectivement

$$\zeta, \; \zeta_1, \; \zeta_2, \; \dots \qquad \eta, \; \eta_1, \; \eta_2, \; \dots \qquad \xi, \; \xi_1, \; \xi_2, \; \dots$$

les diverses racines primitives des équations binomes

$$x^\varphi = 1, \qquad x^\chi = 1, \qquad x^\psi = 1, \qquad \dots$$

la somme des racines primitives de la première équation sera le produit des sommes séparément formées avec les racines primitives de chacune des autres; en sorte qu'on aura

$$(8) \quad \rho + \rho_1 + \rho_2 + \dots = (\zeta + \zeta_1 + \zeta_2 + \dots)(\eta + \eta_1 + \eta_2 + \dots)(\xi + \xi_1 + \xi_2 + \dots)\dots$$

et, par suite, si l'on nomme s la somme des racines primitives de l'équation (1), l'on aura

$$(9) \quad s = (\zeta + \zeta_1 + \zeta_2 + \dots)(\eta + \eta_1 + \eta_2 + \dots)(\xi + \xi_1 + \xi_2 + \dots)\dots$$

THÉORÈME VI. — *Le nombre entier n étant le produit de plusieurs facteurs*

$$\varphi, \; \chi, \; \psi, \; \dots$$

premiers entre eux, désignons par

$$\mathrm{N}, \quad \Phi, \quad \mathrm{X}, \quad \Psi, \quad \dots$$

le nombre des racines primitives successivement calculé pour chacune des équations

$$x^\eta = 1, \quad x^\varphi = 1, \quad x^\chi = 1, \quad x^\psi = 1 \quad \dots,$$

on aura

$$(10) \qquad\qquad \mathrm{N} = \Phi \mathrm{X} \Psi \dots.$$

Soient maintenant

$$\nu, \quad \nu', \quad \nu'', \quad \dots$$

les facteurs premiers de n, dont l'un pourra se réduire à 2. Le nombre n sera de la forme

$$(11) \qquad\qquad n = \nu^a \nu'^b \nu''^c \dots,$$

a, b, c, … désignant des exposants entiers, et, si l'on veut décomposer n en facteurs premiers entre eux, on pourra prendre pour ces facteurs les quantités

$$\nu^a, \quad \nu'^b, \quad \nu''^c, \quad \dots,$$

dont chacune est une puissance entière d'un nombre premier.

Cela posé, les théorèmes que nous venons d'établir fourniront le moyen d'obtenir facilement, dans tous les cas, la somme

$$s$$

des racines primitives de l'équation (1) et le nombre

$$\mathrm{N}$$

de ces racines primitives. C'est ce que nous allons faire voir.

Si d'abord on suppose le nombre n égal à 2, l'équation (1), réduite à la forme

$$x^2 = 1,$$

offrira une seule racine primitive

$$\rho = -1;$$

et par suite on aura

$$s = -1, \qquad N = 1.$$

Si n est un nombre premier impair, les racines primitives de l'équation

$$x^n = 1$$

seront les puissances entières de ρ correspondant à des exposants positifs, mais inférieurs à n, savoir

$$\rho, \quad \rho^2, \quad \rho^3, \quad \ldots, \quad \rho^{n-1}.$$

On aura donc

$$s = \rho + \rho^2 + \ldots + \rho^{n-1} = \frac{\rho^n - \rho}{\rho - 1} = \frac{1 - \rho}{\rho - 1},$$

ou, ce qui revient au même,

$$s = -1,$$

et de plus

$$N = n - 1.$$

Si n est une puissance de 2, les racines primitives de l'équation

$$x^n = 1$$

seront les puissances entières de ρ correspondant à des exposants impairs et inférieurs à n, savoir

$$\rho, \quad \rho^3, \quad \rho^5, \quad \ldots, \quad \rho^{n-1},$$

On aura donc

$$s = \rho + \rho^3 + \ldots + \rho^{n-1} = \frac{\rho^{n+1} - \rho}{\rho^2 - 1},$$

ou, ce qui revient au même,

$$s = 0,$$

et de plus

$$N = \frac{n}{2}.$$

On peut encore observer que dans ce cas on a

$$\rho^{\frac{n}{2}} = -1, \qquad \rho^{\frac{n}{2}+h} = -\rho^h;$$

d'où il résulte que les diverses racines primitives seront, deux à deux, égales au signe près, mais affectées de signes contraires. Leur somme sera donc nulle, comme on l'a trouvé.

Supposons à présent que n soit une puissance d'un nombre premier impair ν; en sorte qu'un ait

$$n = \nu^a.$$

Alors, pour obtenir les racines primitives de l'équation

$$x^n = 1,$$

il faudra, entre toutes les racines représentées par les termes de la suite

$$1, \; \rho, \; \rho^2, \; \ldots, \; \rho^{n-1},$$

choisir celles dans lesquelles l'exposant de ρ est premier à n, et non divisible par ν, en laissant de côté celles où l'exposant est multiple de ν, savoir

$$\rho^0, \; \rho^\nu, \; \rho^{2\nu}, \; \ldots, \; \rho^{n-\nu},$$

ou, ce qui revient au même, en laissant de côté les racines non primitives

$$1, \; \rho^\nu, \; \rho^{2\nu}, \; \ldots, \; \rho^{\left(\frac{n}{\nu}-1\right)\nu}.$$

Or, ces dernières, dont le nombre est $\dfrac{n}{\nu}$, n'étant autre chose que les diverses racines de l'équation

$$x^{\frac{n}{\nu}} = 1,$$

leur somme totale sera nulle, aussi bien que la somme des racines de l'équation (1). Donc la différence de ces deux sommes, ou la somme des racines primitives, s'évanouira elle-même; et l'on aura d'une part

$$s = 0,$$

d'autre part

$$N = n - \frac{n}{\nu},$$

ou, ce qui revient au même,

$$N = n\left(1 - \frac{1}{\nu}\right) = \nu^{a-1}\left(1 - \frac{1}{\nu}\right).$$

En résumé, si n est, ou un nombre premier ν, pair ou impair, ou une puissance ν^a d'un tel nombre, on trouvera toujours

$$(12) \qquad\qquad N = n\left(1 - \frac{1}{\nu}\right),$$

et l'on aura de plus

$$(13) \qquad\qquad s = -1,$$

ou

$$(14) \qquad\qquad s = 0,$$

suivant qu'il s'agira de la première puissance ou d'une puissance supérieure à la première; ce que l'on pourra démontrer dans tous les cas à l'aide des raisonnements dont nous avons fait usage, lorsque n était une puissance d'un nombre premier impair.

Passons maintenant au cas où, n étant un nombre quelconque, sa valeur est donnée par la formule (11). Alors le nombre N des racines primitives de l'équation (1) et la somme s de ces racines se déduiront immédiatement des formules (10) et (12), ou des formules (9), (13) et (14). En effet, pour décomposer n, dans ce cas, en facteurs

$$\varphi, \quad \chi, \quad \psi, \quad \ldots$$

premiers entre eux, il suffira de prendre

$$\varphi = \nu^a, \qquad \chi = \nu'^b, \qquad \psi = \nu''^c, \qquad \ldots.$$

Cela posé, on aura, dans la formule (10),

$$\Phi = \nu^a\left(1 - \frac{1}{\nu}\right), \quad X = \nu'^b\left(1 - \frac{1}{\nu'}\right), \quad \Psi = \nu''^c\left(1 - \frac{1}{\nu''}\right), \quad \ldots$$

et par suite cette formule donnera

$$(15) \quad \begin{cases} N = \nu^a \nu'^b \nu''^c \ldots \left(1 - \dfrac{1}{\nu}\right)\left(1 - \dfrac{1}{\nu'}\right)\left(1 - \dfrac{1}{\nu''}\right) \ldots \\[2mm] = \nu^{a-1} \nu'^{b-1} \nu''^{c-1} \ldots (\nu - 1)(\nu' - 1)(\nu'' - 1) \ldots, \end{cases}$$

ou, ce qui revient au même,

$$(16) \quad N = n\left(1 - \frac{1}{\nu}\right)\left(1 - \frac{1}{\nu'}\right)\left(1 - \frac{1}{\nu''}\right) \ldots.$$

De plus, en vertu de la formule (9), la valeur de s, correspondant à l'équation (1), sera le produit des valeurs de s, correspondant aux équations

$$x^{\nu^a} = 1, \qquad x^{\nu'^b} = 1, \qquad x^{\nu''^c} = 1, \qquad \ldots$$

et dont chacune se réduira simplement à -1 ou à 0, suivant que le nombre a ou b ou c, ... sera égal ou supérieur à l'unité. Par suite, si n est un nombre composé, pair ou impair, qui renferme deux ou plusieurs facteurs égaux entre eux, on aura toujours

$$(17) \quad s = 0.$$

Mais, si n est un nombre premier, ou un nombre composé dont les facteurs premiers ν, ν', ν'', ... soient inégaux, en sorte qu'on ait

$$(18) \quad n = \nu \nu' \nu'' \ldots,$$

alors on trouvera

$$(19) \quad s = \pm 1,$$

savoir

$$(20) \quad s = -1,$$

quand les facteurs premiers ν, ν', ν'', ... seront en nombre impair, et

$$(21) \quad s = 1,$$

quand ces facteurs premiers seront en nombre pair.

Ainsi, en particulier, la somme des racines primitives sera -1

pour chacune des équations

$$x^2 = 1, \quad x^3 = 1, \quad x^5 = 1, \quad x^7 = 1, \quad x^{11} = 1, \quad x^{13} = 1, \quad \ldots,$$

zéro pour chacune des équations

$$x^4 = 1, \quad x^8 = 1, \quad x^9 = 1, \quad x^{12} = 1, \quad x^{16} = 1, \quad x^{18} = 1, \quad \ldots,$$

et $+1$ pour chacune des équations

$$x^6 = 1, \quad x^{10} = 1, \quad x^{14} = 1, \quad x^{15} = 1, \quad x^{21} = 1, \quad x^{22} = 1, \quad \ldots.$$

Soit maintenant

$$f(\rho)$$

une fonction entière d'une racine primitive ρ de l'équation (1). On pourra toujours, dans cette fonction, réduire l'exposant de chaque puissance de ρ, à un nombre entier plus petit que n, et poser en conséquence

$$(22) \qquad f(\rho) = a_0 + a_1 \rho + a_2 \rho^2 + \ldots + a_{n-1} \rho^{n-1},$$

$a_0, a_1, a_2, \ldots, a_{n-1}$ désignant des coefficients indépendants de ρ. Supposons d'ailleurs que, dans la fonction $f(\rho)$, les différents termes se transforment les uns dans les autres, quand on y remplace la racine primitive ρ par une autre racine primitive ρ^m. Alors $f(\rho)$ sera ce qu'on peut nommer une *fonction symétrique* des racines primitives de l'équation (1), ou, ce qui revient au même, une fonction symétrique des puissances

$$\rho^h, \quad \rho^k, \quad \rho^l, \quad \ldots,$$

$h, k, l, \ldots$ étant les entiers inférieurs à n et premiers à n. Or, en écrivant successivement à la place de ρ chacune des racines primitives

$$\rho^h, \quad \rho^k, \quad \rho^l, \quad \ldots,$$

on reconnaîtra que, dans $f(\rho)$, ceux des termes de chacune des suites

$$\rho^h, \quad \rho^k, \quad \rho^l, \quad \ldots,$$
$$\rho^{2h}, \quad \rho^{2k}, \quad \rho^{2l}, \quad \ldots,$$
$$\rho^{3h}, \quad \rho^{3k}, \quad \rho^{3l}, \quad \ldots$$

qui sont distincts les uns des autres, doivent avoir les mêmes coefficients. Mais ces mêmes termes se réduisent toujours, ou aux diverses racines primitives de l'équation (1), ou du moins aux diverses racines primitives d'une équation de la forme

$$(23) \qquad\qquad x^\omega = 1,$$

ω étant un diviseur du nombre n, qui peut devenir égal à ce même nombre. Par conséquent, *dans une fonction symétrique des racines primitives de l'équation* (1), *les racines primitives de l'équation* (28) *devront toujours offrir les mêmes coefficients;* et une telle fonction se réduira toujours à une fonction linéaire des diverses valeurs que peut acquérir la somme des racines primitives de l'équation (23), quand on prend successivement pour ω chacun des diviseurs du nombre n, y compris ce nombre lui-même. Si, par exemple, n est un nombre premier, alors, les entiers

$$h, \quad k, \quad l, \quad \dots$$

inférieurs à n, et premiers à n, se réduisant aux divers termes de la progression arithmétique

$$1, \quad 2, \quad 3, \quad \dots, \quad n-1,$$

et les racines primitives

$$\rho^h, \quad \rho^k, \quad \rho^l, \quad \dots$$

de l'équation (1) aux divers termes de la progression géométrique

$$\rho, \quad \rho^2, \quad \rho^3, \quad \dots, \quad \rho^{n-1},$$

on aura

$$a_1 = a_2 = \dots = a_{n-1}$$

et

$$(24) \qquad\qquad f(\rho) = a_0 + a_1 (\rho + \rho^2 + \dots + \rho^{n-1}).$$

Donc alors *une fonction symétrique des racines primitives de l'équation* (1) *sera en même temps une fonction linéaire de la somme de ces racines.*

Comme nous l'avons déjà remarqué, si l'on désigne par ρ une racine primitive de l'équation (1), et par

$$h, \quad k, \quad l, \quad \ldots$$

les entiers inférieurs à n, mais premiers à n, les diverses racines primitives de la même équation pourront être représentées, non seulement par les termes de la suite

$$\rho^h, \quad \rho^k, \quad \rho^l, \quad \ldots,$$

mais encore par les termes de la suite

$$\rho^{mh}, \quad \rho^{mk}, \quad \rho^{ml}, \quad \ldots,$$

pourvu que m soit lui-même premier à n. Il est essentiel d'observer que, pour passer de la première suite à la seconde, il suffit de multiplier par m les divers exposants

$$h, \quad k, \quad l, \quad \ldots,$$

qui se transforment alors en ceux-ci

$$mh, \quad mk, \quad ml, \quad \ldots.$$

Si l'on multiplie de nouveau ces derniers par m, une ou plusieurs fois, on obtiendra encore d'autres suites qui seront propres elles-mêmes à représenter les diverses racines primitives, savoir :

$$\rho^{m^2h}, \quad \rho^{m^2k}, \quad \rho^{m^2l}, \quad \ldots,$$
$$\rho^{m^3h}, \quad \rho^{m^3k}, \quad \rho^{m^3l}, \quad \ldots,$$
$$\ldots, \quad \ldots, \quad \ldots, \quad \ldots.$$

Concevons, maintenant, qu'avec les termes correspondants, par exemple, avec les premiers termes de ces différentes suites on forme une suite nouvelle

$$\rho^h, \quad \rho^{mh}, \quad \rho^{m^2h}, \quad \rho^{m^3h}, \quad \ldots.$$

Cette nouvelle suite, dans laquelle les exposants de ρ forment une progression géométrique

$$h, \quad mh, \quad m^2h, \quad m^3h, \quad \ldots.$$

offrira autant de racines primitives distinctes qu'il y aura d'unités dans l'exposant t de la plus petite puissance de m propre à vérifier l'équivalence

$$(25) \qquad m^t \equiv 1 \qquad (\mathrm{mod}.\ n).$$

En effet, la valeur de t étant choisie comme on vient de le dire, et la progression géométrique étant réduite aux seuls termes

$$h, \quad mh, \quad m^2h, \quad \ldots, \quad m^{t-1}h,$$

la différence entre deux termes de cette progression ne sera jamais divisible par n; et, en conséquence, les deux puissances de ρ, qui auront ces deux termes pour exposants, ne seront jamais égales entre elles. Donc, alors les divers termes de la suite

$$(26) \qquad \rho^h, \quad \rho^{mh}, \quad \rho^{m^2h}, \quad \ldots, \quad \rho^{m^{t-1}h}$$

seront tous distincts les uns des autres.

Si n est un nombre premier impair ν, ou une puissance d'un tel nombre, tous les entiers premiers à n vérifieront l'équivalence

$$(27) \qquad x^N \equiv 1,$$

la valeur de N étant donnée par la formule (12), ou

$$N = n\left(1 - \frac{1}{\nu}\right).$$

Alors, si l'on prend pour m une racine primitive s de la formule (27), on trouvera

$$t = N,$$

et la suite (26) deviendra

$$(28) \qquad \rho^h, \quad \rho^{sh}, \quad \rho^{s^2h}, \quad \rho^{s^3h}.$$

Cette suite se réduira même à

$$(29) \qquad \rho, \quad \rho^s, \quad \rho^{s^2}, \quad \ldots, \quad \rho^{s^{N-1}},$$

si l'on pose, comme on peut le faire, $h = 1$. D'ailleurs, N étant précisément le nombre des entiers

$$h, \quad k, \quad l, \quad \ldots,$$

inférieurs à n et premiers à n, il en résulte que chacune des suites (28), (29) comprendra toutes les racines primitives de l'équation (1).

Si n se réduit à un nombre premier, alors, la valeur de N étant

$$N = n - 1,$$

les suites (28), (29) deviendront

$$(30) \qquad \rho^h, \quad \rho^{2h}, \quad \rho^{3h}, \quad \ldots, \quad \rho^{(n-1)h},$$

$$(31) \qquad \rho, \quad \rho^2, \quad \rho^3, \quad \ldots, \quad \rho^{n-1},$$

et ces deux suites, dans lesquelles les exposants de ρ croissent en progression géométrique, offriront chacune, à l'ordre près, les mêmes termes que la suite

$$\rho, \quad \rho^2, \quad \rho^3, \quad \ldots, \quad \rho^{n-1},$$

dans laquelle les exposants de ρ croissent en progression arithmétique.

NOTE VII.

SUR LES SOMMES ALTERNÉES DES RACINES PRIMITIVES DES ÉQUATIONS BINÔMES, ET SUR LES FONCTIONS ALTERNÉES DE CES RACINES.

Soient toujours ρ une racine primitive de l'équation binôme

$$(1) \qquad x^n = 1,$$

et

$$h, \quad k, \quad l, \quad \ldots$$

les entiers inférieurs à n mais premiers à n, dont l'un se réduira simplement à l'unité. Les diverses racines primitives de l'équation (1) pourront être représentées, soit par les termes de la suite

$$\rho^h, \quad \rho^k, \quad \rho^l, \quad \ldots.$$

soit par les termes de la suite

$$\rho^{mh}, \quad \rho^{mk}, \quad \rho^{ml}, \quad \ldots,$$

m étant un nombre quelconque premier à n. Or, on pourra généralement, comme on le verra ci-après, partager les entiers

$$h, \quad k, \quad l, \quad \ldots$$

en deux groupes

$$h, \quad h', \quad h'', \quad \ldots \qquad \text{et} \qquad k, \quad k', \quad k'', \quad \ldots,$$

et par suite les racines primitives

$$\rho^h, \quad \rho^k, \quad \rho^l, \quad \ldots$$

en deux groupes correspondants

$$\rho^h, \quad \rho^{h'}, \quad \rho^{h''}, \quad \ldots \qquad \text{et} \qquad \rho^k, \quad \rho^{k'}, \quad \rho^{k''}, \quad \ldots,$$

de telle sorte qu'après la substitution de ρ^m à ρ, les deux derniers groupes se trouvent encore composés chacun des mêmes racines, ou transformés l'un dans l'autre. Ainsi, par exemple, si l'on suppose $n = 5$, les quatre racines primitives de l'équation (1), ou

$$x^5 = 1,$$

formeront les deux groupes

$$\rho, \quad \rho^4 \qquad \text{et} \qquad \rho^2, \quad \rho^3,$$

qui deviendront respectivement, après la substitution de ρ^2 à ρ,

$$\rho^2, \quad \rho^3 \qquad \text{et} \qquad \rho^4, \quad \rho$$

après la substitution de ρ^3 à ρ,

$$\rho^3, \quad \rho^2 \qquad \text{et} \qquad \rho, \quad \rho^4,$$

enfin, après la substitution de ρ^t à ρ,

$$\rho^t, \rho \quad \text{et} \quad \rho^2, \rho^2.$$

Or, il est clair que, dans le premier et dans le dernier cas, les deux groupes resteront composés chacun des mêmes racines, tandis que dans les deux cas précédents les racines du premier groupe se transformeront en celles qui composaient le second, et réciproquement.

Les racines primitives de l'équation (1) étant partagées en deux groupes, comme on vient de le dire, de telle sorte, qu'après la substitution de ρ^m à ρ, les deux groupes restent, pour certaines valeurs de m, composés chacun des mêmes racines, et se trouvent, pour d'autres valeurs de m, échangés entre eux; il est clair que le nombre des racines

$$\rho^h, \rho^{h'}, \rho^{h''}, \ldots$$

du premier groupe devra être égal au nombre des racines

$$\rho^k, \rho^{k'}, \rho^{k''}, \ldots$$

du second groupe. Donc, si l'on représente par N, comme nous l'avons fait dans la note précédente, le nombre total des racines primitives ou des entiers

$$h, \quad k, \quad l, \quad \ldots$$

inférieurs à n, mais premiers à n, on verra le nombre des entiers

$$h, \quad h', \quad h'', \quad \ldots,$$

ou de racines comprises dans le premier groupe, et le nombre des entiers

$$k, \quad k', \quad k'', \quad \ldots,$$

ou des racines comprises dans le second groupe, se réduire séparément à $\frac{N}{2}$; ce qui suppose N pair.

Cela posé, concevons que l'on ajoute les unes aux autres les diverses racines primitives de l'équation (1), prises avec le signe $+$ ou avec le signe $-$, suivant qu'elles font partie de l'un ou de l'autre groupe. On obtiendra ainsi une somme algébrique dans laquelle on pourra faire succéder à chaque terme précédé du signe + un terme correspondant précédé du signe —. Cette somme algébrique pouvant être considérée en conséquence comme composée de termes alternativement positifs et négatifs, nous la désignerons sous le nom de *somme alternée*. Donc, si l'on pose

$$(2) \qquad \omega = \rho^h + \rho^{h'} + \rho^{h''} + \ldots - \rho^k - \rho^{k'} - \rho^{k''} - \ldots,$$

ω sera une somme alternée des racines primitives de l'équation (1). Lorsque, dans une semblable somme, on remplacera la racine primitive ρ par une autre racine primitive ρ^m, les différents termes se transformeront, au signe près, les uns dans les autres, et deux termes, qui se déduiront ainsi l'un de l'autre, se trouveront toujours affectés du même signe pour certaines valeurs de m, mais affectés de signes contraires pour d'autres valeurs de m; par conséquent, la substitution de ρ^m à ρ laissera invariable la valeur de la somme, ou la fera seulement changer de signe. Supposons, pour fixer les idées, que des deux groupes

$$h, \quad h', \quad h'', \quad \ldots \qquad \text{et} \qquad k, \quad k', \quad k'', \quad \ldots,$$

le premier renferme l'exposant 1. Alors la substitution de ρ^m à ρ n'altèrera point la valeur de la somme alternée ω, si l'on a pris pour m un des nombres

$$h, \quad h', \quad h'', \quad \ldots,$$

et la fera seulement changer de signe, si l'on a pris pour m un des nombres

$$k, \quad k', \quad k'', \quad \ldots.$$

Si, par exemple, on suppose $n = 5$, la somme alternée

$$\omega = \rho + \rho^4 - \rho^2 - \rho^3$$

changera de signe, quand on y remplacera ρ par ρ^2 ou par ρ^3, mais elle ne sera nullement altérée quand on y remplacera ρ par ρ^4.

Il est important d'observer que, dans le cas où la substitution de ρ^m

à ρ laisse invariable la somme alternée ω, les termes

$$\rho^{l} \quad \text{et} \quad \rho^{ml},$$

par conséquent les termes

$$\rho^{ml} \quad \text{et} \quad \rho^{m^2 l}, \quad \dots,$$

doivent se trouver affectés du même signe dans cette somme, l pouvant désigner ici l'un quelconque des nombres

$$h, \ h', \ h'', \ \dots, \ k, \ k', \ k'', \ \dots,$$

c'est-à-dire l'un quelconque des nombres premiers à μ. Donc, dans le cas dont il s'agit, le même signe doit affecter tous les termes de la suite

$$(3) \qquad \rho^{l}, \ \rho^{ml}, \ \rho^{m^2 l}, \ \dots, \ \rho^{m^{s-1}l},$$

s étant l'exposant de la plus petite puissance de m propre à vérifier l'équivalence

$$(4) \qquad m^s \equiv 1 \quad (\text{mod. } \mu).$$

Mais, si la substitution de ρ^{m} à ρ fait varier le signe de la somme alternée ω, alors les termes

$$\rho^{l} \quad \text{et} \quad \rho^{ml}$$

devront y être affectés de signes contraires, et l'on pourra en dire autant des termes

$$\rho^{ml} \quad \text{et} \quad \rho^{m^2 l},$$

ou

$$\rho^{m^2 l} \quad \text{et} \quad \rho^{m^3 l}, \quad \dots.$$

Donc alors chacun des termes de la suite (3) sera, dans la somme alternée ω, précédé du même signe que ρ^{l} ou d'un signe contraire, suivant que l'exposant de ρ contiendra comme facteur une puissance paire ou une puissance impaire de m. Dans tous les cas,

$$l \quad \text{et} \quad m$$

étant deux nombres premiers à n,

$$p^{m\theta}$$

sera précédé du même signe que ρ^θ. Donc, si l'on a pris l'unité pour l'un des nombres

$$h, \quad h', \quad h'', \quad \ldots,$$

$\rho^{m\theta}$ sera précédé du signe $+$, ainsi que ρ; et, par conséquent, le groupe

$$h, \quad h', \quad h'', \quad \ldots$$

renfermera tous ceux des nombres

$$h, \quad k, \quad l, \quad \ldots$$

qui sont équivalents à des carrés

$$m^2, \quad m'^2, \quad \ldots,$$

suivant le module n, c'est-à-dire tous les résidus quadratiques relatifs à ce module.

Supposons maintenant que n soit un nombre premier impair, ou une puissance d'un tel nombre. Alors les entiers

$$h, \quad k, \quad l, \quad \ldots,$$

inférieurs à n et premiers à n, vérifieront l'équivalence

$$(5) \qquad\qquad x^N \equiv 1 \qquad (\mathrm{mod.}\ n),$$

les uns, dont le nombre sera $\dfrac{N}{2}$, étant résidus quadratiques suivant le module n, et racines de l'équivalence

$$(6) \qquad\qquad x^{\frac{N}{2}} \equiv 1 \qquad (\mathrm{mod.}\ n),$$

les autres, dont le nombre sera encore $\dfrac{N}{2}$, étant non-résidus quadratiques, et racines de l'équivalence

$$(7) \qquad\qquad x^{\frac{N}{2}} \equiv -1 \qquad (\mathrm{mod.}\ n).$$

D'ailleurs, si, dans la somme alternée ω, le terme ρ est précédé du signe $+$, on pourra en dire autant de toutes les puissances de ρ, qui offriront pour exposants des résidus quadratiques; et, comme le nombre de ces puissances sera précisément $\frac{N}{2}$, les autres puissances, qui auront pour exposants des non-résidus quadratiques, devront toutes être affectées du signe $-$. Donc alors

$$h, \quad h', \quad h'', \quad \ldots$$

devra représenter la suite des résidus quadratiques, et

$$k, \quad k', \quad k'', \quad \ldots,$$

la suite des non-résidus. D'ailleurs, si l'on prend pour m une racine primitive s de l'équivalence (5), les diverses racines primitives de l'équation (1) pourront être représentées par les divers termes de la suite

$$\rho, \quad \rho^s, \quad \rho^{s^2}, \quad \rho^{s^{N-1}},$$

et, parmi les exposants de ρ dans cette suite, ceux qui représenteront des résidus quadratiques, relatifs au module n, seront les exposants carrés

$$1, \quad s^2, \quad s^4, \quad \ldots, \quad s^{N-2}.$$

Donc, si le terme ρ se trouve précédé du signe $+$ dans la somme alternée ω, la valeur de cette somme, dans l'hypothèse admise, ne pourra être que la suivante :

$$(8) \qquad \omega = \rho - \rho^s + \rho^{s^2} - \rho^{s^3} + \ldots - \rho^{s^{N-1}}.$$

Il est au reste facile de s'assurer que, dans le cas où n se réduit à un nombre premier impair ou à une puissance d'un tel nombre, le second membre de la formule (8) représente effectivement une somme alternée des racines primitives

$$\rho, \quad \rho^s, \quad \rho^{s^2}, \quad \ldots, \quad \rho^{s^{N-1}}$$

de l'équation (1). Car, si, dans ce second membre, on remplace ρ

par ρ^z, chaque terme se trouvera remplacé par le suivant, pris en signe contraire, le dernier terme étant remplacé par $-\rho$. Or, de cette seule observation, il résulte que le second membre de l'équation (8) restera composé des mêmes termes, tous ces termes étant pris avec des signes contraires à ceux dont ils étaient d'abord affectés, ou tous étant pris avec ces mêmes signes, si l'on y remplace la racine primitive ρ par l'une des racines primitives

$$\rho^s, \quad \rho^{s'}, \quad \ldots, \quad \rho^{s^{n-1}},$$

ce qui revient à remplacer une ou plusieurs fois de suite ρ par ρ^s.

Dans le cas particulier où n se réduit à un nombre premier, on a

$$N = n - 1,$$

et la formule (8) donne simplement

$$(9) \qquad \varpi = \rho - \rho^s + \rho^{s^2} - \rho^{s^3} + \ldots - \rho^{s^{n-2}},$$

s étant une racine primitive de l'équivalence

$$(10) \qquad x^{n-1} \equiv 1 \qquad (\mathrm{mod.}\ n).$$

Alors, aussi, en vertu de la formule (14) de la Note I, on aura

$$(11) \qquad (\rho - \rho^s + \rho^{s^2} - \rho^{s^3} + \ldots - \rho^{s^{n-2}})^2 = (-1)^{\frac{n-1}{2}}\, n,$$

par conséquent

$$(12) \qquad \varpi^2 = (-1)^{\frac{n-1}{2}}\, n.$$

Donc, n étant un nombre premier impair, on aura

$$(13) \qquad \varpi^2 = n, \qquad \varpi = \pm\sqrt{n},$$

si ce nombre premier n est de la forme $4x + 1$, et l'on trouvera, au contraire,

$$(14) \qquad \varpi^2 = -n, \qquad \varpi = \pm n^{\frac{1}{2}}\sqrt{-1},$$

si n est de la forme $4x + 3$.

Si l'on suppose, par exemple, $n = 3$, on trouvera

$$\omega = \rho - \rho^2,$$

ρ, ρ^2 représentant les deux racines primitives de l'équation

$$x^3 - 1 = 0,$$

ou, ce qui revient au même, les deux racines de l'équation

$$x^2 + x + 1 = 0.$$

Or, ces deux racines étant

$$-\frac{1}{2} + \frac{1}{2} 3^{\frac{1}{2}} \sqrt{-1}, \quad -\frac{1}{2} - \frac{1}{2} 3^{\frac{1}{2}} \sqrt{-1},$$

il est clair qu'en supposant $n = 3$, on trouvera

$$\omega = 3^{\frac{1}{2}} \sqrt{-1} \quad \text{ou} \quad \omega = -3^{\frac{1}{2}} \sqrt{-1},$$

suivant que l'on prendra pour ρ la première ou la seconde racine.

Lorsque, n étant une puissance entière d'un nombre premier impair ν, on aura

$$n = \nu^a,$$

et $a > 1$, alors, d'après ce qui a été dit ci-dessus, deux monomes de la forme

$$\rho^l, \quad \rho^{l'}$$

seront, dans la somme alternée ω, affectés du même signe, si les nombres l, l', premiers à n, vérifient la condition

$$l \equiv m^2 l' \quad (\text{mod. } n),$$

m^2 étant un carré premier à n, ou, ce qui revient au même, si le rapport

$$\frac{l}{l'}$$

étant équivalent suivant le module n à un carré, vérifie par suite la formule

$$x^{\frac{N}{2}} \equiv 1 \qquad (\mathrm{mod.}\ 2).$$

Or, c'est évidemment ce qui arrivera, si l'on a

$$(15) \qquad\qquad\qquad l^\nu \equiv l \qquad (\mathrm{mod.}\ \nu).$$

Car, en élevant plusieurs fois de suite à la puissance ν les deux membres de la formule (15), on en tirera successivement

$$l^{\nu^2} \equiv l^\nu \qquad (\mathrm{mod.}\ \nu^2),$$
$$l^{\nu^3} \equiv l^{\nu^2} \qquad (\mathrm{mod.}\ \nu^3),$$
$$\dots\dots\dots\dots\dots\dots\dots\dots$$
$$l^{\nu^{a}} \equiv l^{\nu^{a-1}} \qquad (\mathrm{mod.}\ \nu^a),$$

par conséquent,

$$\left(\frac{l^\nu}{l}\right)^{\nu^{a-1}} \equiv 1 \qquad (\mathrm{mod.}\ \nu);$$

puis, en élevant les deux membres de cette dernière formule à la puissance entière $\dfrac{\nu-1}{2}$, et ayant égard aux équations

$$\nu^a = n, \qquad \nu^{a-1}\,\frac{\nu-1}{2} = \frac{N}{2},$$

on trouvera définitivement

$$\left(\frac{l^\nu}{l}\right)^{\frac{N}{\nu}} \equiv 1 \qquad (\mathrm{mod.}\ n).$$

Donc, lorsque n représente le carré, le cube, ou une puissance plus élevée d'un nombre premier impair ν, le même signe doit affecter, dans la somme alternée ω, toutes les puissances de ρ dont les exposants sont équivalents, suivant le module ν, à un même nombre l; par conséquent, le même signe doit affecter, dans la somme alternée ω, tous les termes de la suite

$$\rho^l, \quad \rho^{l+\nu}, \quad \rho^{l+2\nu}, \quad \dots, \quad \rho^{l+n-\nu}.$$

Or, la somme de ces derniers termes, savoir,

$$\rho^l + \rho^{l+\nu} + \rho^{l+2\nu} + \dots + \rho^{l+n-\nu} = \rho^l\,\frac{1-\rho^n}{1-\rho^\nu},$$

étant nulle avec la différence $1 - \rho^n$, il est clair que, dans le cas dont il s'agit, la somme alternée ω se composera de diverses parties séparément égales à zéro. Donc, la somme ω s'évanouira elle-même; et, lorsque n sera le carré, le cube ou une puissance plus élevée d'un nombre premier impair, on aura toujours

$$(16) \qquad \omega = 0.$$

Si n se réduisait au nombre 2, l'équation binome

$$x^2 = 1$$

n'offrirait qu'une seule racine primitive

$$\rho = -1,$$

avec laquelle on ne pourrait composer une somme alternée. C'est au reste le seul cas où la formation d'une somme alternée des racines primitives devienne impossible, et où le nombre N cesse d'être pair, en se réduisant à l'unité.

Il n'en sera plus de même si l'on prend pour n une puissance de 2. Concevons qu'alors on réduise toujours l'un des nombres

$$h, \quad h', \quad h'', \quad \ldots$$

à l'unité. Si, pour fixer les idées, on suppose $n = 4$, on trouvera

$$h = 1, \qquad k = 3,$$

et

$$(17) \qquad \omega = \rho - \rho^3$$

sera une somme alternée des racines primitives de l'équation

$$x^4 = 1.$$

Cette même somme, égale à

$$2\rho = \pm 2\sqrt{-1},$$

vérifiera d'ailleurs la formule

$$(18) \qquad \omega^2 = -4.$$

Si l'on suppose $n = 8$, on pourra prendre

$$h = 1, \qquad h' = 3, \qquad k = 5, \qquad k' = 7,$$

ou bien

$$h = 1, \qquad h' = 5, \qquad k = 3, \qquad k' = 7,$$

ou bien

$$h = 1, \qquad h' = 7, \qquad k = 3, \qquad k' = 5,$$

et obtenir ainsi trois sommes alternées des racines primitives de l'équation

$$x^8 = 1.$$

De ces trois sommes la première, savoir

$$(19) \qquad \Theta = \rho + \rho^3 - \rho^5 - \rho^7$$

vérifiera la formule

$$(20) \qquad \Theta^2 = -8;$$

la seconde, savoir

$$(21) \qquad \Theta = \rho + \rho^5 - \rho^3 - \rho^7,$$

se réduira simplement à

$$(22) \qquad \Theta = 0;$$

et la troisième, savoir

$$(23) \qquad \Theta = \rho + \rho^7 - \rho^3 - \rho^5$$

vérifiera la formule

$$(24) \qquad \Theta^2 = 8.$$

Enfin, si n est une puissance de 2, supérieure à la troisième, alors en posant

$$(25) \qquad l' = l + \frac{n}{4};$$

et choisissant le nombre entier d de manière à vérifier la formule

$$ld \equiv 1 \qquad \text{ou} \qquad \frac{1}{l} \equiv d \qquad (\text{mod. } n),$$

on trouvera

$$\frac{l'}{l} \equiv 1 + \frac{n}{2l} \equiv 1 + \frac{n}{2}d \qquad (\text{mod. } n),$$

ou, ce qui revient au même,

$$\frac{l'}{l} \equiv \left(1 + \frac{n}{4}d\right)^2 \qquad (\text{mod. } n),$$

attendu que, n étant divisible par 16,

$$\left(\frac{n}{4}d\right)^2 = \frac{n}{16}nd^2$$

sera divisible par n. Donc alors la valeur de l', déterminée par l'équation (25), sera équivalente, suivant le module n, à un produit de la forme

$$\left(1 + \frac{n}{4}d\right)^2 l \qquad \text{ou} \qquad m'l,$$

m étant premier à n, c'est-à-dire, impair; et les termes

$$\rho, \quad \rho' = \rho^{1 + \frac{n}{2}}$$

seront généralement affectés de signes contraires dans une somme alternée ω des racines primitives de l'équation (1). D'autre part, puisque, pour des valeurs paires de n, l'équation (1) se décompose en deux autres, savoir

$$(26) \qquad x^{\frac{n}{2}} = 1,$$

$$(27) \qquad x^{\frac{n}{2}} = -1,$$

et qu'une racine primitive ρ de l'équation (1) ne peut vérifier l'équation (26), on aura nécessairement

$$\rho^{\frac{n}{2}} = -1 \qquad \text{et} \qquad \rho' = -\rho',$$

ou, ce qui revient au même,

$$\rho' + \rho' = 0.$$

Donc, si n est une puissance de 2 supérieure à la troisième, une somme alternée ω des racines primitives de l'équation (1) sera composée de telle manière, que les termes affectés du même signe se détruiront deux à deux, en fournissant des sommes partielles égales à zéro. Donc alors, la somme ω sera nulle elle-même, et l'on aura

$$\omega = 0.$$

En résumé, si n est un nombre premier ou une puissance d'un tel nombre, la somme alternée ω sera nulle, à moins que n ne se réduise à 4 ou à 8, ou à un nombre premier impair.

D'ailleurs, lorsque ω ne sera pas nul, on aura toujours

$$\omega^2 = \pm n,$$

savoir

$$(28) \qquad\qquad \omega^2 = n,$$

si n est de la forme $4x + 1$;

$$(29) \qquad\qquad \omega^2 = - n,$$

si n est égal à 4, ou de la forme $4x + 3$; enfin, si n est égal à 8,

$$(30) \qquad\qquad \omega^2 = n \qquad \text{ou} \qquad \omega^2 = - n,$$

suivant qu'on placera dans le même groupe les deux nombres 1 et 3, ou 1 et 7.

Concevons maintenant que, n étant un nombre entier quelconque, on pose

$$(31) \qquad\qquad n = \nu^a \nu'^b \nu''^c \ldots,$$

ν, ν', ν'', ... étant les facteurs premiers de n, dont l'un pourra se réduire à 2. Alors, comme on l'a vu dans la Note précédente, une racine primitive

$$\rho$$

de l'équation (1) sera le produit de racines primitives

$$\xi, \quad \eta, \quad \zeta, \quad \ldots,$$

propres à vérifier respectivement les diverses équations

$$(32) \qquad\qquad x^{\nu^a} = 1, \quad x^{\nu'^b} = 1, \quad x^{\nu''^c} = 1, \quad \ldots.$$

Alors aussi on obtiendra les diverses valeurs de ρ et on les obtiendra chacune d'une seule manière, si dans le second membre de la formule

(33) $$\rho = \xi\eta\zeta \ldots$$

on substitue successivement les divers systèmes de valeurs de

$$\xi, \quad \eta, \quad \zeta, \quad \ldots$$

combinées entre elles de toutes les manières possibles. D'ailleurs, ξ étant une des racines primitives de l'équation

$$x^{\nu^a} = 1,$$

chacune des autres racines primitives de la même équation sera de la forme

$$\xi^l,$$

l étant un nombre entier premier à ν. Pareillement, η étant une racine primitive de l'équation

$$x^{\nu'^b} = 1,$$

chacune des autres racines primitives de la même équation sera de la forme

$$\eta^{l'},$$

l' étant un nombre entier, premier à ν', etc. Donc, si l'on désigne, comme ci-dessus, par

$$\xi, \quad \eta, \quad \zeta, \quad \ldots$$

certaines racines primitives, propres à vérifier respectivement les équations

$$x^{\nu^a} = 1, \qquad x^{\nu'^b} = 1, \qquad x^{\nu''^c} = 1, \qquad \ldots,$$

les diverses racines primitives de l'équation (1) se trouveront représentées par des produits de la forme

$$\xi^l \eta^{l'} \zeta^{l''} \ldots,$$

l étant premier à ν, l' à ν', l'' à ν'', ... Cela posé, considérons une somme alternée ω des racines primitives de l'équation (1). Comme les différents termes de la somme ω se réduiront à de semblables produits,

pris, les uns avec le signe $+$, les autres avec le signe $-$, cette somme
sera évidemment une fonction entière de chacune des racines primitives

$$\xi, \ \eta, \ \zeta, \ \ldots.$$

On arriverait, au reste, à la même conclusion, en partant de la formule (33). En effet, la valeur de ρ, que détermine cette formule, étant
une racine primitive de l'équation (1), la somme alternée ω sera nécessairement une fonction entière de ρ, et par suite une fonction entière
de ξ, de η, de ζ, …. Or, concevons que, dans cette fonction, on écrive
à la place de ξ, une autre racine primitive de la première des équations (32). La somme alternée ω devra rester composée des mêmes
termes, tous étant pris avec les signes qui les affectaient d'abord, ou
tous étant pris avec des signes contraires. Donc, chaque somme par-
tielle de termes qui ne différeront les uns des autres que par la valeur
de ξ, et par suite la somme ω elle-même, seront proportionnelles à la
somme de toutes les valeurs de ξ, ou à une somme alternée de ces
valeurs. On prouvera pareillement que ω est proportionnel à la somme
des valeurs de η, ou à une somme alternée de ces valeurs, à la somme
des valeurs de ζ, ou à une somme alternée de ces valeurs, etc. Donc la
somme alternée ω renfermera, comme facteur, ou la somme ou une
somme alternée des racines primitives de chacune des équations (32);
et sera proportionnelle au produit de divers facteurs de cette nature,
correspondant à ces diverses équations. D'ailleurs, si l'on développe
le produit dont il est ici question, le développement offrira, au signe
près, chacun des termes que renferme la somme alternée ω, et deux
termes devront encore être affectés du même signe ou de signes contraires dans le produit, suivant qu'ils seront affectés du même signe
ou de signes contraires dans la somme ω. Donc la somme alternée ω
sera égale au produit obtenu, comme on vient de le dire, ou à ce produit pris en signe contraire.

Réciproquement, si l'on forme un produit dont les divers facteurs,
correspondant aux diverses équations (32), représentent chacun la
somme des racines primitives de l'une de ces équations, ou une somme

alternée de ces racines, il est clair que ce produit développé sera composé de termes égaux, au signe près, aux diverses racines primitives de l'équation (1), et pourra être considéré comme une fonction entière, non seulement d'une racine primitive ρ de l'équation (1), mais encore de certaines racines primitives

$$\xi, \eta, \zeta, \ldots,$$

propres à vérifier respectivement les équations (32). D'ailleurs, dans ce produit, on verra évidemment reparaître les mêmes termes, tous pris avec des signes contraires à ceux dont ils étaient d'abord affectés, ou tous pris avec les mêmes signes, quand on y remplacera la racine ξ par une autre racine primitive de l'équation

$$x^{\nu'} = 1,$$

ou la racine primitive η par une autre racine primitive de l'équation

$$x^{\nu''} = 1, \quad \ldots,$$

par conséquent aussi quand on effectuera simultanément plusieurs remplacements de ce genre, ce qui revient à remplacer la racine primitive

$$\rho = \xi \eta \zeta \ldots$$

de l'équation (1) par une autre racine primitive de la même équation. Donc le produit, formé comme nous l'avons dit, ne pourra être qu'une fonction alternée des racines primitives de l'équation (1), dans le cas où il ne se réduirait pas à une fonction symétrique de ces racines.

Il est bon d'observer que la somme des racines primitives de l'équation

$$x^{\nu'} = 1,$$

étant égale à -1, a pour carré l'unité, et que la somme alternée de ces racines primitives, quand elle ne s'évanouit pas, offre pour carré $\pm \nu'$. Une pareille observation pouvant être appliquée à chacune des équations (32), le produit de plusieurs facteurs, dont chacun sera, ou la somme, ou une somme alternée des racines primitives de l'une de ces équations, devra toujours, quand il ne s'évanouira pas, offrir un carré qui soit égal, abstraction faite du signe, au produit des nombres

$$x,\ x^b,\ x^c,\ \dots,$$

ou de plusieurs d'entre eux, par conséquent à n, ou à un diviseur de n. D'ailleurs, comme nous l'avons prouvé, le premier de ces deux produits peut représenter une somme alternée quelconque ω des racines primitives de l'équation (1). Donc, si une semblable somme ne s'évanouit pas, elle offrira pour carré $\pm n$, ou un diviseur de $\pm n$.

Observons encore qu'on aura toujours, ou

$$(34) \qquad \omega = 0,$$

ou

$$(35) \qquad \omega^2 = \pm n,$$

si chacun des facteurs du produit qui représente ω est une somme alternée. Au contraire, si l'un de ces facteurs est la somme des racines primitives de l'une des équations (32), ω^2, en cessant d'être nul, sera généralement de la forme

$$(36) \qquad \omega^2 = \pm \varpi,$$

ϖ étant un diviseur de n. Alors aussi, ω, considéré comme fonction des racines primitives des équations (32), sera, pour une ou pour plusieurs des équations dont il s'agit, fonction symétrique de ces racines.

Pour qu'on trouve en particulier

$$\omega^2 = \pm n,$$

il sera nécessaire que, dans le produit propre à représenter ω, chaque facteur se réduise à une somme alternée différente de zéro. C'est ce qui arrivera lorsque, dans le nombre composé n, les facteurs premiers impairs seront inégaux, le facteur pair, s'il existe, étant précisément 4 ou 8.

Soit maintenant

$$f(\rho)$$

une fonction entière de la racine primitive ρ de l'équation (1). On pourra, dans cette fonction, réduire l'exposant de chaque puissance de ρ à un nombre entier plus petit que n, et poser en conséquence

$$(37) \qquad f(\rho) = a_0 + a_1 \rho + a_2 \rho^2 + \ldots + a_{n-1} \rho^{n-1},$$

$a_0, a_1, a_2, \ldots, a_{n-1}$ désignant des coefficients indépendants de ρ. Supposons d'ailleurs que, dans le cas où l'on remplace la racine primitive ρ de l'équation (1) par une autre racine primitive ρ^m de la même équation, les différents termes contenus dans $f(\rho)$ se transforment, au signe près, les uns dans les autres, et que deux termes, qui se déduisent ainsi l'un de l'autre, se trouvent toujours affectés du même signe pour certaines valeurs

$$h, \ h', \ h'', \ \ldots$$

du nombre m, mais affectés de signes contraires pour d'autres valeurs

$$k, \ k', \ k'', \ \ldots$$

du même nombre ; en sorte que, sous ce point de vue, les entiers

$$h, \ k, \ l, \ \ldots,$$

inférieurs à n et premiers à n, se partagent en deux groupes

$$h, \ h', \ h'', \ \ldots \qquad \text{et} \qquad k, \ k', \ k'', \ \ldots.$$

Alors, dans $f(\rho)$, les coefficients a_0 s'évanouiront nécessairement, et $f(\rho)$ sera une fonction linéaire de chacune des sommes algébriques

$$(38) \qquad \left\{ \begin{array}{l} \rho^h + \rho^{h'} + \rho^{h''} + \ldots - \rho^k - \rho^{k'} - \rho^{k''} - \ldots, \\ \rho^{2h} + \rho^{2h'} + \rho^{2h''} + \ldots - \rho^{2k} - \rho^{2k'} - \rho^{2k''} - \ldots, \\ \rho^{3h} + \rho^{3h'} + \rho^{3h''} + \ldots - \rho^{3k} - \rho^{3k'} - \rho^{3k''} - \ldots, \\ \ldots\ldots\ldots\ldots\ldots\ldots\ldots\ldots\ldots\ldots\ldots\ldots\ldots\ldots\ldots \end{array} \right.$$

chacune d'elles étant censée ne renfermer que des termes distincts les uns des autres. Sous cette condition, les sommes algébriques dont il s'agit se réduiront toujours, on, comme la première, à une somme alternée des racines primitives de l'équation (1), ou du moins à des sommes alternées des racines primitives d'équations de la forme

$$(39) \qquad x^\omega = 1,$$

les exposants ou les valeurs de ω étant des diviseurs de n. Cela posé, dans la fonction $f(\rho)$, aussi bien que dans chaque somme alternée, les termes précédés du signe $+$ seront évidemment en même nombre que les termes précédés du signe $-$; et, si à un terme que précède le signe $+$ on fait succéder un terme correspondant que précède le signe $-$, on pourra obtenir, pour représenter la fonction, une suite de termes alternativement positifs et négatifs. Pour cette raison, nous désignerons sous le nom de *fonction alternée* la fonction $f(\rho)$, formée comme il a été dit ci-dessus. Il est clair qu'une semblable fonction pourra seulement acquérir deux formes distinctes, et deux valeurs égales au signe près, mais affectées de signes contraires, si l'on y remplace une racine primitive ρ de l'équation (1) par une autre racine primitive ρ^m de la même équation. Ajoutons qu'en vertu des relations établies par la formule (33) entre les racines primitives de l'équation (1) et celles des équations (32), toute fonction alternée des racines primitives de l'équation (1) sera en même temps, ou une fonction alternée, ou une fonction symétrique des racines primitives de chacune des équations (32). Il sera maintenant facile de trouver la forme la plus simple à laquelle se réduise, pour une valeur donnée de n, une fonction alternée $f(\rho)$ des racines primitives de l'équation (1); surtout lorsque n représentera un nombre premier ou une puissance d'un tel nombre. Entrons à ce sujet dans quelques détails.

Supposons d'abord que le nombre n se réduise à un nombre premier impair ν, ou à une puissance de ce nombre premier, en sorte qu'on ait

$$n = \nu^a,$$

l'exposant a pouvant se réduire à l'unité. Les divers diviseurs du nombre n, y compris ce nombre lui-même, ou les diverses valeurs que pourra prendre l'exposant ω dans la formule (39), seront respectivement

$$\nu, \ \nu^2, \ \nu^3, \ \ldots, \ \nu^{a-1}, \ \nu^a,$$

et les sommes alternées des racines primitives de l'équation (38), qui correspondront à ces diverses valeurs de ω, seront toutes nulles, à l'exception d'une seule, que nous désignerons par Δ, et à laquelle la fonction $f(\rho)$ deviendra proportionnelle; en sorte qu'on aura

$$(40) \qquad f(\rho) = a\Delta,$$

a étant indépendant de ρ. La somme Δ dont il s'agit sera d'ailleurs la somme alternée des racines primitives de l'équation

$$x^n = 1,$$

qu'on obtient en posant, dans l'équation (39), $\omega = \nu$.

Supposons en second lieu que le nombre ν se réduise à une puissance

$$2^n$$

du nombre 2. Alors, pour qu'on puisse former avec les racines de l'équation (1) une fonction alternée, il sera nécessaire que cette équation offre plus d'une racine primitive et qu'on ait en conséquence

$$a > 1.$$

Cela posé, n pourra être l'un quelconque des termes de la progression géométrique

$$4, \quad 8, \quad 16, \quad \ldots;$$

et, les valeurs de ω, dans l'équation (39), devant aussi se réduire à des termes de cette progression, la somme des racines primitives de l'équation (39) ne pourra cesser de s'évanouir que lorsqu'on prendra

$$\omega = 4 \qquad \text{ou} \qquad \omega = 8.$$

Donc alors une fonction alternée $f(\rho)$ des racines primitives de l'équation (1) renfermera tout au plus deux termes qui ne s'évanouiront pas, ces deux termes étant proportionnels, le premier à une fonction alternée des racines primitives de l'équation

$$(41) \qquad x^4 = 1,$$

le second à une fonction alternée des racines primitives de l'équation

$$(42) \qquad x^8 = 1.$$

Or, évidemment de ces deux termes le premier subsistera seul, si l'on a $n = 4$, et alors la fonction alternée $f(\rho)$ sera encore de la forme indiquée par l'équation (40), la valeur de Δ étant

$$\Delta = \rho - \rho^3 = \pm 2\sqrt{-1}.$$

Si n devient égal à 8, on aura trois cas à considérer, suivant que le second terme deviendra proportionnel à l'une ou à l'autre des trois sommes alternées

$$(43) \qquad 4\rho + \rho^3 - \rho^5 - \rho^7, \qquad \rho + \rho^3 - \rho^5 - \rho^7 = 0, \qquad \rho + \rho^7 - \rho^3 - \rho^5.$$

Or, quand on fait successivement coïncider avec chacune de ces trois sommes la première des expressions (38), savoir

$$\rho^h + \rho^{h'} + \ldots - \rho^k - \rho^{k'} - \ldots,$$

on trouve que les valeurs correspondantes de la seconde expression

$$\rho^{2h} + \ldots - \rho^{2k} - \ldots,$$

réduite à ne contenir que des puissances de ρ non équivalentes entre elles, deviennent respectivement

$$(44) \qquad\qquad 0, \qquad \rho^2 - \rho^6 = \pm 2\sqrt{-1}, \qquad 0.$$

Donc, n étant égal à 8, le second des termes dont nous avons parlé disparaît lorsque le premier subsiste, et réciproquement ; en sorte que, dans ce cas encore, la fonction $f(\rho)$ est de la forme indiquée par l'équation (40), Δ désignant une somme alternée des racines primitives ou de l'équation (41) ou de l'équation (42).

Au reste, ces conclusions doivent être étendues au cas même où n, étant une puissance de 2, deviendrait supérieur à 8, puisqu'alors la fonction $f(\rho)$, dans laquelle tous les termes disparaîtraient, à l'exception des deux termes ci-dessus mentionnés, pourrait encore être considérée comme une fonction alternée des racines primitives de l'équation (42).

Revenons à des valeurs quelconques de n, et posons de nouveau

$$n = \nu^a \nu'^b \nu''^c \ldots,$$

ν, ν', ν'', ... désignant les facteurs premiers de n, dont l'un pourra se réduire à 2. Comme nous l'avons déjà dit, une fonction alternée $f(\rho)$ des racines primitives de l'équation (1) sera en même temps ou une fonction symétrique, ou une fonction alternée des racines primitives de chacune des équations (32). Occupons-nous d'ailleurs spécialement du cas où $f(\rho)$, considéré comme fonction des racines primitives de l'une quelconque des équations (32), est toujours une fonction alternée, jamais une fonction symétrique de ces racines; ce qui suppose n impair ou divisible plusieurs fois par le facteur 2. Dans ce cas spécial, d'après ce qu'on a vu tout à l'heure, ou la fonction $f(\rho)$ s'évanouira, ou elle deviendra simultanément proportionnelle à divers facteurs

$$\Delta, \quad \Delta', \quad \Delta'', \quad \ldots,$$

qui représenteront des sommes alternées, respectivement formées avec les racines primitives des équations

$$(45) \qquad x^{\nu} = 1, \quad x^{\nu'} = 1, \quad x^{\nu''} = 1, \quad \ldots$$

si les facteurs premiers

$$\nu, \quad \nu', \quad \nu'', \quad \ldots$$

sont tous des nombres impairs. Donc alors $f(\rho)$ sera proportionnel au produit

$$\Delta \ \Delta' \ \Delta'' \ \ldots,$$

qui représentera une somme alternée des racines primitives de l'équation

$$(46) \qquad x^{\nu \nu' \nu'' \ldots} = 1$$

ou

$$(47) \qquad x^{\omega} = 1,$$

la valeur de ω étant

$$(48) \qquad \omega = \nu \nu' \nu'' \ldots,$$

et l'on aura en conséquence

$$(49) \qquad f(\rho) = a \Delta \Delta' \Delta'' \ldots.$$

a désignant dans $f(\rho)$ le coefficient d'une racine primitive de l'équa-tion (46). Si, parmi les facteurs

$$\nu, \quad \nu', \quad \nu'', \quad \dots,$$

le premier ν se réduisait à 2, on devrait remplacer la première des équations (45) par l'équation (41) ou (42); et par suite on devrait, dans la formule (49), prendre pour Δ une somme alternée des racines primitives de l'une des équations

$$(50) \qquad x^4 = 1, \qquad x^8 = 1.$$

Alors le produit

$$\Delta\,\Delta'\,\Delta''\dots$$

serait une somme alternée des racines primitives de l'équation (47), la valeur de ω étant donnée non plus par la formule (48), mais par l'une des deux suivantes :

$$(51) \qquad \omega = \tfrac{1}{4}\nu'\nu''\dots, \qquad \omega = 8\nu'\nu''\dots.$$

D'ailleurs, en supposant n impair avec chacun des facteurs

$$\nu, \quad \nu', \quad \nu'', \quad \dots,$$

on trouvera

$$(52) \qquad \Delta^2 = (-1)^{\frac{\nu-1}{2}}\nu, \qquad \Delta'^2 = (-1)^{\frac{\nu'-1}{2}}\nu', \qquad \Delta''^2 = (-1)^{\frac{\nu''-1}{2}}\nu'', \quad \dots,$$

et, par suite,

$$(53) \qquad \Delta^2\,\Delta'^2\,\Delta''^2\dots = (-1)^{\frac{\nu-1}{2}+\frac{\nu'-1}{2}+\frac{\nu''-1}{2}+\dots}\nu\nu'\nu''\dots,$$

ou, ce qui revient au même,

$$(54) \qquad \Delta^2\,\Delta'^2\,\Delta''^2\dots = (-1)^{\frac{n-1}{2}}\omega = \mp\,\omega,$$

la valeur de ω étant donnée par la formule (48). Si au contraire on suppose $\nu = 2$, n étant divisible par 4 ou par 8, la première des for-mules (52) se trouvera remplacée par l'une des équations

$$(55) \qquad \Delta^2 = -4, \qquad \Delta^2 = \pm 8,$$

et la formule (53) par l'une des équations

$$(56) \qquad \Delta^2\,\Delta'^2\,\Delta''^2\dots = \pm\,\tfrac{1}{4}\nu'\nu''\dots, \qquad \Delta^2\,\Delta'^2\,\Delta''^2\dots = \pm\,8\nu'\nu''\dots;$$

par conséquent on aura encore

$$(57) \qquad \Delta^2 \Delta'^2 \Delta''^2 \ldots = \pm \omega,$$

la valeur de ω étant donnée, non plus par la formule (48), mais par l'une des formules (51). Dans l'une et l'autre hypothèses, on tirera de la formule (49)

$$(58) \qquad [f(\rho)]^2 = \pm \omega a^2.$$

L'équation (58) se réduira simplement à

$$(59) \qquad [f(\rho)]^2 = \pm n a^2,$$

si l'on a

$$(60) \qquad \omega = n.$$

Or, pour que le nombre ω, déterminé par la formule (48), ou par l'une des formules (51), devienne précisément égal à n, il est nécessaire que les facteurs premiers et impairs de n soient inégaux, le facteur pair, s'il existe, étant 4 ou 8.

L'équation (59) se réduira en particulier à

$$(61) \qquad [f(\rho)]^2 = n a^2,$$

si, les facteurs premiers et impairs du nombre n étant inégaux, ce nombre est de l'une des formes

$$4x + 1, \quad 4(4x + 3),$$

ou bien encore de l'une des formes

$$8(4x + 1), \quad 8(4x + 3),$$

pourvu toutefois que, dans ce dernier cas, on place dans le même groupe ceux des entiers

$$h, \quad k, \quad l, \quad \ldots$$

inférieurs à n, mais premiers à n, qui, divisés par 8, donnent pour restes 1 et 7, quand $\frac{n}{8}$ est de la forme $4x + 1$, et ceux qui, divisés par 8, donnent pour restes 1 et 3, quand $\frac{n}{8}$ est de la forme $4x + 3$.

Enfin l'équation (59) se trouvera réduite à

$$(62) \qquad\qquad [f(\rho)]^2 = - n a^2,$$

si, les facteurs premiers et impairs du nombre n étant inégaux, ce nombre est de l'une des formes

$$4x + 3, \quad 4(4x + 1),$$

ou bien encore de l'une des formes

$$8(4x + 1), \quad 8(4x + 3),$$

pourvu toutefois que, dans ce dernier cas, on place dans le même groupe ceux des entiers

$$h, \quad k, \quad l, \quad \ldots$$

inférieurs à n, mais premiers à n, qui, divisés par 8, donnent pour restes 1 et 3, quand $\frac{n}{8}$ est de la forme $4x + 1$, et ceux qui donnent pour restes 1 et 7, quand $\frac{n}{8}$ est de la forme $4x + 3$.

Nous observerons en finissant que, dans le cas où l'on a $n = \omega$, et où la formule (58) se réduit à la formule (59), le produit

$$\Delta \Delta' \Delta'' \ldots$$

renfermé dans le second membre de la formule (49), se réduit à une somme alternée ω des racines primitives de l'équation (1). Donc alors la formule (49) pourra s'écrire comme il suit :

$$(63) \qquad\qquad f(\rho) = a\omega,$$

Or, en élevant au carré chaque membre de cette dernière formule, et ayant égard à l'équation (35), on retrouvera, comme on devait s'y attendre, l'équation (59).

NOTE VIII.

PROPRIÉTÉS DES NOMBRES QUI, DANS UNE SOMME ALTERNÉE DES RACINES PRIMITIVES D'UNE ÉQUATION BINOME, SERVENT D'EXPOSANTS AUX DIVERSES PUISSANCES DE L'UNE DE CES RACINES.

Soient, comme dans la Note précédente :

n un nombre entier quelconque;

$h, k, l, \ldots$ les entiers inférieurs à n, et premiers à n;

N le nombre des entiers $h, k, l, \ldots$;

ρ une racine primitive de l'équation

$$(1) \qquad x^n = 1,$$

et

$$(2) \qquad \omega = \rho^h + \rho^{h'} + \rho^{h''} + \ldots - \rho^k - \rho^{k'} - \rho^{k''} - \ldots$$

une somme alternée des racines primitives de cette équation, les entiers

$$h, \quad k, \quad l, \quad \ldots$$

étant partagés en deux groupes

$$h, \; h', \; h'', \; \ldots \quad \text{et} \quad k, \; k', \; k'', \; \ldots,$$

de telle manière qu'un changement opéré dans la valeur de la racine primitive ρ puisse produire un changement de signe dans la somme ω, sans avoir jamais d'autre effet sur cette même somme. Enfin, supposons, pour plus de commodité, que le nombre 1 fasse partie du groupe

$$h, \; h', \; h'', \; \ldots$$

Si le nombre n est premier, il sera en même temps impair, et l'on aura

$$N = n - 1.$$

Alors aussi, d'après ce qui a été dit dans la Note précédente, les nombres

$$h, \; h', \; h'', \; \ldots$$

seront résidus quadratiques suivant le module n, et racines de l'équation

$$(3) \qquad x^{\frac{n-1}{2}} \equiv 1 \qquad (\text{mod. } n),$$

en sorte que chacun d'eux vérifiera la condition

$$(4) \qquad \left[\frac{h}{n}\right] = 1.$$

Au contraire les nombres

$$k, \ k', \ k'', \ \ldots$$

seront non-résidus quadratiques suivant le module n, et racines de l'équivalence

$$(5) \qquad x^{\frac{n-1}{2}} \equiv -1 \qquad (\text{mod. } n),$$

en sorte que chacun d'eux vérifiera la condition

$$(6) \qquad \left[\frac{k}{n}\right] = -1.$$

D'ailleurs, pour chacune des équations

$$x^{\frac{n-1}{2}} = 1, \qquad x^{\frac{n-1}{2}} = -1,$$

la somme des racines se réduira toujours à zéro, lorsque $\dfrac{n-1}{2}$ sera un nombre entier supérieur à l'unité; et, par conséquent, pour chacune des formules (3), (5), la somme des racines sera équivalente à zéro, suivant le module n, lorsqu'on aura

$$\frac{n-1}{2} > 1, \qquad n > 3.$$

Donc, n étant un nombre premier supérieur à 3, on aura toujours

$$(7) \qquad h + h' + h'' + \ldots \equiv k + k' + k'' + \ldots \equiv 0.$$

La formule (7) comprend évidemment un théorème qu'on peut énoncer comme il suit :

THÉORÈME I. — *n étant un nombre premier supérieur à 3, si, parmi les*

*entiers inférieurs à n, mais premiers à n, on distingue les résidus quadra-
tiques*

$$h, \quad h', \quad h'', \quad \ldots$$

et les non-résidus quadratiques

$$k, \quad k', \quad k'', \quad \ldots,$$

*la somme $h + h' + h'' + \ldots$ des résidus et la somme $k + k' + k'' + \ldots$
des non-résidus seront l'une et l'autre divisibles par n.*

Ainsi, en particulier, on trouvera, pour $n = 5$,

$$h = 1, \quad h' = 4, \quad h + h' = 5 \equiv 0 \quad (\mathrm{mod.}\ 5).$$
$$k = 2, \quad k' = 3, \quad k + k' = 5 \equiv 0 \quad (\mathrm{mod.}\ 5).$$

pour $n = 7$,

$$h = 3, \quad h' = 2, \quad h'' = 4, \quad h + h' + h'' = 7 \equiv 0 \quad (\mathrm{mod.}\ 7),$$
$$k = 1, \quad k' = 5, \quad k'' = 6, \quad k + k' + k'' = 14 \equiv 0 \quad (\mathrm{mod.}\ 7),$$

etc. Mais, si l'on prend

$$n = 3,$$

on aura

$$h = 1, \quad k = 2,$$

et la condition (7), qui cessera d'être vérifiée, se trouvera remplacée
par la suivante :

$$h \equiv - k \equiv 1 \quad (\mathrm{mod.}\ 3).$$

On pourrait démontrer encore le premier théorème comme il suit.
n étant un nombre premier impair, nommons s une racine primitive
de l'équivalence

$$x^{n-1} \equiv 1 \quad (\mathrm{mod.}\ n).$$

Les entiers inférieurs à n, mais premiers à n, seront équivalents aux
diverses puissances de s d'un degré plus petit que $n - 1$, savoir, les
résidus quadratiques aux puissances paires

$$1, \quad s^2, \quad s^4, \quad \ldots, \quad s^{n-3},$$

et les non-résidus aux puissances impaires

$$s, \quad s^3, \quad s^5, \quad \ldots, \quad s^{n-2}.$$

On trouvera, par suite,

$$h + h' + h'' + \ldots \equiv s + s^2 + s^4 + \ldots + s^{n-2} \equiv \frac{s^{n-1}-1}{s^2-1} \equiv 0 \qquad (\mathrm{mod.}\ n),$$

$$k + k' + k'' + \ldots \equiv s + s^3 + s^5 + \ldots + s^{n-2} \equiv \frac{s^{n-1}-1}{s^2-1} \equiv 0 \qquad (\mathrm{mod.}\ n),$$

excepté dans le cas où, n étant égal à 3, on aurait non seulement

$$s^{n-1} \equiv 1 \qquad (\mathrm{mod.}\ n),$$

mais encore $n - 1 = 2$, et par conséquent

$$s^2 \equiv 1 \qquad (\mathrm{mod.}\ n).$$

Supposons maintenant que n devienne une puissance d'un nombre premier impair ν, en sorte qu'on ait

$$n = \nu^a.$$

Alors on trouvera

$$N = \nu^{a-1}(\nu - 1) = n\left(1 - \frac{1}{\nu}\right).$$

Alors aussi

$$h, \quad h', \quad h'', \quad \ldots$$

seront résidus quadratiques suivant le module n, et racines de l'équivalence

$$(8) \qquad\qquad x^{\frac{N}{2}} \equiv 1 \qquad (\mathrm{mod.}\ n),$$

tandis que

$$k, \quad k', \quad k'', \quad \ldots$$

seront non-résidus suivant le module n, et racines de l'équivalence

$$(9) \qquad\qquad x^{\frac{N}{2}} \equiv -1 \qquad (\mathrm{mod.}\ n).$$

Donc, si, en nommant l un nombre entier premier à n, on désigne par

$$\left[\frac{l}{n}\right]$$

le reste $+1$ ou -1, qu'on obtient en divisant par n la puissance

$$l^{\frac{N}{2}},$$

chacun des nombres h, h', h'', ... vérifiera encore la condition (4), et chacun des nombres k, k', k'', ... la condition (6). D'autre part, chacun des groupes

$$h, \quad h', \quad h'', \quad \dots$$
$$k, \quad k', \quad k'', \quad \dots$$

pouvant être décomposé (p. 248-249) en plusieurs suites de termes de la forme

$$l, \quad l+\nu, \quad l+2\nu, \quad \dots, \quad l+n-\nu,$$

et la somme de ces derniers termes étant égale à

$$\frac{n}{\nu}\left(l+\frac{n-\nu}{2}\right),$$

par conséquent divisible par $\nu^{a-1}=\dfrac{n}{\nu}$, il est clair que, dans l'hypothèse admise, la formule (7) pourra être remplacée par la suivante :

$$(10) \qquad h+h'+h''+\dots = k+k'+k''+\dots \equiv 0 \qquad \left(\mathrm{mod.}\ \nu^{a-1}=\frac{n}{\nu}\right).$$

Ainsi, en particulier, on trouvera pour $n=9=3^2$,

$$h=1, \qquad h'=4, \qquad h''=7, \qquad h+h'+h''=12 \equiv 0 \qquad (\mathrm{mod.}\ 3),$$
$$k=2, \qquad k'=5, \qquad k''=8, \qquad k+k'+k''=15 \equiv 0 \qquad (\mathrm{mod.}\ 3).$$

La formule (11) renferme un théorème qu'on peut énoncer comme il suit :

THÉORÈME II. — *ν étant un nombre premier impair, et $n=\nu^a$ une puissance de ν dont le degré surpasse l'unité, si parmi les entiers inférieurs à n, mais premiers à n, on distingue les résidus quadratiques*

$$h, \quad h', \quad h'', \quad \dots$$
$$k, \quad k', \quad k'', \quad \dots,$$

et les non-résidus

la somme $h+h'+h''+\dots$ des résidus et la somme $k+k'+k''+\dots$ des non-résidus seront, l'une et l'autre, divisibles par ν^{a-1} ou, ce qui revient au même, par $\dfrac{n}{\nu}$.

Au reste, on pourrait encore établir le théorème II de la manière suivante :

Si, en supposant

$$n = \nu^a \qquad \text{et} \qquad N = \nu^{a-1}(\nu - 1),$$

on nomme s une racine primitive de l'équivalence

$$x^N \equiv 1 \pmod{n},$$

on trouvera, par des raisonnements semblables à ceux dont nous avons précédemment fait usage,

$$h + h' + h'' + \ldots \equiv 1 + s^2 + s^4 + \ldots + s^{N-2} \equiv \frac{s^N - 1}{s^2 - 1} \pmod{n},$$

$$k + k' + k'' + \ldots \equiv s + s^3 + s^5 + \ldots + s^{N-1} \equiv s\,\frac{s^N - 1}{s^2 - 1} \pmod{n},$$

et, par suite,

$$(s^2 - 1)(h + h' + h'' + \ldots) \equiv s^N - 1 \equiv 0 \pmod{n},$$
$$(s^2 - 1)(k + k' + k'' + \ldots) \equiv s(s^N - 1) \equiv 0 \pmod{n}.$$

Donc chacun des produits

$$(s^2 - 1)(h + h' + h'' + \ldots), \qquad (s^2 - 1)(k + k' + k'' + \ldots)$$

sera divisible par $n = \nu^a$; et, dans chacun d'eux, le second facteur

$$h + h' + h'' + \ldots \qquad \text{ou} \qquad k + k' + k'' + \ldots$$

sera nécessairement divisible par ν^{a-1}, si le premier facteur

$$s^2 - 1$$

ne peut être qu'une seule fois divisible par ν. Or, c'est précisément ce qui arrivera. Car, si le facteur $s^2 - 1$ était seulement divisible par ν^2, on en conclurait

$$s^{\nu-1} \equiv 1 \pmod{\nu^2},$$

et, par suite (*voir* la note placée au bas de la page 81),

$$s^{\nu(\nu-1)} \equiv 1 \pmod{\nu^3},$$
$$s^{\nu^2(\nu-1)} \equiv 1 \pmod{\nu^4},$$
$$\ldots\ldots\ldots\ldots\ldots\ldots\ldots$$
$$s^{\nu^{a-1}(\nu-1)} \equiv 1 \pmod{\nu^a}.$$

Donc s vérifierait la formule

$$s^{\nu^{a-1}(\nu-1)} \equiv 1 \pmod{\nu^a},$$

ou, ce qui revient au même, la formule

$$x^{\frac{N}{2}} \equiv 1 \pmod{n},$$

et ne pourrait représenter, comme nous le supposons, une racine primitive de l'équivalence

$$x^N \equiv 1 \pmod{n}.$$

Lorsque ν est de la forme $4x + 1$, et n de la forme ν^a, l'exposant a étant supérieur à l'unité, alors

$$\frac{N}{2} = \nu^{a-1} \frac{\nu-1}{2}$$

est, ainsi que $\frac{\nu-1}{2}$, un nombre pair; donc, par suite, la quantité -1 vérifie l'équation

$$x^{\frac{N}{2}} = 1$$

et représente un résidu quadratique suivant le module n. D'ailleurs, l et m étant premiers à n, les deux nombres

$$l, \quad ml$$

sont toujours en même temps ou résidus ou non-résidus. Donc, dans le cas que nous considérons ici,

$$l \quad \text{et} \quad -l \quad \text{ou} \quad n-l$$

seront en même temps résidus ou non-résidus, et la somme des résidus

$$h, \quad h', \quad h'', \quad \ldots$$

se composera, ainsi que la somme des non-résidus, de termes qui, ajoutés deux à deux, donneront des sommes partielles égales à n. En conséquence, on peut énoncer la proposition suivante :

THÉORÈME III. — ν *étant un nombre premier de la forme* $4x + 1$, *et*

$$n = \nu^a$$

une puissance de ν, *dont le degré a surpasse l'unité, si, parmi les entiers inférieurs à n, mais premiers à n, on distingue les résidus quadratiques*

$$h, \quad h', \quad h'', \quad \ldots$$

et les non-résidus

$$k, \quad k', \quad k'', \quad \ldots,$$

la somme $h + h' + h'' + \ldots$ *des résidus et la somme* $k + k' + k'' + \ldots$ *des non-résidus seront, l'une et l'autre, divisibles par* n.

Ainsi, en particulier, on trouvera, pour $n = 25 = 5^2$,

$$
\begin{aligned}
h + h' + h'' + \ldots &= 1 + 4 + 6 + 9 + 11 + 14 + 16 + 19 + 21 + 24 \\
&= 1 + 4 + 6 + 9 + 11 - 11 - 9 - 6 - 4 - 1 \equiv 0 \\
&\qquad (\text{mod. } 25),
\end{aligned}
$$

$$
\begin{aligned}
k + k' + k'' + \ldots &= 2 + 3 + 7 + 8 + 12 + 13 + 17 + 18 + 22 + 23 \\
&= 2 + 3 + 7 + 8 + 12 - 12 - 8 - 7 - 3 - 2 \equiv 0 \\
&\qquad (\text{mod. } 25),
\end{aligned}
$$

Aux théorèmes I, II, III on peut évidemment joindre le suivant :

THÉORÈME IV. — *n représentant un nombre entier supérieur à* 2, *la somme des entiers inférieurs à n, mais premiers à n, sera divisible par n, de sorte qu'en désignant ces entiers par*

$$h, \quad k, \quad l, \quad \ldots$$

on aura

$$(11) \qquad\qquad h + k + l + \ldots \equiv 0 \qquad (\text{mod. } n).$$

Effectivement, les entiers inférieurs à n et premiers à n, étant deux à deux de la forme

$$l, \quad n - l,$$

fourniront des sommes partielles toutes égales à n. On doit seulement excepter le cas où les nombres

$$l, \quad n - l$$

pourraient devenir égaux, en restant premiers à n. Or, l'équation

$$l = n - l$$

donne

$$l = \frac{1}{2} n;$$

et pour que $\frac{1}{2} n$ soit entier, mais premier à n, il faut qu'on ait $n = 2$.

Avant d'aller plus loin, nous présenterons une observation importante. La somme alternée ω étant déterminée par la formule (2), et le groupe des exposants

$$h, \ h', \ h'', \ \ldots$$

étant supposé, dans cette somme, renfermer l'exposant 1, enfin, le nombre l étant inférieur, ou même supérieur à n, mais premier à n; si, dans la somme alternée ω, on remplace ρ par ρ^l, alors, suivant que l sera équivalent à l'un des nombres

$$h, \ h', \ h'', \ \ldots$$

ou à l'un des nombres

$$k, \ k', \ k'', \ \ldots,$$

cette même somme se trouvera multipliée par $+1$ ou par -1, c'est-à-dire que les termes précédés du signe $+$ s'y trouveront échangés ou non contre les termes précédés du signe $-$, cette espèce de multiplication ou d'échange ayant lieu dans le cas même où n renfermerait des facteurs égaux, et où, par suite, en vertu des propriétés de la racine ρ, la somme alternée ω s'évanouirait. D'ailleurs, si n est un nombre premier ou une puissance d'un tel nombre, on aura, dans le premier cas,

$$\left[\frac{l}{n} \right] = 1,$$

dans le second cas

$$\left[\frac{l}{n} \right] = -1.$$

Donc, alors, changer, dans la somme alternée ω, ρ en ρ^l revient à multiplier cette somme, ou plutôt ses divers termes, par $\left[\dfrac{l}{n} \right]$.

Concevons à présent que n représente un nombre impair quelconque. Il sera le produit de facteurs premiers impairs

$$\nu, \quad \nu', \quad \nu'', \quad \ldots$$

élevés à diverses puissances; et, si l'on désigne les exposants de ces puissances par

$$a, \quad b, \quad c, \quad \ldots,$$

on aura

$$(12) \qquad n = \nu^a \nu'^b \nu''^c, \quad \ldots$$

$$(13) \qquad N = \nu^{a-1}\nu'^{b-1}\nu''^{c-1}\ldots(\nu-1)(\nu'-1)(\nu''-1)\ldots$$
$$= n\left(1-\frac{1}{\nu}\right)\left(1-\frac{1}{\nu'}\right)\left(1-\frac{1}{\nu''}\right)\ldots$$

Soient d'ailleurs

$$\xi, \quad \eta, \quad \zeta, \quad \ldots$$

des racines primitives qui appartiennent respectivement aux diverses équations

$$(14) \qquad x^{\nu^a}=1, \qquad x^{\nu'^b}=1, \qquad x^{\nu''^c}=1, \qquad \ldots$$

On pourra prendre

$$(15) \qquad \rho = \xi\eta\zeta\ldots$$

Soient, de plus,

$$\Delta, \quad \Delta', \quad \Delta'', \quad \ldots$$

des sommes alternées, respectivement formées avec les racines primitives de la première, ou de la seconde, ou de la troisième, etc, des équations (14), et de manière que la racine

$$\xi \qquad \text{ou} \qquad \eta \qquad \text{ou} \qquad \zeta, \qquad \ldots$$

représente l'un des termes affectés du signe $+$. D'après ce qui a été dit dans la Note précédente, si la somme alternée ω est en même temps une fonction alternée des racines primitives de chacune des équations (14), non seulement cette somme ω vérifiera l'une des conditions

$$(16) \qquad \omega = 0,$$
$$(17) \qquad \omega' = \pm n,$$

mais en outre le produit

$$\Delta \Delta' \Delta'' \dots$$

sera égal, au signe près, à la somme ω; et comme, dans ce produit, aussi bien que dans la somme ω, le terme

$$\xi \eta \zeta \dots$$

sera évidemment affecté du signe $+$, on aura nécessairement

$$(18) \qquad \omega = \Delta \Delta' \Delta'' \dots.$$

Il y a plus : les divers termes compris dans la somme ω seront les produits partiels qu'on peut former en multipliant les divers termes de la somme Δ par les divers termes de la somme Δ', puis par les divers termes de la somme Δ'', et ainsi de suite. Cela posé, on pourra facilement décider si un entier l, inférieur à n et premier à n, fait partie du groupe

$$h, \quad h', \quad h'', \quad \dots$$

ou du groupe

$$k, \quad k', \quad k'', \quad \dots.$$

En effet, pour y parvenir, il suffira de savoir si, dans la somme ω, les termes précédés du signe $+$ se trouvent échangés ou non contre les termes précédés du signe $-$, quand on remplace

$$p = \xi \eta \zeta \dots \qquad \text{par} \qquad p' = \xi' \eta' \zeta' \dots,$$

ou, ce qui revient au même, quand on substitue simultanément

$$\xi' \text{ à } \xi, \quad \eta' \text{ à } \eta, \quad \zeta' \text{ à } \zeta, \quad \dots.$$

Or, de ces diverses substitutions, la première équivaut à la multiplication des divers termes de la somme Δ par

$$\left[\frac{l}{\nu^a} \right],$$

la seconde à la multiplication des divers termes de Δ' par

$$\left[\frac{l}{\nu^b} \right],$$

la troisième à la multiplication des divers termes de Δ' par

$$\left[\frac{l}{\nu'^a}\right],$$

etc. Donc, en vertu de ces substitutions réunies, les divers termes du produit $\Delta\Delta'\Delta''\ldots$ ou de la somme ϖ pourront être censés multipliés par

$$\left[\frac{l}{\nu^a}\right]\left[\frac{l}{\nu'^b}\right]\left[\frac{l}{\nu''^c}\right]\ldots$$

Donc, en définitive, l fera partie du groupe

$$h,\quad h',\quad h'',\quad \ldots$$

ou du groupe

$$k,\quad k',\quad k'',\quad \ldots,$$

suivant que le produit

$$\left[\frac{l}{\nu^a}\right]\left[\frac{l}{\nu'^b}\right]\left[\frac{l}{\nu''^c}\right]\ldots$$

sera égal à $+1$ ou à -1.

Si, en supposant toujours

$$n = \nu^a\nu'^b\nu''^c,\quad \ldots,$$

on se sert de la notation

$$\left[\frac{l}{n}\right]$$

pour représenter le produit

$$\left[\frac{l}{\nu^a}\right]\left[\frac{l}{\nu'^b}\right]\left[\frac{l}{\nu''^c}\right]\ldots,$$

on déduira immédiatement des principes que nous venons d'établir la proposition suivante :

Théorème V. — *Soient n un nombre impair; ν, ν', ν'', ... ses facteurs premiers; a, b, c, ... les exposants de ces facteurs dans le nombre n; l un des entiers inférieurs à n mais premiers à n; et ϱ une des racines primitives de l'équation (1). Si une somme alternée ϖ de ces racines est en même temps une fonction alternée des racines primitives de chacune* *des équations* (14), *les deux termes*

$$p, \quad p'$$

seront, dans la somme alternée $\mathfrak{O}$, *affectés du même signe ou de signes contraires suivant qu'on aura*

$$(19) \qquad \left[\frac{l}{n}\right] = 1 \quad \text{ou} \quad \left[\frac{l}{n}\right] = -1. \qquad \cdot$$

Il en résulte encore que, dans le cas où, comme nous l'avons supposé, le groupe des nombres

$$h, \quad h', \quad h'', \quad \dots$$

renferme l'unité, l fait partie ou non de ce même groupe suivant que la première ou la seconde des formules (19) *se vérifie.*

Supposons maintenant que, n étant déterminé par la formule (12), et l désignant l'un des nombres entiers inférieurs à n, on nomme

$$\lambda, \quad \lambda', \quad \lambda'', \quad \dots$$

les restes positifs qu'on obtient quand on divise successivement l par chacun des nombres

$$\nu, \quad \nu', \quad \nu'', \quad \dots$$

L'équation

$$p = \xi \nu \xi' \dots$$

donnera non seulement

$$p' = \xi' \nu' \xi'' \dots$$

mais aussi

$$(20) \qquad p' = \xi'' \nu'' \xi''' \dots$$

et pareillement la formule

$$\left[\frac{l}{n}\right] = \left[\frac{l}{\nu'}\right]\left[\frac{l}{\nu''}\right]\left[\frac{l}{\nu'''}\right]\dots$$

entraînera la suivante :

$$(21) \qquad \left[\frac{l}{n}\right] = \left[\frac{\lambda}{\nu'}\right]\left[\frac{\lambda}{\nu''}\right]\left[\frac{\lambda}{\nu'''}\right]\dots$$

D'ailleurs les diverses racines primitives de l'équation

$$x^{\nu^a} = 1$$

seront les diverses valeurs qu'on obtient pour

$$\xi,$$

en prenant successivement pour λ tous les entiers inférieurs à ν^a et premiers à ν^a. De même les diverses racines primitives de l'équation

$$x^{\nu^b} = 1$$

seront les diverses valeurs qu'on obtient pour

$$\eta^{\lambda'},$$

en prenant successivement pour λ' tous les entiers inférieurs à ν^b et premiers à ν^b; etc. Donc, en vertu du théorème IV de la Note VI, les diverses racines primitives de l'équation (1) seront représentées par les diverses valeurs du produit

$$\xi^\lambda \eta^{\lambda'} \zeta^{\lambda''}\ldots,$$

correspondant aux divers systèmes de valeurs que peuvent acquérir les exposants

$$\lambda, \ \lambda', \ \lambda'', \ \ldots,$$

quand on prend pour λ un entier inférieur à ν^a, mais premier à ν^a, pour λ' un entier inférieur à ν^b, mais premier à ν^b, pour λ'' un entier inférieur à ν^c, mais premier à ν^c, etc. Donc, puisque les diverses racines primitives de l'équation (1) peuvent encore être représentées par les diverses valeurs qu'on obtient pour

$$\rho^l,$$

en prenant successivement pour l tous les entiers inférieurs à n, mais premiers à n, on peut affirmer non seulement qu'à chaque valeur de l correspondra, comme il était facile de le prévoir, un seul système des valeurs de

$$\lambda, \ \lambda', \ \lambda'', \ \ldots,$$

mais, réciproquement, qu'à chaque système de valeurs de λ, λ', λ'', ...
correspondra une valeur de l.

Il est bon d'observer encore que, le nombre n étant impair, la
somme alternée ω, déterminée par l'équation (2), ne pourra, en vertu
des principes établis dans la Note précédente, vérifier la formule (17),
ou

$$\omega^2 = \pm n,$$

que dans deux cas particuliers, savoir : 1° lorsque n sera un nombre
premier; 2° lorsque, n étant le produit de facteurs premiers inégaux

$$\nu, \quad \nu', \quad \nu'', \quad \ldots,$$

ω sera une fonction alternée des racines primitives de chacune des
équations

$$(22) \qquad x^\nu = 1, \qquad x^{\nu'} = 1, \qquad x^{\nu''} = 1, \qquad \ldots$$

Ajoutons que, dans l'un et l'autre cas, on aura

$$\omega^2 = n,$$

si n est de la forme $4x + 1$, et

$$\omega^2 = -n,$$

si n est de la forme $4x + 3$.

Jusqu'à présent nous avons supposé que dans l'équation (1) l'exposant n était un nombre impair. Concevons maintenant qu'il devienne
un nombre pair, et supposons d'abord qu'il se réduise à une puissance
de 2.

Pour qu'on puisse former avec les racines primitives de l'équation (1) une somme alternée

$$\omega = \rho^h + \rho^{h'} + \rho^{h''} + \ldots - \rho^k - \rho^{k'} - \rho^{k''} - \ldots,$$

il sera nécessaire que la puissance de 2, représentée par n, soit une
puissance supérieure à la première, par conséquent un terme de la progression géométrique

$$4, \quad 8, \quad 16, \quad \ldots.$$

Alors, on pourra supposer, si n est égal à 4,

$$\Theta = \rho - \rho^3;$$

et si n est égal à 8,

$$\Theta = \rho + \rho^3 - \rho^5 - \rho^7,$$

ou bien

$$\Theta = \rho + \rho^5 - \rho^3 - \rho^7,$$

ou bien encore

$$\Theta = \rho + \rho^7 - \rho^3 - \rho^5,$$

etc. Alors aussi la formule (17) ne pourra être vérifiée que dans trois cas spéciaux, savoir : 1° lorsque, n étant égal à 4, on aura

$$\Theta = \rho - \rho^3, \qquad \Theta^2 = -4;$$

2° lorsque, n étant égal à 8, on aura

$$\Theta = \rho + \rho^3 - \rho^5 - \rho^7, \qquad \Theta^2 = -8;$$

3° lorsque, n étant égal à 8, on aura

$$\Theta = \rho + \rho^7 - \rho^3 - \rho^5, \qquad \Theta^2 = 8.$$

Or, de ces trois cas le dernier est le seul dans lequel les sommes

$$h + h' + \ldots, \qquad k + k' + \ldots,$$

deviennent divisibles par n. En effet, on aura dans le premier cas

$$h = 1, \qquad k = 3,$$

par conséquent

$$h = -k = 1 \qquad (\mathrm{mod.}\ n);$$

dans le second cas

$$h + h' = 1 + 3 = 4, \qquad k + k' = 5 + 7 = 12,$$

par conséquent

$$h + h' = k + k' = \tfrac{1}{2}n \qquad (\mathrm{mod.}\ n);$$

et dans le troisième cas

$$h + h' = 1 + 7 = 8, \qquad k + k' = 3 + 5 = 8,$$

par conséquent

$$h + h' = k + k' = n.$$

Concevons maintenant que n, étant un nombre pair, ne se réduise plus à une puissance de 2. Si l'on nomme ν, ν', ν'', ... les facteurs premiers de n, dont l'un, ν par exemple, se réduira simplement au nombre 2, on pourra supposer encore la valeur de n déterminée par l'équation (12), et la valeur de ρ par l'équation (15).

$$\xi, \quad \eta, \quad \zeta, \quad \dots$$

diésgnant des racines primitives qui appartiennent respectivement à la première, à la seconde, à la troisième, etc. des formules (14). Il y a plus : si l'on nomme

$$\Delta, \quad \Delta', \quad \Delta'', \quad \dots$$

des sommes alternées respectivement formées avec les racines primitives de la première, de la seconde, de la troisième, etc. des équations (14), et de manière que la racine

$$\xi \quad \text{ou} \quad \eta \quad \text{ou} \quad \zeta \quad \dots$$

représente l'un des termes affectés du signe $+$; si d'autre part on nomme

$$\lambda, \quad \lambda', \quad \lambda'', \quad \dots$$

les restes qu'on obtient quand on divise successivement par chacun des facteurs

$$\nu, \quad \nu', \quad \nu'', \quad \dots$$

un entier l inférieur à n, mais premier à n, on se trouvera de nouveau conduit aux formules (18) et (20) : et l'on conclura toujours de la formule (20) qu'à chaque système de valeurs de

$$\lambda, \quad \lambda', \quad \lambda'', \quad \dots$$

correspond une seule valeur de l. D'ailleurs la formule (18) fournira encore le moyen de décider si un entier l, inférieur à n, mais premier à n, fait partie du groupe

$$h, \quad h', \quad h'', \quad \dots$$

qui par hypothèse renferme l'unité, ou du groupe

$$k, \quad k', \quad k'', \quad \dots$$

En effet, pour y parvenir, il suffira de savoir si, dans la somme ω, les termes du signe $+$ se trouvent échangés ou non contre les termes précédés du signe $-$, quand on remplace

$$\rho = \Sigma \eta \zeta \ldots \qquad \text{par} \qquad \rho' = \Sigma \eta' \zeta' \ldots$$

ou, ce qui revient au même, quand on substitue simultanément

$$\xi' \text{ à } \xi, \quad \eta' \text{ à } \eta, \quad \zeta' \text{ à } \zeta, \quad \ldots$$

Or, de ces diverses substitutions, la seconde, la troisième, ..., simultanément effectuées, changeront ou ne changeront pas les termes précédés d'un signe en ceux que précède le signe contraire, par exemple, les termes affectés du signe $+$ en ceux qu'affecte le signe $-$, suivant que l'expression

$$\left[\frac{l}{\gamma^b}\right]\left[\frac{l}{\gamma'^c}\right]\ldots = \left[\frac{l}{\gamma^b \gamma'^c \ldots}\right]$$

sera égale à $+\,1$ ou à $-\,1$. Cela posé, en passant du cas où la lettre n désigne un nombre impair au cas où cette lettre représente un nombre pair, on obtiendra, au lieu du théorème V, la proposition suivante :

THÉORÈME VI. — *Soient n un nombre pair,*

$$\nu = 2, \nu', \nu'', \ldots$$

ses facteurs premiers,

$$a, \quad b, \quad c, \quad \ldots$$

les exposants de ces facteurs dans le nombre n, l un des entiers inférieurs à n et premiers à n, et ζ une des racines primitives de l'équation (1). *Si une somme alternée ω de ces racines est en même temps une fonction alternée des racines primitives de chacune des équations* (14), *et a, en conséquence, pour facteur une somme alternée Δ des racines primitives ξ, ξ', ... de l'équation*

$$(23) \qquad\qquad x^{\nu^a} = 1,$$

les deux termes

$$\varrho, \quad \varrho'$$

seront, dans la somme alternée ω, *affectés du même signe :* 1° *lorsque les termes*

$$\zeta, \quad \zeta'$$

étant affectés du même signe dans la somme alternée Δ, *on aura*

$$\left[\frac{l}{\sqrt[b]{v^a}\ldots}\right] = 1,$$

ou, ce qui revient au même,

$$(24) \qquad \left[\frac{l}{\frac{1}{2^a}n}\right] = 1;$$

2° *lorsque les termes*

$$\zeta, \quad \zeta'$$

étant affectés de signes contraires dans la somme alternée Δ, *on aura*

$$\left[\frac{l}{\sqrt[b]{v^a}\ldots}\right] = -1,$$

ou, ce qui revient au même,

$$(25) \qquad \left[\frac{l}{\frac{1}{2^a}n}\right] = -1.$$

Considérons en particulier le cas où, n étant pair, la somme ω vérifie la condition (17), savoir :

$$\omega^2 = \pm n.$$

Dans ce cas, en vertu des principes établis dans la Note précédente, ω sera nécessairement une fonction alternée des racines primitives de chacune des équations (14), et, de plus, on aura, d'une part,

$$a = 1, \quad x^a = 4,$$

ou

$$a = 3, \quad x^a = 8;$$

d'autre part,

$$b = 1, \quad c = 1, \quad \ldots, \quad n = 2^a v^b v'^{b'} \ldots$$

Or, supposons d'abord

$$2^a = 4.$$

Alors on trouvera

$$n = 4\nu\nu'\nu'' \ldots, \qquad \Delta = \rho - \rho^2 = \rho^l - \rho^{-l},$$

et le théorème VI entraînera le suivant :

THÉORÈME VII. — *Soient n un nombre pair divisible par* 4,

$$\nu, \quad \nu', \quad \ldots$$

les facteurs premiers $\frac{n}{4}$, *supposés impairs et inégaux, l un des entiers inférieurs à n, mais premiers à n, et* ρ *l'une des racines primitives de l'équation*

$$x^n = 1.$$

Si une somme alternée $\mho$ *de ces racines vérifie la condition*

$$\mho^2 = \pm n,$$

non seulement $\mho$ *sera une fonction alternée des racines primitives de chacune des équations*

$$(26) \qquad x^\nu = 1, \quad x^{\nu'} = 1, \quad x^{\nu''} = 1, \quad \ldots,$$

mais de plus les deux termes

$$\rho, \quad \rho^l$$

seront, dans la somme alternée $\mho$, *affectés du même signe quand on aura simultanément*

$$(27) \qquad \left\{ \begin{array}{lll} l \equiv 1 & (\mathrm{mod.}\ 4), & \left[\dfrac{l}{\frac{1}{4}n}\right] = 1, \\[1em] \text{ou bien} & & \\[1em] l \equiv -1 & (\mathrm{mod.}\ 4), & \left[\dfrac{l}{\frac{1}{4}n}\right] = -1, \end{array} \right.$$

et affectés de signes contraires, quand on aura

$$(28) \quad \begin{cases} l \equiv 1 \quad (\text{mod. } 4), \qquad \left[\dfrac{l}{\frac{1}{4}n}\right] = -1, \\[2ex] \text{ou bien} \\[2ex] l \equiv -1 \quad (\text{mod. } 4), \qquad \left[\dfrac{l}{\frac{1}{4}n}\right] = 1. \end{cases}$$

Supposons, en second lieu,

$$2^\alpha = 8,$$

Alors on aura

$$n = 8 \nu' \nu'' \ldots;$$

et, si l'on veut que la fonction alternée Θ vérifie la condition

$$\Theta^2 = n,$$

on devra supposer

$$\Delta = \rho + \rho^3 - \rho^2 - \rho^6, \qquad \text{lorsque } n \text{ sera de la forme } 4x + 1,$$

et

$$\Delta = \rho + \rho^3 - \rho^5 - \rho^7, \qquad \text{lorsque } n \text{ sera de la forme } 4x + 3.$$

Au contraire, si l'on veut que la somme alternée Θ vérifie la condition

$$\Theta^2 = -n,$$

on devra supposer

$$\Delta = \rho + \rho^3 - \rho^2 - \rho^7, \qquad \text{lorsque } n \text{ sera de la forme } 4x + 1,$$

et

$$\Delta = \rho + \rho^3 - \rho^3 - \rho^5, \qquad \text{lorsque } n \text{ sera de la forme } 4x + 1.$$

Cela posé, le théorème VI entraînera évidemment les propositions suivantes :

THÉORÈME VIII. — *Soient n un nombre pair divisible par 8 :*

$$\nu', \quad \nu'', \quad \ldots$$

les facteurs premiers de $\dfrac{n}{8}$ supposés impairs et inégaux; l un des entiers inférieurs à n, mais premiers à n; et ρ une racine primitive de l'équation

$$x^n = 1,$$

Enfin, supposons qu'une somme alternée ω de ces racines vérifie la condition

$$\omega^2 = n.$$

Non seulement cette somme sera une fonction alternée des racines primitives de chacune des équations

$$(29) \qquad x^a = 1, \quad x^b = 1, \quad x^{b'} = 1, \quad \dots,$$

mais de plus les termes

$$\varrho, \quad \varrho'$$

seront, dans la somme ω, affectés du même signe : 1° si, $\dfrac{n}{8}$ étant de la forme $4x + 1$, on a

$$(30) \quad \left\{ \begin{array}{llll} l = 1 & \text{ou} & 7, & \left[\dfrac{l}{\frac{1}{8}n}\right] = 1, \\[2ex] \text{ou bien} & & & \\[1ex] l = 3 & \text{ou} & 5, & \left[\dfrac{l}{\frac{1}{8}n}\right] = -1; \end{array} \right.$$

2° si, $\dfrac{n}{8}$ étant de la forme $4x + 3$, on a

$$(31) \quad \left\{ \begin{array}{llll} l = 1 & \text{ou} & 3, & \left[\dfrac{l}{\frac{1}{8}n}\right] = 1, \\[2ex] \text{ou bien} & & & \\[1ex] l = 5 & \text{ou} & 7, & \left[\dfrac{l}{\frac{1}{8}n}\right] = -1. \end{array} \right.$$

THÉORÈME IX. — *Soient n un nombre pair divisible par 8,*

$$\gamma, \quad \gamma', \quad \dots,$$

les facteurs premiers de $\dfrac{n}{8}$, supposés impairs et inégaux, l un des entiers inférieurs n, mais premiers à n, et ϱ une racine primitive de l'équation

$$x^n = 1.$$

Enfin, supposons qu'une somme alternée ω de ces racines vérifie la con-

dition

$$\mathfrak{S}^2 = -n.$$

Non seulement cette somme sera une fonction alternée des racines pri-
mitives de chacune des équations

$$(32) \qquad x^3 = 1, \qquad x^\gamma = 1, \qquad x^{\gamma'} = 1, \qquad \dots;$$

mais de plus les termes

$$\rho, \quad \rho'$$

seront, dans la somme alternée $\mathfrak{S}$, affectés du même signe : 1° si, $\frac{n}{8}$ étant
de la forme $4x + 1$, on a

$$(33) \qquad
\begin{cases}
l \equiv 1 \quad \text{ou} \quad 3, & \left[\dfrac{l}{\frac{1}{8}n}\right] = 1, \\[2em]
\text{ou bien} \\[1em]
l \equiv 5 \quad \text{ou} \quad 7, & \left[\dfrac{l}{\frac{1}{8}n}\right] = -1;
\end{cases}$$

$2°$ si, $\frac{n}{8}$ étant de la forme $4x + 3$, on a

$$(34) \qquad
\begin{cases}
l \equiv 1 \quad \text{ou} \quad 7, & \left[\dfrac{l}{\frac{1}{8}n}\right] = 1, \\[2em]
\text{ou bien} \\[1em]
l \equiv 3 \quad \text{ou} \quad 5, & \left[\dfrac{l}{\frac{1}{8}n}\right] = -1.
\end{cases}$$

Revenons maintenant à la formule (7), où les nombres

$$h, \quad h', \quad h'', \quad \dots \qquad \text{ou} \qquad k, \quad k', \quad k'', \quad \dots$$

représentent les exposants des termes affectés du signe $+$ ou du
signe $-$ dans la somme alternée $\mathfrak{S}$. Il suit des théorèmes I et III que
cette formule se vérifie : 1° quand n est un nombre premier impair,
supérieur à 3; 2° quand n est une puissance quelconque d'un nombre
premier de la forme $4x + 1$. J'ajoute qu'elle se vérifiera encore, si n est
un nombre composé qui renferme plusieurs facteurs premiers, l'un de

ces facteurs pouvant être le nombre 2 élevé à une puissance dont le degré surpasse l'unité, et si, d'ailleurs, la valeur de n étant donnée par la formule (12), la somme alternée ω est une fonction alternée des racines primitives de chacune des équations (14). En effet, supposons d'abord n impair. Alors, en vertu du cinquième théorème joint à la formule (21), les valeurs de l qui appartiendront au groupe

$$h, \quad h', \quad h'', \quad \ldots$$

seront celles qui vérifieront la condition

$$(35) \qquad \left[\frac{l}{n}\right] = 1$$

ou

$$(36) \qquad \left[\frac{\lambda}{\nu^a}\right]\left[\frac{\lambda'}{\nu'^b}\right]\left[\frac{\lambda''}{\nu''^c}\right]\cdots = 1;$$

par conséquent, celles qui vérifieront ou les conditions

$$(37) \qquad \left[\frac{\lambda}{\nu^a}\right] = 1, \qquad \left[\frac{\lambda'}{\nu'^b}\right]\left[\frac{\lambda''}{\nu''^c}\right]\cdots = 1$$

ou les conditions

$$(38) \qquad \left[\frac{\lambda}{\nu^a}\right] = -1, \qquad \left[\frac{\lambda'}{\nu'^b}\right]\left[\frac{\lambda''}{\nu''^c}\right]\cdots = -1.$$

Or, le nombre des valeurs de l qui vérifieront la condition (35), ou, ce qui revient au même, le nombre des systèmes de valeurs de λ, λ', λ'', ... qui vérifieront la condition (36), sera

$$\frac{1}{2}\mathrm{N} = \frac{1}{2}\nu^{a-1}\nu'^{b-1}\nu''^{c-1}\ldots(\nu-1)(\nu'-1)(\nu''-1)\ldots,$$

aussi bien que le nombre des valeurs de l qui vérifieront la condition

$$\left[\frac{l}{n}\right] = -1$$

ou

$$\left[\frac{\lambda}{\nu^a}\right]\left[\frac{\lambda'}{\nu'^b}\right]\left[\frac{\lambda''}{\nu''^c}\right]\cdots = -1.$$

Pareillement, on reconnaîtra que le produit

$$\tfrac{1}{2}\nu^{\prime b-1}\nu^{\prime\prime c-1}\ldots(\nu'-1)(\nu''-1)\ldots$$

exprime le nombre des systèmes de valeurs de

$$\lambda',\quad\lambda'',\quad\ldots,$$

qui sont propres à vérifier, soit la seconde des formules (37), soit la seconde des formules (38). Donc ce dernier produit, que nous représentons par $\tfrac{1}{2}\mathfrak{K}$, en posant, pour abréger,

$$(39)\qquad\mathfrak{K}=\nu^{\prime b-1}\nu^{\prime\prime c-1}\ldots(\nu'-1)(\nu''-1)\ldots,$$

exprimera le nombre des valeurs de l, qui, étant comprises dans le groupe

$$h,\quad h',\quad h'',\quad\ldots,$$

seront équivalentes, suivant le module ν^a, à une même valeur de λ, par laquelle la première des formules (37) ou (38) se trouve vérifiée. Donc la somme des valeurs de l, comprises dans le groupe

$$h,\quad h',\quad h'',\quad\ldots,$$

c'est-à-dire, en d'autres termes, la somme

$$h+h'+h''+\ldots$$

sera équivalente, suivant le module ν^a, au produit du nombre

$$\tfrac{1}{2}\mathfrak{K}$$

par la somme des valeurs de λ, qui vérifieront l'une des formules

$$(40)\qquad\left[\frac{\lambda}{\nu^a}\right]=1,\qquad\left[\frac{\lambda}{\nu^a}\right]=-1.$$

Or, comme chaque valeur de λ satisfera nécessairement à l'une des équations (40), il est clair que la dernière somme comprendra toutes les valeurs de λ, et sera, par suite, en vertu du théorème IV, divisible par ν^a. Donc aussi la première somme

$$h + h' + h'' + \ldots$$

sera divisible par ν^a; et, comme elle devra être, pour les mêmes raisons, divisible par ν^b, par ν^c, ..., il est clair que, dans l'hypothèse admise, elle sera divisible par le produit

$$n = \nu^a \nu'^b \nu''^c \ldots$$

On pourra encore en dire autant de la somme

$$k + k' + k'' + \ldots,$$

puisque, en vertu du théorème IV, la somme totale

$$h + h' + h'' + \ldots + k + k' + k'' + \ldots$$

devra encore être divisible par n. Donc si, n étant impair, la somme alternée $\mathfrak{D}$ est en même temps une fonction alternée des racines primitives de chacune des équations (14), les deux sommes

$$h + h' + h'' + \ldots, \quad k + k' + k'' + \ldots$$

vérifieront la formule (7).

Supposons maintenant que, dans l'équation (12), l'un des facteurs

$$\nu, \quad \nu', \quad \nu'', \quad \ldots$$

se réduise au nombre 2, mais se trouve élevé à une puissance dont le degré surpasse l'unité. On prouvera encore, non plus à l'aide d'une seule formule (21), mais à l'aide des formules (18) et (28), que la moitié du produit $\mathfrak{N}$, déterminé par l'équation (38), exprime le nombre des valeurs de l qui, étant comprises dans le groupe

$$h, \quad h', \quad h'', \quad \ldots,$$

sont équivalentes, suivant le module ν^a, à une même valeur de λ. D'ailleurs, parmi les termes affectés du signe $+$ dans la somme $\mathfrak{D}$ que détermine la formule (18), on en trouvera qui auront pour facteur un terme donné quelconque, affecté du signe $+$ ou du signe $-$ dans la somme Δ. Donc la somme

$$h + h' + h'' + \ldots$$

sera encore, dans l'hypothèse admise, équivalente, suivant le module ν^a, au produit de $\frac{1}{2}\,\varpi$, par la somme totale des valeurs de λ. Donc, cette dernière somme devant être, en vertu du théorème IV, divisible par ν^a, on pourra en dire autant de la première, qui devra être divisible par chacun des nombres

$$\nu^a, \quad \nu^b, \quad \nu^c, \quad \ldots,$$

et se réduire, en conséquence, à un multiple de n. La somme totale

$$h + h' + h'' + \ldots + k + k' + k'' + \ldots$$

devant être elle-même, en vertu du théorème IV, un multiple de n, il suit de ce qu'on vient de dire que les deux sommes

$$h + h' + h'' + \ldots, \qquad k + k' + k'' + \ldots$$

devront encore vérifier la formule (7).

En résumé, on pourra énoncer la proposition suivante :

Théorème X. — *n étant un nombre composé qui renferme divers facteurs premiers ν, ν', ν'', ... et ne puisse devenir pair, sans être divisible par 4, si l'on suppose que, la valeur de n étant fournie par l'équation (12), la somme alternée $\circledS$, déterminée par la formule (2), soit en même temps une fonction alternée des racines primitives de chacune des équations (4), on aura*

$$h + h' + h'' + \ldots \equiv k + k' + k'' + \ldots \equiv 0 \qquad (\mathrm{mod.}\ n).$$

Il est bon d'observer que, dans le théorème précédent, les exposants de tous les facteurs impairs pourraient se réduire à l'unité.

En vertu des principes établis dans la Note précédente, pour que la somme alternée $\circledS$ vérifie la condition

$$\circledS^2 = \pm n,$$

n étant un nombre premier ou composé, pair ou impair, déterminé par la formule (12), il est nécessaire que les facteurs premiers impairs de n soient inégaux, le facteur pair, s'il existe, étant 4 ou 8, et qu'en outre ω soit une fonction alternée des racines primitives de chacune des équations (14). Cela posé, les théorèmes I et II entraînent évidemment la proposition suivante :

THÉORÈME XI. — *Lorsque la somme alternée* ω, *déterminée par la formule* (2), *vérifie l'équation* (17), *savoir*

$$\omega^2 = \pm n,$$

les deux groupes d'exposants

$$h, \quad h', \quad h'', \quad \ldots,$$
$$k, \quad k', \quad k'', \quad \ldots$$

vérifient la condition (7), *savoir*

$$h + h' + h'' + \ldots \equiv k + k' + k'' + \ldots \equiv 0 \qquad (\mathrm{mod.}\ n),$$

à moins toutefois que le module n *ne se réduise à l'un des trois nombres*

$$3, \quad 4, \quad 8.$$

On peut d'ailleurs observer que la condition dont il s'agit est vérifiée, pour le cas même où l'on suppose $n = 8$, lorsque ω, étant réduit à la somme alternée

$$\rho + \rho' - \rho^3 - \rho^5,$$

vérifie l'équation

$$\omega^2 = 8 = n,$$

mais cesse de l'être lorsque ω, étant réduit à

$$\rho + \rho^3 - \rho^5 - \rho^7,$$

vérifie l'équation

$$\omega^2 = -8 = -n.$$

NOTE IX.

THÉORÈMES DIVERS RELATIFS AUX SOMMES ALTERNÉES DES RACINES PRIMITIVES
DES ÉQUATIONS BINOMES.

Soient :

n un nombre entier supérieur à 2 ;

$h, k, l, \ldots$ les entiers inférieurs à n, mais premiers à n ;

N le nombre des entiers $h, k, l, \ldots$;

ρ une racine primitive de l'équation

$$(1) \qquad x^n = 1 ;$$

enfin, supposons les entiers

$$h, \quad k, \quad l, \quad \ldots$$

partagés en deux groupes

$$h, \ h', \ h'', \ \ldots \qquad \text{et} \qquad k, \ k', \ k'', \ \ldots,$$

de telle manière que l'expression

$$(2) \qquad \Theta = \rho^h + \rho^{h'} + \rho^{h''} + \ldots - \rho^k - \rho^{k'} - \rho^{k''} - \ldots$$

représente une somme alternée des racines primitives de l'équation
(1), et que l'unité fasse partie du premier groupe

$$h, \ h', \ h'', \ \ldots.$$

Alors, la quantité m étant équivalente, suivant le module n, à l'un
des entiers
$$h, \quad k, \quad l, \quad \ldots.$$
les produits
$$mh, \quad mh', \quad mh'', \quad \ldots$$

seront équivalents, à l'ordre près, soit aux termes du premier groupe

$$k, \ k', \ k'', \ \ldots,$$

soit aux termes du second groupe

$$h, \ h', \ h'', \ \ldots.$$

selon que m fera partie du premier ou du second groupe; et, au contraire, les produits

$$mk, \quad mk', \quad mk'', \quad \ldots$$

seront équivalents, dans le premier cas, aux nombres

$$k, \quad k', \quad k'', \quad \ldots$$

dans le second cas, aux nombres

$$h, \quad h', \quad h'', \quad \ldots$$

Donc, l étant l'un quelconque des entiers inférieurs à n, mais premiers à n, le nombre l et le produit ml, ou plutôt le reste de la division de ml par n, appartiendront ou non au même groupe, selon que la quantité m deviendra équivalente à un terme du premier ou du second groupe. Ainsi, par exemple,

$$l \quad \text{et} \quad -l, \quad \text{ou plutôt} \quad n-l,$$

appartiendront ou non au même groupe, suivant que la quantité

$$-1, \quad \text{ou plutôt} \quad n-1,$$

fera partie du premier ou du second groupe. Pareillement, si le nombre n est impair,

$$l \quad \text{et} \quad 2l$$

appartiendront ou non au même groupe, et par suite les produits

$$2h, \quad 2h', \quad 2h'', \quad \ldots$$

seront équivalents, à l'ordre près, aux nombres

$$h, \quad h', \quad h'', \quad \ldots$$

ou aux nombres

$$k, \quad k', \quad k'', \quad \ldots$$

suivant que le nombre 2 fera partie du premier groupe ou du second.

Des principes que nous venons de rappeler il résulte encore que, si l'on remplace

$$\rho \quad \text{par} \quad \rho^m,$$

les deux groupes des racines primitives

$$\rho^h, \quad \rho^{h'}, \quad \rho^{h''}, \quad \ldots \qquad \text{et} \qquad \rho^k, \quad \rho^{k'}, \quad \rho^{k''}, \quad \ldots$$

resteront composés chacun des mêmes racines, où se transformeront l'un dans l'autre, suivant que m sera équivalent, suivant le module n, à l'un des nombres

$$h, \quad h', \quad h'', \quad \ldots$$

ou à l'un des nombres

$$k, \quad k', \quad k'', \quad \ldots$$

Donc, si l'on nomme

$$I = f(\rho^h, \rho^{h'}, \rho^{h''}, \ldots)$$

une fonction symétrique des racines

$$\rho^h, \quad \rho^{h'}, \quad \rho^{h''}, \quad \ldots$$

et

$$J = f(\rho^k, \rho^{k'}, \rho^{k''}, \ldots)$$

ce que devient la fonction I, quand on y remplace

$$\rho^h, \quad \rho^{h'}, \quad \rho^{h''}, \quad \ldots$$

par

$$\rho^k, \quad \rho^{k'}, \quad \rho^{k''}, \quad \ldots$$

la somme

$$I + J$$

ne changera jamais ni de valeur ni de signe, et la différence

$$I - J$$

pourra seulement changer de signe, en conservant toujours, au signe près, la même valeur, lorsqu'on remplacera la racine primitive ρ par une autre racine primitive ρ^m. Donc alors la somme $I + J$ sera une fonction symétrique, et la différence $I - J$ une fonction alternée des racines primitives de l'équation (1).

Si le nombre n est tel que l'on ait

$$(3) \qquad \omega^2 = \pm n,$$

alors, en vertu des principes établis dans la Note précédente, ce nombre sera de l'une des formes

$$\nu \nu' \nu'', \quad \ldots, \quad 4\nu \nu', \quad \ldots, \quad 8\nu \nu', \quad \ldots,$$

$\nu, \nu', \nu'', \ldots$ désignant des facteurs impairs et premiers, inégaux entre eux; et, si d'ailleurs n ne se réduit pas à l'un des trois nombres

$$3, \quad 4, \quad 8,$$

on aura

$$(4) \qquad h + h' + h'' + \ldots \equiv k + k' + k'' + \ldots \equiv 0 \qquad (\text{mod. } n).$$

Ajoutons que l'équation (3) pourra se réduire à

$$(5) \qquad \Theta^3 = n,$$

dans le cas seulement où, les facteurs impairs de n étant inégaux, n sera de l'une des formes

$$4x+1, \quad 4(4x+3), \quad 8(2x+1),$$

et qu'alors chacun des nombres

$$h, \quad h', \quad h'', \quad \ldots$$

vérifiera : 1° si n est de la forme $4x+1$, la condition

$$(6) \qquad \left[\frac{h}{n}\right] = 1;$$

2° si $\frac{n}{4}$ est entier et de la forme $4x+8$, les conditions

$$(7) \qquad \left[\frac{h}{\frac{1}{4}n}\right] = 1, \qquad h \equiv 1 \qquad (\text{mod. } 4),$$

ou

$$(8) \qquad \left[\frac{h}{\frac{1}{4}n}\right] = -1, \qquad h \equiv -1 \qquad (\text{mod. } 4);$$

3° si $\frac{n}{8}$ est entier et de la forme $4x+3$, les conditions

$$(9) \qquad \left[\frac{h}{\frac{1}{8}n}\right] = 1, \qquad h \equiv 1 \quad \text{ou} \quad 7 \qquad (\text{mod. } 8),$$

ou

$$(10) \qquad \left[\frac{h}{\frac{1}{8}n}\right] = -1, \qquad h \equiv 3 \quad \text{ou} \quad 5 \quad (\text{mod. } 7);$$

$4°$ si $\frac{n}{8}$ est entier et de la forme $4x + 3$, les conditions

$$(11) \qquad \left[\frac{h}{\frac{1}{8}n}\right] = 1, \qquad h \equiv 1 \quad \text{ou} \quad 3 \quad (\text{mod. } 8),$$

ou

$$(12) \qquad \left[\frac{h}{\frac{1}{8}n}\right] = -1, \qquad h \equiv 5 \quad \text{ou} \quad 7 \quad (\text{mod. } 8).$$

Au contraire, l'équation (3) pourra se réduire à

$$(13) \qquad \Theta^2 = -n,$$

dans le cas seulement où, les facteurs impairs de n étant inégaux, n sera de l'une des formes

$$4x + 3, \quad 4(4x + 1), \quad 8(2x + 1);$$

et alors chacun des nombres

$$h, \quad h', \quad h'', \quad \ldots$$

vérifiera : $1°$ si n est de la forme $4x + 3$, la condition (6); $2°$ si $\frac{n}{4}$ est entier et de la forme $4x + 1$, les conditions (7) ou (8); $3°$ si $\frac{n}{8}$ est entier et de la forme $4x + 3$, les conditions (9) ou (10); $4°$ si $\frac{n}{8}$ est entier et de la forme $4x + 1$, les conditions (11) ou (12).

Si l'on désigne par

$$\nu, \quad \nu', \quad \nu'', \quad \ldots$$

les facteurs premiers de n, et par

$$a, \quad b, \quad c, \quad \ldots$$

les exposants des puissances auxquelles ces mêmes facteurs sont élevés, l'équation

$$(14) \qquad n = \nu^a \nu'^b \nu''^c, \quad \ldots$$

entraînera généralement la suivante :

$$(15) \qquad N = \nu^{a-1}\nu'^{b-1}\nu''^{c-1}\ldots - (\nu-1)(\nu'-1)(\nu''-1)\ldots.$$

Si l'on suppose en particulier n impair, et composé de facteurs impairs inégaux

$$\nu,\ \nu',\ \nu'',\ \ldots$$

alors l'équation

$$(16) \qquad n = \nu\nu'\nu''\ldots$$

entraînera les suivantes :

$$(17) \qquad N = (\nu-1)(\nu'-1)(\nu''-1)\ldots,$$

$$(18) \qquad \left[\frac{-1}{n}\right] = \left[\frac{-1}{\nu}\right]\left[\frac{-1}{\nu'}\right]\left[\frac{-1}{\nu''}\right]\ldots,$$

$$(19) \qquad \left[\frac{2}{n}\right] = \left[\frac{2}{\nu}\right]\left[\frac{2}{\nu'}\right]\left[\frac{2}{\nu''}\right]\ldots.$$

D'ailleurs, ν étant un nombre premier impair, l'expression

$$\left[\frac{-1}{\nu}\right] = (-1)^{\frac{\nu-1}{2}}$$

se réduira simplement à $+1$ ou à -1, suivant que ν sera de la forme $4x+1$ ou $4x-1$. Donc, en vertu de la formule (18), l'expression

$$\left[\frac{-1}{n}\right]$$

sera égale à $+1$ ou à -1, suivant que les facteurs premiers de n, de la forme $4x-1$, seront en nombre pair ou en nombre impair; et, comme le nombre n sera, dans le premier cas, de la forme $4x+1$, dans le second cas, de la forme $4x-1$, il est clair que l'équation (18) pourra être réduite à

$$(20) \qquad \left[\frac{-1}{n}\right] = (-1)^{\frac{n-1}{2}}.$$

De plus, ν étant un nombre premier impair, l'expression

$$\left[\frac{2}{\nu}\right] = (-1)^{\frac{\nu^2-1}{8}}$$

se réduira simplement à $+1$ ou à -1, suivant que ν^2 sera de la forme $16x+1$ ou $16x+9$. Donc, en vertu de la formule (19), l'expression

$$\left[\frac{2}{n}\right]$$

sera égale à $+1$ ou à -1, suivant que, parmi les carrés

$$\nu^2, \quad \nu'^2, \quad \nu''^2, \quad \ldots,$$

ceux qui se présenteront sous la forme

$$16x+9$$

seront en nombre pair ou en nombre impair. D'ailleurs, le produit de deux facteurs de la forme $16x+9$ étant lui-même de la forme $16x+1$, il est clair que le carré

$$n^2 = \nu^2 \nu'^2 \nu''^2 \ldots$$

sera dans le premier cas de la forme $16x+1$, dans le second cas de la forme $16x+9$. Donc, par suite n sera, dans le premier cas, de la forme $8x \pm 1$, ou, ce qui revient au même, de l'une des formes

$$8x+1 \quad \text{ou} \quad 8x+7;$$

dans le second cas, de la forme $8x \pm 3$, ou, ce qui revient au même, de l'une des formes

$$8x+3 \quad \text{ou} \quad 8x+5;$$

et l'équation (19) pourra être réduite à

$$(21) \qquad \left[\frac{2}{n}\right] = (-1)^{\frac{n^2-1}{8}}.$$

Supposons maintenant que, les facteurs impairs de n étant inégaux et représentés par

$$\nu, \nu', \quad \ldots,$$

n renferme, en outre, un facteur pair représenté par 4 ou par 8; alors, eu égard à la formule (20), il est clair que l'équation

$$(22) \qquad n = 4 \nu \nu' \ldots$$

entraînera la suivante :

$$(23) \qquad \left[\frac{\frac{l-1}{2}}{\frac{1}{4}n}\right] = (-1)^{\frac{\frac{n}{4}-1}{2}},$$

ou que l'équation

$$(24) \qquad n = 8\nu + \ldots$$

entraînera la suivante :

$$(25) \qquad \left[\frac{\frac{l-1}{2}}{\frac{1}{8}n}\right] = (-1)^{\frac{\frac{n}{8}-1}{2}}.$$

Des formules (20), (23), (25) jointes aux conditions (6), (7), (8), (9), (10), (11), (12), on déduit immédiatement les propositions que nous allons énoncer.

Théorème I. — Soit ρ l'une des racines primitives de l'équation (1), *et supposons les exposants des puissances diverses de ρ partagés en deux groupes*

$$h, \ h', \ h'', \ \ldots, \quad k, \ k', \ k'', \ \ldots,$$

chaque exposant étant censé appartenir au premier ou au second groupe, suivant que la puissance correspondante se trouve affectée du signe $+$ ou du signe $-$ dans une somme alternée $\odot$ de ces racines primitives. Les deux exposants

$$1 \ \text{et} \ -1 \quad \text{ou} \quad n-1$$

appartiendront au même groupe, si la somme $\odot$ vérifie la condition

$$\odot^2 = n,$$

et à des groupes différents, si la somme $\odot$ vérifie la condition

$$\odot^2 = -n,$$

Par suite, l étant premier à n, les exposants

$$l \ \text{et} \ -l \quad \text{ou} \quad n-l$$

appartiendront au même groupe, si l'on a $\odot^2 = n$, ce qui suppose que

n soit de l'une des formes

$$4x+1, \quad 4(4x+3), \quad 8(2x+1),$$

et à des groupes différents, si l'on a $\omega^2 = -n$, ce qui suppose que n soit de l'une des formes

$$4x+3, \quad 4(4x+1), \quad 8(2x+1).$$

On peut aussi, de l'équation (21), jointe à ce qui a été dit plus haut, déduire le théorème dont voici l'énoncé :

THÉORÈME II. — *Le nombre n étant impair, soit ρ l'une des racines primitives de l'équation* (1), *et supposons les exposants des puissances diverses de ρ partagés en deux groupes, chaque exposant étant censé appartenir au premier ou au second groupe, suivant que la puissance correspondante se trouve affectée du signe $+$ ou du signe $-$ dans une somme alternée ω de ces racines, qui offre pour carré $\pm n$. Les deux exposants*

$$1 \quad \text{et} \quad 2$$

ou plus généralement

$$l \quad \text{et} \quad 2l$$

appartiendront au même groupe, ou à des groupes différents, suivant que le module n sera de l'une des formes

$$8x+1, \quad 8x+7$$

ou de l'une des formes

$$8x+3, \quad 8x+5.$$

Le deuxième théorème entraîne immédiatement la proposition suivante :

THÉORÈME III. — *n étant un nombre impair, et ρ une des racines primitives de l'équation* (1), *soient*

$$h, \quad h', \quad h'', \quad \ldots \quad \text{et} \quad l, \quad l', \quad l'', \quad \ldots$$

les deux groupes d'exposants de ρ dans une somme alternée ω de ces racines, qui offre pour carré $\pm n$. Si n est de la forme

$$8x+1 \quad \text{ou} \quad 8x+7,$$

le groupe des exposants

$$h, \; h', \; h'', \; \ldots$$

pourra être remplacé, dans la somme alternée Θ, par le groupe des exposants

$$2h, \; 2h', \; 2h'', \; \ldots,$$

qui seront, à l'ordre près, équivalents aux premiers suivant le module n, et le groupe des exposants

$$k, \; k', \; k'', \; \ldots$$

par le groupe des exposants

$$2k, \; 2k', \; 2k'', \; \ldots.$$

Si, au contraire, n est de l'une des formes

$$8x + 3, \; 8x + 5,$$

le groupe des exposants

$$h, \; h', \; h'', \; \ldots$$

pourra être remplacé par le groupe des exposants

$$2k, \; 2k', \; 2k'', \; \ldots,$$

et le groupe des exposants

$$k, \; k', \; k'', \; \ldots$$

par le groupe des exposants

$$2h, \; 2h', \; 2h'', \; \ldots.$$

Supposons maintenant que, l'équation

$$\Theta^2 = \pm\, n$$

étant vérifiée, n représente, non plus un nombre impair, mais un nombre pair. Alors n sera de l'une des formes

$$4\nu'\nu''\ldots, \; 8\nu'\nu''\ldots,$$

ν', ν'', ... étant des facteurs impairs inégaux. Or, si l'on suppose d'abord

$$n = 4 \nu' \nu'' \ldots,$$

un nombre l inférieur à n, mais premier à n, fera partie du premier groupe

$$h, \quad h', \quad h'', \quad \ldots$$

si ce nombre l, pris pour h, vérifie les conditions (7) ou (8), et n'en fera pas partie dans le cas contraire. Par suite, deux nombres impairs

$$l, \quad l',$$

inférieurs à n, mais premiers à n, appartiendront l'un au premier groupe, l'autre au second groupe, si ces nombres vérifient la condition

$$(26) \qquad \left[\frac{l'}{\frac{1}{4}n} \right] = \left[\frac{l}{\frac{1}{4}n} \right],$$

sans vérifier la suivante :

$$l' \equiv l \qquad (\text{mod. } 4);$$

en sorte que l'on ait, non pas

$$l' - l \equiv 0 \qquad (\text{mod. } 4),$$

mais, au contraire,

$$(27) \qquad l' - l \equiv 2 \qquad (\text{mod. } 4).$$

Or, les conditions (26), (27) seront évidemment vérifiées si, l étant inférieur à $\frac{n}{2}$, on pose

$$(28) \qquad l' = l + \frac{n}{2},$$

puisque alors on aura

$$l' - l = \frac{n}{2} = 2 \nu' \nu'' \ldots \equiv 2 \qquad (\text{mod. } 4).$$

Supposons maintenant

$$n = 8 \nu' \nu'' \ldots,$$

$\nu', \nu'', \ldots$ étant toujours des facteurs impairs inégaux, et la valeur de

ω^2 étant $\pm n$. En vertu des conditions (9) ou (10), (11) ou (12), deux nombres impairs

$$l, \quad l'$$

inférieurs à n, mais premiers à n, appartiendront nécessairement, l'un au premier groupe, l'autre au second groupe, si ces nombres vérifient les deux conditions

$$(29) \qquad \left[\frac{l'}{\frac{1}{8}n}\right] = \left[\frac{l}{\frac{1}{8}n}\right],$$

$$(30) \qquad l' - l \equiv 4 \pmod 8.$$

Or, c'est précisément ce qui arrivera, si, l étant inférieur à $\frac{n}{2}$, on suppose la valeur de l' déterminée par l'équation (28), puisque alors on aura

$$l' - l - \frac{n}{2} = 4z'z'\ldots \equiv 4 \pmod 8.$$

Observons maintenant que la formule (28) entraîne immédiatement la suivante :

$$(31) \qquad 2l' \equiv 2l \pmod n.$$

Donc, lorsque, n étant pair, le carré de ω sera $\pm n$, on pourra, aux termes du premier groupe

$$h, \quad h', \quad h'', \quad \ldots,$$

faire correspondre les termes du second groupe

$$k, \quad k', \quad k'', \quad \ldots,$$

de manière que l'on ait, par exemple,

$$2h \equiv 2k, \qquad 2h' \equiv 2k', \qquad 2h'' \equiv 2k'', \qquad \ldots \qquad \pmod n.$$

En conséquence, on peut énoncer la proposition suivante :

THÉORÈME IV. — *n étant un nombre pair, et ρ une des racines primitives de l'équation (1), soient*

$$h, \quad h', \quad h'', \quad \ldots \quad \text{et} \quad k, \quad k', \quad k'', \quad \ldots$$

les deux groupes d'exposants de ρ, dans une somme alternée ϖ de ces racines, qui offrent pour carré $\pm n$. Les nombres

$$2h, \quad 2h', \quad 2h'', \quad \ldots$$

seront équivalents, à l'ordre près, suivant le module n, aux nombres

$$2k, \quad 2k', \quad 2k'', \quad \ldots.$$

Le nombre total des entiers

$$h, \quad k, \quad l, \quad \ldots$$

inférieurs à n, mais premiers à n, étant représenté par N, et la somme alternée ϖ renfermant toujours autant de termes positifs que de termes négatifs, il est clair que dans chacun des groupes

$$h, \quad h', \quad h'', \quad \ldots \qquad \text{et} \qquad k, \quad k', \quad k'', \quad \ldots$$

le nombre des termes doit être égal à $\dfrac{N}{2}$. Cela posé, l'unité étant censée faire partie du premier groupe

$$h, \quad h', \quad h'', \quad \ldots,$$

nommons i le nombre des termes qui, dans ce groupe, sont inférieurs à $\dfrac{n}{2}$, et j le nombre de ceux qui surpassent $\dfrac{n}{2}$. On aura

$$(32) \qquad i + j = \frac{N}{2}.$$

D'autre part, l étant un entier inférieur à $\dfrac{n}{2}$, mais premier à l,

$$n - l$$

sera un autre entier supérieur à $\dfrac{n}{2}$, mais inférieur à n, et premier à n. Donc, les entiers inférieurs à n, mais premiers à n, se correspondront deux à deux, au-dessus et au-dessous de $\dfrac{n}{2}$, le nombre des uns et des autres étant encore $\dfrac{N}{2}$. Donc, ceux qui feront partie du second groupe seront, au-dessous de $\dfrac{n}{2}$, en nombre égal à

$$\frac{N}{2} - i = j,$$

et au-dessus de $\frac{n}{2}$, en nombre égal à

$$\frac{N}{2} - j = i.$$

Il y a plus : deux termes correspondants, c'est-à-dire de la forme

$$l, \quad n - l,$$

seront, en vertu du théorème I, deux termes qui feront partie d'un même groupe, si la somme alternée ω vérifie la condition

$$\omega^l = n.$$

Donc, alors, à l'équation (32) on pourra joindre celle-ci

$$(33) \qquad i = j,$$

et l'on aura, par suite,

$$(34) \qquad i = j = \frac{N}{4}.$$

On peut donc énoncer la proposition suivante :

THÉORÈME V. — *Le nombre n étant tel que la somme alternée ω, déterminée par l'équation (2), vérifie la condition*

$$\omega^2 = n,$$

chacun des groupes d'exposants

$$h, \quad h', \quad h'', \quad \ldots \qquad et \qquad k, \quad k', \quad k'', \quad \ldots$$

offrira autant de termes inférieurs à $\frac{n}{2}$ que de termes supérieurs à $\frac{n}{2}$, le nombre des termes de chaque groupe, inférieurs à $\frac{1}{2}$, étant $\frac{N}{4}$.

En terminant cette Note, nous joindrons ici quelques observations qui ne sont pas sans intérêt.

Si, dans le cas où n représente une puissance d'un nombre premier impair, et l un entier premier à n, on désigne par

$$\left[\frac{l}{n} \right],$$

comme nous l'avons fait dans la Note précédente, le reste $+1$ ou -1, qu'on obtient en divisant par n le nombre entier

$$\frac{N}{\beta},$$

alors on devra, dans les formules (20) et (21), supposer, ainsi que nous l'avons admis, le nombre n non seulement impair, mais composé de facteurs inégaux. Car, si l'on supposait, par exemple,

$$n = 9 = 3^2,$$

on trouverait

$$N = 2.3, \qquad \frac{N}{2} = 3,$$

et les expressions

$$\left[\frac{-1}{n}\right] = (-1)^3 = -1, \qquad \left[\frac{2}{n}\right] = 2^3 = -1 \qquad (\text{mod. } 9)$$

cesseraient d'être égales aux quantités

$$(-1)^{\frac{N-1}{2}} = (-1)^4 = 1, \qquad (-1)^{\frac{n^2-1}{8}} = (-1)^{10} = 1.$$

Toutefois les formules (20), (21) continueraient d'être vérifiées, si, dans le cas où n représente une puissance ν^a d'un nombre ν premier et impair, on désignait, avec M. Jacobi, par la notation

$$\left[\frac{l}{n}\right],$$

non plus le reste $+1$ ou -1, qu'on obtient en divisant par n le nombre

$$\frac{N}{\beta},$$

mais l'expression

$$\left[\frac{l}{\nu}\right]^a.$$

Alors aussi l'on pourrait étendre à des nombres impairs quelconques la loi de réciprocité qui existe entre deux nombres premiers impairs; en sorte qu'on aurait généralement, pour des valeurs impaires des nombres entiers m et n,

$$(35) \qquad \left[\frac{m}{n}\right] = (-1)^{\frac{m-1}{2}\frac{n-1}{2}} \left[\frac{n}{m}\right].$$

NOTE X.

$f(x)$ étant une fonction donnée de la variable x, on a généralement, pour une valeur de x, renfermée entre les limites x_0, X (*voir* le IXe Cahier du *Journal de l'École Polytechnique*, et le Tome II des *Exercices de Mathématiques*, p. 118),

$$f(x) = \frac{1}{2\pi} \int_{-\infty}^{\infty} \int_{x_0}^{X} e^{r(x-u)\sqrt{-1}} f(u)\, du\, dr,$$

ou, ce qui revient au même,

$$(1) \qquad f(x) = \frac{1}{\pi} \int_{0}^{\infty} \int_{x_0}^{X} \cos r(x-u) f(u)\, du\, dr;$$

et pour une valeur de x, située hors des limites x_0, X,

$$o = \frac{1}{2\pi} \int_{-\infty}^{\infty} \int_{x_0}^{X} e^{r(x-u)\sqrt{-1}} f(u)\, du\, dr,$$

ou, ce qui revient au même,

$$(2) \qquad o = \frac{1}{\pi} \int_{0}^{\infty} \int_{x_0}^{X} \cos r(x-u) f(u)\, du\, dr.$$

Ainsi, en particulier, si l'on suppose

$$x_0 = o, \qquad X = x,$$

la formule (1) donnera, pour des valeurs positives de x,

$$(3) \qquad \mathrm{f}(x) = \frac{1}{\pi} \int_0^\infty \int_0^\infty \cos r(x-u)\, \mathrm{f}(u)\, du\, dr;$$

mais on conclura de la formule (2), en y remplaçant x par $-x$,

$$(4) \qquad 0 = \frac{1}{\pi} \int_0^\infty \int_0^\infty \cos r(x-u)\, \mathrm{f}(u)\, du\, dr.$$

Comme on aura, d'ailleurs,

$$\cos r(x+u) = \cos rx \cos ru - \sin rx \sin ru,$$
$$\cos r(x-u) = \cos rx \cos ru + \sin rx \sin ru,$$

on tirera des équations (3) et (4)

$$(5) \qquad \mathrm{f}(x) = \frac{2}{\pi} \int_0^\infty \int_0^\infty \cos rx \cos ru\, \mathrm{f}(u)\, du\, dr,$$

$$(6) \qquad \mathrm{f}(x) = \frac{2}{\pi} \int_0^\infty \int_0^\infty \sin rx \sin ru\, \mathrm{f}(u)\, du\, dr.$$

De ces dernières formules, données pour la première fois par M. Fourier, il résulte que, si l'on suppose

$$(7) \qquad \varphi(x) = \left(\frac{2}{\pi}\right)^{\frac{1}{2}} \int_0^\infty \cos rx\, \mathrm{f}(r)\, dr,$$

on aura réciproquement

$$(8) \qquad \mathrm{f}(x) = \left(\frac{2}{\pi}\right)^{\frac{1}{2}} \int_0^\infty \cos rx\, \varphi(r)\, dr,$$

et que, si l'on suppose

$$(9) \qquad \psi(x) = \left(\frac{2}{\pi}\right)^{\frac{1}{2}} \int_0^\infty \sin rx\, \mathrm{f}(x)\, dr,$$

on aura réciproquement

$$(10) \qquad \mathrm{f}(x) = \left(\frac{2}{\pi}\right)^{\frac{1}{2}} \int_0^\infty \sin rx\, \psi(r)\, dr.$$

On voit donc ici se manifester une loi de réciprocité : 1° entre les fonctions f et φ; 2° entre les fonctions f et ψ, de telle sorte, que chacune des équations (7), (9) subsiste, pour des valeurs positives de x, quand on échange entre elles les fonctions f et φ, ou f et ψ. C'est pour cette raison que, dans le *Bulletin de la Société philomatique* d'août 1817, j'ai désigné les fonctions

$$f(x), \quad \varphi(x)$$

sous le nom de *fonctions réciproques de première espèce*, et les fonctions

$$f(x), \quad \psi(x)$$

sous le nom de *fonctions réciproques de seconde espèce*. Ces deux espèces de fonctions peuvent être, ainsi que les formules citées de M. Fourier, employées avec avantage dans la solution d'un grand nombre de problèmes, et jouissent de propriétés importantes, dont je rappellerai quelques-unes en peu de mots.

D'abord, puisqu'on a généralement, pour des valeurs positives de ω,

$$\int_0^\infty e^{-\omega r}\cos r x\, dr = \frac{\omega}{\omega^2 + x^2}, \qquad \int_0^\infty e^{-\omega r}\sin r x\, dr = \frac{x}{\omega^2 + x^2},$$

il en résulte que la fonction

$$f(x) = e^{-\omega x}$$

a pour réciproque de première espèce

$$\varphi(x) = \left(\frac{2}{\pi}\right)^{\frac{1}{2}} \frac{\omega}{\omega^2 + x^2},$$

et pour réciproque de seconde espèce

$$\psi(x) = \left(\frac{2}{\pi}\right)^{\frac{1}{2}} \frac{x}{\omega^2 + x^2}.$$

On a donc, par suite,

$$(11) \qquad \int_0^\infty \frac{\omega}{\omega^2 + r^2}\cos r x\, dr = \frac{\pi}{2} e^{-\omega x}, \qquad \int_0^\infty \frac{r}{\omega^2 + r^2}\sin r x\, dr = \frac{\pi}{2} e^{-\omega x}.$$

On se trouve ainsi ramené à deux formules données par M. Laplace.

Lorsque, dans la dernière de ces formules, on pose $\omega = \varepsilon$, on retrouve la formule connue

$$(12) \qquad \int_0^\infty \frac{\sin r x}{r}\, dr = \frac{\pi}{2},$$

qui subsiste seulement pour des valeurs positives de la variable x.

Il résulte encore de la formule connue

$$(13) \qquad \int_0^\infty e^{-\frac{r^2}{2}} \cos r x\, dr = \frac{\pi}{2} e^{-\frac{x^2}{2}},$$

que la fonction

$$e^{-\frac{x^2}{2}}$$

se confond avec sa réciproque de première espèce.

Soient maintenant z une variable, dont le module reste inférieur à l'unité, et a une quantité positive. Si la série

$$f(o), \quad z\, f(a), \quad z^2\, f(2a), \cdots$$

est convergente, on tirera des formules (8) et (10)

$$(14) \quad f(o) + z\, f(a) + z^2\, f(2a) + \ldots = \left(\frac{2}{\pi}\right)^{\frac{1}{2}} \int_0^\infty \frac{1 - z \cos ar}{1 - 2z \cos ar + z^2}\, \varphi(r)\, dr$$

et

$$(15) \qquad z\, f(a) + z^2\, f(2a) + \ldots = \left(\frac{2}{\pi}\right)^{\frac{1}{2}} \int_0^\infty \frac{z \sin ar}{1 - 2z \cos ar + z^2}\, \psi(r)\, dr.$$

Si, d'ailleurs, on fait converger z vers la limite 1, le rapport

$$\frac{1 - z \cos ar}{1 - 2z \cos ar + z^2}$$

s'approchera indéfiniment de la limite $\frac{1}{2}$, à moins que l'on attribue à r des valeurs peu différentes de celles qui vérifient l'équation

$$\cos ar = 1.$$

Or, les racines positives de cette équation seront de la forme

$$r = nb.$$

n étant un nombre entier, et b une constante positive liée à la constante a par la formule

$$(16) \qquad ab = 2\pi.$$

Cela posé, on reconnaîtra sans peine [*voir* le 2e Volume des *Exercices de Mathématiques*, p. 148 et suivantes [1]] que, si z s'approche indéfiniment de la limite 1, l'intégrale renfermée dans le second membre de la formule (14) aura pour limite, non pas l'expression

$$\int_0^\infty \tfrac{1}{2}\varphi(r)\,dr = \tfrac{1}{2}\left(\tfrac{\pi}{2}\right)^{\frac{1}{2}} f(0), \qquad .$$

comme on pourrait le croire au premier abord, mais cette expression augmentée de certaines intégrales singulières dont la somme sera

$$\frac{\pi}{a}\left[\tfrac{1}{2}\varphi(0) + \varphi(b) + \varphi(2b) + \ldots\right].$$

En conséquence, on trouvera

$$(17) \quad \tfrac{1}{2}f(0) + f(a) + f(2a) + \ldots = \left(\frac{2\pi}{a}\right)^{\frac{1}{2}}\left[\tfrac{1}{2}\varphi(0) + \varphi(b) + \varphi(2b) + \ldots\right],$$

ou, ce qui revient au même,

$$(18) \quad a^{\frac{1}{2}}\left[\tfrac{1}{2}f(0) + f(a) + f(2a) + \ldots\right] = b^{\frac{1}{2}}\left[\tfrac{1}{2}\varphi(0) + \varphi(b) + \varphi(2b) + \ldots\right].$$

Ainsi, lorsque la série

$$f(0), \quad f(a), \quad f(2a), \quad \ldots$$

est convergente, l'équation (18) subsiste entre les fonctions réciproques de première espèce désignées par les lettres f et φ, pourvu que les nombres a, b vérifient la condition (16).

Il importe d'observer que la série

$$\varphi(0), \quad \varphi(b), \quad \varphi(2b), \quad \ldots$$

peut quelquefois se réduire à un nombre fini de termes, et qu'alors

[1] *Œuvres de Cauchy*, S. II, t. VI.

l'équation (17) fournit immédiatement la somme de la série

$$f(o), \quad f(a), \quad f(2a), \quad \ldots.$$

C'est ce que nous allons montrer par un exemple.

Comme on a généralement

$$\sin \omega r \cos r x = \frac{\sin r(\omega + x) + \sin r(\omega - x)}{2},$$

on en conclura, eu égard à la formule (12),

$$(19) \qquad \int_0^\infty \frac{\sin \omega r}{r} \cos r x \, dr = \frac{\pi}{2}$$

ou

$$(20) \qquad \int_0^\infty \frac{\sin \omega r}{r} \cos r x \, dr = 0,$$

suivant que x sera inférieur ou supérieur à ω. Donc, si l'on pose

$$f(x) = \frac{\sin \omega x}{x},$$

on aura

$$\varphi(x) = \left(\frac{\pi}{2}\right)^{\frac{1}{2}} \qquad \text{ou} \qquad \varphi(x) = 0,$$

suivant que la valeur de x sera inférieure ou supérieure à la constante positive ω; et alors, pour réduire l'équation (17) à la formule

$$\tfrac{1}{2} f(o) + f(a) + f(2a) + \ldots = \left(\frac{\pi}{2}\right)^{\frac{1}{2}} \frac{\varphi(o)}{a},$$

par conséquent à la formule

$$(21) \qquad \tfrac{1}{2} a\omega + \sin a\omega + \frac{\sin 2a\omega}{2} + \frac{\sin 3a\omega}{3} + \ldots = \frac{\pi}{2},$$

il suffira de choisir la constante a, de manière à vérifier la condition

$$\omega < b$$

ou

$$a\omega < 2\pi.$$

La formule (21) était déjà connue. Lorsqu'on y pose $a = 1$, elle donne, pour des valeurs de ω, renfermées entre les limites $0, 2\pi$.

$$(22) \qquad \frac{1}{2}\omega + \sin\omega + \frac{\sin 2\omega}{2} + \frac{\sin 3\omega}{3} + \ldots = \frac{\pi}{2}.$$

Si, dans la formule (18), on pose

$$f(x) = e^{-\frac{x^2}{2}},$$

elle donnera

$$(23) \qquad a^{\frac{1}{2}}\left(\frac{1}{2} + e^{-\frac{a^2}{2}} + e^{-4\frac{a^2}{2}} + \ldots\right) = b^{\frac{1}{2}}\left(\frac{1}{2} + e^{-\frac{b^2}{2}} + e^{-4\frac{b^2}{2}} + \ldots\right),$$

les nombres a, b étant toujours assujettis à la condition

$$ab = 2\pi.$$

Si, dans l'équation (23), on remplace a^2 par $2a^2$, et b^2 par $2b^2$, on en conclura

$$(24) \qquad a^{\frac{1}{2}}\left(\frac{1}{2} + e^{-a^2} + e^{-4a^2} + e^{-9a^2} + \ldots\right) = b^{\frac{1}{2}}\left(\frac{1}{2} + e^{-b^2} + e^{-4b^2} + e^{-9b^2} + \ldots\right),$$

les nombres a, b étant maintenant assujettis à vérifier la condition

$$(25) \qquad ab = \pi.$$

J'ai signalé les formules (18) et (24), avec la méthode par laquelle je viens de les reproduire, dans le *Bulletin de la Société philomatique* de 1817 (¹), et j'ai développé cette méthode dans les leçons données la même année au Collège de France. La relation établie par la formule (24) entre les termes des deux séries

$$(26) \qquad\qquad 1, \quad e^{-a^2}, \quad e^{-4a^2}, \quad e^{-9a^2}, \quad \ldots$$
$$(27) \qquad\qquad 1, \quad e^{-b^2}, \quad e^{-4b^2}, \quad e^{-9b^2}, \quad \ldots$$

parut digne d'attention à l'auteur de la *Mécanique céleste*, qui me dit l'avoir vérifiée dans le cas où l'un des nombres a, b devient très petit. Effectivement la formule (24), que l'on peut écrire comme il suit,

$$(28) \qquad a\left(\frac{1}{2} + e^{-a^2} + e^{-4a^2} + \ldots\right) = \pi^{\frac{1}{2}}\left(\frac{1}{2} + e^{-\frac{\pi^2}{a^2}} + e^{-4\frac{\pi^2}{a^2}} + \ldots\right),$$

(¹) *Œuvres de Cauchy*, S. II, t. II.

donnera sensiblement, si a se réduit à un très petit nombre z,

$$z\left(\frac{1}{2} + e^{-z^2} + e^{-4z^2} + \dots\right) = \frac{1}{2}\pi^{\frac{1}{2}}.$$

et, pour vérifier cette dernière équation, il suffit d'observer que, d'après la définition des intégrales définies, le produit

$$z(1 + e^{-z^2} + e^{-4z^2} + \dots)$$

a pour limite

$$(29) \qquad \int_0^\infty e^{-x^2}\,dx = \frac{1}{2}\pi^{\frac{1}{2}}.$$

La formule (18), avec la démonstration que nous en avons donné, peut être étendue, ainsi que la formule (24), à des valeurs imaginaires de a, renfermées entre certaines limites. Ainsi, en particulier, la formule (24) continue de subsister, comme l'a dit M. Poisson, quand on y remplace a^2 par $a^2\sqrt{-1}$. Elle subsiste même généralement, quand on prend pour a^2 une expression imaginaire, pourvu que les parties réelles de a et de b soient nulles ou positives; et l'on peut retrouver aussi une autre formule, déduite par M. Poisson de l'équation (18), dans un Mémoire sur le calcul numérique des intégrales définies. J'ajouterai que, pour arriver au cas où la partie réelle de a s'évanouit, il convient d'examiner d'abord celui où la même partie réelle est infiniment petite, mais positive; et qu'en opérant de cette manière, on peut, de la formule (24), déduire la somme de certaines puissances d'une racine de l'équation binôme

$$(30) \qquad x^n = 1,$$

n étant un nombre entier quelconque; savoir : la somme des puissances qui ont pour exposants les carrés des nombres entiers inférieurs à n. C'est ce que nous allons expliquer plus en détail.

Nommons ρ une racine primitive de l'équation (30). On pourra supposer

$$(31) \qquad \rho = e^{\frac{2\pi}{n}\sqrt{-1}}.$$

la valeur de ω étant

$$(32) \qquad \omega = \frac{2\pi}{n},$$

et alors les diverses racines de l'équation (3o) pourront être représentées par celles des puissances de ρ, qui offriront des valeurs distinctes; par exemple, par les termes de la progression géométrique

$$(33) \qquad 1 = \rho^0, \quad \rho^1, \quad \rho^2, \quad \rho^3, \quad \ldots, \quad \rho^{n-1}.$$

Si, dans cette même progression, l'on remplace les exposants

$$0, \quad 1, \quad 2, \quad 3, \quad \ldots, \quad n-1$$

par leurs carrés

$$0, \quad 1, \quad 4, \quad 9, \quad \ldots \quad (n-1)^2,$$

on obtiendra une nouvelle suite; savoir :

$$(34) \qquad 1, \quad \rho, \quad \rho^4, \quad \rho^9, \quad \ldots, \quad \rho^{(n-1)^2},$$

et, si l'on nomme Ω la somme des termes de cette nouvelle suite, on aura

$$(35) \qquad \Omega = 1 + \rho + \rho^4 + \rho^9 + \ldots + \rho^{(n-1)^2},$$

ou, ce qui revient au même,

$$(36) \qquad \Omega = 1 + e^{\omega\sqrt{-1}} + e^{4\omega\sqrt{-1}} + \ldots + e^{(n-1)^2\omega\sqrt{-1}}.$$

Cela posé, Ω sera évidemment ce que devient la somme des n premiers termes de la série (26), quand on y remplace a^2 par $-\omega\sqrt{-1}$, c'est-à-dire, lorsqu'on prend

$$(37) \qquad a^2 = -\frac{2\pi}{n}\sqrt{-1},$$

Or, dans ce cas, la formule (25), ou

$$a^2 b^2 = \pi^2,$$

donnera

$$(38) \qquad b^2 = \frac{n\pi}{2}\sqrt{-1};$$

et, en adoptant cette valeur de b^2, on verra les termes distincts de la
série (27) se réduire aux deux premiers, c'est-à-dire, aux deux termes
du binome

$$1 + e^{-b^2} = 1 + e^{-\frac{n\pi}{2}\sqrt{-1}}.$$

On doit donc s'attendre à voir l'équation (24) fournir une relation
entre la somme représentée par Ω et le binome dont il s'agit. Or,
effectivement, pour obtenir cette relation, il suffira de supposer, dans
l'équation (24),

$$(39) \qquad a^2 = \alpha^2 - \frac{3\pi}{n}\sqrt{-1} = \alpha^2 - \omega\sqrt{-1},$$

α^2 désignant un nombre infiniment petit. Dans cette supposition,
a^2 différant très peu de $-\frac{3\pi}{n}\sqrt{-1}$, b^2 devra très peu différer de
$\frac{n\pi}{2}\sqrt{-1}$. Donc, si l'on pose

$$(40) \qquad b^2 = \beta^2 + \frac{n\pi}{2}\sqrt{-1},$$

β^2 s'évanouira en même temps que α^2; et, comme la condition (25)
donnera

$$\alpha^2\beta^2 + \left(\frac{n}{2}\alpha^2 - \frac{3}{n}\beta^2\right)\pi\sqrt{-1} = 0,$$

ou, ce qui revient au même,

$$\frac{4\beta^2}{n^2\alpha^2} = \left(1 + \frac{n}{2\pi}\alpha^2\sqrt{-1}\right)^{-1},$$

on en conclura sensiblement

$$(41) \qquad \frac{4\beta^2}{n^2\alpha^2} = 1, \qquad \frac{2\delta}{n\alpha} = 1.$$

Concevons maintenant que l'on multiplie par $n\alpha$ et par 2δ les sommes
des séries (26) et (27), en ayant égard aux formules (39), (40), et

supposant α, ϵ infiniment petits. Comme chacun des produits

$$n\alpha\left(\tfrac{1}{2}+e^{-a^2\alpha^2}+e^{-4a^2\alpha^2}+\dots\right),$$
$$n\alpha\left[e^{-a^2}+e^{-(a+1)^2\alpha^2}+\dots\right],$$
$$n\alpha\left[e^{-(2a-1)^2\alpha^2}+e^{-(2a-1)^2\alpha^2}+\dots\right],$$
$$\alpha\epsilon\left(\tfrac{1}{2}+e^{-b^2\epsilon^2}+e^{-4b^2\epsilon^2}+\dots\right),$$
$$\alpha\epsilon\left[e^{-b^2}+e^{-4b^2}+\dots\right]$$

se réduira sensiblement à l'intégrale définie

$$\int_0^{\infty} e^{-x^2}\,dx=\tfrac{1}{2}\pi^{\frac{1}{2}},$$

on trouvera, sans erreur sensible, non seulement

$$n\alpha\left(\tfrac{1}{2}+e^{-a^2}+e^{-4a^2}+\dots\right)=\tfrac{1}{2}\pi^{\frac{1}{2}}\left(1+e^{m\alpha\sqrt{-1}}+\dots+e^{(n-1)\alpha\sqrt{-1}}\right),$$

ou, ce qui revient au même,

$$n\alpha\left(\tfrac{1}{2}+e^{-a^2}+e^{-4a^2}+\dots\right)=\tfrac{1}{2}\pi^{\frac{1}{2}}\Omega,$$

mais encore

$$\alpha\epsilon\left(\tfrac{1}{2}+e^{-b^2}+e^{-4b^2}+\dots\right)=\tfrac{1}{2}\pi^{\frac{1}{2}}\left(1+e^{-\frac{n\pi}{2}\sqrt{-1}}\right),$$

puis, on conclura, en égard à la seconde des formules (41),

$$(42)\qquad \frac{\tfrac{1}{2}+e^{-a^2}+e^{-4a^2}+e^{-9a^2}+\dots}{\tfrac{1}{2}+e^{-b^2}+e^{-4b^2}+e^{-9b^2}+\dots}=\frac{\Omega}{1+e^{\frac{n\pi}{2}\sqrt{-1}}}.$$

D'ailleurs, en vertu de la formule (24) ou (28), le premier membre de l'équation (42) sera équivalent au rapport

$$\frac{\pi^{\frac{1}{2}}}{\alpha},$$

Donc, en supposant que les valeurs de a^2, b^2 déterminées par les formules (37), (38), c'est-à-dire, en faisant évanouir α et ϵ, dans les formules (39), (40), on trouvera

$$\frac{\Omega}{1 + e^{-\frac{n\pi}{2}\sqrt{-1}}} = \frac{\pi^{\frac{1}{2}}}{\alpha},$$

ou, ce qui revient au même,

$$(43) \qquad \Omega = \frac{\pi^{\frac{1}{2}}}{\alpha}\left(1 + e^{-\frac{n\pi}{2}\sqrt{-1}}\right).$$

Mais alors de l'équation (37) présentée sous la forme

$$\alpha^2 = \frac{2\pi}{n}\, e^{-\frac{\pi}{2}\sqrt{-1}},$$

on tirera (voir l'*Analyse algébrique*, Chap. VII et IX) [1]

$$\alpha = \left(\frac{2\pi}{n}\right)^{\frac{1}{2}} e^{-\frac{\pi}{4}\sqrt{-1}}, \qquad \frac{\pi^{\frac{1}{2}}}{\alpha} = \left(\frac{n}{2}\right)^{\frac{1}{2}} e^{\frac{\pi}{4}\sqrt{-1}} = \frac{n^{\frac{1}{2}}}{2}\left(1 + \sqrt{-1}\right).$$

Donc la formule (43) donnera

$$(44) \qquad \Omega = \frac{n^{\frac{1}{2}}}{2}\left(1 + \sqrt{-1}\right)\left(1 + e^{-\frac{n\pi}{2}\sqrt{-1}}\right).$$

En conséquence, l'on aura : 1° si n est de la forme $4x$,

$$(45) \qquad \Omega = n^{\frac{1}{2}}\left(1 + \sqrt{-1}\right);$$

2° si n est de la forme $4x + 1$,

$$(46) \qquad \Omega = n^{\frac{1}{2}};$$

3° si n est de la forme $4x + 2$,

$$(47) \qquad \Omega = 0;$$

4° si n est de la forme $4x + 3$,

$$(48) \qquad \Omega = n^{\frac{1}{2}}\sqrt{-1}.$$

Ainsi les formules (44), (45), (46), (47), (48) que M. Gauss a établies dans l'un de ses plus beaux Mémoires, et dont M. Dirichlet a

[1] *OEuvres de Cauchy*, S. II, t. III.

donné une démonstration nouvelle en 1835, se trouvent comprises, comme cas particuliers, dans l'équation (24) de laquelle on déduit immédiatement la formule (44), en attribuant à l'exposant $- a^2$ une valeur infiniment rapprochée de la valeur imaginaire $\frac{2\pi}{n}\sqrt{-1}$, ou, ce qui revient au même, en réduisant l'exponentielle c^{-a^2} à une racine primitive ρ de l'équation (30).

Il est important d'observer que, dans les équations précédentes, la valeur de Ω, déterminée par la formule (35), peut encore s'écrire comme il suit

$$(49) \qquad \Omega = 1 + 2\left(\rho^1 + \rho^4 + \rho^9 + \ldots + \rho^{\left(\frac{n-1}{2}\right)^2}\right),$$

puisque, l étant un entier quelconque inférieur à $\frac{1}{2}n$, on aura généralement

$$(n - l)^2 \equiv l^2 \qquad (\mathrm{mod}.\, n).$$

Nous avons supposé, dans ce qui précède, la valeur de ρ déterminée par la formule (31). Pour savoir ce qui arriverait dans la supposition contraire, il convient d'examiner d'abord séparément le cas où n est un nombre premier impair. Dans ce cas, si l'on nomme

$$h, \quad h', \quad h'', \quad \ldots$$

les résidus, et

$$k, \quad k', \quad k'', \quad \ldots,$$

les non-résidus, inférieurs à n, les termes de la série

$$\rho^h, \quad \rho^{h'}, \quad \rho^{h''}, \quad \ldots$$

se confondront, à l'ordre près, avec les termes de la série

$$\rho, \quad \rho^4, \quad \rho^9, \quad \ldots, \quad \rho^{\left(\frac{n-1}{2}\right)^2};$$

et, par suite, on aura non seulement

$$1 + \rho^h + \rho^{h'} + \rho^{h''} + \ldots + \rho^k + \rho^{k'} + \rho^{k''} + \ldots = 1 + \rho + \rho^2 + \ldots + \rho^{n-1} = 0,$$

ou, ce qui revient au même,

$$1 + \rho^h + \rho^{h'} + \rho^{h''} + \ldots = - \rho^k - \rho^{k'} - \rho^{k''} - \ldots,$$

mais encore

$$\rho + \rho^{\imath} + \ldots + \rho^{\left(\frac{n-1}{2}\right)^{2}} = \rho^{h} + \rho^{h'} + \rho^{h''} + \ldots$$

Cela posé, la valeur de Ω, donnée par la formule (49), deviendra

$$(50) \qquad \Omega = 1 + 2(\rho^{h} + \rho^{h'} + \rho^{h''} + \ldots),$$

ou même

$$(51) \qquad \Omega = \rho^{h} + \rho^{h'} + \rho^{h''} + \ldots - \rho^{k} - \rho^{k'} - \rho^{k''} - \ldots$$

D'ailleurs, le second membre de la formule (51) est une fonction alternée des racines primitives de l'équation (30), et si, dans cette fonction, l'on remplace ρ par ρ^{m}, m étant premier à n, elle changera ou ne changera pas de signe, en conservant, au signe près, la même valeur, suivant que m sera ou ne sera pas résidu quadratique (p. 232). Donc, si n est un nombre premier impair, la valeur de Ω déterminée par la formule (35) ou (49) ne sera autre chose qu'une fonction alternée des racines primitives de l'équation (30); et la substitution de ρ^{m} à ρ, dans cette fonction, n'aura d'autre effet que de faire varier la valeur de Ω dans le rapport de 1 à $\left[\dfrac{m}{n}\right]$. Donc, puisqu'en supposant

$$\rho = e^{\omega\sqrt{-1}},$$

on a, en vertu de la formule (46) ou (48),

$$(52) \qquad \Omega = n^{\frac{1}{2}}\left(\sqrt{-1}\right)^{\left(\frac{n-1}{2}\right)^{2}},$$

si l'on suppose au contraire

$$(53) \qquad \rho = e^{m\omega\sqrt{-1}},$$

m étant premier à n, on trouvera

$$(54) \qquad \Omega = \left[\frac{m}{n}\right] n^{\frac{1}{2}}\left(\sqrt{-1}\right)^{\left(\frac{n-1}{2}\right)^{2}}.$$

Si m cessait d'être premier à n, c'est-à-dire, s'il était divisible par n, alors la formule (35) donnerait immédiatement

$$(55) \qquad \Omega = n.$$

Supposons maintenant que n soit le carré d'un nombre premier ν, en sorte qu'on ait

$$n = \nu^2;$$

alors ces deux entiers

$$1, 2, 3, \ldots, n-1,$$

qui seront divisibles par ν, et dont le nombre sera ν, offriront des carrés divisibles par ν^2 ou n. Donc, dans le second membre de la formule (35), ν puissances de ρ, qui offriront ces carrés pour exposants, se réduiront chacune à l'unité. Si d'ailleurs on continue de nommer

$$h, \quad h', \quad h'', \quad \ldots$$

les résidus quadratiques inférieurs à n, on obtiendra, au lieu de la formule (5o), la suivante :

$$(56) \qquad \Omega = \nu + 2(\rho^h + \rho^{h'} + \rho^{h''} + \ldots).$$

Enfin, si ρ désigne une racine primitive de l'équation (3o), et si, parmi les résidus quadratiques

$$h, \quad h', \quad h'', \quad \ldots,$$

relatifs au module

$$n = \nu^2,$$

on considère ceux qui sont équivalents à un même nombre, représentant un résidu quadratique relatif au module ν, ces résidus correspondront à des puissances de ρ, dont la somme sera nulle (p. 248-249). Il y a plus, pour que cette somme s'évanouisse, il ne sera pas nécessaire que ρ désigne une racine primitive de l'équation (3o), mais seulement une racine distincte de l'unité. Donc par suite si, n étant le carré d'un nombre premier impair ν, ρ diffère de l'unité, la somme totale des diverses puissances de ρ, qui offriront pour exposants les divers résidus quadratiques, s'évanouira, en sorte que l'on aura

$$\rho^h + \rho^{h'} + \rho^{h''} + \ldots = 0,$$

et l'équation (56) donnera simplement

$$(57) \qquad \Omega = \nu.$$

Si ρ se réduisait à l'unité, la même équation donnerait

$$\Omega = n,$$

et l'on se retrouverait ainsi ramené à l'équation (55). Au reste il est facile de reconnaître que l'équation (57) se trouve elle-même comprise, comme cas particulier, dans la formule (54), lorsqu'on attribue généralement à la notation $\left[\dfrac{m}{n}\right]$ le sens que lui donne M. Jacobi, et que l'on pose en conséquence

$$\left[\frac{m}{\nu^a}\right] = \left[\frac{m}{\nu}\right]^a = 1.$$

Supposons enfin que n soit une puissance entière d'un nombre premier et impair ν, en sorte qu'on ait

$$n = \nu^a.$$

Alors, par des raisonnements semblables à ceux qui précèdent, l'on prouvera encore que l'équation (54) subsiste, pour des valeurs de m premières à n, pourvu que l'on pose généralement avec M. Jacobi

$$\left[\frac{m}{\nu^a}\right] = \left[\frac{m}{\nu}\right]^a.$$

Effectivement, m étant premier à n, posons

$$\rho^{\nu^{a-1}} = \varsigma.$$

ς sera une racine primitive de l'équation

$$x^\nu = 1;$$

et l'on reconnaîtra sans peine : 1° que, dans le développement de Ω, la somme des puissances de ρ dont l'exposant est divisible par une puissance de ν d'un degré inférieur à $a - 1$ s'évanouit ; 2° que la somme des autres termes se réduit, pour des valeurs paires de a, au nombre

$$\nu^{\frac{a}{2}} = n^{\frac{1}{2}},$$

et pour des valeurs impaires de a, au produit

$$\nu^{\frac{a-1}{2}} (1 + \varsigma^4 + \varsigma^8 + \ldots + \varsigma^{(\nu-1)^2}).$$

Or, comme on aura pour $\rho = e^{\omega\sqrt{-1}}$

$$\varsigma = e^{\frac{2\pi}{\nu}\sqrt{-1}},$$

et pour $\rho = e^{m\omega\sqrt{-1}}$

$$\varsigma = e^{\frac{2m\pi}{\nu}\sqrt{-1}},$$

il en résulte que la somme

$$1 + \varsigma + \varsigma^4 + \ldots + \varsigma^{(\nu-1)^2}$$

se réduira pour

$$\rho = e^{\omega\sqrt{-1}} \qquad \text{à} \qquad \nu^{\frac{1}{2}}(\sqrt{-1})^{\left(\frac{\nu-1}{2}\right)^2},$$

et pour

$$\rho = e^{m\omega\sqrt{-1}} \qquad \text{à} \qquad \left[\frac{m}{\nu}\right]\nu^{\frac{1}{2}}(\sqrt{-1})^{\left(\frac{\nu-1}{2}\right)^2}.$$

Donc, par suite, pour des valeurs impaires de a, le produit

$$\nu^{\frac{a-1}{2}}(1 + \varsigma + \varsigma^4 + \ldots + \varsigma^{(\nu-1)^2})$$

se réduira, tant que m et n seront premiers entre eux, à l'expression

$$\left(\frac{m}{\nu}\right)\nu^{\frac{a}{2}}(\sqrt{-1})^{\left(\frac{\nu-1}{2}\right)^2},$$

qui ne différera pas de la suivante,

$$\left(\frac{m}{n}\right)n^{\frac{1}{2}}(\sqrt{-1})^{\left(\frac{n-1}{2}\right)^2},$$

en sorte que la formule (54) se trouvera encore vérifiée. Par des raisonnements semblables, on déterminera généralement la valeur que prend Ω, lorsque, la valeur de n étant

$$n = \nu^a,$$

m cesse d'être premier à n ; et l'on reconnaîtra que, dans ce cas, Ω est le produit d'une certaine puissance de ν par la valeur de Ω qu'on aurait obtenue, si l'on eût substitué au module n le dénominateur de la fraction $\frac{m}{n}$ réduite à sa plus simple expression. Si l'on supposait $m = \nu^a$,

on trouverait
$$p = 1,$$
et la valeur de Ω serait précisément celle que fournit l'équation (53).

Il est facile de vérifier sur des exemples particuliers les principes généraux que nous venons d'établir. Ainsi l'on trouvera, pour $n = 3$,
$$\Omega = 1 + p + p^4 = 1 + 2p.$$
Donc alors, en supposant
$$p = e^{\omega\sqrt{-1}}, \qquad \omega = \frac{2\pi}{3},$$
ou, ce qui revient au même,
$$p = \cos\frac{2\pi}{3} + \sqrt{-1}\,\sin\frac{2\pi}{3} = -\frac{1}{2} + \frac{3^{\frac{1}{2}}}{2}\sqrt{-1},$$
on aura
$$\Omega = 3^{\frac{1}{2}}\sqrt{-1},$$
tandis qu'en posant successivement
$$p = e^{4\omega\sqrt{-1}} = -\frac{1}{2} - \frac{3^{\frac{1}{2}}}{2}\sqrt{-1}$$
et
$$p = 1,$$
on trouvera, dans le premier cas,
$$\Omega = -3^{\frac{1}{2}}\sqrt{-1} = \left[\frac{2}{3}\right] 3^{\frac{1}{2}}\sqrt{-1},$$
et dans le second cas
$$\Omega = 3.$$

On trouvera de même, pour $n = 5$,
$$\Omega = 1 + p + p^4 + p^9 + p^{16} = 1 + 2p + 2p^4.$$
Donc alors, en supposant
$$p = e^{\frac{2\pi}{5}\sqrt{-1}} = \cos\frac{2\pi}{5} + \sqrt{-1}\,\sin\frac{2\pi}{5},$$

on aura

$$\Omega = 1 + 4\cos\frac{2\pi}{3} = 5^{\frac{1}{2}},$$

tandis qu'en posant successivement

$$\rho = e^{2\omega\sqrt{-1}}, \qquad \rho = e^{3\omega\sqrt{-1}}, \qquad \rho = e^{4\omega\sqrt{-1}}, \qquad \rho = 1,$$

on trouvera, dans le premier et le second cas,

$$\rho = 1 + 4\cos\frac{4\pi}{5} = 1 + 4\cos\frac{6\pi}{5} = -5^{\frac{1}{2}},$$

ou, ce qui revient au même,

$$\rho = \left[\frac{2}{5}\right]5^{\frac{1}{2}} = \left[\frac{3}{5}\right]5^{\frac{1}{2}};$$

dans le troisième cas,

$$\rho = 1 + 4\cos\frac{8\pi}{5} = 1 + 4\cos\frac{2\pi}{5} = 5^{\frac{1}{2}},$$

ou, ce qui revient au même,

$$\rho = \left[\frac{4}{5}\right]5^{\frac{1}{2}};$$

et dans le dernier cas,

$$\rho = 5.$$

De même on trouvera, pour $x = 9 = 3^2$,

$$\Omega = 1 + \rho + \rho^2 + \rho^3 + \ldots + \rho^8 = 3 + 2(\rho + \rho^4 + \rho^7) = 3 + 2\rho\frac{\rho^9 - 1}{\rho^3 - 1} = 3;$$

et, par suite,

$$\Omega = 3 = 9^{\frac{1}{2}},$$

à moins que ρ ne se réduise à l'unité, et la valeur de Ω à celle que donne la formule

$$\Omega = 9.$$

Si au contraire l'on prend $x = 27 = 3^3$, on trouvera

$$\Omega = 1 + \rho + \rho^2 + \ldots + \rho^{26} = 3 + 6\rho^9 + 2\rho(1 + \rho^3 + \ldots + \rho^{24});$$

et, par suite, en supposant

$$\rho = e^{\omega\sqrt{-1}} = e^{\frac{2\pi}{27}\sqrt{-1}},$$

on aura
$$\Omega = 3(1 + 2\rho^3).$$

ou, ce qui revient au même,
$$\Omega = 3\left(1 + 2e^{\frac{2\pi}{3}\sqrt{-1}}\right) = 3.3^{\frac{1}{2}}\sqrt{-1} = 27^{\frac{1}{2}}\sqrt{-1},$$

tandis que, si l'on pose
$$p = e^{m\pi\sqrt{-1}},$$

m étant premier à 3, l'on trouvéra
$$\Omega = 3^{\frac{1}{2}}\left(1 + 2\cos\frac{2m\pi}{3}\sqrt{-1}\right) = \left[\frac{m}{3}\right]27^{\frac{1}{2}}\sqrt{-1},$$

ou, ce qui revient au même,
$$\Omega = \left[\frac{m}{27}\right]27^{\frac{1}{2}}\sqrt{-1}.$$

Si m cessait d'être premier à 27, alors on trouverait : 1° en supposant m divisible une seule fois par 3,
$$\Omega = 3 + 6\rho^x = 9;$$

2° en supposant m divisible par $3^2 = 9$,
$$\Omega = 3 + 6 + 2.9 = 27.$$

Passons maintenant au cas où le module se réduit à 2 ou à une puissance de 2.

Lorsqu'on a précisément $n = 2$, l'équation
$$x^2 = 1$$

offre pour racines
$$-1, \quad +1;$$

et par suite la valeur de
$$\Omega = 1 + p$$

se réduit à zéro ou à 2, suivant que l'on prend pour p la racine positive ou la racine négative. Dans le premier cas, on retrouve la formule (55).

Lorsqu'on suppose $x = 2^2 = 4$, l'équation
$$x^4 = 1,$$

a, pour racines primitives,

$$\rho = e^{\omega\sqrt{-1}} = e^{\frac{\pi}{2}\sqrt{-1}} = \sqrt{-1}$$

et

$$\rho = e^{3\omega\sqrt{-1}} = e^{\frac{3\pi}{2}\sqrt{-1}} = -\sqrt{-1}.$$

Alors les valeurs de Ω que fournit l'équation

$$\Omega = 1 + \rho + \rho^2 + \rho^3 = 2(1 + \rho),$$

quand on y pose successivement

$$\rho = \sqrt{-1}, \qquad \rho = -\sqrt{-1},$$

sont

$$\Omega = 2(1 + \sqrt{-1}),$$
$$\Omega = 2(1 - \sqrt{-1}).$$

La première de ces valeurs est, comme on devait s'y attendre, celle que fournirait l'équation (45). Si l'on prenait pour ρ, non plus une racine primitive de l'équation

$$x^4 = 1,$$

mais l'une des deux autres racines -1, 1, la formule

$$\Omega = 2(1 + \rho)$$

donnerait, pour $\rho = -1$,

$$\Omega = 0$$

et, pour $\rho = 1$,

$$\Omega = 2 . 2 = 4.$$

Lorsqu'on suppose $n = 2^3 = 8$, l'équation

$$x^8 = 1$$

a pour racines primitives les expressions imaginaires

$$e^{\omega\sqrt{-1}}, \quad e^{3\omega\sqrt{-1}}, \quad e^{5\omega\sqrt{-1}}, \quad e^{7\omega\sqrt{-1}},$$

l'arc ω étant $\frac{2\pi}{8} = \frac{\pi}{4}$, ou, ce qui revient au même, les expressions imaginaires

$$\frac{1+\sqrt{-1}}{\sqrt{2}}, \quad \frac{-1+\sqrt{-1}}{\sqrt{2}}, \quad \frac{-1-\sqrt{-1}}{\sqrt{2}}, \quad \frac{+1-\sqrt{-1}}{\sqrt{2}};$$

et, si l'on prend alors pour ρ l'une de ces expressions, la valeur de Ω, généralement déterminée par la formule

$$\Omega = 1 + \rho + \rho^4 + \rho^9 + \rho^{16} + \rho^{25} + \rho^{36} + \rho^{49} = 2(1 + 2\rho + \rho^4),$$

se réduira simplement à

$$4\rho = 8^{\frac{1}{2}}(\pm 1 \mp \sqrt{-1}).$$

Lorsque, dans ce dernier produit, on réduit chaque double signe au signe $+$, on retrouve, comme on devait s'y attendre, la valeur de Ω fournie par l'équation (45). Si l'on prenait pour ρ une racine non primitive de l'équation

$$x^8 = 1,$$

c'est-à-dire l'une des racines

$$\sqrt{-1}, \quad -\sqrt{-1}, \quad -1, \quad 1,$$

qui vérifient l'équation de degré moindre

$$x^4 = 1,$$

la valeur de Ω, réduite à

$$4(1 + \rho),$$

serait évidemment double de celle qu'on aurait trouvée en supposant, non plus $n = 8$, mais $n = 4$.

On obtiendrait avec la même facilité les valeurs de Ω correspondant à $n = 2^4 = 16$, à $n = 2^5 = 32$, etc.

Concevons maintenant que n, cessant de représenter un nombre premier ou une puissance d'un tel nombre, désigne le produit de plusieurs facteurs premiers

$$\nu, \quad \nu', \quad \nu'', \quad \ldots$$

élevés à des puissances entières, dont les degrés soient respective-

ment
$$a, \quad b, \quad c, \quad \ldots,$$

en sorte que l'on ait

$$(58) \qquad n = \nu^a \nu'^b \nu''^c \ldots,$$

Alors, en vertu du théorème IV de la Note VI, si l'on représente par ρ une racine primitive de l'équation (1), ρ sera de la forme

$$(59) \qquad \rho = \xi \eta \zeta \ldots,$$

chacun des facteurs $\xi, \eta, \zeta, \ldots$ désignant une racine primitive de la première, ou de la seconde, ou de la troisième, etc. des équations

$$(60) \qquad x^{\nu^a} = 1, \quad x^{\nu'^b} = 1, \quad x^{\nu''^c} = 1, \quad \ldots,$$

et les n racines de l'équation (1) seront les n valeurs qu'on obtient pour ρ^l, en prenant successivement pour l tous les entiers

$$0, \quad 1, \quad 2, \quad 3, \quad \ldots, \quad n-1$$

inférieurs à n. Soient d'ailleurs

$$\lambda, \quad \lambda', \quad \lambda'', \quad \ldots$$

les restes qu'on obtient en divisant successivement l'exposant l par les divers facteurs

$$\nu^a, \quad \nu'^b, \quad \nu''^c, \quad \ldots$$

de l'exposant n. Comme les valeurs de λ seront en nombre égal à ν^a, les valeurs de λ' en nombre égal à ν'^b, les valeurs de λ'' en nombre égal à $\nu''^c, \ldots$, les systèmes de valeurs de $\lambda, \lambda', \lambda'', \ldots$, seront en nombre égal au produit

$$\nu^a \nu'^b \nu''^c \ldots = n,$$

c'est-à-dire, en même nombre que les valeurs de l. Donc à chaque valeur de l correspondra un seul système de valeurs de $\lambda, \lambda', \lambda'', \ldots$, et réciproquement. Ce n'est pas tout. Comme les formules

$$l \equiv \lambda \quad (\mathrm{mod}.\,\nu^a), \quad l \equiv \lambda' \quad (\mathrm{mod}.\,\nu'^b), \quad l \equiv \lambda'' \quad (\mathrm{mod}.\,\nu''^c), \quad \ldots$$

entraîneront évidemment les suivantes,

$$k^\iota \equiv \lambda^\iota \quad (\text{mod.}\, \nu^a), \qquad k^\iota \equiv \lambda'^\iota \quad (\text{mod.}\, \nu'^b), \qquad k^\iota \equiv \lambda''^\iota \quad (\text{mod.}\, \nu''^c), \qquad \dots,$$

quel que soit l'entier désigné par ι, on peut affirmer que l'équation (59) entraînera non seulement la formule

$$\rho^k = \xi^\lambda \eta^{\lambda'} \zeta^{\lambda''} \dots, \tag{61}$$

mais encore la suivante,

$$\rho^{k^\iota} = \xi^{\lambda^\iota} \eta^{\lambda'^\iota} \zeta^{\lambda''^\iota} \dots. \tag{62}$$

Donc, en posant, pour abréger,

$$\nu^a = \varphi, \quad \nu'^b = \chi, \quad \nu''^c = \psi, \quad \dots,$$

on aura non seulement

$$\left\{\begin{aligned} &1+\rho+\rho^2+\rho^3+\dots+\rho^{n-1} \\ &\quad = (1+\xi+\xi^2+\xi^3+\dots+\xi^{\varphi-1})(1+\eta+\eta^2+\eta^3+\dots+\eta^{\chi-1})\dots, \end{aligned}\right. \tag{63}$$

mais encore

$$\left\{\begin{aligned} &1+\rho+\rho^{2^\iota}+\rho^{3^\iota}+\dots+\rho^{(n-1)^\iota} \\ &= (1+\xi+\xi^{2^\iota}+\xi^{3^\iota}+\dots+\xi^{(\varphi-1)^\iota}) \\ &\quad \times (1+\eta+\eta^{2^\iota}+\eta^{3^\iota}+\dots+\eta^{(\chi-1)^\iota})\dots. \end{aligned}\right. \tag{64}$$

Ainsi, en particulier, en prenant $\iota = 2$, on trouvera

$$\left\{\begin{aligned} &1+\rho+\rho^4+\rho^9+\dots+\rho^{(n-1)^2} \\ &= (1+\xi+\xi^4+\xi^9+\dots+\xi^{(\varphi-1)^2}) \\ &\quad \times (1+\eta+\eta^4+\eta^9+\dots+\eta^{(\chi-1)^2})\dots. \end{aligned}\right. \tag{65}$$

De cette dernière formule, que M. Gauss a établie comme nous venons de le faire, il résulte évidemment qu'une valeur de Ω, correspondant à une valeur donnée du degré n de l'équation (30), est le produit de divers facteurs dont chacun représente une valeur de Ω correspondant, non plus au degré donné n et à l'équation (30), mais à l'un des degrés ν^a, ν'^b, ν''^c, ... et à l'une des équations (60). Donc, puisque nous avons appris à trouver la valeur de Ω correspondant au cas où n

est une puissance d'un nombre premier, la formule (65) offrira le moyen d'obtenir la valeur de Ω dans tous les cas possibles.

Considérons en particulier le cas où n est un nombre impair composé de facteurs impairs inégaux

$$\nu, \; \nu', \; \nu'', \; \ldots,$$

en sorte qu'on ait simplement

$$\nu\nu'\nu''\ldots = n.$$

Alors les équations (60) deviendront

$$(66) \qquad x^\nu = 1, \qquad x^{\nu'} = 1, \qquad x^{\nu''} = 1, \qquad \ldots;$$

par conséquent, la formule (65) sera réduite à

$$(67) \quad \left\{ \begin{aligned} & 1 + \rho + \rho^4 + \rho^9 + \ldots + \rho^{(n-1)^2} \\ &= (1 + \xi + \xi^4 + \xi^9 + \ldots + \xi^{(\nu-1)^2}) \\ &\times (1 + \eta + \eta^4 + \eta^9 + \ldots + \eta^{(\nu'-1)^2}), \ldots, \end{aligned} \right.$$

et l'on conclura de cette formule que la valeur de Ω, correspondant à l'équation (30), est le produit de facteurs dont chacun représente une valeur de Ω correspondant à l'une des équations (66). D'ailleurs, d'après ce qui a été dit plus haut, le premier, le second, le troisième, etc. de ces facteurs représenteront des sommes alternées des racines primitives de la première, de la seconde, de la troisième, etc. des équations (66). Donc, le produit de ces mêmes facteurs, ou la valeur de Ω correspondant à l'équation (30), représentera une somme alternée des racines primitives de cette équation ; et, en raisonnant comme à la page 276, on reconnaîtra facilement que la formule (52) entraîne encore, dans le cas dont il s'agit, la formule (54).

Pour montrer une application de la formule (67), supposons en particulier

$$n = 15 = 3.5.$$

Alors on trouvera

$$\Omega = 1 + \rho + \rho^4 + \rho^9 + \ldots + \rho^{14^2}$$
$$= 1 + 4\rho + 4\rho^4 + 2\rho^5 + 2\rho^9 + 2\rho^{10} = (1 + 2\rho^{10})(1 + 2\rho^4 + 2\rho^9);$$

et, par suite, si l'on pose

$$\xi = \rho^{10}, \qquad \eta = \rho^6,$$

on aura

$$\Omega = (1 + 2\xi)(1 + 2\eta + 2\eta^4),$$

ou, ce qui revient au même,

$$\Omega = (1 + \xi + \xi^2)(1 + \eta + \eta^2 + \eta^3 + \eta^4),$$

attendu que, ρ étant racine de l'équation

$$x^{15} = 1,$$

$\xi = \rho^{10}$ sera racine de l'équation

$$x^3 = 1,$$

et $\eta = \rho^6$ racine de l'équation

$$x^5 = 1.$$

Si, pour fixer les idées, on suppose

$$\rho = e^{\frac{2\pi}{15}\sqrt{-1}} = \cos\frac{2\pi}{15} + \sqrt{-1}\,\sin\frac{2\pi}{15},$$

on trouvera

$$\xi = e^{\frac{4\pi}{3}\sqrt{-1}}, \qquad \eta = e^{\frac{12\pi}{5}\sqrt{-1}},$$

$$1 + 2\xi = -3^{\frac{1}{2}}\sqrt{-1}, \qquad 1 + 2\eta + 2\eta^4 = -5^{\frac{1}{2}},$$

et par suite on aura, conformément à l'équation (52),

$$\Omega = \left(-3^{\frac{1}{2}}\sqrt{-1}\right)\left(-5^{\frac{1}{2}}\right) = 15^{\frac{1}{2}}\sqrt{-1}.$$

NOTE XI.

MÉTHODE SIMPLE ET NOUVELLE POUR LA DÉTERMINATION COMPLÈTE DES SOMMES
ALTERNÉES, FORMÉES AVEC LES RACINES PRIMITIVES DES ÉQUATIONS BINOMES.

Soit

$$\rho$$

une racine primitive de l'équation

$$(1) \qquad x^n = 1,$$

et supposons d'abord que n soit un nombre premier impair. Les diverses racines primitives de l'équation (1) pourront être représentées par

$$\rho, \ \rho^2, \ \rho^3, \ \ldots, \ \rho^{n-1},$$

ou par

$$\rho^m, \ \rho^{2m}, \ \rho^{3m}, \ \ldots, \ \rho^{(n-1)m},$$

m étant premier à n. Soit d'ailleurs ω une somme alternée de ces racines primitives. Cette somme sera de la forme

$$(2) \qquad \omega = \rho^h + \rho^{h'} + \rho^{h''} + \ldots - \rho^k - \rho^{k'} - \rho^{k''} - \ldots,$$

les exposants

$$1, \ 2, \ 3, \ \ldots, \ n-1$$

étant ainsi partagés en deux groupes

$$h, \ h', \ h'', \ \ldots \qquad \text{et} \qquad k, \ k', \ k'', \ \ldots,$$

dont le premier pourra être censé renfermer les résidus quadratiques

$$1, \ 4, \ \ldots$$

et le second les non-résidus suivant le module n. Si l'on suppose en particulier $n = 3$, on aura simplement

$$\omega = \rho^1 - \rho^2 = \rho^1 - \rho^{-1},$$

en sorte qu'une somme alternée ω pourra être représentée, au signe près, par le binome

$$\rho^1 - \rho^{-1},$$

ou plus généralement par le binome

$$\rho^m - \rho^{-m},$$

m étant non divisible par 3. Si n devient égal à 5, les binomes de la forme $\rho^m - \rho^{-m}$ se réduiront, au signe près, à l'un des suivants,

$$\rho^1 - \rho^4 = \rho^1 - \rho^{-1}, \qquad \rho^2 - \rho^3 = \rho^2 - \rho^{-2},$$

et le produit de ces deux derniers binomes, savoir

$$(\rho^1 - \rho^4)(\rho^2 - \rho^3) = \rho^2 + \rho^3 - \rho - \rho^4,$$

représentera encore, au signe près, la somme alternée

$$\Theta = \rho + \rho^2 - \rho^3 - \rho^4,$$

qui pourra s'écrire comme il suit :

$$\Theta = (\rho^1 - \rho^{-1})(\rho^2 - \rho^{-2})$$

J'ajoute qu'il en sera généralement de même, et que, pour une valeur quelconque du nombre premier n, la somme alternée Θ pourra être réduite au produit Ψ déterminé par la formule

$$(3) \qquad \Psi = (\rho^1 - \rho^{-1})(\rho^3 - \rho^{-3})\ldots(\rho^{n-2} - \rho^{-(n-2)}).$$

Effectivement, ce produit, égal, au signe près, au suivant,

$$(\rho^1 - \rho^n)(\rho^2 - \rho^{n-2})\ldots\left(\rho^{\frac{n-1}{2}} - \rho^{\frac{n+1}{2}}\right),$$

changera tout au plus de signe, quand on y remplacera ρ par ρ^m, attendu qu'alors les termes de la suite

$$\rho, \quad \rho^2, \quad \rho^3, \quad \ldots, \quad \rho^{n-1}$$

se trouveront remplacés par les termes de la suite

$$\rho^m, \quad \rho^{2m}, \quad \rho^{3m}, \quad \ldots, \quad \rho^{(n-1)m},$$

qui sont les mêmes, à l'ordre près, et chaque binome de la forme

$$\rho^l - \rho^{-l}$$

par un binome de la même forme

$$\rho^{ml} - \rho^{-ml}.$$

Donc le produit φ ne pourra représenter qu'une fonction symétrique ou une fonction alternée des racines primitives de l'équation (1). Donc il sera de l'une des formes

$$a, \quad a\omega,$$

a désignant une quantité entière positive ou négative, et son carré φ^2 sera de l'une des formes

$$a^2, \quad a^2\omega^2.$$

Comme on tirera d'ailleurs de l'équation (3), non seulement

$$\varphi = \rho^{1+2+3+4+\dots+(n-2)}(1-\rho^{-2})(1-\rho^{-4})\dots(1-\rho^{-2(n-2)}),$$

ou, ce qui revient au même,

$$\varphi = \rho^{\left(\frac{n-1}{2}\right)^2}(1-\rho^{n-2})(1-\rho^{n-4})\dots(1-\rho^2),$$

mais encore

$$\varphi = (-1)^{\frac{n-1}{2}}\rho^{-\left(\frac{n-1}{2}\right)^2}(1-\rho^2)(1-\rho^4)\dots(1-\rho^{n-1}),$$

et par suite

$$\varphi^2 = (-1)^{\frac{n-1}{2}}(1-\rho^2)(1-\rho^4)(1-\rho^6)\dots(1-\rho^{n-5})(1-\rho^{n-3})(1-\rho^{n-1})$$
$$= (-1)^{\frac{n-1}{2}}(1-\rho)(1-\rho^2)\dots(1-\rho^{n-1})$$
$$= (-1)^{\frac{n-1}{2}}n,$$

il est clair que φ^2, n'étant pas de la forme a^2, devra être de la forme $a^2\omega^2$. On aura donc

$$(4) \qquad (-1)^{\frac{n-1}{2}}n = a^2\omega^2, \qquad \varphi = a\omega.$$

Or, ω^2 ne pouvant être qu'une fonction symétrique de $\rho, \rho^2, \dots, \rho^{n-1}$, et par conséquent un nombre entier, la seule manière de vérifier la première des équations (4) sera de poser

$$a^2 = 1, \qquad \Theta^2 = (-1)^{\frac{n-1}{2}} n.$$

On aura donc

$$a = \pm 1,$$

par conséquent

$$(5) \qquad \mathcal{P} = \pm \Theta;$$

et toute la difficulté se réduit à déterminer le signe qui doit affecter le second membre de la formule (5). Or, si, dans la somme alternée

$$\omega = \rho^h + \rho^{h'} + \rho^{h''} + \ldots - \rho^k - \rho^{k'} - \rho^{k''} - \ldots,$$

on remplace généralement

$$\rho^l \quad \text{par} \quad \left[\frac{l}{n}\right],$$

cette somme sera remplacée elle-même par la suivante,

$$\left[\frac{h}{n}\right] + \left[\frac{h'}{n}\right] + \ldots - \left[\frac{k}{n}\right] - \left[\frac{k'}{n}\right] - \ldots \equiv n - 1 \equiv -1 \qquad (\mathrm{mod.}\, n),$$

tandis que la somme alternée ω se changera en

$$-(n-1) \equiv 1 \qquad (\mathrm{mod.}\, n).$$

Donc, pour décider si, dans la formule (5), on doit réduire le double signe au signe $+$ ou au signe $-$, il suffira de chercher la quantité en laquelle se transforme le développement de $\mathcal{P}$, quand on y remplace chaque terme de la forme ρ par $\left[\frac{l}{n}\right]$, et de voir si cette quantité, divisée par n, donne pour reste -1 ou $+1$. Or, comme le développement de $\mathcal{P}$ se composera de termes de la forme

$$\pm \rho^{\alpha + \beta + \gamma + \ldots},$$

le signe qui précède ρ étant le produit des signes qui, dans l'exposant de ρ, précèdent les nombres $1, 3, 5, \ldots$, la quantité dont il s'agit sera la somme des expressions de la forme

$$\pm\left[\frac{\pm 1 \pm 3 \pm 5 \pm \ldots}{n}\right],$$

le signe placé en dehors des parenthèses étant le produit des signes placés au dedans. Elle sera donc équivalente, suivant le module n, à la somme des expressions de la forme

$$(6) \qquad \pm[\pm 1 \pm 3 \pm 5 \pm \ldots \pm (n-2)]^{\frac{n-1}{4}}.$$

Ainsi, en particulier, elle sera équivalente, pour $n = 3$, à

$$1^1 - (-1)^1 \equiv 2 \equiv -1 \qquad (\text{mod. } 3);$$

pour $n = 5$, à

$$(1+3)^2 + (-1-3)^2 - (-1+3)^2 - (1-3)^2 \equiv 4 \equiv -1 \qquad (\text{mod. } 5).$$

D'ailleurs, si l'on suppose le nombre des lettres a, b, c, … égal à m, la somme des expressions de la forme

$$(7) \qquad \pm(\pm a \pm b \pm c \pm \ldots)^m,$$

développées suivant les puissances ascendantes de a, b, c, …, ne pourra renfermer aucun terme dans lequel l'exposant de a, ou de b, ou de c, s'évanouisse. En effet, comme, dans cette somme, deux expressions qui ne différeront l'une de l'autre que par le signe placé devant la lettre a, présenteront, en dehors des parenthèses, des signes contraires, elles fourniront deux développements, dont les divers termes se détruiront mutuellement, à l'exception de ceux qui renfermeront des puissances impaires de a. Donc, chacun des termes qui resteront dans la somme dont il s'agit sera proportionnel à une puissance impaire de a : et, comme il devra être, par la même raison, proportionnel à une puissance impaire de c, …, il est clair que, dans un terme conservé, ces diverses puissances, dont les exposants auront pour somme le nombre m, devront toutes se réduire à la première puissance, et chaque exposant à l'unité. Donc, les seuls termes qui ne se détruiront pas les uns les autres, seront les termes proportionnels au produit

$$abc\ldots$$

de toutes les lettres a, b, c, ... ; et, puisque chacune des valeurs de l'expression (7) offre dans son développement un semblable terme, précisément égal au produit

$$(1.2.3\ldots m)abc\ldots,$$

il suffira, pour obtenir la somme de ces valeurs, de multiplier leur nombre 2^m par ce même produit. Donc la somme des valeurs de l'expression (7) sera

$$2^m(1.2.3\ldots m)abc\ldots.$$

Si maintenant on remplace

$$a, \quad b, \quad c, \quad \ldots$$

par les nombres

$$1, \quad 3, \quad 5, \quad \ldots, \quad 2m-1,$$

le produit

$$2^m(1.2.3\ldots m)abc\ldots$$

deviendra

$$2^m(1.2.3\ldots m)1.3.5\ldots(2m-1)=1.2.3.4\ldots 2m.$$

Donc, en écrivant $\dfrac{n-1}{2}$ au lieu de m, on reconnaîtra que la somme des expressions (6) a pour valeur le produit

$$1.2.3\ldots(n-1)\equiv -1 \qquad (\operatorname{mod}.n).$$

Donc φ se transformera en une somme équivalente à -1, si l'on y remplace généralement

$$\rho^i \quad \text{par} \quad \left[\frac{i}{n}\right];$$

d'où il suit que l'équation (5) devra être réduite à

$$(8) \qquad\qquad \varphi = \varphi.$$

En d'autres termes, on aura

$$(9) \qquad \begin{cases} (\rho^i - \rho^{-i})(\rho^k - \rho^{-k})\ldots(\rho^{a-2} - \rho^{-(a-2)}) \\ = \rho^h + \rho^h + \rho^{h'} + \ldots - \rho^h - \rho^h - \rho^{h'}\ldots. \end{cases}$$

h, h', h'', ... étant les résidus quadratiques, et k, k', k'', ... les non-résidus quadratiques inférieurs au module n. On se trouve ainsi ramené à la belle formule que M. Gauss a donnée le premier dans le Mémoire intitulé : *Summatio serierum quarumdam singularium*, et qui convertit la somme alternée

$$\omega = \rho^h + \rho^{h'} + \rho^{h''} + \ldots - \rho^k + \rho^{k'} + \rho^{k''} \ldots$$

dont le carré ω^2 vérifie l'équation

$$(10) \qquad \omega^2 = (-1)^{\frac{n-1}{2}} n,$$

en un produit de la forme

$$(\rho^1 - \rho^{-1})(\rho^3 - \rho^{-3})\ldots(\rho^{n-2} - \rho^{-(n-2)}).$$

Or, cette conversion une fois opérée, il devient facile, comme l'on sait, d'assigner, dans tous les cas, la valeur exacte de la somme alternée ω. On y parvient, en effet, comme il suit.

Observons d'abord qu'en vertu des formules

$$\rho^{n-1} - \rho^{-(n-1)} = -(\rho^2 - \rho^{-2}), \qquad \rho^{n-3} - \rho^{-(n-3)} = -(\rho^4 - \rho^{-4}), \qquad \ldots$$

le premier membre de l'équation (9), ou la valeur de la somme ω, se réduira : 1° si n est de la forme $4x + 1$, à

$$(11) \qquad \omega = (-1)^{\frac{n-1}{4}}(\rho^1 - \rho^{-1})(\rho^3 - \rho^{-3})\ldots\left(\rho^{\frac{n-1}{2}} - \rho^{-\frac{n-1}{2}}\right);$$

2° si n est de la forme $4x + 3$, à

$$(12) \qquad \omega = (-1)^{\frac{n-3}{4}}(\rho^1 - \rho^{-1})(\rho^3 - \rho^{-3})\ldots\left(\rho^{\frac{n-1}{2}} - \rho^{-\frac{n-1}{2}}\right),$$

attendu que le nombre des entiers pairs, et inférieurs à $\frac{1}{2} n$, sera

$$\frac{1}{2}\frac{n-1}{2} = \frac{n-1}{4}, \qquad \text{si} \qquad \frac{n-1}{2} \quad \text{est pair},$$

et

$$\frac{1}{2}\left(\frac{n-1}{2} - 1\right) = \frac{n-3}{4}, \qquad \text{si} \qquad \frac{n-1}{2} \quad \text{est impair}.$$

D'autre part, si l'on pose

$$(13) \qquad \rho = e^{\frac{2\pi}{n}\sqrt{-1}},$$

on en conclura généralement

$$(14) \qquad \rho^l - \rho^{-l} = 2 \sin\frac{2l\pi}{n}\sqrt{-1};$$

et il est clair que, pour toute valeur de l inférieure à $\frac{1}{2}n$, le coefficient de $\sqrt{-1}$, dans le second membre de l'équation (14), sera une quantité positive. Enfin, l'on tirera de l'équation (14) : 1° en supposant n de la forme $4x + 1$,

$$(15) \quad
\begin{aligned}
&(\rho^1 - \rho^{-1})(\rho^2 - \rho^{-2})\ldots\left(\rho^{\frac{n-1}{2}} - \rho^{-\frac{n-1}{2}}\right)\\
&= (-1)^{\frac{n-1}{4}}\, 2^{\frac{n-1}{2}} \sin\frac{2\pi}{n}\sin\frac{4\pi}{n}\cdots\sin\frac{\frac{n-1}{2}\pi}{n};
\end{aligned}$$

2° en supposant n de la forme $4x + 3$,

$$(16) \quad
\begin{aligned}
&(\rho^1 - \rho^{-1})(\rho^2 - \rho^{-2})\ldots\left(\rho^{\frac{n-1}{2}} - \rho^{-\frac{n-1}{2}}\right)\\
&= (-1)^{\frac{n-3}{4}}\, 2^{\frac{n-1}{2}} \sin\frac{2\pi}{n}\sin\frac{4\pi}{n}\cdots\sin\frac{\frac{n-1}{2}\pi}{n}\sqrt{-1}.
\end{aligned}$$

Donc, si l'on attribue à ρ la valeur que détermine l'équation (13), on tirera des formules (11) et (12) : 1° en supposant n de la forme $4x + 1$,

$$(17) \qquad \varpi = 2^{\frac{n-1}{2}} \sin\frac{2\pi}{n}\sin\frac{4\pi}{n}\cdots\sin\frac{\frac{n-1}{2}\pi}{n};$$

2° en supposant n de la forme $4x + 3$,

$$(18) \qquad \varpi = 2^{\frac{n-1}{2}} \sin\frac{2\pi}{n}\sin\frac{4\pi}{n}\cdots\sin\frac{\frac{n-1}{2}\pi}{n}\sqrt{-1}.$$

Or, en substituant l'une de ces dernières valeurs de la somme alternée ϖ dans la formule (10), on en conclura que le produit

$$2^{\frac{n-1}{2}} \sin\frac{2\pi}{n}\sin\frac{4\pi}{n}\cdots\sin\frac{\frac{n-1}{2}\pi}{n}$$

a pour carré le nombre n. Donc ce produit, qui ne renferme que des facteurs positifs, sera lui-même positif, et égal à $n^{\frac{1}{2}}$. On aura donc, quel que soit le nombre premier n, pourvu qu'il surpasse 2,

$$(19) \qquad 2^{\frac{n-1}{2}} \sin\frac{2\pi}{n} \sin\frac{4\pi}{n}\cdots\sin\frac{\frac{n-1}{2}\pi}{n} = n^{\frac{1}{2}},$$

et, par conséquent, les équations (17), (18) se réduiront, la première à

$$(20) \qquad \omega = n^{\frac{1}{2}},$$

la seconde à

$$(21) \qquad \omega = n^{\frac{1}{2}}\sqrt{-1},$$

en sorte que l'une et l'autre seront comprises dans la formule

$$(22) \qquad \omega = n^{\frac{1}{2}}\left(\sqrt{-1}\right)^{\left(\frac{n-1}{2}\right)^{2}}.$$

Si maintenant on veut obtenir la valeur de ω correspondant à la valeur de ϱ que détermine, non plus la formule (15), mais la suivante,

$$(23) \qquad \varrho = e^{\frac{2m\pi}{n}\sqrt{-1}},$$

m étant un entier quelconque non divisible par n, il suffira évidemment de remplacer, dans la valeur de ω que fournit l'équation (22), ϱ par ϱ^{m}, ou, ce qui revient au même, il suffira de multiplier cette valeur par

$$\left[\frac{m}{n}\right].$$

Donc, lorsque la valeur ϱ sera donnée par l'équation (23), m étant premier à n, la valeur de la somme alternée ω deviendra

$$(24) \qquad \omega = \left[\frac{m}{n}\right] n^{\frac{1}{2}}\left(\sqrt{-1}\right)^{\left(\frac{n-1}{2}\right)^{2}}.$$

Les formules (21), (24) s'accordent avec les formules (52), (54) de la Note précédente; et cela devait être, puisqu'en vertu de la formule

(51) de la même Note les sommes désignées par Ω et par ω sont toujours égales, quand, n étant un nombre premier impair, ρ désigne une racine primitive de l'équation (1).

Il n'en serait plus de même si, dans les sommes Ω et ω, on remplaçait ρ par la racine non primitive de l'équation (1), c'est-à-dire, par l'unité, puisqu'alors évidemment la somme Ω se réduirait au nombre n, et le second membre de l'équation (2) à zéro.

Les formules (22), (24) une fois établies pour le cas où n désigne un nombre premier supérieur à 2, il est facile de les étendre au cas où n désigne un nombre impair composé de facteurs premiers inégaux. Ainsi, en particulier, soit

$$n = \nu\nu';$$

et supposons que, ξ, η étant des racines primitives des deux équations

$$(25) \qquad x^\nu = 1, \qquad x^{\nu'} = 1,$$

l'on pose

$$(26) \qquad \rho = \xi\eta,$$

ρ sera une racine primitive de l'équation (1); et, si l'on nomme

$$\omega, \quad \Delta, \quad \Delta'$$

trois sommes alternées, formées avec les racines primitives des trois équations

$$x^n = 1, \qquad x^\nu = 1, \qquad x^{\nu'} = 1,$$

de telle manière que, parmi les termes affectés du signe $+$, on trouve dans la somme alternée ω le terme ρ, dans la somme Δ le terme ξ, dans la somme Δ' le terme η, on aura, en vertu des principes établis dans la Note VII,

$$(27) \qquad \omega = \Delta\Delta'.$$

Soit d'ailleurs m un nombre entier, premier à ν et à ν', par conséquent premier à n; et supposons que, dans les sommes alternées

$$\omega, \quad \Delta, \quad \Delta',$$

on remplace
$$\rho, \quad \xi, \quad \eta$$
par
$$\rho^m, \quad \xi^m, \quad \eta^m.$$
Les valeurs de
$$\omega, \quad \Delta, \quad \Delta'$$

ne cesseront pas de vérifier la condition (27) ; et, comme, en vertu des principes établis dans la Note VIII, les valeurs de

$$\Delta, \quad \Delta'$$

se trouveront multipliées par les quantités

$$\left[\frac{m}{\nu}\right], \quad \left[\frac{m}{\nu}\right],$$

dont chacune se réduit, au signe près, à l'unité, la valeur de ω se trouvera multipliée par le produit

$$\left[\frac{m}{\nu}\right]\left[\frac{m}{\nu}\right] = \left[\frac{m}{n}\right].$$

Donc, la substitution de ρ^m et ρ changera ou ne changera pas le signe de la somme alternée ω, suivant que le nombre m vérifiera la première ou la seconde des conditions

$$\left[\frac{m}{n}\right] = -1, \qquad \left[\frac{m}{n}\right] = 1.$$

Concevons, à présent, que l'on pose

$$\xi = e^{\frac{2\pi}{\nu}\sqrt{-1}}, \qquad \eta = e^{\frac{2\pi}{\nu}\sqrt{-1}},$$

l'équation (26) donnera

$$\rho = e^{\frac{2\pi(\nu+\nu')}{n}\sqrt{-1}};$$

et, comme on aura, en vertu de la formule (22),

$$\Delta = \nu^{\frac{1}{2}}\left(\sqrt{-1}\right)^{\left(\frac{\nu-1}{2}\right)^2}, \qquad \Delta' = \nu'^{\frac{1}{2}}\left(\sqrt{-1}\right)^{\left(\frac{\nu'-1}{2}\right)^2},$$

on conclura de l'équation (27)

$$(28) \qquad\qquad \omega = n^{\frac{1}{2}}\left(\sqrt{-1}\right)^{\left(\frac{\nu-1}{2}\right)^2 + \left(\frac{\nu'-1}{2}\right)^2},$$

ou, ce qui revient au même,

$$(29) \qquad \Omega = (-1)^{\frac{\nu-1}{2}\frac{\nu'-1}{2}} n^{\frac{1}{2}} \left(\sqrt{-1}\right)^{\left(\frac{\nu-\nu'}{2}\right)^2},$$

attendu que l'on a identiquement

$$\left(\frac{\nu-1}{2}\right)^2 + \left(\frac{\nu'-1}{2}\right)^2 = \frac{\nu-1}{2}\frac{\nu'-1}{2} = \left(\frac{\nu-\nu'}{2}\right)^2.$$

Il y a plus : comme les nombres

$$\frac{\nu-\nu'}{2} \quad \text{et} \quad \frac{\nu'-1}{2},$$

dont la somme

$$\frac{(\nu-1)(\nu'-1)}{2}$$

est divisible par 2, seront tous deux pairs ou tous deux impairs, on aura

$$\left(\sqrt{-1}\right)^{\left(\frac{\nu-\nu'}{2}\right)^2} = \left(\sqrt{-1}\right)^{\left(\frac{\nu'-1}{2}\right)^2} = \left(\sqrt{-1}\right)^{\left(\frac{n-1}{2}\right)^2}.$$

Donc la formule (29) pourra être réduite à

$$(30) \qquad \Omega = (-1)^{\frac{\nu-1}{2}\frac{\nu'-1}{2}} n^{\frac{1}{2}} \left(\sqrt{-1}\right)^{\left(\frac{n-1}{2}\right)^2}.$$

Cette dernière équation suppose que, dans la somme alternée Ω, l'un des termes précédés du signe $+$ est

$$\rho = e^{\frac{2\Pi(1+\nu)}{n}\sqrt{-1}}.$$

Si à la valeur de Ω, fournie par l'équation (30), on veut comparer celle qu'on obtiendrait en prenant pour l'un des termes précédés du signe $+$ la valeur de ρ déterminée par la formule

$$\rho = e^{\frac{2\Pi}{n}\sqrt{-1}},$$

on conclura des observations précédemment faites que chacune de ces deux valeurs de Ω est le produit de l'autre par l'expression

$$\left[\frac{\nu-\nu'}{n}\right] = \left[\frac{\nu-\nu'}{\nu'}\right] = \left[\frac{\nu}{\nu'}\right]\left[\frac{\nu'}{\nu}\right] = (-1)^{\frac{\nu-1}{2}\frac{\nu'-1}{2}}.$$

Donc, puisque la première valeur est donnée par la formule (30),
la seconde sera fournie simplement par l'équation

$$(31) \qquad \omega = n^{\frac{1}{2}}\left(\sqrt{-1}\right)^{\left(\frac{n-1}{2}\right)^2};$$

et si, au lieu de poser

$$\rho = e^{\frac{2\pi}{n}\sqrt{-1}},$$

on pose plus généralement

$$\rho = e^{\frac{2m\pi}{n}\sqrt{-1}},$$

on devra multiplier par $\left[\dfrac{m}{n}\right]$ le second membre de la formule (31),
qui deviendra

$$(32) \qquad \omega = \left[\frac{m}{n}\right] n^{\frac{1}{2}}\left(\sqrt{-1}\right)^{\left(\frac{n-1}{2}\right)^2}.$$

Les formules (31) et (32) ne sont autre chose que les formules (22) et
(24), étendues au cas où n est le produit de deux facteurs impairs et
premiers ν, ν'. Il y a plus: les raisonnements dont nous avons fait usage
suffisent pour étendre les formules (22), (24) au cas où n est le produit de deux facteurs impairs quelconques, pourvu que ces facteurs
soient premiers entre eux, quand on suppose ces mêmes formules
séparément vérifiées pour des valeurs de n représentées par chacun de
ces facteurs. Donc, puisque,

$$\nu, \ \nu', \ \nu'', \ \ldots$$

étant des nombres premiers impairs, les formules (22), (24) se vérifient quand on prend

$$n = \nu, \quad n = \nu', \quad n = \nu'', \quad \ldots$$

elles se vérifieront quand on prendra pour n le produit $\nu\nu'$ de ν par ν',
ou le produit $\nu\nu'\nu''$ de $\nu\nu'$ par ν'', ..., et par conséquent lorsqu'on prendra pour n le produit de tous les facteurs premiers ν, ν', ν'', ...

En résumé, si, n étant un nombre impair, et le produit de facteurs
premiers inégaux, ω représente une somme alternée, formée avec les

racines primitives de l'équation (1), de telle manière que l'un des termes précédés du signe + soit la valeur de ρ déterminée par la formule

$$\rho = e^{\frac{12\pi}{n}\sqrt{-1}},$$

et si d'ailleurs la somme ω est une fonction alternée des racines primitives, non seulement de l'équation (1), mais encore de chacune des équations que l'on pourrait obtenir en remplaçant successivement l'exposant n par chacun de ses facteurs premiers, on aura : 1° en supposant n de la forme $4x + 1$,

$$(33) \qquad \omega = n^{\frac{1}{2}},$$

2° en supposant n de la forme $4x + 3$,

$$(34) \qquad \omega = n^{\frac{1}{2}}\sqrt{-1}.$$

Mais si, dans la somme alternée ω, l'un des termes positifs est celui que détermine la formule

$$\rho = e^{\frac{1\,m\pi}{n}\sqrt{-1}},$$

on aura : 1° en supposant n de la forme $4x + 1$,

$$(35) \qquad \omega = \left[\frac{m}{n}\right] n^{\frac{1}{2}},$$

2° en supposant n de la forme $4x + 3$,

$$(36) \qquad \omega = \left[\frac{m}{n}\right] n^{\frac{1}{2}}\sqrt{-1}.$$

Il sera maintenant facile de déterminer complètement, dans tous les cas possibles, la valeur d'une somme alternée ω, formée avec les racines primitives de l'équation (1). Considérons particulièrement le cas où la somme ω est une fonction alternée des racines primitives, non seulement de l'équation (1), mais encore de chacune des équations qu'on peut obtenir, lorsqu'après avoir décomposé l'exposant n en facteurs premiers entre eux, on remplace successivement n par chacun de ces facteurs. Alors, d'après ce qui a été dit dans les Notes VII, VIII, IX, pour que la somme ω ne soit pas nulle, il faudra que, les facteurs impairs et premiers de n étant inégaux entre eux, le facteur pair, s'il existe, se réduise à l'un des nombres

$$4, \quad 8;$$

et l'on aura, ou

$$(37) \qquad \omega^2 = n, \qquad \omega = \pm n,$$

ou bien

$$(38) \qquad \omega^2 = -n, \qquad \omega = \pm n^{\frac{1}{2}}\sqrt{-1},$$

les formules (37) devant se vérifier, par exemple, quand n est de l'une des formes

$$4x+1, \qquad 4(4x+3),$$

et les formules (38), quand n est de l'une des formes

$$4x+3, \qquad 4(4x+1).$$

Nous avons d'ailleurs donné (p. 296, 297) les conditions auxquelles doivent satisfaire les exposants

$$h, \quad h', \quad h'', \quad \dots$$

dans la formule

$$\omega = \rho^h + \rho^{h'} + \rho^{h''} + \dots - \rho^k - \rho^{k'} - \rho^{k''} - \dots,$$

lorsqu'on en déduit les formules (37) ou les formules (38), et que le groupe des exposants

$$h, \quad h', \quad h'', \quad \dots$$

renferme l'unité. Or, de ces conditions on déduira sans peine, à l'aide de raisonnements semblables à ceux dont nous venons de faire usage, les conclusions suivantes :

D'abord, si l'on suppose n impair, et

$$\rho = e^{\frac{2\pi}{n}\sqrt{-1}},$$

la seconde des formules (37) se réduira simplement à la formule (33), et la seconde des formules (38) à la formule (34). Alors aussi, en prenant, non plus

$$\rho = e^{\frac{2\pi}{n}\sqrt{-1}},$$

mais

$$\rho = e^{\frac{2m\pi}{n}\sqrt{-1}},$$

et supposant m premier à n, on obtiendra, comme on l'a dit, non plus l'équation (33) ou (34), mais l'équation (35) ou (36).

Supposons à présent que, le facteur pair de n étant le nombre 4, on désigne par ν le nombre premier ou non premier $\frac{n}{4}$, par

$$\alpha, \quad \varsigma, \quad \rho = \alpha\varsigma$$

des racines primitives des trois équations

$$x^4 = 1, \qquad x^\nu = 1, \qquad x^n = 1,$$

enfin par

$$\Delta, \quad \Delta', \quad \omega$$

des sommes alternées, formées respectivement avec ces racines, de manière que, parmi les termes précédés du signe $+$, on trouve dans la somme Δ la racine α, dans la somme Δ' la racine ς, dans la somme ω la racine ρ. Si l'on pose

$$\alpha = e^{\frac{2\pi}{4}\sqrt{-1}}, \qquad \varsigma = e^{\frac{2\pi}{\nu}\sqrt{-1}},$$

on aura, non seulement

$$\rho = e^{\frac{2\pi}{n}(\nu+4)\sqrt{-1}},$$

mais encore

$$\Delta = \alpha - \alpha^3 = 2\sqrt{-1}, \qquad \Delta' = \nu^{\frac{1}{2}}\left(\sqrt{-1}\right)^{\left(\frac{\nu-1}{2}\right)^2},$$

et par conséquent

$$\omega = \Delta\Delta' = n^{\frac{1}{2}}\left(\sqrt{-1}\right)^{1+\left(\frac{\nu-1}{2}\right)^2}. \tag{39}$$

Pour savoir si cette dernière formule fournit ou non la valeur de ω, relative au cas où l'un des termes affectés du signe $+$ se réduirait à

$$\rho = e^{\frac{2\pi}{n}\sqrt{-1}},$$

il suffira d'examiner si l'exposant $\nu + 4$ doit être censé ou non faire partie du même groupe que l'unité. Or, comme l'expression

$$\left[\frac{\nu+4}{\frac{1}{4}n}\right] = \left[\frac{\nu+4}{\nu}\right]$$

se réduit évidemment à

$$\left[\frac{4}{\nu}\right] = \left[\frac{3}{\nu}\right]^2 = 1,$$

il suffira d'examiner si $\nu + 4$, divisé par 4, donne pour reste 1 ou $- 1$. Le premier cas a lieu lorsque $\nu = \dfrac{n}{4}$ est de la forme $4x + 1$; le second cas, lorsque n est de la forme $4x + 3$; et par suite, en supposant, dans la somme Θ, l'un des termes positifs réduit à

$$\rho + \theta^{\frac{4\pi}{n}\sqrt{-1}},$$

on obtiendra pour cette somme, dans le premier cas, la valeur qui détermine la formule (39), savoir

$$\Theta = n^{\frac{1}{2}}(\sqrt{-1})^{1+\left(\frac{\nu-1}{4}\right)^2} = n^{\frac{1}{2}}\sqrt{-1},$$

et dans le second cas, une valeur qui différera seulement par le signe de celle que donne la formule (39), savoir, la valeur.

$$\Theta = - n^{\frac{1}{2}}(\sqrt{-1})^{1+\left(\frac{\nu-1}{4}\right)^2} = n^{\frac{1}{2}}.$$

Donc, si le facteur pair de n se réduit à 4, la supposition

$$\rho = e^{\frac{4\pi}{n}\sqrt{-1}}$$

reproduira encore, ou la formule (33) lorsque $\dfrac{n}{4}$ sera de la forme $4x + 1$, ou la formule (34) lorsque $\dfrac{n}{4}$ sera de la forme $4x + 3$. Quant à la supposition

$$\rho = e^{\frac{2m\pi}{n}\sqrt{-1}},$$

elle reproduira, pour la somme Θ, soit la valeur que détermine la formule (33) ou (34), soit cette valeur prise en signe contraire, suivant que l'exposant m sera ou non partie du groupe h, h', h'', ..., qui est censé renfermer l'exposant 1.

Supposons enfin que, le facteur pair de n étant le nombre 8, on désigne par ν le nombre premier ou non premier $\frac{n}{8}$, par

$$\alpha, \quad \varsigma, \quad \rho = \alpha\varsigma$$

des racines primitives des trois équations

$$x^8 = 1, \qquad x^\nu = 1, \qquad x^n = 1,$$

et par

$$\Delta, \quad \Delta', \quad \omega$$

des sommes alternées, formées respectivement avec ces racines, de manière que, parmi les termes affectés du signe $+$, on trouve dans la somme Δ la racine α, dans la somme Δ' la racine ς, dans la somme ω la racine ρ. Si l'on pose

$$\alpha = e^{\frac{2\pi}{8}\sqrt{-1}}, \qquad \varsigma = e^{\frac{2\pi}{\nu}\sqrt{-1}},$$

on aura non seulement

$$\rho = e^{\frac{2\pi}{n}(\nu+8)\sqrt{-1}},$$

mais encore

$$\Delta = \varsigma^{h}\left(\sqrt{-1}\right)^{\left(\frac{\nu-1}{2}\right)h}.$$

Alors aussi, quand la somme alternée Δ différera de zéro, elle sera, ou de la forme

$$(40) \qquad \Delta = \alpha + \alpha^7 - \alpha^3 - \alpha^5 = 2(\alpha + \alpha^7) = 4\cos\frac{\pi}{4} = 8^{\frac12},$$

ou de la forme

$$(41) \qquad \Delta = \alpha + \alpha^3 - \alpha^5 - \alpha^7 = 2(\alpha + \alpha^3) = 4\sin\frac{\pi}{4}\sqrt{-1} = 8^{\frac12}\sqrt{-1},$$

et l'on aura, dans le premier cas,

$$(42) \qquad \omega = \Delta\Delta' = n^{\frac12}\left(\sqrt{-1}\right)^{\left(\frac{\nu-1}{2}\right)h},$$

dans le second cas,

$$(43) \qquad \omega = \Delta\Delta' = n^{\frac12}\left(\sqrt{-1}\right)^{\nu-\left(\frac{\nu+1}{2}\right)h}.$$

Pour savoir si les formules (42) et (43) fournissent ou non les valeurs de Θ, qui sont relatives au cas où l'un des termes affectés du signe $+$ se réduirait à

$$\rho = e^{\frac{2\pi}{n}\sqrt{-1}},$$

et qui d'ailleurs diffèrent de zéro, il suffira de voir si, dans chacune des valeurs de Θ, les termes ρ, $\rho^{\nu+4}$ sont affectés du même signe, ou, ce qui revient au même, si l'exposant $\nu + 4$ fait partie du même groupe que l'unité. Or, d'une part, l'expression

$$\left[\frac{\nu+8}{\frac{1}{8}n}\right] = \left[\frac{\nu+8}{\nu}\right]$$

se réduit évidemment à

$$\left[\frac{8}{\nu}\right] = \left[\frac{2}{\nu}\right]^3 = \left[\frac{2}{\nu}\right] = (-1)^{\frac{\nu^2-1}{8}};$$

et, d'autre part, $\nu + 8$, divisé par 8, donnera le même reste que ν, savoir : un reste représenté ou non par l'un des nombres 1, 7, suivant que l'expression

$$(-1)^{\frac{(\nu-1)(\nu-7)}{8}} = (-1)^{\frac{\nu^2-1}{8}}$$

aura pour valeur $+1$ ou -1 ; ou bien encore un reste représenté ou non par l'un des nombres 1, 3, suivant que l'expression

$$(-1)^{\frac{(\nu-1)(\nu-3)}{8}}$$

aura pour valeur $+1$ ou -1. Donc, puisque l'on a

$$(-1)^{\frac{\nu^2-1}{8}}(-1)^{\frac{\nu^2-1}{8}} = (-1)^{\frac{\nu^2-1}{4}} = 1$$

et

$$(-1)^{\frac{\nu^2-1}{8}}(-1)^{\frac{(\nu-1)(\nu-3)}{8}} = (-1)^{\left(\frac{\nu-1}{2}\right)^2} = (-1)^{\frac{\nu-1}{2}},$$

les termes

$$\rho \quad \text{et} \quad \rho^{\nu+4}$$

seront toujours affectés du même signe dans la valeur de la somme Θ.

que détermine l'équation (42); mais, dans la valeur de la même somme, déterminée par l'équation (43), ils seront affectés du même signe ou de signes contraires, suivant que $\dfrac{\nu-1}{2}$ sera pair ou impair. Donc, si, en supposant

$$\rho = e^{\frac{2\pi}{n}\sqrt{-1}},$$

on affecte du signe $+$, dans la somme alternée ω, toute puissance de ρ dont l'exposant h vérifie la condition (9) ou (10) des pages 296, 297, on aura, en vertu de la formule (42) : 1° quand $\nu = \dfrac{n}{8}$ sera de la forme $4x + 1$,

$$\omega = n^{\frac{1}{2}};$$

2° quand $\dfrac{n}{8}$ sera de la forme $4x + 3$,

$$\omega = n^{\frac{1}{2}}\sqrt{-1};$$

et si, en supposant toujours

$$\rho = e^{\frac{2\pi}{n}\sqrt{-1}},$$

on affecte du signe $+$, dans la somme alternée ω, toute puissance de ρ dont l'exposant h vérifie les conditions (11) ou (12) de la page 297, on aura encore : 1° en vertu de la formule (43), quand $\nu = \dfrac{n}{8}$ sera de la forme $4x + 1$,

$$\omega = n^{\frac{1}{2}}\sqrt{-1};$$

2° quand $\nu = \dfrac{n}{8}$ sera de la forme $4x + 3$,

$$\omega = n^{\frac{1}{2}}.$$

Si, dans la somme ω, formée comme on vient de le dire, on remplaçait la racine primitive

$$\rho = e^{\frac{2\pi}{n}\sqrt{-1}}$$

par la racine primitive

$$\rho = e^{\frac{2m\pi}{n}\sqrt{-1}},$$

m étant premier à n, cette somme conserverait le même signe avec la même valeur, ou bien elle changerait de signe, suivant que m serait ou ne serait pas un des exposants h compris dans le groupe qui renfermait l'unité.

Il importe d'observer que les conclusions diverses auxquelles nous venons de parvenir, en supposant successivement le nombre n impair, puis divisible par 4, puis divisible par 8, se trouvent toutes renfermées dans un théorème général, qu'on peut énoncer simplement comme il suit :

THÉORÈME. — *Soit* ω *une fonction alternée, formée avec les racines primitives de l'équation* (1), *et de manière à vérifier la formule*

$$\omega = \pm n.$$

Si l'on suppose que, dans la somme alternée ω, *l'un des termes précédés du signe* $+$ *soit la racine primitive*

$$\rho = e^{\frac{2\pi}{n}\sqrt{-1}},$$

on aura simultanément : ou

$$\omega^2 = n \qquad \text{et} \qquad \omega = n^{\frac{1}{2}},$$

ou

$$\omega^2 = -n \qquad \text{et} \qquad \omega = n^{\frac{1}{2}}\sqrt{-1};$$

en sorte que la valeur de ω *sera toujours fournie par l'une des équations* (20), (21) *ou* (33), (34).

Exemples. — En prenant

$$n = 3, \qquad \rho = e^{\frac{2\pi}{3}\sqrt{-1}},$$

on trouvera

$$\omega = \rho - \rho^2 = 2\sin\frac{2\pi}{3}\sqrt{-1} = 3^{\frac{1}{2}}\sqrt{-1}.$$

En prenant

$$n = 4, \qquad \rho = e^{\frac{2\pi}{4}\sqrt{-1}} = e^{\frac{\pi}{2}\sqrt{-1}},$$

on trouvera

$$\omega = \rho - \rho^3 = 2\sin\frac{\pi}{2}\sqrt{-1} = 4^{\frac{1}{2}}\sqrt{-1}.$$

En prenant

$$n = 8, \qquad \rho = e^{\frac{2\pi}{8}\sqrt{-1}} = e^{\frac{\pi}{4}\sqrt{-1}},$$

on trouvera :

$$\text{Ⓢ} = \rho + \rho^7 - \rho^3 - \rho^5 = 4\cos\frac{\pi}{4} = 8^{\frac{1}{2}}$$

ou

$$\text{Ⓢ} = \rho + \rho^3 - \rho^5 - \rho^7 = 4\sin\frac{\pi}{4}\sqrt{-1} = 8^{\frac{1}{2}}\sqrt{-1}.$$

En prenant

$$n = 24, \qquad \rho = e^{\frac{2\pi}{24}\sqrt{-1}} = e^{\frac{\pi}{12}\sqrt{-1}},$$

on trouvera : ou

$$\begin{aligned}\text{Ⓢ} &= \rho + \rho^5 + \rho^7 + \rho^{11} - \rho^{13} - \rho^{17} - \rho^{19} - \rho^{23}\\ &= (\rho^8 - \rho^{16})(\rho^3 + \rho^{21} - \rho^9 - \rho^{15})\\ &= \left(2\sin\frac{2\pi}{3}\sqrt{-1}\right)\left(4\cos\frac{\pi}{4}\right) = 3^{\frac{1}{2}}8^{\frac{1}{2}}\sqrt{-1} = 24^{\frac{1}{2}}\sqrt{-1},\end{aligned}$$

ou

$$\begin{aligned}\text{Ⓢ} &= \rho + \rho^5 + \rho^{19} + \rho^{23} - \rho^7 - \rho^{11} - \rho^{13} - \rho^{17}\\ &= (\rho^8 - \rho^{16})(\rho^{15} + \rho^{21} - \rho^3 - \rho^9)\\ &= \left(2\sin\frac{2\pi}{3}\sqrt{-1}\right)\left(-4\sin\frac{\pi}{4}\sqrt{-1}\right) = 3^{\frac{1}{2}}8^{\frac{1}{2}} = 24^{\frac{1}{2}}.\end{aligned}$$

. . . .

Nota. — Si, dans la somme alternée Ⓢ, formée comme on vient de le dire, on supposait précédé du signe + le terme représenté, non par la racine primitive

$$\rho = e^{\frac{2\pi}{n}\sqrt{-1}},$$

mais par la suivante

$$\rho = e^{\frac{2m\pi}{n}\sqrt{-1}},$$

m étant premier à n ; alors la somme alternée Ⓢ offrirait ou la valeur que fournit le théorème énoncé, ou cette même valeur prise en signe contraire, suivant que le nombre m ferait ou non partie du groupe des nombres ci-dessus représentés par

$$h, \quad h', \quad h'', \quad \ldots$$

(*voir*, pour la détermination de ces mêmes nombres, les pages 296 et 297).

Nous terminons cette Note par une observation qui n'est pas sans importance.

Supposons que, dans le cas où l'on prend

$$\rho = e^{\frac{2\pi}{n}\sqrt{-1}},$$

la somme alternée

$$(44) \qquad \omega = \rho^h + \rho^{h'} + \rho^{h''} + \ldots - \rho^k - \rho^{k'} - \rho^{k''} - \ldots$$

vérifie l'équation

$$\omega^2 = \pm n;$$

la même équation sera encore vérifiée quand on prendra

$$\rho = e^{\frac{2m\pi}{n}\sqrt{-1}},$$

si m est premier à n. Mais, si m cesse d'être premier à n, alors en prenant

$$\rho = e^{\frac{2m\pi}{n}\sqrt{-1}},$$

on trouvera toujours

$$(45) \qquad \omega = 0,$$

comme on va le faire voir.

Pour que la somme ω vérifie l'équation

$$\omega^2 = \pm n,$$

il est nécessaire, comme on l'a dit, que les facteurs impairs et premiers de n étant inégaux, le facteur pair, s'il existe, se réduise à l'un des nombres

$$4, \quad 8.$$

D'autre part, lorsque dans la formule

$$\rho = e^{\frac{2m\pi}{n}\sqrt{-1}},$$

m cessera d'être premier à n, ρ deviendra une des racines non primitives de l'équation

$$x^n = 1.$$

Donc alors, si n désigne un nombre premier impair, ou le nombre 4, ou le nombre 8, ρ se réduira, dans le premier cas, à l'unité ; dans le second cas, à l'une des racines

$$+ 1, \quad - 1$$

de l'équation

$$x^2 = 1;$$

dans le troisième cas, à l'une des racines

$$+ 1, \quad - 1, \quad + \sqrt{-1}, \quad - \sqrt{-1}$$

de l'équation

$$x^4 = 1.$$

Or, dans ces trois cas, la formule (2), que l'on doit, en supposant le terme ρ précédé du signe $+$, réduire, pour $n = 4$, à

$$\varpi = \rho - \rho^3,$$

et pour $n = 8$ à l'une des suivantes

$$\varpi = \rho + \rho^7 - \rho^3 - \rho^5, \qquad \varpi = \rho + \rho^3 - \rho^5 - \rho^7,$$

donnera évidemment

$$\varpi = 0.$$

Si maintenant on suppose

$$n = \nu \nu' \nu'' \ldots,$$

$\nu, \nu', \nu'', \ldots$ étant des facteurs dont chacun se réduise à un nombre impair et premier, soit à l'un des nombres 4, 8 ; alors la racine primitive

$$\rho = e^{\frac{2\pi}{n}\sqrt{-1}}$$

pourra être présentée sous la forme

$$\rho = \xi \eta \zeta \ldots,$$

$\xi, \eta, \zeta, \ldots$ désignant des racines primitives propres à vérifier respectivement les équations

$$x^\nu = 1, \quad x^{\nu'} = 1, \quad x^{\nu''} = 1, \quad \ldots$$

et la somme ω, formée avec les puissances de la racine primitive ρ, sera le produit des sommes alternées

$$\Delta, \quad \Delta', \quad \Delta'', \quad \ldots$$

respectivement formées avec les puissances des racines primitives

$$\xi, \quad \eta, \quad \zeta, \quad \ldots$$

Or, remplacer, dans la somme alternée

$$\omega = \Delta\Delta'\Delta''\ldots,$$

la racine primitive

$$p = e^{\frac{2\pi}{n}\sqrt{-1}}$$

par la racine non primitive

$$p = e^{\frac{2m\pi}{n}\sqrt{-1}},$$

revient à substituer, dans la somme ω, le produit

$$p^m = \xi^m \eta^m \zeta^m \ldots$$

au produit

$$p = \xi\eta\zeta\ldots;$$

par conséquent à substituer, dans les sommes $\Delta, \Delta', \Delta'', \ldots$,

$$\xi^m \text{ à } \xi, \quad \eta^m \text{ à } \eta, \quad \zeta^m \text{ à } \zeta, \quad \ldots$$

Or, en vertu de ces dernières substitutions, une ou plusieurs des sommes

$$\Delta, \quad \Delta', \quad \Delta'', \quad \ldots$$

s'évanouiront, suivant que le nombre m cessera d'être premier à un ou à plusieurs des facteurs

$$\nu, \quad \nu', \quad \nu'', \quad \ldots;$$

donc aussi la somme

$$\omega = \Delta\Delta'\Delta''\ldots$$

s'évanouira elle-même, et l'on pourra énoncer généralement la proposition suivante :

THÉORÈME II. — *Soient ρ une des racines primitives de l'équation*

$$x^n = 1$$

et

$$(46) \qquad \Theta = \rho^h + \rho^{h'} + \rho^{h''} + \ldots - \rho^k - \rho^{k'} - \rho^{k''} \ldots$$

une somme alternée de ces racines qui vérifie la condition

$$\Theta^2 = \pm n.$$

Si, dans cette somme alternée, on substitue à la racine primitive ρ une racine non primitive, en prenant par exemple

$$\rho = e^{\frac{2m\pi}{n}\sqrt{-1}},$$

et supposant que le nombre m cesse d'être premier à n, la valeur de la somme Θ, que déterminera la formule (11), sera

$$\Theta = 0.$$

NOTE XII.

FORMULES DIVERSES QUI SE DÉDUISENT DES PRINCIPES ÉTABLIS
DANS LA NOTE PRÉCÉDENTE.

Soient toujours :

n un nombre entier quelconque ;

$h, k, l, \ldots$ les entiers inférieurs à n et premiers à n ;

ρ l'une des racines primitives de l'équation

$$(1) \qquad x^n = 1$$

et

$$(2) \qquad \Theta = \rho^h + \rho^k + \rho^{h'} + \ldots - \rho^l - \rho^{k'} - \rho^{h'} - \ldots$$

une somme alternée formée avec ces racines primitives, les entiers

$$h, \quad k, \quad l, \quad \ldots$$

étant partagés en deux groupes

$$h, \ h', \ h'', \ \ldots \qquad \text{et} \qquad k, \ k', \ k'', \ \ldots,$$

de telle manière qu'un changement opéré dans la valeur de la racine primitive ρ puisse produire un changement de signe dans la somme ω, sans avoir jamais d'autre effet sur cette somme, et que l'unité fasse partie du groupe

$$h, \ h', \ h'', \ \ldots.$$

Enfin, considérons spécialement le cas où la somme ω vérifie la condition

$$(3) \qquad\qquad \omega^2 = \pm n;$$

ce qui suppose les facteurs impairs de n inégaux, le facteur pair, s'il existe, étant l'un des nombres 4, 8. Si l'on pose

$$(4) \qquad\qquad \rho = e^{\frac{2\pi}{n}\sqrt{-1}},$$

on aura, en vertu du premier théorème de la Note précédente : ou

$$(5) \qquad\qquad \omega^2 = n \qquad \text{et} \qquad \omega = n^{\frac{1}{2}},$$

ou

$$(6) \qquad\qquad \omega^2 = -n \qquad \text{et} \qquad \omega = n^{\frac{1}{2}}\sqrt{-1},$$

les équations (5) étant relatives au cas où n est de l'une des formes

$$4x+1, \quad 4(4x+3), \quad 8(4x+1),$$

et les équations (6), au cas où n est de l'une des formes

$$4x+3, \quad 4(4x+1), \quad 8(4x+3).$$

D'ailleurs, en vertu des formules (3), (4), la seconde des équations (5) donnera

$$(7) \quad \left\{ \begin{aligned} \cos\frac{2h\pi}{n} + \cos\frac{2h'\pi}{n} + \ldots - \cos\frac{2k\pi}{n} - \cos\frac{2k'\pi}{n} - \ldots &= n^{\frac{1}{2}}, \\ \sin\frac{2h\pi}{n} + \sin\frac{2h'\pi}{n} + \ldots - \sin\frac{2k\pi}{n} - \sin\frac{2k'\pi}{n} - \ldots &= 0; \end{aligned} \right.$$

et la seconde des formules (6) donnera

$$(8) \quad \begin{cases} \cos\dfrac{2h\pi}{n} + \cos\dfrac{2h'\pi}{n} + \ldots - \cos\dfrac{2k\pi}{n} - \cos\dfrac{2k'\pi}{n} - \ldots = 0, \\[2ex] \sin\dfrac{2h\pi}{n} + \sin\dfrac{2h'\pi}{n} + \ldots - \sin\dfrac{2k\pi}{n} - \sin\dfrac{2k'\pi}{n} - \ldots = n^{\frac{1}{2}}. \end{cases}$$

Il y a plus : si, m étant un nombre impair premier à n, on pose

$$(9) \quad \rho = e^{\frac{2m\pi}{n}\sqrt{-1}},$$

alors, en désignant par ι_m un coefficient qui se réduise à

$$+1 \quad \text{ou à} \quad -1,$$

suivant que le nombre m fait partie du groupe

$$h, \quad h', \quad h'', \quad \ldots$$

ou du groupe

$$k, \quad k', \quad k'', \quad \ldots,$$

on aura, en vertu des principes établis dans la Note précédente : ou

$$(10) \quad \Theta = \iota_m \theta^{\frac{1}{2}},$$

et, par suite,

$$(11) \quad \begin{cases} \cos\dfrac{2mh\pi}{n} + \cos\dfrac{2mh'\pi}{n} + \ldots - \cos\dfrac{2mk\pi}{n} - \cos\dfrac{2mk'\pi}{n} - \ldots = \iota_m n^{\frac{1}{2}}, \\[2ex] \sin\dfrac{2mh\pi}{n} + \sin\dfrac{2mh'\pi}{n} + \ldots - \sin\dfrac{2mk\pi}{n} - \sin\dfrac{2mk'\pi}{n} - \ldots = 0, \end{cases}$$

ou

$$(12) \quad \Theta = \iota_m n^{\frac{1}{2}} \sqrt{-1},$$

et, par suite,

$$(13) \quad \begin{cases} \cos\dfrac{2mh\pi}{n} + \cos\dfrac{2mh'\pi}{n} + \ldots - \cos\dfrac{2mk\pi}{n} - \cos\dfrac{2mk'\pi}{n} - \ldots = 0, \\[2ex] \sin\dfrac{2mh\pi}{n} + \sin\dfrac{2mh'\pi}{n} + \ldots - \sin\dfrac{2mk\pi}{n} - \cos\dfrac{2mk'\pi}{n} - \ldots = \iota_m n^{\frac{1}{2}}. \end{cases}$$

On aura d'ailleurs : 1° si n est impair,

$$(14) \qquad \iota_m = \left[\frac{m}{n} \right];$$

2° si n est divisible par 4, mais non par 8,

$$(15) \qquad \iota_m = (-1)^{\frac{m-1}{2}} \left[\frac{m}{\frac{1}{4}n} \right];$$

3° si n est divisible par 8, et de la forme $8(4x+1)$, la valeur ω étant fournie par l'équation (10), ou de la forme $8(4x+3)$, la valeur de ω étant fournie par l'équation (12),

$$(16) \qquad \iota_m = (-1)^{\frac{m^2-1}{8}} \left[\frac{m}{\frac{1}{8}n} \right];$$

4° enfin, si n est divisible par 8 et de la forme $8(4x+3)$, la valeur de ω étant fournie par l'équation (10), ou de la forme $8(4x+1)$, la valeur de ω étant fournie par l'équation (12),

$$(17) \qquad \iota_m = (-1)^{\frac{(m-1)(m-3)}{8}} \left[\frac{m}{\frac{1}{8}n} \right].$$

M. Gauss est parvenu le premier aux formules (11) et (13), qu'il a données en 1801, dans ses *Recherches arithmétiques* [§ 356], pour le cas où n est un nombre premier, mais sans déterminer le signe du coefficient ι_m, dont la valeur numérique se réduit à l'unité. C'est dans le Mémoire intitulé *Summatio serierum quarumdam singularium* que le même géomètre, en reproduisant les formules (11) et (13), les a déduites d'une méthode qui lui a permis de fixer le signe de ι_m.

Si, dans la valeur de ϱ, que fournit l'équation (9), le nombre m cessait d'être premier à n, alors, en vertu du théorème II de la Note précédente, la somme alternée ω, que détermine la formule (2), se réduirait à

$$(18) \qquad \omega = 0;$$

et, par suite, on aurait simultanément

$$
(19) \quad
\begin{cases}
\cos\dfrac{2mh\pi}{n} + \cos\dfrac{2mh'\pi}{n} + \ldots - \cos\dfrac{2mk\pi}{n} - \cos\dfrac{2mk'\pi}{n} - \ldots = 0, \\[2ex]
\sin\dfrac{2mh\pi}{n} + \sin\dfrac{2mh'\pi}{n} - \ldots - \sin\dfrac{2mk\pi}{n} - \sin\dfrac{2mk'\pi}{n} - \ldots = 0.
\end{cases}
$$

Donc, si l'on veut étendre les formules (11) et (13) au cas où les nombres m et n cessent d'être premiers entre eux, il suffira d'admettre que, dans ce cas, la valeur du coefficient représenté par t_m est nulle et vérifie l'équation

$$
(20) \qquad t_m = 0.
$$

Avant d'aller plus loin, nous rappellerons ici qu'en vertu des conditions énoncées à la page 296 et à la page 297, les deux nombres

$$
l, \quad n - l \equiv - l \quad (\mathrm{mod}.\, n)
$$

et, par suite, les deux nombres

$$
l, \quad n - l \equiv - l \quad (\mathrm{mod}.\, n),
$$

l étant inférieur à n, mais premier à n, appartiendront à un seul des deux groupes

$$
h, \ h', \ h'', \ \ldots \quad \text{et} \quad k, \ k', \ k'', \ \ldots,
$$

ou l'un au premier de ces groupes, l'autre au second, suivant que la somme alternée s sera déterminée par la formule (10) ou par la formule (12). Donc, si l'on représente par

$$
h, \ h', \ h'', \ \ldots \quad \text{ou par} \quad k, \ k', \ k'', \ \ldots
$$

les seules valeurs de h ou de k inférieures à $\tfrac{1}{2}n$, alors, dans la somme alternée s que détermine la formule (10), le système entier des valeurs de h pourra être représenté par

$$
h, \ h', \ h'', \ \ldots, \ n - h, \ n - h', \ n - h'', \ \ldots,
$$

et le système entier des valeurs de k par

$$
k, \ k', \ k'', \ \ldots, \ n - k, \ n - k', \ n - k'', \ \ldots;
$$

mais, au contraire, dans la somme alternée ω que détermine la formule (12), le système entier des valeurs de h pourra être représenté par

$$h, \quad h', \quad h'', \quad \ldots, \quad n-k, \quad n-k', \quad n-k'', \quad \ldots,$$

et le système entier des valeurs de k par

$$k, \quad k', \quad k'', \quad \ldots, \quad n-h, \quad n-h', \quad n-h'', \quad \ldots.$$

Comme on aura d'ailleurs généralement

$$\rho^{n-i} = \rho^{-i},$$

il est clair qu'à la place de la formule (2) on obtiendra, dans le premier cas, l'équation

$$(21) \qquad \omega = \rho^h + \rho^{-h} + \rho^{h'} + \rho^{-h'} + \ldots - \rho^k - \rho^{-k} - \rho^{k'} - \rho^{-k'} - \ldots$$

et, dans le second cas, l'équation

$$(22) \qquad \omega = \rho^h - \rho^{-h} + \rho^{h'} - \rho^{-h'} + \ldots - \rho^k + \rho^{-k} - \rho^{k'} + \rho^{-k'} - \ldots$$

Par suite, on pourra facilement constater l'exactitude de la seconde des formules (14) qui se trouvera remplacée par une équation identique, comme la première des formules (13), tandis que la première des formules (11) se trouvera réduite à

$$(23) \quad \cos\frac{2mh\pi}{n} + \cos\frac{2mh'\pi}{n} + \ldots - \cos\frac{2mk\pi}{n} - \cos\frac{2mk'\pi}{n} - \ldots = \frac{1}{2}\iota_m n^{\frac{1}{2}},$$

et la seconde des formules (13) à

$$(24) \quad \sin\frac{2mh\pi}{n} + \sin\frac{2mh'\pi}{n} + \ldots - \sin\frac{2mk\pi}{n} - \sin\frac{2mk'\pi}{n} - \ldots = \frac{1}{2}\iota_m n^{\frac{1}{2}}.$$

Des observations que nous venons de faire on déduit encore une conclusion qui peut être aisément vérifiée à l'aide des formules (14), (15), (16), (17); savoir, que l'on a généralement

$$(25) \qquad \iota_{-i} = \iota_{(i)}, \qquad \iota_{-m} = \iota_{(m)},$$

quand la somme alternée ω satisfait à l'équation (10), et

$$(26) \qquad \iota_{-i} = -\iota_{(i)}, \qquad \iota_{-m} = -\iota_{(m)},$$

quand la somme alternée ω satisfait à l'équation (12). On peut aussi,
à l'aide des formules (14), (15), (16), (17), s'assurer facilement que,
si l'entier m est décomposable en deux facteurs premiers ou non premiers μ, μ', l'équation

$$(27) \qquad m = \mu\mu'$$

entraînera la suivante

$$(28) \qquad t_m = t_\mu t_{\mu'}.$$

Pareillement une équation de la forme

$$(29) \qquad m = \mu\mu'\mu''\ldots$$

entraînerait la suivante

$$(30) \qquad t_m = t_\mu t_{\mu'} t_{\mu''}\ldots$$

Soit maintenant N le nombre des entiers

$$h, \quad h, \quad l, \quad \ldots$$

inférieurs à n, mais premiers à n. Ceux d'entre eux qui ne surpasse-
ront pas $\frac{1}{2} n$ seront en nombre égal à $\frac{N}{2}$, et, parmi ces derniers, les uns,
dont nous désignerons le nombre par i, seront ceux que représentent,
dans les formules (23), (24), les lettres h, h' . . . . , tandis que les autres,
dont nous désignerons le nombre par j, seront ceux que représentent,
dans les mêmes formules, les lettres k, k' , ... Cela posé, on aura nécessairement

$$(31) \qquad i + j = \frac{N}{2}.$$

D'autre part, dans la somme alternée ω, le nombre des termes affectés
du signe $+$ est égal au nombre des termes affectés du signe $-$, par
conséquent à la moitié du nombre total des termes ou à $\frac{1}{2}$ N. Or, comme
la somme alternée ω, lorsqu'elle vérifiera la formule (10), offrira une
valeur déterminée par l'équation (21), on aura nécessairement dans

cette hypothèse

$$\varkappa i = \frac{N}{2}, \qquad \varkappa j = \frac{N}{2}$$

et, par suite,

$$(32) \qquad\qquad i = j = \frac{N}{2}.$$

Des formules (11) et (13), ou (23) et (24), combinées avec les équations connues qui servent à développer les fonctions en séries ordonnées suivant les sinus ou les cosinus des multiples d'un arc, on déduit aisément divers résultats dignes de remarque, et en particulier ceux que M. Dirichlet a obtenus, à l'aide de semblables combinaisons, dans plusieurs Mémoires qui ont attiré l'attention des géomètres. Concevons, par exemple, que l'on combine les formules (11) et (13), ou, ce qui revient au même, les formules (10) et (12), avec l'équation

$$(33) \quad \left\{ \begin{aligned} n\, \mathrm{f}(x) &= \int_0^a \mathrm{f}(u)\,du + 2\int_0^a \cos\frac{2\pi(x-u)}{a}\,\mathrm{f}(u)\,du \\ &\qquad + 2\int_0^a \cos\frac{4\pi(x-u)}{a}\,\mathrm{f}(u)\,du + \dots, \end{aligned} \right.$$

que l'on déduit de la formule (77) de la page 357 [1] du deuxième Volume des *Exercices de Mathématiques*, en y remplaçant

$$a \text{ par } n, \qquad x_0 \text{ par } 0, \qquad X \text{ par } a,$$

et qui subsiste, pour des valeurs de x inférieures à n, entre les limites $x = 0$, $x = a$ de la variable x, dans le cas où la fonction $\mathrm{f}(x)$ reste continue entre ces limites. Comme, en prenant

$$(34) \qquad\qquad \omega = \frac{2\pi}{n},$$

on aura généralement

$$\cos\frac{2\,m\pi(x-u)}{n} = \cos m\omega(x-u) = \cos m\omega x \cos m\omega u + \sin m\omega x \sin m\omega u,$$

[1] *OEuvres de Cauchy*, S. II, T. VII, p. 410.

si l'on suppose la quantité a positive et supérieure à $n - 1$, mais inférieure à n, on tirera de la formule (33) jointe à la formule (10) ou (12) :

1° en admettant que la somme alternée ϖ soit déterminée par la formule (10), et que l'on ait en conséquence $\iota_{-m} = \iota_m$,

$$(35) \quad \begin{cases} \frac{1}{2} a^{\frac{1}{2}} [f(h) + f(h') + \ldots - f(k) - f(k') - \ldots] \\ = \iota_1 \int_0^a \cos \varpi u\, f(u)\, du + \iota_2 \int_0^a \cos 2\varpi u\, f(u)\, du \\ \qquad + \iota_3 \int_0^a \cos 3\varpi u\, f(u)\, du + \ldots; \end{cases}$$

2° en admettant que la somme alternée ϖ soit déterminée par la formule (12), et que l'on ait par suite $\iota_{-m} = -\iota_m$,

$$(36) \quad \begin{cases} \frac{1}{2} a^{\frac{1}{2}} [f(h) + f(h') + \ldots - f(k) - f(k') - \ldots] \\ = \iota_1 \int_0^a \sin \varpi u\, f(u)\, du + \iota_2 \int_0^a \sin 2\varpi u\, f(u)\, du \\ \qquad + \iota_3 \int_0^a \sin 3\varpi u\, f(u)\, du + \ldots. \end{cases}$$

Les formules (35) et (36) supposent, comme les formules (11) et (13), que $h, h', h'', \ldots$ représentent les diverses valeurs de h, et $k, k', k'', \ldots$ les diverses valeurs de k, renfermées entre les limites $0, a$. D'ailleurs, en vertu de l'équation (20), on doit, dans les seconds membres des formules (35) et (36), remplacer par zéro le terme général ι_m de la suite

$$\iota_1, \quad \iota_2, \quad \iota_3, \quad \ldots,$$

toutes les fois que le nombre entier m cesse d'être premier à n.

On peut remarquer encore que l'on a, pour des valeurs quelconques de ϖ,

$$(37) \quad \int_0^a \cos m\varpi u\, du = \frac{\sin m\varpi a}{m\varpi}, \qquad \int_0^a \sin m\varpi u\, du = \frac{1 - \cos m\varpi a}{m\varpi}.$$

Or, de ces dernières équations, différentiées l fois par rapport à ϖ, on conclut : 1° pour des valeurs paires de l,

$$(38) \quad \begin{cases} \displaystyle\int_0^a u^l \cos m\omega u\, du = \frac{(-1)^{\frac{l}{2}}}{m^l} \mathrm{D}_\omega^l \frac{\sin m\omega a}{m\omega}, \\[2ex] \displaystyle\int_0^a u^l \sin m\omega u\, du = \frac{(-1)^{\frac{l}{2}}}{m^l} \mathrm{D}_\omega^l \frac{1 - \cos m\omega a}{m\omega}; \end{cases}$$

2° pour des valeurs impaires de l,

$$(39) \quad \begin{cases} \displaystyle\int_0^a u^l \cos m\omega u\, du = \frac{(-1)^{\frac{l-1}{2}}}{m^l} \mathrm{D}_\omega^l \frac{1 - \cos m\omega a}{m\omega}, \\[2ex] \displaystyle\int_0^a u^l \sin m\omega u\, du = \frac{(-1)^{\frac{l+1}{2}}}{m^l} \mathrm{D}_\omega^l \frac{\sin m\omega a}{m\omega}, \end{cases}$$

la notation D_ω^l indiquant l différentiations relatives à ω. Cela posé, on pourra aisément faire disparaître les signes d'intégration contenus dans les seconds membres des formules (35), (36), toutes les fois que $\mathrm{f}(x)$ représentera une fonction entière de x, composée d'un nombre fini ou même infini de termes. Si cette fonction entière est de plus une fonction paire de x, on tirera de la formule (35), jointe à la première des formules (38),

$$(40) \quad \begin{aligned} &\tfrac{1}{2} n^{\frac{1}{2}} [\mathrm{f}(h) + \mathrm{f}(h') + \ldots - \mathrm{f}(k) - \mathrm{f}(k') - \ldots] \\ &= \iota_1 \mathrm{f}(\sqrt{-1}\,\mathrm{D}\omega) \frac{\sin \omega a}{\omega} + \iota_2 \mathrm{f}\!\left(\frac{\sqrt{-1}}{3}\,\mathrm{D}\omega\right) \frac{\sin 2\omega a}{2\omega} \\ &\qquad + \iota_3 \mathrm{f}\!\left(\frac{\sqrt{-1}}{3}\,\mathrm{D}\omega\right) \frac{\sin 3\omega a}{3\omega} + \ldots, \end{aligned}$$

ou de la formule (36), jointe à la seconde des formules (38),

$$(41) \quad \begin{aligned} &\tfrac{1}{2} n^{\frac{1}{2}} [\mathrm{f}(h) + \mathrm{f}(h') + \ldots - \mathrm{f}(k) - \mathrm{f}(k') - \ldots] \\ &= \iota_1 \mathrm{f}(\sqrt{-1}\,\mathrm{D}\omega) \frac{1 - \cos \omega a}{\omega} + \iota_2 \mathrm{f}\!\left(\frac{\sqrt{-1}}{3}\,\mathrm{D}\omega\right) \frac{1 - \cos 2\omega a}{2\omega} \\ &\qquad + \iota_3 \mathrm{f}\!\left(\frac{\sqrt{-1}}{3}\,\mathrm{D}\omega\right) \frac{1 - \cos 3\omega a}{3\omega} + \ldots. \end{aligned}$$

Si au contraire $f(x)$ est une fonction impaire de x, on tirera de la formule (35), jointe à la première des formules (39),

$$(42)\quad\left\{\begin{aligned}&\tfrac{1}{2}n^{\frac12}\sqrt{-1}\,[f(h)+f(h')+\ldots-f(k)-f(k')-\ldots]\\&\quad=\iota_1 f(\sqrt{-1}\,D_\omega)\frac{1-\cos\omega a}{\omega}+\iota_2 f\left(\frac{\sqrt{-1}}{2}D_\omega\right)\frac{1-\cos 2\omega a}{2\omega}\\&\qquad+\iota_3 f\left(\frac{\sqrt{-1}}{3}D_\omega\right)\frac{1-\cos 3\omega a}{3\omega}+\ldots,\end{aligned}\right.$$

ou de la formule (36), jointe à la seconde des formules (39),

$$(43)\quad\left\{\begin{aligned}&-\tfrac{1}{2}n^{\frac12}\sqrt{-1}\,[f(h)+f(h')+\ldots-f(k)-f(k')-\ldots]\\&\quad=\iota_1 f(\sqrt{-1}\,D_\omega)\frac{\sin\omega a}{\omega}+\iota_2 f\left(\frac{\sqrt{-1}}{2}D_\omega\right)\frac{\sin 2\omega a}{2\omega}\\&\qquad+\iota_3 f\left(\frac{\sqrt{-1}}{3}D_\omega\right)\frac{\sin 3\omega a}{3\omega}+\ldots.\end{aligned}\right.$$

Au reste, les formules (40), (41), (42), (43) sont comprises comme cas particuliers dans celles que nous allons établir.

Si, dans le second membre de l'équation (35), on transforme les cosinus en exponentielles imaginaires, on tirera de cette équation, en prenant pour $f(x)$ une fonction entière de x

$$\begin{aligned}&n^{\frac12}[f(h)+f(h')+\ldots-f(k)-f(k')-\ldots]\\&\quad=\iota_1 f(\sqrt{-1}\,D_\omega)\int_0^a e^{-\omega u\sqrt{-1}}\,du+\iota_2 f\left(\frac{\sqrt{-1}}{2}D_\omega\right)\int_0^a e^{-2\omega u\sqrt{-1}}\,du+\ldots\\&\qquad+\iota_1 f(-\sqrt{-1}\,D_\omega)\int_0^a e^{\omega u\sqrt{-1}}\,du+\iota_2 f\left(-\frac{\sqrt{-1}}{2}D_\omega\right)\int_0^a e^{2\omega u\sqrt{-1}}\,du+\ldots,\end{aligned}$$

et, par suite,

$$(44)\quad\left\{\begin{aligned}&n^{\frac12}[f(h)+f(h')+\ldots-f(k)-f(k')-\ldots]\\&\quad=\iota_1 f(\sqrt{-1}\,D_\omega)\frac{1-e^{-\omega a\sqrt{-1}}}{\omega\sqrt{-1}}+\iota_2 f\left(\frac{\sqrt{-1}}{2}D_\omega\right)\frac{1-e^{-2\omega a\sqrt{-1}}}{2\omega\sqrt{-1}}+\ldots\\&\qquad+\iota_1 f(-\sqrt{-1}\,D_\omega)\frac{e^{\omega a\sqrt{-1}}-1}{\omega\sqrt{-1}}+\iota_2 f\left(-\frac{\sqrt{-1}}{2}D_\omega\right)\frac{e^{2\omega a\sqrt{-1}}-1}{2\omega\sqrt{-1}}+\ldots.\end{aligned}\right.$$

On tirera au contraire de l'équation (36)

$$\frac{1}{\sqrt{-1}}\, n^{\frac{1}{2}}[\,f(h) + f(h') + \ldots - f(k) - f(k') - \ldots]$$

$$= \iota_1 f\left(\sqrt{-1}\, D\omega\right)\int_0^a e^{-\omega a\sqrt{-1}}\,du + \iota_2 f\left(\frac{\sqrt{-1}}{2}\, D\omega\right)\int_0^a e^{-2\omega a\sqrt{-1}}\,du + \ldots$$

$$- \iota_1 f\left(-\sqrt{-1}\, D\omega\right)\int_0^a e^{\omega a\sqrt{-1}}\,du - \iota_2 f\left(-\frac{\sqrt{-1}}{2}\, D\omega\right)\int_0^a e^{2\omega a\sqrt{-1}}\,du - \ldots$$

et, par suite,

$$(45)\quad \left\{\begin{aligned}
& n^{\frac{1}{2}}[\,f(h) + f(h') + \ldots - f(k) - (k') - \ldots]\\
&= \iota_1 f\left(\sqrt{-1}\, D\omega\right)\frac{1 - e^{-\omega a\sqrt{-1}}}{\omega} + \iota_2 f\left(\frac{\sqrt{-1}}{2}\, D\omega\right)\frac{1 - e^{-2\omega a\sqrt{-1}}}{2\omega} + \ldots\\
&\quad - \iota_1 f\left(-\sqrt{-1}\, D\omega\right)\frac{1 - e^{\omega a\sqrt{-1}}}{\omega} + \iota_2 f\left(-\frac{\sqrt{-1}}{2}\, D\omega\right)\frac{1 - e^{2\omega a\sqrt{-1}}}{2\omega} + \ldots
\end{aligned}\right.$$

On ne doit pas oublier que les formules (40), (42), (44) correspondent à l'équation (10), et les formules (41), (43), (45) à l'équation (12). Dans ces diverses formules, la quantité a doit être non seulement positive, mais supérieure à $n-1$ et inférieure à n. On peut même supposer qu'elle atteint la limite n, et, dans cette hypothèse, après avoir effectué les différentiations relatives à ω, on verra le produit ωa se réduire à 2π, et les exponentielles de la forme

$$e^{-m\omega a\sqrt{-1}} \qquad \text{ou} \qquad e^{m\omega a\sqrt{-1}}$$

à l'unité.

Pour montrer une application des formules qui précèdent, concevons que, m étant un nombre entier quelconque, l'on pose

$$f(x) = x^m,$$

et faisons, pour abréger,

$$(46)\qquad \Delta_m = h^m + h'^m + \ldots - k^m - k'^m - \ldots.$$

On tirera des formules (40) ou (41), pour des valeurs paires de m :
1° en supposant $\omega^2 = n$,

$$(47)\quad (-1)^{\frac{m}{2}}\frac{1}{2}\, n^{\frac{1}{2}}\Delta_m = D_\omega^m\left(\iota_1\frac{\sin\omega a}{\omega} + \frac{\iota_2}{2^m}\frac{\sin 2\omega a}{2\omega} + \frac{\iota_3}{3^m}\frac{\sin 3\omega a}{3\omega} + \ldots\right);$$

2° en supposant $\omega^2 = -n$.

$$(48) \quad (-1)^{\frac{m}{2}} \frac{1}{2} n^2 \Delta_m = D_\omega^m \left(\iota_1 \frac{1-\cos\omega a}{\omega} + \frac{\iota_2}{2^m} \frac{1-\cos 2\omega a}{2\omega} + \frac{\iota_3}{3^m} \frac{1-\cos 3\omega a}{3\omega} + \dots \right).$$

On tirera au contraire des formules (42) et (43), pour des valeurs impaires de m : 1° en supposant $\omega = n$,

$$(49) \quad (-1)^{\frac{m-1}{2}} \frac{1}{2} n^2 \Delta_m = D_\omega^m \left(\iota_1 \frac{1-\cos\omega a}{\omega} + \frac{\iota_2}{2^m} \frac{1-\cos 2\omega a}{2\omega} + \frac{\iota_3}{3^m} \frac{1-\cos 3\omega a}{3\omega} + \dots \right);$$

2° en supposant $\omega^2 = -n$.

$$(50) \quad (-1)^{\frac{m+1}{2}} \frac{1}{2} n \Delta_m = D_\omega^m \left(\iota_1 \frac{\sin\omega a}{\omega} + \frac{\iota_2}{2^m} \frac{\sin 2\omega a}{2\omega} + \frac{\iota_3}{3^m} \frac{\sin 3\omega a}{2\omega} + \dots \right).$$

D'ailleurs, Ω désignant une fonction quelconque de ω, on aura généralement

$$D_\omega^m (\omega^{-1} \Omega) = \Omega D_\omega^m \omega^{-1} + \frac{m}{1} D_\omega \Omega D_\omega^{m-1} \omega^{-1} + \frac{m(m-1)}{1.2} D_\omega^2 \Omega D_\omega^{m-2} \omega^{-1} + \dots,$$

et, par suite,

$$D_\omega^m (\omega^{-1} \Omega) = (-1)^m \frac{1.2.3\dots m}{\omega^{m+1}} \left(\Omega - \frac{\omega}{1} D_\omega \Omega + \frac{\omega^2}{1.2} D_\omega^2 \Omega - \dots \pm \frac{\omega^m}{1.2\dots m} D_\omega^m \Omega \right).$$

Donc, en désignant par l un nombre entier quelconque, et posant, après les différentiations,

$$a = n, \qquad \omega = \frac{2\pi}{n}, \qquad a\omega = 2\pi,$$

on trouvera, pour des valeurs paires de m,

$$D_\omega^m \frac{\sin l\omega a}{\omega} = -n^{m+1} \left[\frac{2.3\dots m}{(2\pi)^m} l - \frac{4.5\dots m}{(2\pi)^{m-2}} l^3 + \dots \pm \frac{m}{2\pi} l^{m-1} \right],$$

$$D_\omega^m \frac{1-\cos l\omega a}{\omega} = n^{m-1} \left[\frac{3.4\dots m}{(2\pi)^{m-1}} l^2 - \frac{5.6\dots m}{(2\pi)^{m-3}} l^4 + \dots \pm \frac{1}{2\pi} l^m \right],$$

et, pour des valeurs impaires de m,

$$D_\omega^m \frac{\sin l\omega a}{\omega} = n^{m-1} \left[\frac{2.3\dots m}{(2\pi)^m} l - \frac{4.5\dots m}{(2\pi)^{m-2}} l^3 + \dots \pm \frac{1}{2\pi} l^m \right],$$

$$D_\omega^m \frac{1-\cos l\omega a}{\omega} = -n^{m+1} \left[\frac{3.4\dots m}{(2\pi)^{m-1}} l^2 - \frac{5.6\dots m}{(2\pi)^{m-3}} l^4 + \dots \pm \frac{m}{(2\pi)^2} l^{m-1} \right].$$

Donc, si l'on pose, pour abréger,

$$\mathfrak{d}_1 = \iota_1 + \frac{\iota_2}{2} + \frac{\iota_3}{3} + \dots, \qquad \mathfrak{d}_2 = \iota_1 + \frac{\iota_2}{2^2} + \frac{\iota_3}{3^2} + \dots$$

et généralement

$$(51) \qquad \mathfrak{d}_m = \iota_1 + \frac{\iota_2}{2^m} + \frac{\iota_3}{3^m} + \frac{\iota_4}{4^m} + \frac{\iota_5}{5^m} + \dots$$

on tirera des formules (47) et (49), en supposant $\omega^2 = n$: 1° pour des valeurs paires de m,

$$(52) \quad \Delta_m = 2n^{m+\frac{1}{2}}\left[\frac{m}{(2\pi)^2}\mathfrak{d}_2 - \frac{(m-2)(m-1)m}{(2\pi)^4}\mathfrak{d}_m + \dots \pm \frac{2.3.4\dots m}{(2\pi)^m}\mathfrak{d}_m\right];$$

2° pour des valeurs impaires de m,

$$(53) \quad \Delta_m = 2n^{m+\frac{1}{2}}\left[\frac{m}{(2\pi)^2}\mathfrak{d}_2 - \frac{(m-2)(m-1)m}{(2\pi)^4}\mathfrak{d}_m + \dots \pm \frac{3.4\dots m}{(2\pi)^{m-1}}\mathfrak{d}_{m-1}\right];$$

mais, en supposant $\omega^2 = -n$, on tirera des formules (48) et (50) : 1° pour des valeurs paires de m,

$$(54) \quad \Delta_m = -2n^{m+\frac{1}{2}}\left[\frac{1}{2\pi}\mathfrak{d}_1 - \frac{(m-1)m}{(2\pi)^3}\mathfrak{d}_3 + \dots \pm \frac{3.4\dots m}{(2\pi)^{m-1}}\mathfrak{d}_{m-1}\right];$$

2° pour des valeurs impaires de m.

$$(55) \quad \Delta_m = -2n^{m+\frac{1}{2}}\left[\frac{1}{2\pi}\mathfrak{d}_1 - \frac{(m-1)m}{(2\pi)^3}\mathfrak{d}_3 + \dots \pm \frac{2.3.4\dots m}{(2\pi)^m}\mathfrak{d}_m\right].$$

Ainsi, en supposant $\omega^2 = n$, on trouvera successivement

$$(56) \qquad \Delta_0 = 0, \quad \Delta_1 = 0, \quad \Delta_2 = \frac{\mathfrak{d}_2}{\pi^2}n^{\frac{5}{2}}, \quad \Delta_3 = \frac{3}{2}\frac{\mathfrak{d}_3}{\pi^2}n^{\frac{7}{2}}, \quad \dots$$

tandis qu'en supposant $\omega^2 = -n$, on trouvera

$$(57) \quad \Delta_0 = 0, \quad \Delta_1 = -\frac{\mathfrak{d}_1}{\pi}n^{\frac{3}{2}}, \quad \Delta_2 = -\frac{\mathfrak{d}_1}{\pi}n^{\frac{5}{2}}, \quad \Delta_3 = -\left(\frac{3}{2}\frac{\mathfrak{d}_3}{\pi^3} - \frac{\mathfrak{d}_1}{\pi}\right)n^{\frac{7}{2}}, \quad \dots$$

Comme on a d'ailleurs

$$\begin{aligned}
\Delta_0 &= h^0 + h'^0 + \ldots - k^0 - k'^0 - \ldots,\\
\Delta_1 &= h + h' + \ldots - k - k' - \ldots,\\
\Delta_2 &= h^2 + h'^2 + \ldots - k^2 - k'^2 - \ldots,\\
\Delta_3 &= h^3 + h'^3 + \ldots - k^3 - k'^3 - \ldots,\\
&\ldots\ldots\ldots\ldots\ldots\ldots\ldots\ldots\ldots\ldots,
\end{aligned}$$

il est clair que les équations (56) ou (57) feront connaître les différences qu'on obtient, quand du nombre des valeurs diverses de h, ou de la somme de ces valeurs, ou de la somme de leurs carrés, de leurs cubes, etc., on retranche le nombre des valeurs de k, ou la somme de ces valeurs, ou la somme de leurs carrés, de leurs cubes, etc. On conclura en particulier de la première des équations (56) ou (57), c'est-à-dire de la formule

$$\Delta_0 = 0,$$

que le nombre des valeurs de h est toujours, comme nous le savions d'avance, égal au nombre des valeurs de k. On conclura en outre de la seconde des équations (56) que, dans le cas où ω vérifiera la condition

$$\omega^2 = n,$$

la somme des diverses valeurs de h équivaut à la somme des diverses valeurs de k. C'est au reste ce qu'il était facile de prévoir, puisque alors les valeurs de h étant deux à deux de la forme

$$l, \quad n - l,$$

la somme de ces valeurs doit se réduire, en même temps que la somme des valeurs de k, au produit

$$\frac{1}{2}\,\frac{N}{2}\,n = \frac{nN}{4}.$$

Ainsi, par exemple, si l'on prend $n = 5$, on aura $N = 4$,

$$\omega = \rho + \rho^4 - \rho^2 - \rho^3,$$

$$h + h' = 1 + 4, \qquad k + k' = 2 + 3,$$

$$h + h' = k + k' = \frac{4.5}{4} = 5.$$

Pareillement, si l'on prend $n = 21 = 3.7$, on aura $N = 2.6 = 12$,

$$\varpi = \rho + \rho^4 + \rho^8 + \rho^{16} + \rho^{17} + \rho^{20} - \rho^2 - \rho^5 - \rho^{10} - \rho^{11} - \rho^{13} - \rho^{19},$$
$$h + h' + \ldots = 1 + 4 + 5 + 16 + 17 + 20,$$
$$k + k' + \ldots = 2 + 8 + 10 + 11 + 13 + 19,$$
$$h + h' + \ldots = k + k' + \ldots = 3.21 = \frac{12.21}{4}.$$

Il importe d'observer que, parmi les valeurs de δ_m, les seules quantités

$$\delta_2, \quad \delta_4, \quad \delta_6, \quad \ldots$$

entrent dans les seconds membres des formules (56), et les seules quantités

$$\delta_1, \quad \delta_3, \quad \delta_5, \quad \ldots$$

dans les seconds membres des formules (57). Il en résulte que les diverses valeurs de Δ_m, c'est-à-dire les divers termes de la suite

$$\Delta_1, \quad \Delta_2, \quad \Delta_3, \quad \Delta_4, \quad \ldots,$$

sont liés entre eux par des équations de condition que l'on obtiendra sans peine en éliminant

$$\delta_2, \quad \delta_4, \quad \ldots$$

entre les formules (56), ou

$$\delta_1, \quad \delta_3, \quad \ldots$$

entre les formules (57). Ainsi, en particulier, si l'on suppose $\varpi^2 = n$, 'on trouvera, en vertu des formules (56),

$$(58) \qquad\qquad \Delta_3 = \frac{3}{2}\, n\, \Delta_1;$$

ou, ce qui revient au même,

$$h^2 + h'^2 + \ldots - k^2 - k'^2 - \ldots = \frac{3}{2}\, n\, (h^2 + h'^2 + \ldots - k^2 - k'^2 - \ldots).$$

On trouvera, par exemple, pour $n = 5$,

$$\varpi = \rho + \rho^4 - \rho^2 - \rho^3,$$
$$\Delta_1 = 1 + 4^2 - 2^2 - 3^2 = 4, \qquad \Delta_3 = 1 + 4^3 - 2^3 - 3^3 = 30 = 3.5\frac{4}{2};$$

pour $n = 8$,
$$\omega = \rho + \rho^7 - \rho^3 - \rho^5,$$
$$\Delta_2 = 1 + 7^2 - 3^2 - 5^2 = 16, \qquad \Delta_3 = 1 + 7^3 - 3^3 - 5^3 = 192 = 3.8\,\frac{16}{2};$$

pour $n = 12$,
$$\omega = \rho + \rho^{11} - \rho^5 - \rho^7,$$
$$\Delta_2 = 1 + 11^2 - 5^2 - 7^2 = 48, \qquad \Delta_3 = 1 + 11^3 - 5^3 - 7^3 = 864 = 3.12\,\frac{48}{2};$$

pour $n = 13$,
$$\omega = \rho + \rho^3 + \rho^4 + \rho^9 + \rho^{10} + \rho^{12} - \rho^2 - \rho^5 - \rho^6 - \rho^7 - \rho^8 - \rho^{11},$$
$$\Delta_2 = 1 + 3^2 + 4^2 + 9^2 + 10^2 + 12^2 - 2^2 - 5^2 - 6^2 - 7^2 - 8^2 - 11^2 = 52,$$
$$\Delta_3 = 1 + 3^3 + 4^3 + 9^3 + 10^3 + 12^3 - 2^3 - 5^3 - 6^3 - 7^3 - 8^3 - 11^3 = 1014 = 3.13\,\frac{52}{2};$$

pour $n = 17$,
$$\omega = \rho + \rho^2 + \rho^4 + \rho^8 + \rho^9 + \rho^{13} + \rho^{15} + \rho^{16} - \rho^3 - \rho^5 - \rho^6 - \rho^7 - \rho^{10} - \rho^{11} - \rho^{12} - \rho^{14},$$
$$\Delta_2 = 1 + 2^2 + 4^2 + 8^2 + 9^2 + 13^2 + 15^2 + 16^2 - 3^2 - 5^2 - 6^2 - 7^2 - 10^2 - 11^2 - 12^2 - 14^2 = 136,$$
$$\Delta_3 = 1 + 2^3 + 4^3 + 8^3 + 9^3 + 13^3 + 15^3 + 16^3 - 3^3 - 5^3 - 6^3 - 7^3 - 10^3 - 11^3 - 12^3 - 14^3 = 3468 = 3.17\,\frac{136}{2};$$

pour $n = 21$,
$$\omega = \rho + \rho^4 + \rho^5 + \rho^{16} + \rho^{17} + \rho^{20} - \rho^2 - \rho^8 - \rho^{10} - \rho^{11} - \rho^{13} - \rho^{19},$$
$$\Delta_2 = 1 + 4^2 + 5^2 + 16^2 + 17^2 + 20^2 - 2^2 - 8^2 - 10^2 - 11^2 - 13^2 - 19^2 = 168,$$
$$\Delta_3 = 1 + 4^3 + 5^3 + 16^3 + 17^3 + 20^3 - 2^3 - 8^3 - 10^3 - 11^3 - 13^3 - 19^3 = 5292 = 3.21\,\frac{168}{2};$$

etc.

Si l'on suppose, au contraire, $\omega^2 = -n$, on aura, en vertu des formules (57),

$$(59) \qquad\qquad \Delta_2 = n\,\Delta_1,$$

ou, ce qui revient au même,

$$k^2 + k'^2 + \ldots - h^2 - h'^2 - \ldots = n(k + k' + \ldots - h - h' - \ldots).$$

On trouvera, par exemple, pour $n = 3$,
$$\omega = \rho - \rho^2,$$
$$-\Delta_1 = 2 - 1 = 1, \qquad -\Delta_2 = 2^2 - 1 = 3.1;$$

pour $n = 4$,
$$\omega = \rho - \rho^3,$$
$$-\Delta_1 = 3 - 1 = 2, \qquad -\Delta_2 = 3^2 - 1 = 8 = 4.2;$$

pour $n = 7$,

$$\omega = \rho + \rho^2 + \rho^4 - \rho^3 - \rho^5 - \rho^6,$$
$$-\Delta_1 = 3 + 5 + 6 - 1 - 2 - 4 = 7,$$
$$-\Delta_2 = 3^2 + 5^2 + 6^2 - 1 - 2^2 - 4^2 = 49 = 7.7;$$

pour $n = 8$,

$$\omega = \rho + \rho^3 - \rho^5 - \rho^7,$$
$$-\Delta_1 = 5 + 7 - 1 - 3 = 8, \qquad -\Delta_2 = 5^2 + 7^2 - 1 - 3^2 = 64 = 8.8;$$

pour $n = 11$,

$$\omega = \rho + \rho^3 + \rho^4 + \rho^5 + \rho^9 - \rho^2 - \rho^6 - \rho^7 - \rho^8 - \rho^{10},$$
$$-\Delta = 2 + 6 + 7 + 8 + 10 - 1 - 3 - 4 - 5 - 9 = 11,$$
$$-\Delta = 2^2 + 6^2 + 7^2 + 8^2 + 10^2 - 1 - 3^2 - 4^2 - 5^2 - 9^2 = 121 = 11.11;$$

pour $n = 15 = 3.5$,

$$\omega = \rho + \rho^2 + \rho^4 + \rho^8 - \rho^7 - \rho^{11} - \rho^{13} - \rho^{14},$$
$$-\Delta_1 = 7 + 11 + 13 + 14 - 1 - 2 - 4 - 8 = 30,$$
$$-\Delta_2 = 7^2 + 11^2 + 13^2 + 14^2 - 1 - 2^2 - 4^2 - 8^2 = 450 = 15.30;$$

pour $n = 19$,

$$\omega = \rho + \rho^4 + \rho^5 + \rho^6 + \rho^7 + \rho^9 + \rho^{11} + \rho^{16} + \rho^{17} - \rho^2 - \rho^3 - \rho^8 - \rho^{10} - \rho^{12} - \rho^{13} - \rho^{14} - \rho^{15} - \rho^{18},$$
$$-\Delta_1 = 2 + 3 + 8 + 10 + 12 + 13 + 14 + 15 + 18 - 1 - 4 - 5 - 6 - 7 - 9 - 11 - 16 - 17 = 19,$$
$$-\Delta_2 = 2^2 + 3^2 + 8^2 + 10^2 + 12^2 + 13^2 + 14^2 + 15^2 + 18^2 - 1 - 4^2 - 5^2 - 6^2 - 7^2 - 9^2 - 11^2 - 16^2 - 17^2 = 361 = 19^2;$$

pour $n = 20$,

$$\omega = \rho + \rho^3 + \rho^7 + \rho^9 - \rho^{11} - \rho^{13} - \rho^{17} - \rho^{19},$$
$$-\Delta_1 = 11 + 13 + 17 + 19 - 1 - 3 - 7 - 9 = 40,$$
$$-\Delta_2 = 11^2 + 13^2 + 17^2 + 19^2 - 1 - 3^2 - 7^2 - 9^2 = 800 = 20.40;$$

etc.

Il est bon d'observer encore que la valeur de δ_m est positive, et même ordinairement renfermée entre des limites qu'il est facile d'obtenir. En effet, cette valeur qui, en vertu de la formule

(60) $$\delta_1 = 1,$$

peut être réduite à

(61) $$\delta_m = 1 + \frac{1}{2^m} + \frac{1}{3^m} + \dots,$$

sera évidemment comprise entre les limites

$$1 + \frac{1}{2^m} + \frac{1}{3^m} + \ldots \quad \text{et} \quad 1 - \frac{1}{2^m} - \frac{1}{3^m} - \ldots,$$

ou, ce qui revient au même, entre les limites

$$1 + \frac{1}{2^m} + \frac{1}{3^m} + \ldots, \quad 2 - \left(1 + \frac{1}{2^m} + \frac{1}{3^m} + \ldots\right).$$

Or, comme, en prenant $m = 2$, on a, en vertu des formules connues,

$$1 + \frac{1}{2^m} + \frac{1}{3^m} + \ldots = 1 + \frac{1}{4} + \frac{1}{9} + \ldots = \frac{\pi^2}{6} = 1,6449\ldots,$$

il en résulte que $\mathfrak{s}_2$ et, à plus forte raison, $\mathfrak{s}_3, \mathfrak{s}_4, \ldots$ sont positifs et renfermés entre les limites

$$1,6449\ldots \quad \text{et} \quad 2 - 1,6449\ldots = 0,3551\ldots$$

Comme, d'ailleurs, les nombres de Bernoulli

$$\frac{1}{2}, \quad \frac{1}{30}, \quad \frac{1}{42}, \quad \ldots$$

vérifient les équations

$$1 + \frac{1}{2^2} + \frac{1}{3^2} + \ldots = \frac{1}{6}\frac{2\pi^2}{1.2},$$
$$1 + \frac{1}{2^4} + \frac{1}{3^4} + \ldots = \frac{1}{30}\frac{2^3\pi^4}{1.2.3.4},$$
$$1 + \frac{1}{2^6} + \frac{1}{3^6} + \ldots = \frac{1}{42}\frac{2^5\pi^6}{1.2.3.4.5.6},$$
$$\ldots\ldots\ldots\ldots\ldots\ldots\ldots\ldots\ldots\ldots\ldots\ldots\ldots$$

il en résulte que les quantités

$$\mathfrak{s}_2, \quad \mathfrak{s}_4, \quad \mathfrak{s}_6, \quad \ldots$$

sont respectivement supérieures aux produits

$$\frac{1}{6}\frac{2\pi^2}{1.2}, \quad \frac{1}{30}\frac{2^3\pi^4}{1.2.3.4}, \quad \frac{1}{42}\frac{2^5\pi^6}{1.2.3.4.5.6}, \quad \ldots$$

et inférieures aux différences

$$2 - \frac{1}{6}\frac{2\pi^3}{1.2}, \quad 2 - \frac{1}{30}\frac{2^3\pi^5}{1.2.3.4}, \quad 2 - \frac{1}{42}\frac{2^5\pi^7}{1.2.3.4.5.6}, \quad \dots$$

Quant à la quantité

$$(62) \qquad \delta_1 = 1 + \frac{l_2}{2} + \frac{l_3}{3} + \frac{l_4}{4} + \dots,$$

on peut seulement affirmer qu'elle sera nulle ou positive. C'est ce qu'on démontrera sans peine, comme l'a fait M. Dirichlet pour le cas où n est impair, à l'aide d'une méthode de transformation qu'Euler a exposée dans le Chapitre XV de l'*Introduction à l'analyse des infinis*, et que nous allons rappeler.

Puisque la formule (29) entraîne généralement la formule (30), il est clair que, si l'on nomme

$$\alpha, \quad \beta, \quad \gamma, \quad \dots$$

ceux des nombres premiers qui ne divisent pas le module n, on aura

$$(63) \quad \begin{aligned} 1 + \frac{l_2}{2^m} + \frac{l_3}{3^m} + \dots &= \left(1 + \frac{l_\alpha}{\alpha^m} + \frac{l_{\alpha^2}}{\alpha^{2m}} + \dots\right)\left(1 + \frac{l_\beta}{\beta^m} + \frac{l_{\beta^2}}{\beta^{2m}} + \dots\right)\dots \\ &= \left(1 - \frac{l_\alpha}{\alpha^m}\right)^{-1}\left(1 - \frac{l_\beta}{\beta^m}\right)^{-1}\left(1 - \frac{l_\gamma}{\gamma^m}\right)^{-1}\dots. \end{aligned}$$

Or, cette dernière formule, subsistant toujours, tant que la série comprise dans le premier membre est convergente, ou, ce qui revient au même, tant que m surpasse l'unité, quelque petite que soit la différence $m - 1$, pourra être étendue au cas même où l'on a $m = 1$. On aura donc, pour toutes les valeurs entières de m, et même pour $m = 1$,

$$(64) \qquad \delta_m = \left(1 - \frac{l_\alpha}{\alpha^m}\right)^{-1}\left(1 - \frac{l_\beta}{\beta^m}\right)^{-1}\left(1 - \frac{l_\gamma}{\gamma^m}\right)^{-1}\dots,$$

$\alpha, \beta, \gamma, \dots$ désignant les facteurs premiers qui ne divisent pas m. Or, comme les facteurs, que renferme en nombre infini le second membre de la formule (64), sont tous positifs, il en résulte que la valeur de δ_m donnée par cette formule ne sera jamais négative. Elle ne pourra donc être que positive ou nulle. On a vu d'ailleurs que les valeurs de δ_m étaient toujours positives pour des valeurs de m supérieures à l'unité.

Lorsqu'on a obtenu des limites entre lesquelles se trouvent comprises les quantités

$$\delta_2, \quad \delta_3, \quad \delta_4, \quad \ldots,$$

on peut en déduire d'autres limites entre lesquelles se trouvent renfermées ou les différences

$$\Delta_2, \quad \Delta_3, \quad \Delta_4, \quad \ldots,$$

ou des fonctions linéaires de ces différences. Ainsi, en particulier, dans le cas où l'on a $\omega = n$, on peut affirmer non seulement que la valeur de δ_2 est renfermée entre les limites

$$\frac{\pi^2}{6} \quad \text{et} \quad 2 - \frac{\pi^2}{6},$$

mais encore, en vertu de la formule

$$\Delta_2 = \frac{\delta_2}{\pi^2} n^{\frac{3}{2}},$$

que la valeur de la différence

$$\Delta_2 = h^2 + h'^2 + \ldots - k^2 - k'^2 - \ldots$$

est renfermée entre les limites

$$\frac{1}{6} n \sqrt{n} \quad \text{et} \quad 0,035\ldots n \sqrt{n}.$$

Donc alors la valeur de Δ est toujours inférieure à $\frac{1}{6} n \sqrt{n}$.

Ainsi, par exemple, on a, pour $n = 5$,

$$\Delta_2 = \tfrac{1}{4} < \frac{1}{6} 5 \sqrt{5}.$$

Les formules qui précèdent sont, pour la plupart, déduites de l'équation (31) qu'on peut encore écrire comme il suit :

$$n\,\mathrm{f}(x) = \int_{x_0}^{x} \mathrm{f}(u)\,du + 2\cos\frac{2\pi x}{n}\int_{x_0}^{x} \cos\frac{2\pi u}{n}\mathrm{f}(u)\,du + 2\cos\frac{4\pi x}{n}\int_{x_0}^{x} \cos\frac{4\pi u}{n}\mathrm{f}(u)\,du + \ldots$$
$$+ 2\sin\frac{2\pi x}{n}\int_{x_0}^{x} \sin\frac{2\pi u}{n}\mathrm{f}(u)\,du + 2\sin\frac{4\pi x}{n}\int_{x_0}^{x} \sin\frac{4\pi u}{n}\mathrm{f}(u)\,du + \ldots.$$

et en vertu de laquelle la fonction $f(x)$ ou $n\,f(x)$ se trouve développée suivant les cosinus et les sinus des multiples de l'arc

$$\frac{2\pi x}{n},$$

Or, on peut démontrer que, dans le cas où la quantité a ne surpasse pas la limite $\frac{n}{2}$, les deux parties du développement, savoir : la somme des termes qui renferment les cosinus des arcs

$$0, \quad \frac{2\pi x}{n}, \quad \frac{4\pi x}{n}, \quad \ldots,$$

et la somme des termes que renferment les sinus, sont égales entre elles, par conséquent égales à la moitié du produit $n\,f(x)$. On a donc, pour des valeurs de a inférieures ou tout au plus égales à $\frac{1}{2}\,n$, et pour des valeurs de x renfermées entre les limites $0, a$,

$$(65) \quad \tfrac{1}{2} n\,f(x) = \int_0^a f(u)\,du + 2\cos\frac{2\pi x}{n}\int_0^a \cos\frac{2\pi u}{n}\,f(u)\,du + 2\cos\frac{4\pi x}{n}\int_0^a \cos\frac{4\pi u}{n}\,f(u)\,du + \ldots$$

$$(66) \quad \tfrac{1}{2} n\,f(x) = \quad 2\sin\frac{2\pi x}{n}\int_0^a \sin\frac{2\pi u}{n}\,f(u)\,du + 2\sin\frac{4\pi x}{n}\int_0^a \sin\frac{4\pi u}{n}\,f(u)\,du + \ldots$$

et, en effet, pour obtenir les formules (65), (66), il suffira de remplacer dans les formules (109), (110), de la page 364 du deuxième volume des *Exercices de Mathématiques* ([1]).

$$a \ \text{par} \ \frac{n}{2}, \qquad x \ \text{par} \ 0, \qquad X \ \text{par} \ a.$$

Or, de la formule (65) jointe à l'équation (23), ou de la formule (66) jointe à l'équation (24), on tirera : $1°$ en supposant $\varpi^2 = n$,

$$(67) \quad \begin{aligned} &\tfrac{1}{2} n^{\frac{1}{2}}\big[f(h) + f(h') + \ldots - f(k) - f(k') - \ldots\big] \\ &= \iota_1 \int_0^a \cos\varpi u\,f(u)\,du + \iota_2 \int_0^a \cos 2\varpi u\,f(u)\,du \\ &\qquad\qquad + \iota_3 \int_0^a \cos 3\varpi u\,f(u)\,du + \ldots; \end{aligned}$$

([1]) *Œuvres de Cauchy*, S. II, T. VII, p. 418.

2° en supposant $\omega^2 = -n$,

$$
(68) \quad
\begin{cases}
\dfrac{1}{2} n^{\frac{1}{2}} [\,\mathrm{f}(h) + \mathrm{f}(h') + \ldots - \mathrm{f}(k) - \mathrm{f}(k') - \ldots\,] \\[2mm]
\qquad = t_1 \displaystyle\int_0^a \sin \omega u\, \mathrm{f}(u)\,du + t_2 \int_0^a \sin 2\omega u\, \mathrm{f}(u)\,du \\[4mm]
\qquad\qquad + t_3 \displaystyle\int_0^a \sin 3\omega u\, \mathrm{f}(u)\,du + \ldots,
\end{cases}
$$

pourvu que la valeur de ω soit toujours

$$
\omega = \frac{2\pi}{n},
$$

et qu'en tenant seulement compte des valeurs de h ou de k inférieures à $\frac{1}{2} n$, on place a entre la limite $\frac{n}{2}$ et le nombre entier immédiatement inférieur à cette limite. Les équations (67), (68) ne sont évidemment autre chose que les formules (35), (36) étendues au cas où l'on suppose les quantités

$$
h,\ h',\ h'',\ \ldots,\qquad k,\ k',\ k'',\ \ldots
$$

inférieures, non plus au nombre n, mais à la limite $\frac{n}{2}$, la dernière a pouvant atteindre cette limite. Or, de ces formules, par des raisonnements semblables à ceux dont nous avons fait usage, on déduira encore, dans le cas dont il s'agit, les équations (40), (41), (42), (43), (44), (45); et par suite, si l'on pose dans le même cas

$$
(69) \quad \delta_m = h^m + h'^m + \ldots - k^m - k'^m \ldots,
$$

c'est-à-dire si l'on représente par δ_m la partie de Δ_m qui renferme des valeurs de h et de k inférieures à $\frac{1}{2} n$, on trouvera, pour des valeurs paires de m : 1° en supposant $\omega^2 = n$,

$$
(70) \quad (-1)^{\frac{m}{2}} \frac{1}{2} n^{\frac{1}{2}} \delta_m = \mathrm{D}_\omega^m \left(t_1 \frac{\sin \omega a}{\omega} + \frac{t_2}{2^m} \frac{\sin 2\omega a}{2\omega} + \frac{t_3}{3^m} \frac{\sin 3\omega a}{3\omega} + \ldots \right);
$$

2° en supposant $\omega^2 = -n$,

$$(71)\quad (-1)^{\frac{m}{2}}\frac{1}{2}n^{\frac{1}{2}}\delta_m = D_\omega^m\left(\iota_1\frac{1-\cos\omega a}{\omega}+\frac{\iota_2}{2^m}\frac{1-\cos 2\omega a}{2\omega}+\frac{\iota_3}{3^m}\frac{1-\cos 3\omega a}{3\omega}+\dots\right).$$

On trouvera au contraire, pour des valeurs impaires de m : 1° en supposant $\omega^2 = n$,

$$(72)\quad (-1)^{\frac{m-1}{2}}\frac{1}{2}n^{\frac{1}{2}}\delta_m = D_\omega^m\left(\iota_1\frac{1-\cos\omega a}{\omega}+\frac{\iota_2}{2^m}\frac{1-\cos 2\omega a}{2\omega}+\frac{\iota_3}{3^m}\frac{1-\cos 3\omega a}{3\omega}+\dots\right);$$

2° en supposant $\omega^2 = -n$,

$$(73)\quad (-1)^{\frac{m-1}{2}}\frac{1}{2}n^{\frac{1}{2}}\delta_m = D_\omega^m\left(\iota_1\frac{\sin\omega a}{\omega}+\frac{\iota_2}{2^m}\frac{\sin 2\omega a}{2\omega}+\frac{\iota_3}{3^m}\frac{\sin 3\omega a}{3\omega}+\dots\right).$$

On ne doit pas oublier que, dans ces dernières formules, tout comme dans les équations (67), (68), la quantité a doit être renfermée entre la limite supérieure $\frac{n}{2}$, qu'elle peut atteindre, et le nombre entier $\frac{n-1}{2}$ ou $\frac{n}{2}-1$ immédiatement inférieur à cette limite.

Concevons en particulier que l'on prenne

$$a = \frac{n}{2};$$

en substituant cette valeur de a dans les expressions de la forme

$$D_\omega^m\frac{\sin l\omega a}{\omega},\quad D_\omega^m\frac{1-\cos l\omega a}{\omega},$$

après avoir préalablement effectué les différentiations relatives à ω, l'on trouvera, pour des valeurs paires de m,

$$D_\omega^m\frac{\sin l\omega a}{\omega} = (-1)^{l+1}\left(\frac{n}{2}\right)^{m+1}\left(\frac{2.3\ldots m}{\pi^m}l - \frac{4.5\ldots m}{\pi^{m-2}}l^3+\ldots\pm\frac{m}{\pi^2}l^{m-1}\right),$$

$$D_\omega^m\frac{1-\cos l\omega a}{\omega} = \left(\frac{n}{2}\right)^{m+1}\left[\frac{1.2.3\ldots m}{\pi^{m+1}} - (-1)^l\left(\frac{1.2.3\ldots m}{\pi^{m+1}} - \frac{3.4\ldots m}{\pi^{m-1}}l^2+\ldots\pm\frac{1}{\pi}l^m\right)\right];$$

et, pour des valeurs impaires de m,

$$D_\omega^m \frac{\sin l\omega a}{\omega} = (-1)^l \left(\frac{n}{2}\right)^{m+1} \left(\frac{2.3\ldots m}{\pi^m} l - \frac{4.5\ldots m}{\pi^{m-2}} l^3 + \ldots \pm \frac{1}{\pi} l^m\right),$$

$$D_\omega^m \frac{1-\cos l\omega a}{\omega} = -\left(\frac{n}{2}\right)^{m+1} \left[\frac{1.2.3\ldots m}{\pi^{m+1}} - (-1)^l \left(\frac{1.2.3\ldots m}{\pi^{m+1}} - \frac{3.4\ldots m}{\pi^{m-1}} l^2 + \ldots \pm \frac{m}{\pi^2} l^{m-1}\right)\right].$$

Donc, si l'on pose, pour abréger,

$$I_1 = \iota_1 - \frac{\iota_2}{2} + \frac{\iota_3}{3} - \ldots, \qquad I_2 = \iota_1 - \frac{\iota_2}{2^2} + \frac{\iota_3}{3^2} - \ldots, \qquad \ldots,$$

et généralement

$$(74) \qquad I_m = \iota_1 - \frac{\iota_2}{2^m} + \frac{\iota_3}{3^m} - \frac{\iota_4}{4^m} + \ldots,$$

on tirera des formules (70) et (72), en supposant $\omega^2 = n$: 1° pour des valeurs paires de m,

$$(75) \quad \delta_m = -\left(\frac{n}{2}\right)^m n^{\frac{1}{2}} \left[m \frac{I_1}{\pi^2} - (m-2)(m-1)m \frac{I_3}{\pi^4} + \ldots \pm 2.3\ldots m \frac{I_{m-1}}{\pi^m}\right];$$

2° pour des valeurs impaires de m,

$$(76) \quad \delta_m = -\left(\frac{n}{2}\right)^m n^{\frac{1}{2}} \left[m \frac{I_2}{\pi^2} - (m-2)(m-1)m \frac{I_4}{\pi^4} + \ldots \pm 1.2.3\ldots m \frac{I_{m+1} + \delta_{m+1}}{\pi^{m+1}}\right]$$

mais en supposant $\omega^2 = n$, on tirera des formules (71) et (73) : 1° pour des valeurs paires de m,

$$(77) \quad \delta_m = \left(\frac{n}{2}\right)^m n^{\frac{1}{2}} \left[\frac{I_1}{\pi} - (m-1)m \frac{I_3}{\pi^3} + \ldots \pm 1.2.3\ldots m \frac{I_{m+1} + \delta_{m+1}}{\pi^{m+1}}\right];$$

2° pour les valeurs impaires de m,

$$(78) \qquad \delta_m = \left(\frac{n}{2}\right)^m n^{\frac{1}{2}} \left[\frac{I_1}{\pi} - (m-1)m \frac{I_3}{\pi^3} + \ldots \pm 2.3\ldots m \frac{I_m}{\pi^m}\right].$$

Ainsi, en supposant $\omega^2 = n$, on trouvera successivement

$$(79) \qquad \delta_0 = 0, \qquad \delta_1 = -\frac{1}{2} \frac{I_2 + \delta_2}{\pi^2} n^{\frac{3}{2}}, \qquad \delta_2 = -\frac{1}{2} \frac{I_3}{\pi^3} n^{\frac{5}{2}}, \qquad \ldots$$

tandis qu'en supposant $\Theta^2 = n$, on trouvera

$$(80)\quad \delta_0 = \frac{I_1 + \partial_1}{\pi} n^{\frac{1}{2}}, \qquad \delta_1 = \frac{1}{2}\frac{I_1}{\pi} n^{\frac{3}{2}}, \qquad \delta_2 = \left(\frac{1}{4}\frac{I_1}{\pi} - \frac{1}{2}\frac{I_3 + \partial_3}{\pi^3}\right) n^{\frac{5}{2}}, \qquad \dots$$

Comme on aura d'ailleurs, en tenant compte seulement des valeurs de h et de k inférieures à $\frac{1}{2}n$,

$$\delta_0 = h^0 + h'^0 + \dots - k^0 - k'^0 - \dots = i - j,$$
$$\delta_1 = h + h' + \dots - k - k' - \dots,$$
$$\delta_2 = h^2 + h'^2 + \dots - k^2 - k'^2 - \dots,$$
$$\dots\dots\dots\dots\dots\dots\dots\dots\dots\dots\dots\dots$$

il est clair que les équations (79), (80) feront connaître la différence $i - j$, et celles qu'on obtient quand de la somme des valeurs de h inférieures à $\frac{n}{2}$, ou de la somme de leurs carrés, etc., on retranche la somme des valeurs de k inférieures à $\frac{n}{2}$, ou la somme de leurs carrés, etc. La première des équations (79), c'est-à-dire la formule

$$\delta_0 = 0 \qquad \text{ou} \qquad i - j = 0,$$

s'accorde, comme on devait s'y attendre, avec l'équation (31).

Avant d'aller plus loin, observons que les quantités

$$I_1, \quad I_2, \quad I_3, \quad \dots,$$

ou les diverses valeurs de I_m, sont liées aux quantités

$$\partial_1, \quad \partial_2, \quad \partial_3, \quad \dots,$$

c'est-à-dire aux diverses valeurs de ∂_m, par des équations qu'il est facile d'obtenir. En effet, comme on aura généralement

$$I_{2m} = \tfrac{1}{2}\partial_{2m},$$

et par suite

$$\frac{I_1}{2^m}\partial_{2m} = \frac{I_1}{2^m} + \frac{I_3}{4^m} + \frac{I_5}{6^m} + \dots = \frac{1}{2}(\partial_{2m} - I_{2m}),$$

on en conclura

$$(81)\qquad I_m = \left(1 - \frac{I_3}{2^{2m-1}}\right)\partial_m.$$

On aura donc

$$(82)\quad I_1=(1-\iota_2)\delta_1,\qquad I_2=\left(1-\frac{\iota_2}{2}\right)\delta_2,\qquad I_3=\left(1-\frac{\iota_2}{4}\right)\delta_3,\qquad \ldots.$$

Ajoutons que, ι_m se réduisant toujours à l'une des trois quantités

$$-1,\quad 0,\quad +1,$$

les valeurs de

$$I_2,\quad I_3,\quad I_4$$

seront, en vertu des formules (82), des quantités positives, tout comme les valeurs de

$$\delta_2,\quad \delta_3,\quad \delta_4,\quad \ldots.$$

Quant à la quantité I_1, liée à δ_1 par la formule

$$I_1=(1-\iota_2)\delta_1,$$

elle sera ou positive ou nulle, ainsi que δ_1, et pourra même s'évanouir, sans que δ_1 s'évanouisse, avec le facteur $1-\iota_2$, lorsqu'on aura

$$\left[\frac{2}{n}\right]=1,$$

ce qui suppose n impair et de la forme $8x+1$ ou $8x+7$. Supposons en particulier n de la forme $8x+7$, et composé de facteurs impairs inégaux. On aura

$$\omega^2=-n,$$

et comme alors I_1 s'évanouira, ainsi que $1-\iota_2$, la seconde des formules (80) donnera

$$\delta_1=0.$$

On trouvera, par exemple, pour $n=7$,

$$\delta_1=1+2-3=0,$$

pour $n=15$,

$$\delta_1=1+2+4-7=0,\qquad \ldots.$$

Revenons maintenant aux formules (79) et (80). Si, dans ces formules, on substitue les valeurs de I_1, I_2, I_3, … fournies par les équations (82), on trouvera, en supposant $\omega^2 = n$,

$$(83) \quad \delta_0 = 0, \qquad \delta_1 = -\left(1 - \frac{\iota_2}{4}\right)\frac{\partial_2}{\pi_2} n^{\frac{3}{2}}, \qquad \delta_2 = -\frac{1}{2}\left(1 - \frac{\iota_2}{2}\right)\frac{\partial_2}{\pi_2} n^{\frac{5}{2}}, \qquad \ldots,$$

$$(84) \quad \delta_0 = (2 - \iota_2)\frac{\partial_1}{\pi} n^{\frac{1}{2}}, \qquad \delta_1 = \frac{1 - \iota_2}{2}\frac{\partial_2}{\pi} n^{\frac{3}{2}}, \qquad \delta_2 = \left(\frac{2 - \iota_2}{8}\frac{\partial_1}{\pi} - \frac{8 - \iota_2}{8}\frac{\partial_3}{\pi_2}\right) n^{\frac{5}{2}},$$

etc.

Lorsqu'à la première des équations (79) ou (83) on joint la première des équations (79) ou (84), on arrive à cette conclusion remarquable que la différence

$$\delta_0 \qquad \text{ou} \qquad i - j$$

est toujours nulle ou positive. On peut donc énoncer la proposition suivante :

THÉORÈME. — *Supposons que, z étant une des racines primitives de l'équation*
$$x^n = 1,$$
la somme alternée
$$\omega = \rho^h + \rho^{h'} + \ldots - \rho^k - \rho^{k'}, \qquad \ldots$$
vérifie la condition
$$\omega^2 = \pm n$$
et que le groupe d'exposants
$$h, \quad h', \quad h'', \quad \ldots$$
renferme l'unité. Si les entiers inférieurs à n, mais premiers à n, sont en nombre égal à i dans le groupe h, h', h'', …, et en nombre égal à j dans le groupe k, k', k'', …, la différence
$$i - j$$
sera toujours nulle ou positive, et ne cessera d'être nulle que lorsqu'on aura
$$\omega^2 = -n.$$

Les quantités
$$\delta_0, \quad \delta_1, \quad \delta_2, \quad \delta_3, \quad \delta_4, \quad \ldots$$
sont évidemment liées non seulement entre elles, mais encore avec les

quantités

$$\Delta_1, \quad \Delta_2, \quad \Delta_3, \quad \Delta_4, \quad \ldots$$

par des équations de condition qu'on obtiendra sans peine en éliminant

$$\delta_2, \quad \delta_3, \quad \ldots$$

entre les formules (56), (83), ou en éliminant

$$\delta_1, \quad \delta_0, \quad \ldots$$

entre les formules (57) et (84). Ainsi, en particulier, on tirera des formules (56), (83), en supposant $\omega^2 = n$,

$$(85) \qquad \Delta_2 = \frac{\Delta_3}{\frac{3}{2}n} = \frac{-4n\delta_1}{4-\iota_2} = \frac{-4\delta_2}{2-\iota_2},$$

ou, ce qui revient au même,

$$(86) \qquad \delta_2 = \frac{2-\iota_2}{4-\iota_2}n\delta_1, \qquad \Delta_2 = -\frac{4}{2-\iota_2}\delta_2, \qquad \Delta_3 = \frac{3}{2}n\Delta_2;$$

et des formules (57), (84), en supposant $\omega^2 = -n$,

$$(87) \qquad \frac{2\delta_1}{1-\iota_2} = \frac{n\delta_0}{2-\iota_2} = -\Delta_1 = -\frac{\Delta_2}{n};$$

ou, ce qui revient au même,

$$(88) \qquad \delta_1 = \frac{1-\iota_2}{2-\iota_2}\frac{n}{2}(i-j), \qquad \Delta_1 = -n\frac{i-j}{2-\iota_2}, \qquad \Delta_2 = -n^2\frac{i-j}{2-\iota_2}.$$

Dans l'application de chacune des formules (87) et (88), on doit distinguer trois cas correspondant aux trois valeurs

$$-1, \quad 0, \quad 1$$

que peut acquérir la quantité ι_2. Ainsi, en prenant pour n un nombre impair, on tirera de ces formules : 1° lorsque n sera de la forme $8x + 1$,

$$(89) \qquad \delta_2 = \frac{1}{3}n\delta_1, \qquad \Delta_2 = -\frac{4}{3}n\delta_1, \qquad \Delta_3 = -2n^2\delta_1;$$

$2°$ lorsque n sera de la forme $8x+3$,

$$(90)\qquad \delta_1 = n\frac{i-j}{3}, \qquad \Delta_1 = -n\frac{i-j}{3}, \qquad \Delta_2 = -n^2\frac{i-j}{3};$$

$3°$ lorsque n sera de la forme $8x+5$,

$$(91)\qquad \delta_2 = \frac{3}{5}n\delta_1, \qquad \Delta_2 = -\frac{4}{5}n\delta_1, \qquad \Delta_3 = -\frac{6}{5}n\delta_1;$$

$4°$ lorsque n sera de la forme $8x+7$,

$$(92)\qquad \delta_1 = 0, \qquad \Delta_1 = -n(i-j), \qquad \Delta_2 = -n^2(i-j).$$

Au contraire, en prenant pour n un nombre pair, divisible par 4 ou par 8, on tirera des formules (87) et (88) : $1°$ lorsqu'on aura $\omega^2 = n$,

$$(93)\qquad \delta_2 = \frac{n}{2}\delta_1, \qquad \Delta_2 = -n\delta_1, \qquad \Delta_3 = -\frac{3}{2}n^2\delta_1;$$

$2°$ lorsqu'on aura $\omega^2 = -n$,

$$(94)\qquad \delta_1 = n\frac{i-j}{4}, \qquad \Delta_1 = -n\frac{i-j}{2}, \qquad \Delta_2 = -n^2\frac{i-j}{3}.$$

On vérifiera aisément ces diverses formules dans les cas particuliers, et l'on trouvera, par exemple : pour $n = 17$,

$$\delta_1 = -6, \qquad \delta_2 = -34 = \frac{n}{3}\delta_1, \qquad \Delta_2 = 136 = -\frac{4n}{3}\delta_1,$$

$$\Delta_3 = 3468 = -2n^2\delta_1;$$

pour $n = 11$,

$$i = 4, \qquad j = 1, \qquad i-j = 3, \qquad \frac{i-j}{3} = 1,$$

$$\delta_2 = 11 = n\frac{i-j}{3}, \qquad \Delta_1 = -11 = n\frac{i-j}{3}, \qquad \Delta_2 = -121 = -n^2\frac{i-j}{3};$$

pour $n = 5$,

$$\delta_1 = -1, \qquad \delta_2 = -3 = \frac{3}{5}n\delta_1, \qquad \Delta_2 = 4 = -\frac{4}{5}n\delta_1,$$

$$\Delta_3 = 30 = -\frac{6}{5}n^2\delta_1;$$

pour $n = 7$,

$$i = 1, \qquad j = 0, \qquad i - j = 1,$$
$$\delta_1 = 0, \qquad \Delta_1 = -7 = -n(i-j), \qquad \Delta_2 = -49 = -n^2(i-j).$$

On trouvera pareillement : pour $n = 13$,

$$\delta_1 = -5, \qquad \delta_2 = -39 = \frac{3}{5}\,n\delta_1, \qquad \Delta_2 = 52 = -\frac{4}{5}\,n\delta_1,$$
$$\Delta_3 = 1014 = -\frac{6}{5}\,n^2\delta_1;$$

pour $n = 15 = 3.5$,

$$i = 3, \qquad j = 1, \qquad i - j = 2,$$
$$\delta_1 = 0, \qquad \Delta = -30 = -n(i-j), \qquad \Delta_2 = -450 = -n^2(i-j);$$

pour $n = 21 = 3.7$,

$$\delta_1 = -10, \qquad \delta_2 = -126 = \frac{3}{5}\,n\delta_1, \qquad \Delta_2 = 168 = -\frac{4}{5}\,n\delta_1,$$
$$\Delta_3 = 5292 = -\frac{6}{5}\,n^2\delta_1.$$

Si l'on attribue à n, non plus des valeurs impaires, mais des valeurs paires, on trouvera : pour $n = 4$, $\omega^2 = -4$, $\omega = p - p^3$.

$$i = 1, \qquad j = 0, \qquad i - j = 1,$$
$$\delta_1 = 1 = n\,\frac{i-j}{4}, \qquad \Delta_1 = -2 = -n\,\frac{i-j}{2}, \qquad \Delta_2 = -8 = -n^2\,\frac{i-j}{2};$$

pour $n = 8$, $\omega^2 = 8$, $\omega = p + p^7 - p^3 - p^5$.

$$\delta_1 = -2, \qquad \delta_2 = -8 = \frac{n}{2}\,\delta_1, \qquad \Delta_2 = 16 = -n\delta_1,$$
$$\Delta_3 = 192 = -\frac{3}{2}\,n^2\delta_1;$$

pour $n = 8$, $\omega^2 = -8$, $\omega = p + p^3 - p^5 - p^7$.

$$i = 2, \qquad j = 0, \qquad i - j = 2, \qquad \frac{i-j}{2} = 1,$$
$$\delta_1 = 4 = n\,\frac{i-j}{4}, \qquad \Delta_1 = -8 = -n\,\frac{i-j}{2}, \qquad \Delta_2 = -64 = -n^2\,\frac{i-j}{2};$$

pour $n = 12$,

$$\delta_1 = -4, \qquad \delta_2 = -24 = \frac{n}{2}\delta_1, \qquad \Delta_1 = 48 = -n\delta_1,$$

$$\Delta_2 = 864 = -\frac{3}{2}n^2\delta_1;$$

pour $n = 20$,

$$i = 4, \qquad j = 0, \qquad i - j = 4, \qquad \frac{i-j}{2} = 2, \qquad \frac{i-j}{4} = 1,$$

$$\delta_1 = 20 = n\frac{i-j}{4}, \qquad \Delta_1 = -40 = -n\frac{i-j}{2}, \qquad \Delta_2 = -800 = -n^2\frac{i-j}{2}.$$

Les diverses formules établies dans cette Note comprennent les formules du même genre trouvées par M. Dirichlet. J'ajouterai que les équations de condition par lesquelles se trouvent liés les uns aux autres les termes des deux suites

$$\Delta_1, \quad \Delta_2, \quad \Delta_3, \quad \ldots$$
$$\delta_0, \quad \delta_1, \quad \delta_2, \quad \delta_3, \quad \ldots$$

peuvent être démontrées directement, et d'une manière très simple, comme je l'ai remarqué dans un Mémoire que renferment les *Comptes rendus des séances de l'Académie des Sciences*, pour l'année 1840 (1ᵉʳ semestre, page 444) (¹).

NOTE XIII.

SUR LES FORMES QUADRATIQUES DE CERTAINES PUISSANCES DES NOMBRES PREMIERS, OU DU QUADRUPLE DE CES PUISSANCES.

Soient :

p un nombre premier impair ;

n un diviseur de $p - 1$;

$h, k, l, \ldots$ les entiers inférieurs à n, mais premiers à n ;

N le nombre des entiers $h, k, l, \ldots$;

(¹) *Œuvres de Cauchy*, S. I, T. V, p. 142.

ρ une racine primitive de l'équation

$$x^n = 1 \tag{1}$$

et supposons les entiers

$$h, \quad k, \quad l, \quad \ldots$$

partagés en deux groupes

$$h, \ h', \ h'', \ \ldots \quad \text{et} \quad k, \ k', \ k'', \ \ldots,$$

de telle manière que la somme alternée

$$\Omega = \rho^h + \rho^{h'} + \rho^{h''} + \ldots - \rho^k - \rho^{k'} - \rho^{k''} - \ldots \tag{2}$$

vérifie la condition

$$\Omega^2 = \pm n. \tag{3}$$

Soient encore :

θ une racine primitive de l'équation

$$x^p = 1; \tag{4}$$

t une racine primitive de l'équivalence

$$x^{p-1} \equiv 1 \quad (\text{mod. } p), \tag{5}$$

et de plus

$$\Theta_h, \quad \Theta_k, \quad \Theta_l, \quad \ldots$$

des expressions imaginaires déterminées par des équations de la forme

$$\Theta_l = \theta + \rho^l \theta^t + \rho^{2l} \theta^{t^2} + \ldots + \rho^{(p-2)l} \theta^{t^{p-2}}. \tag{6}$$

Aux deux groupes

$$h, \ h', \ h'', \ \ldots \quad \text{et} \quad k, \ k', \ k'', \ \ldots$$

entre lesquels se partagent les exposants ou indices

$$h, \quad k, \quad l, \quad \ldots,$$

correspondront deux groupes

$$\Theta_h, \ \Theta_{h'}, \ \Theta_{h''}, \ \ldots \quad \text{et} \quad \Theta_k, \ \Theta_{k'}, \ \Theta_{k''}, \ \ldots,$$

entre lesquels se partageront les expressions imaginaires

$$\Theta_h, \quad \Theta_k, \quad \Theta_l, \quad \ldots;$$

et, si l'on pose

$$(7) \qquad I = \Theta_h \Theta_{h'} \Theta_{h''} \ldots, \qquad J = \Theta_k \Theta_{k'} \Theta_{k''} \ldots,$$

alors, en vertu des principes établis dans la Note précédente, les deux
binomes

$$I + J, \qquad I - J,$$

considérés comme fonctions des racines primitives de l'équation (1),
seront, le premier, une fonction symétrique, le second, une fonction
alternée de ces racines. Il y a plus, comme la condition (3) suppose
que les facteurs premiers et impairs de n sont inégaux, le facteur pair,
s'il existe, étant 4 ou 8, la fonction

$$I - J$$

sera, dans l'hypothèse admise, de la forme indiquée par la formule (63)
de la Note VII; et l'on aura en conséquence

$$(8) \qquad I + J = A, \qquad I - J = B\Delta,$$

A, B désignant ou des quantités entières, ou des fonctions qui renfermeront seulement les racines

$$\vartheta, \quad \vartheta', \quad \vartheta'', \quad \ldots$$

de l'équation (4) respectivement multipliées par des coefficients
entiers.

Observons maintenant qu'en vertu de la formule (7) de la Note III,
on aura

$$(9) \qquad \begin{cases} \Theta_h \Theta_{h'} \Theta_{h''} \ldots = R_{h,h',h''\ldots} \, \Theta_{h+h'+h''\ldots} \\ \text{et} \\ \Theta_k \Theta_{k'} \Theta_{k''} \ldots = R_{k,k',k''\ldots} \, \Theta_{k+k'+k''\ldots} \end{cases}$$

$R_{h,h',h''\ldots}$ et $R_{k,k',k''\ldots}$ désignant deux fonctions entières de la seule
variable ρ. D'autre part, si la condition (3) se vérifie sans que n se

réduise à l'un des trois nombres

$$3, \quad 4, \quad 8,$$

on aura (*voir* la Note précédente)

$$(10) \qquad h + h' + h'' + \ldots \equiv k + k' + k'' + \ldots \equiv 0 \qquad (\mathrm{mod.}\ n),$$

et, par suite, eu égard à la formule (2) de la Note III,

$$(11) \qquad \Theta_{h+h'+h''+\ldots} = \Theta_{k+k'+k''+\ldots} = \Theta_0 = -1.$$

Donc alors les équations (7), (9) donneront simplement

$$(12) \qquad I = -R_{h,k,k',\ldots}, \qquad J = -R_{k,k',k'',\ldots};$$

et comme, en vertu des formules (12), les fonctions I, J deviendront indépendantes des racines de l'équation (4), ces racines n'entreront pas non plus dans les coefficients

$$A, \quad B,$$

qui se réduiront nécessairement à des quantités entières.

Si l'on pose pour abréger

$$(13) \qquad \varpi = \frac{p-1}{n},$$

alors, en désignant par l un quelconque des entiers inférieurs à n, mais premiers à n, on aura, en vertu de la formule (3) de la Note III,

$$(14) \qquad \Theta_l \Theta_{-l} = (-1)^{\varpi l} p = \Theta_l \Theta_{n-l}.$$

Si le nombre ϖ est pair, la formule (14) donnera simplement

$$(15) \qquad \Theta_l \Theta_{n-l} = p.$$

Si, au contraire, ϖ est impair, n devra être pair, ainsi que $p - 1 = n\varpi$ et, par suite, le nombre l, premier à n, étant impair, la formule (14) donnera

$$(16) \qquad \Theta_l \Theta_{n-l} = -p.$$

Cela posé, on tirera évidemment des formules (7), dans le premier cas,

$$(17) \qquad IJ = p^{\frac{N}{2}},$$

et dans le second cas,

$$(18) \qquad IJ = (-1)^{\frac{N}{2}} p^{\frac{N}{2}}.$$

Mais, comme dans le second cas, n étant pair et de l'une des formes

$$4\nu'\nu'',\ldots,\quad 8\nu'\nu'',\ldots,$$

$\frac{N}{2}$ ne pourrait devenir impair que pour la seule valeur

$$n = 4,$$

dont nous faisons ici abstraction, il est clair que la formule (18) se réduira elle-même à l'équation (17).

D'autre part, comme on tire des équations (8)

$$(19) \qquad 2I = A + B\Delta, \qquad 2J = A - B\Delta,$$

par conséquent

$$4IJ = A^2 - B^2\Delta^2,$$

il est clair qu'en ayant égard à l'équation (7) et à la formule (3), on trouvera

$$(20) \qquad 4p^{\frac{N}{2}} = A^2 - B^2\Delta^2 = A^2 \pm nB^2.$$

Pour que la condition (3) se réduise à

$$(21) \qquad \Delta^2 = n,$$

il est nécessaire que les facteurs premiers et impairs du nombre n étant inégaux entre eux, ce nombre soit de l'une des formes

$$4N + 1,\quad 4(4N + 3),\quad 8(2N + 1),$$

Mais alors, en vertu du théorème I de la Note IX, l désignant un quelconque des entiers renfermés dans les deux groupes

$$h,\ h',\ h'',\ \ldots\quad \text{et}\quad k,\ k',\ k'',\ \ldots$$

les deux termes

$$l \quad \text{et} \quad n - l$$

appartiendront au même groupe. Donc alors, en vertu des équations (7), jointes à la formule (15) ou (16), on aura

$$(22) \qquad I = J = \pm p^{\frac{N}{2}},$$

savoir

$$(23) \qquad I = J = p^{\frac{N}{2}},$$

si l'un des deux nombres ϖ, $\frac{N}{4}$ est pair, et

$$(24) \qquad I = J = - p^{\frac{N}{2}},$$

si les nombres ϖ et $\frac{N}{4}$ sont tous deux impairs, ce qui suppose $n = 4\nu$, ν étant un nombre premier de la forme $4x + 3$. Alors aussi l'on tirera des formules (8) et (22)

$$(25) \qquad A = \pm 2 p^{\frac{N}{2}}, \quad B = 0.$$

Ces dernières valeurs de A, B satisfont effectivement à la formule (20).

Pour que la condition (3) se réduise à

$$(26) \qquad D^2 = - n,$$

il est nécessaire que, les facteurs premiers et impairs du nombre n étant inégaux, ce nombre soit de l'une des formes

$$4x + 3, \quad 4(4x + 1), \quad 8(2x + 1).$$

Nommons alors p^λ la plus haute puissance de p qui divise simultanément A et B. On aura

$$(27) \qquad A = p^\lambda x, \quad B = p^\lambda y,$$

x, y désignant deux quantités entières non divisibles par p ; et, en posant

$$(28) \qquad \mu = \frac{N}{2} - 2\lambda,$$

on verra la formule (20) se réduire à la suivante

$$(29)\qquad 4p^{\mu} = x^2 + ny^2.$$

Il s'agit maintenant d'obtenir les valeurs des exposants λ, μ. On peut y parvenir à l'aide des considérations suivantes :

Comme nous l'avons observé page 112, on a généralement

$$R_{h,k,l,\ldots} = R_{h,k} R_{h+k,l,\ldots},$$

en sorte que les formules (12) donneront

$$(30)\qquad \begin{cases} I = -R_{h,h'} R_{h+h',h''} R_{h+h'+h'',h'''} \ldots, \\ J = -R_{k,k'} R_{k+k',k''} R_{k+k'+k'',k'''} \ldots \end{cases}$$

Or, dans chacun des facteurs qui composent les seconds membres de ces dernières, on peut immédiatement réduire les deux indices placés au bas de la lettre R à des nombres

$$l,\quad l'$$

représentés par des termes de la suite

$$0,\quad 1,\quad 2,\quad 3,\quad \ldots,\quad n-1.$$

On pourra même, en vertu des formules (10) et (12) de la Note I, remplacer le facteur

$$R_{l,l'} = \frac{\Theta_l \Theta_{l'}}{\Theta_{l+l'}}$$

par $\pm p$, lorsque la somme des indices l, l' sera le nombre n, et par -1, lorsque l'un des indices s'évanouira. Ce n'est pas tout, lorsque h, h', étant positifs l'un et l'autre, offriront pour somme un nombre différent de n, on aura généralement, en vertu de la formule (13) de la Note I,

$$R_{l,l'} R_{-l,-l'} = p,$$

ou, ce qui revient au même,

$$(31)\qquad R_{l,l'} R_{n-l,n-l'} = p;$$

et, comme des deux sommes

$$l + l', \qquad (n - l) + (n - l') = 2n - (l + l'),$$

renfermées entre les limites o, $2n$, il y en aura toujours une comprise entre les limites o, n, l'autre étant comprise entre les limites n, $2n$, il résulte des équations (14) et (15), jointes à l'équation (17), qu'on aura toujours

$$(32) \qquad I = p^f \frac{F}{G}, \qquad J = p^g \frac{G}{F},$$

ou, ce qui revient au même,

$$(33) \qquad IG = p^f F, \qquad JF = p^g G,$$

f, g désignant deux nombres entiers propres à vérifier la condition

$$f + g = \frac{N}{2},$$

et F, G des produits composés avec des facteurs de la forme

$$R_{l, l'}$$

dans chacun desquels on pourra supposer les indices l, l' tous deux inférieurs à n, et leur somme $l + l'$ renfermée entre les limites n, $2n$. Si d'ailleurs on substitue dans les formules (33) les valeurs de I, J fournies par les équations (19), on aura identiquement

$$(34) \qquad (A + B\Theta)G = 2p^f F, \qquad (A - B\Theta)F = 2p^g G,$$

ou, ce qui revient au même, eu égard aux formules (27),

$$(35) \qquad p^h(x + y\Theta)G = 2p^f F, \qquad p^h(x - y\Theta)F = 2p^g G.$$

On aura donc par suite

$$(36) \qquad p^{h-m}(x + y\Theta)G = 2p^{f-m}F, \qquad p^{h-m'}(x - y\Theta)F = 2p^{g-m'}G,$$

m, m' étant deux entiers que l'on pourra réduire, le premier au plus petit des nombres

$$h, f,$$

le second au plus petit des nombres

$$\lambda, \quad g,$$

afin que chacun des exposants

$$\lambda - m, \quad f - m, \quad \lambda - m', \quad g - m'$$

soit nul ou positif.

Avant d'aller plus loin, nous ferons une observation importante. Les formules (33), comme toutes celles d'où elles sont déduites, et par suite les formules (36), offrent chacune deux membres représentés par des fonctions entières de ρ qui sont identiquement les mêmes, quand on réduit l'exposant de chaque puissance de ρ à l'un des entiers

$$0, \quad 1, \quad 2, \quad 3, \quad \ldots, \quad n - 1,$$

ou qui du moins peuvent alors être transformés l'un dans l'autre à l'aide de la seule équation

$$1 + \rho + \rho^2 + \rho^3 + \ldots + \rho^{n-1} = 0.$$

Donc, après les réductions dont il s'agit, la différence entre les deux membres de chacune des formules (36) sera le produit d'un nombre entier par le polynôme

$$(37) \qquad\qquad 1 + \rho + \rho^2 + \rho^3 + \ldots + \rho^{n-1}.$$

D'ailleurs, réduire, dans une fonction entière de ρ, l'exposant de chaque puissance de ρ à l'un des nombres

$$0, \quad 1, \quad 2, \quad 3, \quad \ldots, \quad n - 1,$$

ou, ce qui revient au même, remplacer

ρ^{n},	ρ^{2n},	ρ^{3n},	$\ldots$	par	$\rho^{0} = 1$,
ρ^{n+1},	ρ^{2n+1},	ρ^{3n+1},	$\ldots$	par	ρ,
ρ^{n+2},	ρ^{2n+2},	ρ^{3n+2},	$\ldots$	par	ρ^{2},
$\ldots$	$\ldots$	$\ldots$	$\ldots$	$\ldots$	$\ldots$
ρ^{2n-1},	ρ^{3n-1},	ρ^{4n-1},	$\ldots$	par	ρ^{n-1},

c'est ajouter aux divers termes de la progression arithmétique

$$\rho^n, \quad \rho^{n+1}, \quad \rho^{n+2}, \quad \ldots \quad \rho^{2n}, \quad \rho^{2n+1}, \quad \rho^{2n+2}, \quad \ldots \quad \rho^{3n}, \quad \rho^{3n+1}, \quad \rho^{3n+2}, \quad \ldots$$

les différences

$$\begin{aligned}
&1 - \rho^n, \quad \rho - \rho^{n+1}, \quad \rho^2 - \rho^{n+2}, \quad \ldots, \\
&1 - \rho^{2n}, \quad \rho - \rho^{2n+1}, \quad \rho^2 - \rho^{2n+2}, \quad \ldots, \\
&1 - \rho^{3n}, \quad \rho - \rho^{3n+1}, \quad \rho^2 - \rho^{3n+2}, \quad \ldots, \\
&\ldots\ldots\ldots, \quad \ldots\ldots\ldots, \quad \ldots\ldots\ldots, \quad \ldots
\end{aligned}$$

respectivement égales aux produits

$$\begin{aligned}
&1 - \rho^n, \quad \rho(1 - \rho^n), \quad \rho^2(1 - \rho^n), \quad \ldots, \\
&1 - \rho^{2n}, \quad \rho(1 - \rho^{2n}), \quad \rho^2(1 - \rho^{2n}), \quad \ldots, \\
&1 - \rho^{3n}, \quad \rho(1 - \rho^{3n}), \quad \rho^2(1 - \rho^{3n}), \quad \ldots, \\
&\ldots\ldots\ldots, \quad \ldots\ldots\ldots, \quad \ldots\ldots\ldots, \quad \ldots
\end{aligned}$$

qui tous ont pour facteur le binome

$$1 - \rho^n = (1 - \rho)(1 + \rho + \rho^2 + \ldots + \rho^{n-1}),$$

et par conséquent le polynome (37). Donc, en définitive, dans chacune des formules (36), la différence entre les deux membres sera toujours une fonction entière de ρ, qui, avant réduction, aura pour facteur le polynome

$$1 + \rho + \rho^2 + \ldots + \rho^{n-1} = \frac{\rho^n - 1}{\rho - 1}.$$

Donc, si dans ces formules on remplace la racine primitive ρ de l'équation

$$x^n = 1$$

par une racine primitive r de l'équivalence

$$r^n \equiv 1 \qquad (\mathrm{mod}\, p),$$

les deux membres de chacune d'elles offriront pour différence une fonction entière de r qui aura pour facteur le polynome

$$1 + r + r^2 + \ldots + r^{n-1} = \frac{r^n - 1}{r - 1} \equiv 0 \qquad (\mathrm{mod}\, p);$$

et comme dans cette différence les coefficients des diverses puissances de r seront des entiers, elle devra, ainsi que le polynome

$$1 + r + r^2 + \ldots + r^{n-1},$$

être équivalente à zéro, suivant le module p. Donc, si l'on nomme

$$\mathfrak{d}, \quad \mathfrak{f}, \quad \mathcal{G}$$

ce que deviennent

$$\mathfrak{D}, \quad F, \quad G$$

quand on y remplace p par r, les formules (36) entraîneront les suivantes

$$(38) \qquad p^{l-m}(x+y\mathfrak{d})\mathcal{G} \equiv \imath p^{l-m}\mathfrak{f}, \quad p^{l-m}(x-y\mathfrak{d})\mathfrak{f} \equiv \imath p^{l-m}\mathcal{G} \quad (\mathrm{mod}.\,p),$$

dans lesquelles on devra, eu égard à l'équation (2), supposer

$$(39) \qquad \mathfrak{d} \equiv r^h + r^{h'} + \ldots - r^k - r^{k'} - \ldots \quad (\mathrm{mod}.\,p).$$

D'autre part, l'équation (26) pouvant s'écrire comme il suit

$$(p^h + p^{h'} + \ldots - p^k - p^{k'} - \ldots)^2 = -n,$$

on tirera de cette équation, en y remplaçant p par r,

$$(r^h + r^{h'} + \ldots - r^k - r^{k'} - \ldots)^2 \equiv -n \quad (\mathrm{mod}.\,p),$$

ou, ce qui revient au même,

$$(40) \qquad \mathfrak{d}^2 \equiv -n \quad (\mathrm{mod}.\,p).$$

Donc le nombre entier $\mathfrak{d}$ sera premier à p; comme, dans l'équation (29), les quantités x, y ne sont, ni l'une ni l'autre, divisibles par p, on pourra en dire autant de la somme $2x$ et de la différence $2y\mathfrak{d}$ des deux binomes

$$x + y\mathfrak{d}, \qquad x - y\mathfrak{d}.$$

Donc de ces deux binomes l'un au moins sera premier à p. Concevons, pour fixer les idées, que ce soit le second $x - y\mathfrak{d}$ qui remplisse cette condition. Comme, en vertu des principes exposés dans la Note V (p. 196 et suiv.), les deux quantités $\mathfrak{f}$, $\mathcal{G}$ seront elles-mêmes premières à p, il est clair que, dans les deux membres de la seconde des formules (38), les exposants de p, savoir

$$l - m', \qquad x - m'$$

ne pourront s'évanouir l'un sans l'autre. Or, c'est précisément ce qui arriverait si, les nombres λ, g étant inégaux, on prenait le plus petit pour valeur de m'. Donc, lorsque $x - y\delta$ est premier à p, la première des formules (38) entraîne la condition

$$\lambda = g.$$

Mais alors, en posant, dans la première des formules (38),

$$m = m' = \lambda = g,$$

on en conclut

$$f - g = o \quad \text{ou} \quad f - g > o,$$

suivant que le binome

$$x + y\delta$$

est ou n'est pas supposé premier à p. Donc, si le binome

$$x - y\delta$$

est premier à p, les formules (38) entraîneront la condition

$$\lambda = g \leq f.$$

Pareillement si le binome

$$x + y\delta$$

était premier à p, les formules (38) entraineraient la condition

$$\lambda = f \leq g.$$

Ainsi, dans tous les cas, λ devra se réduire au plus petit des deux nombres

$$f, \quad g;$$

et comme, en vertu des formules (28), (34), on aura

$$(41) \qquad \mu = f + g - 2\lambda,$$

il est clair que μ devra se réduire à celle des deux différences

$$f - g, \quad g - f$$

qui sera positive, par conséquent à la valeur numérique de la différence

$f - g$. Au reste, cette différence elle-même peut être, dans tous les cas, facilement déterminée comme il suit :

Posons pour abréger

$$(42) \qquad \mathrm{P} = \mathrm{R}_{h,k}\,\mathrm{R}_{k,k}\ldots, \qquad \mathrm{Q} = \mathrm{R}_{2,k}\,\mathrm{R}_{k,k}\ldots,$$

ou, ce qui revient au même,

$$(43) \qquad \mathrm{P} = \frac{\Theta_{2}^2\,\Theta_{k}^2\ldots}{\Theta_{2k}\,\Theta_{2k}\ldots}, \qquad \mathrm{Q} = \frac{\Theta_{2}^2\,\Theta_{k}^2\ldots}{\Theta_{2k}\,\Theta_{2k}\ldots},$$

On en conclura, eu égard aux formules (7) et (30),

$$(44) \qquad \frac{\mathrm{P}}{\mathrm{Q}} = \frac{\mathrm{I}^2}{\mathrm{J}^2}\,\frac{\Theta_{2k}\,\Theta_{2k}\ldots}{\Theta_{2k}\,\Theta_{2k}\ldots},$$

$$(45) \qquad \mathrm{PQ} = p^2.$$

D'ailleurs, en vertu des théorèmes 3 et 4 de la Note IX, on trouvera :
1° en supposant n de la forme $8x + 7$,

$$\Theta_{2k}\,\Theta_{2k}\ldots = \Theta_{k}\,\Theta_{k}\ldots = \mathrm{I}, \qquad \Theta_{2k}\,\Theta_{2k}\ldots = \Theta_{k}\,\Theta_{k}\ldots = \mathrm{J};$$

2° en supposant n de la forme $8x + 3$,

$$\Theta_{2k}\,\Theta_{2k}\ldots = \Theta_{k}\,\Theta_{k}\ldots = \mathrm{J}, \qquad \Theta_{2k}\,\Theta_{2k}\ldots = \Theta_{k}\,\Theta_{k}\ldots = \mathrm{I};$$

3° en supposant n divisible par 4 ou par 8,

$$\Theta_{2k}\,\Theta_{2k}\ldots = \Theta_{2k}\,\Theta_{2k}\ldots.$$

Donc les formules (43) et (44) donneront : 1° si n est de la forme $8x + 7$,

$$(46) \qquad \mathrm{P} = \mathrm{I}, \qquad \mathrm{Q} = \mathrm{J}, \qquad \frac{\mathrm{P}}{\mathrm{Q}} = \frac{\mathrm{I}}{\mathrm{J}};$$

2° si n est de la forme $8x + 3$,

$$(47) \qquad \mathrm{P} = \frac{\mathrm{I}^2}{\mathrm{J}}, \qquad \mathrm{Q} = \frac{\mathrm{J}^2}{\mathrm{I}}, \qquad \frac{\mathrm{P}}{\mathrm{Q}} = \frac{\mathrm{I}^2}{\mathrm{J}^2};$$

3° si n est divisible par 4 ou par 8,

$$(48) \qquad \frac{\mathrm{P}}{\mathrm{Q}} = \frac{\mathrm{I}^2}{\mathrm{J}^2}.$$

Concevons maintenant que, parmi les entiers premiers à n, mais inférieurs à $\frac{1}{2}n$, on distingue ceux qui appartiennent au groupe

$$h, \quad h', \quad h'', \quad \ldots,$$

et dont le nombre sera désigné par i, les autres, dont le nombre sera désigné par j, formant une partie du groupe

$$k, \quad k', \quad k'', \quad \ldots$$

On aura évidemment

$$(49) \qquad i + j = \frac{N}{2},$$

et, par des raisonnements semblables à ceux dont nous avons fait usage pour établir les formules (32), on trouvera, eu égard à l'équation (45),

$$(50) \qquad P = p' \frac{U}{V}, \qquad Q = \rho' \frac{U}{V},$$

U, V désignant des produits composés de facteurs de la forme

$$R_{l,l'},$$

dans chacun desquels on pourra supposer les indices l, l' tous deux inférieurs à n, et leur somme $l + l'$ renfermée entre les limites n, $2n$. Or, les formules (32) et (50) donneront

$$(51) \qquad \frac{I}{J} = p'^{-i} \frac{F}{G}, \qquad \frac{P}{Q} = p^{i-j} \frac{U}{V}.$$

D'autre part, si l'on désigne par

$$\delta_n,$$

comme dans la Note précédente, une quantité qui acquière la valeur

$$-1 \quad \text{ou} \quad 1 \quad \text{ou} \quad 0,$$

suivant qu'on aura

$$\left[\frac{2}{n}\right] = -1 \quad \text{ou} \quad \left[\frac{2}{n}\right] = 1 \quad \text{ou} \quad n \equiv 0 \quad (\text{mod. } 2),$$

les formules (46), (47), (48) donneront

$$(52) \qquad \frac{P}{Q} = \frac{F^\varepsilon}{J^\varepsilon}$$

la valeur de ε étant

$$(53) \qquad \varepsilon = 2 - i_1.$$

Cela posé, les formules (51) et (52) donneront

$$p^{\varepsilon(f-g)}\frac{F^{2\varepsilon}}{G^{2\varepsilon}} = p^{i-j}\frac{U^2}{V^2},$$

ou, ce qui revient au même,

$$(54) \qquad p^{\varepsilon(f-g)}F^{2\varepsilon}V^2 = p^{i-j}G^{2\varepsilon}U^2;$$

et par suite

$$(55) \qquad p^{\varepsilon(f-g)-m}F^{2\varepsilon}V^2 = p^{i-j-m}G^{2\varepsilon}U^2,$$

m étant un nombre entier quelconque.

Imaginons maintenant qu'on remplace p par r dans les deux membres de la formule (55), et soient

$$\upsilon, \quad \varpi$$

ce que deviennent alors U, V. Les quantités υ, ϖ seront non seulement entières, mais premières à p aussi bien que $\mathfrak{F}$, $\mathfrak{G}$; et de même que les équations (33) entraînent les formules (38), de même la formule (55) entraînera la suivante :

$$(56) \qquad p^{\varepsilon(f-g)+m}\mathfrak{F}^{2\varepsilon}\upsilon^2 \equiv p^{i-j-m}\mathfrak{G}^{2\varepsilon}\varpi^2 \qquad (\bmod.\, p).$$

Or, dans la formule (56), comme dans chacune des formules (38), les deux exposants de p ne peuvent s'évanouir l'un sans l'autre ; et, puisqu'on peut réduire l'un d'eux à zéro, en prenant pour m le plus petit des nombres

$$\varepsilon(f-g), \quad i-j,$$

il faudra que ces deux nombres soient égaux et qu'on ait

$$(57) \qquad i-j = \varepsilon(f-g);$$

par conséquent

$$(58) \qquad f - g = \frac{i - j}{2}.$$

D'ailleurs ε, toujours positif, se réduit à

$$1, \quad 3 \quad \text{ou} \quad 2,$$

suivant que n est de la forme

$$4x + 3, \quad 4x + 1 \quad \text{ou} \quad 4x,$$

et, en vertu de ce qui a été dit dans la Note précédente, la différence $i - j$, quand elle ne s'évanouit pas, est toujours positive. Donc, la différence $f - g$ ne pourra jamais devenir négative, et l'équation (41) donnera toujours

$$(59) \qquad p = f - g = \frac{i - j}{2}.$$

En conséquence, on peut énoncer la proposition suivante :

Théorème. — Le degré n de l'équation binome

$$x^n = 1,$$

dont ρ désigne une racine primitive, et la somme alternée

$$\omega = \rho^h + \rho^{h'} + \rho^{h''} + \ldots - \rho^k - \rho^{k'} - \rho^{k''} \ldots$$

étant supposés tels qu'on ait

$$\omega^2 = - n;$$

si les exposants de ρ premiers à n, mais inférieurs à $\frac{1}{2} n$, se trouvent en nombre égal à i dans le groupe

$$h, \quad h', \quad h'', \quad \ldots,$$

et en nombre égal à j dans le groupe

$$k, \quad k', \quad k'', \quad \ldots,$$

on pourra satisfaire, par des valeurs entières de x, y, à l'équation

$$4 p^2 = x^2 + n y^2,$$

pourvu qu'on prenne

$$\mu = i - j,$$

quand n sera de la forme $8x + 7$;

$$\mu = \frac{i - j}{3},$$

quand n, sans être égal à 3, sera de la forme $8x + 3$; et

$$\mu = \frac{i - j}{4},$$

quand n, sans être égal à 4, sera divisible par 4 ou par 8. Si n se réduisait à l'un des nombres 3, 4, alors (en vertu de ce qui a été dit dans la Note IV) on aurait simplement

$$\mu = i.$$

Pour vérifier l'exactitude du théorème qui précède, dans le cas particulier où l'on prend pour n un des nombres 3, 4, il suffit d'observer que l'équation

$$4p = x^2 + ny^2,$$

réduite alors à la forme

$$4p = x^2 + 3y^2,$$

ou à la forme

$$4p = x^2 + 4y^2 \qquad \text{ou} \qquad p = \left(\tfrac{1}{2}x\right)^2 + y^2,$$

coïncidera, pour $n = 3$, avec la formule (110) de la page 163, quand on posera $x = A$, $y = B$, et pour $n = 4$, avec la formule (93) de la page 153, quand on posera $x = 2A$, $y = B$.

Si, dans le théorème qui précède, nous n'avons pas fait une mention spéciale du cas où l'on aurait

$$n = 8, \qquad \omega^2 = -8, \qquad \Omega = \rho + \rho^2 - \rho^3 - \rho^4,$$

et où la condition (10) cesserait d'être vérifiée, c'est qu'en vertu des principes établis dans la Note III on peut encore, dans ce cas, résoudre en nombres entiers l'équation (29), en prenant $\mu = i$, et que cette dernière valeur de μ est comprise dans la formule

$$\mu = \frac{i-j}{2}.$$

En effet, dans le cas dont il s'agit, l'équation (29) réduite à

$$4p^2 = x^2 + 8y^2,$$

ou, ce qui revient au même, à

$$p^2 = \left(\frac{x}{2}\right)^2 + 2y^2,$$

coïncide avec la formule (103) de la page 159, quand on pose

$$\mu = 1, \qquad x = 2\mathrm{A}, \qquad y = \mathrm{B};$$

et, comme alors aussi l'on trouve

$$i = 2, \qquad j = 0,$$

on en conclut

$$\frac{i-j}{2} = 1.$$

Il nous reste à indiquer une méthode à l'aide de laquelle on peut faciliter le calcul des valeurs de x, y qui sont propres à résoudre l'équation (1).

L'exposant μ étant supposé plus grand que zéro, ainsi que $i - j$, la différence $f - g$ sera elle-même supérieure à zéro, et, en vertu des équations

$$h = g, \qquad 2(f - g) = i - j,$$

les formules (38), (56) pourront être réduites aux suivantes :

$$(60) \qquad x + y\delta \equiv 0, \qquad x - y\delta \equiv 2\frac{G}{3} \qquad (\mathrm{mod}.\, p).$$

$$(61) \qquad \left(\frac{G}{3}\right)^{2\delta} \equiv \left(\frac{x}{G}\right)^2 \qquad (\mathrm{mod}.\, p).$$

Or, les formules (60) donneront

$$(62) \qquad x \equiv -y\delta \equiv \frac{G}{3} \qquad (\mathrm{mod}.\, p),$$

et il est clair que cette dernière équation fournira immédiatement le reste de la division de x et de y par p, ce qui facilitera le calcul des valeurs de x, y et suffira même à la détermination de ces valeurs, dans tous les cas où elles devront être, abstraction faite des signes, inférieures à $\frac{1}{2}p$. Quant à la détermination des quantités $\mathfrak{z}$, $\mathfrak{y}$, ou v, v, elle s'effectuera sans difficulté. En effet, en vertu des principes établis dans la Note V (p. 196 et suivantes), pour déduire f de F, et g de G, il suffira de remplacer $\mathfrak{z}$ par r, dans les divers facteurs de F et de G, ou, ce qui revient au même, de remplacer chaque facteur de la forme

$$H_{l,l'}$$

par une quantité entière équivalente, au signe près, à

$$-H_{a-l,a+l'}.$$

la valeur de $H_{l,l'}$ étant donnée par la formule

$$(63) \qquad H_{l,l'} = \frac{1.2.3\ldots(l+l')\varpi}{1.2.3\ldots l\varpi . 1.2.3\ldots l'\varpi}.$$

La formule (62) n'est pas applicable aux cas où n se réduit à l'un des nombres 3, 4, 8 et doit alors être remplacée par celles que nous allons indiquer.

Les valeurs de P, Q, fournies par les équations (42), sont évidemment, ainsi que I, J, des fonctions symétriques, d'une part, des racines primitives

$$\rho^h, \rho^{h'}, \rho^{h''}, \ldots$$

et, d'autre part, des racines primitives

$$\rho^k, \rho^{k'}, \rho^{k''}, \ldots$$

Donc la somme P + Q sera, comme I + J, une fonction symétrique des diverses racines primitives de l'équation (1), et la différence P − Q sera, comme I − J, une fonction alternée de ces mêmes racines; d'où il résulte qu'on pourra aux équations (8) joindre encore celles-ci

$$(64) \qquad P + Q = \mathfrak{z}, \qquad P - Q = \mathfrak{v}v,$$

A, B désignant des quantités entières. Cela posé on tirera, des formules (45) et (64),

$$2P = A + B\mathfrak{D}, \qquad 2Q = A - B\mathfrak{D},$$
$$4PQ = A^2 - B^2\mathfrak{D}^2,$$
$$4P^2 = A^2 - B^2\mathfrak{D}^2;$$

et par suite, si la condition

$$\mathfrak{D}^2 = -n$$

est vérifiée, on trouvera

$$(65) \qquad 4P^2 = A^2 + nB^2.$$

Or si l'on substitue l'équation (65) et les formules (50) à l'équation (20) et aux formules (32), alors, par des raisonnements semblables à ceux dont nous nous sommes servis pour établir le théorème énoncé plus haut et la formule (62), on prouvera qu'on peut satisfaire à l'équation

$$4p^2 = x^2 + ny^2,$$

en posant généralement

$$\mu = \ell - j$$

et prenant, pour x, y, certains nombres entiers qui vérifieront la condition

$$(66) \qquad x \equiv -y\,\frac{\mathfrak{D}}{\mathfrak{D}} \qquad (\mathrm{mod}.\,p).$$

Considérons en particulier le cas où l'on a $n = 3$. On trouvera, dans ce cas,

$$\mathfrak{D} = y - y',$$
$$h = 1, \quad k = 0, \quad \ell = 1, \quad j = 0, \quad \ell - j = 1,$$
$$P = R_{1,3}, \qquad Q = R_{2,3},$$
$$U = 0, \qquad V = R_{3,3},$$

et par suite on pourra prendre

$$u = 0, \qquad v = -H_{3,3}.$$

Donc, p étant un nombre premier de la forme $3x + 1$, on pourra toujours satisfaire à l'équation

$$(67) \qquad 4p = x^2 + 3y^2,$$

en prenant pour x, y des nombres entiers qui vérifient la condition

$$x \equiv -y\delta \equiv -\Pi_{1,1}.$$

Il importe d'observer que, dans cette dernière formule, la valeur de $\Pi_{1,1}$ sera

$$\Pi_{1,1} = \frac{1 . 2 . 3 \ldots 2\varpi}{(1 . 2 \ldots \varpi)^2} = \frac{(\varpi + 1) \ldots 2\varpi}{1 . 2 \ldots \varpi},$$

la valeur de ϖ étant

$$\varpi = \frac{p - 1}{3},$$

et que d'ailleurs on aura

$$\delta \equiv r - r^2,$$

r étant une racine primitive de l'équivalence

$$x^3 \equiv 1 \qquad (\mathrm{mod.}\, p);$$

par conséquent

$$r \equiv t^\varpi \qquad (\mathrm{mod.}\, p),$$

t étant une racine primitive de l'équivalence

$$x^{p-1} \equiv 1 \qquad (\mathrm{mod.}\, p).$$

Cela posé, en ayant égard à la formule

$$\delta^2 = -3,$$

de laquelle on tire

$$\frac{1}{\delta} = -\frac{\delta}{3},$$

on trouvera

$$(68) \qquad x \equiv -\Pi_{1,1}, \qquad y \equiv -\frac{1}{3}\Pi_{1,1}\delta \qquad (\mathrm{mod.}\, p).$$

D'autre part, comme on aura, en vertu de l'équation (67),

$$x^2 < 4p, \qquad y^2 < \frac{4p}{3},$$

les valeurs numériques de x, y seront respectivement inférieures aux nombres

$$2p^{\frac{1}{3}}, \quad 2\left(\frac{p}{3}\right)^{\frac{1}{3}},$$

dont le second au moins restera inférieur à $\frac{1}{2}p$, pour une valeur de p égale ou supérieure à 7; le premier remplissant lui-même cette condition dès qu'on supposera p supérieur à 16, par conséquent à 7 et à 13. Donc les formules (68), ou au moins la seconde d'entre elles, fourniront immédiatement la résolution en nombres entiers de l'équation (67). On trouvera, par exemple, pour $p = 7$,

$$\varpi = \frac{p-1}{3} = 2, \qquad \Pi_{1,2} = \frac{3.4}{1.2} = 6;$$

et comme 3 étant une racine primitive de l'équivalence

$$x^6 \equiv 1 \qquad (\text{mod. } 7),$$

on pourra prendre

$$r \equiv 3^2 \equiv 2 \qquad (\text{mod. } 7);$$

par conséquent

$$\delta \equiv r - r^2 \equiv 2 - 4 \equiv -2 \qquad (\text{mod. } 7),$$

les formules (68) donneront

$$x \equiv -6 \equiv 1, \qquad p \equiv 4 \equiv -3 \qquad (\text{mod. } 7).$$

On a effectivement

$$4.7 = 1^2 + 3.3^2.$$

Prenons encore $p = 13$. On trouvera

$$\varpi = 4, \qquad \Pi_{1,2} = \frac{5.6.7.8}{1.2.3.4} = 70;$$

et comme 3 étant une racine primitive de l'équivalence

$$x^{12} \equiv 1 \qquad (\text{mod. } 13),$$

on pourra prendre

$$r \equiv 3^4 \equiv 3, \qquad \delta \equiv r - r^2 \equiv 3 - 9 \equiv -6 \qquad (\text{mod. } 13),$$

les formules (68) donneront

$$x \equiv -70 \equiv -5, \qquad y \equiv 10 \equiv -3 \qquad (\text{mod. } 13).$$

On a effectivement

$$4.7 = 5^2 + 3.3^2.$$

La valeur numérique de x remplit déjà, comme on le voit, pour les valeurs 7 et 13 du nombre p, la condition d'être inférieure à $\frac{1}{2}p$. Donc, d'après ce qui a été dit ci-dessus, cette condition sera toujours remplie et, pour résoudre en nombres entiers l'équation (67), il suffira, dans tous les cas, de recourir à la première des équations (68). On trouvera, par exemple, pour $p = 19$,

$$\varpi = 6, \quad \mathrm{H}_{1} = \frac{7.8.9.10.11.12}{1.2.3.4.5.6} \equiv 7.11.12 \equiv 12 \quad (\text{mod. } 19),$$

$$x \equiv 12 \equiv -7 \quad (\text{mod. } 19),$$

$$x = -7.$$

On a effectivement

$$4.19 = 7^2 + 3.3^2.$$

Dans les exemples précédents, la valeur de y est constamment divisible par 3. On peut démontrer qu'il en sera toujours ainsi (*voir* les numéros des *Comptes rendus des séances de l'Académie des Sciences, pour l'année* 1840).

Les formules (68), jointes à la remarque que nous venons de faire, comprennent l'un des théorèmes énoncés par M. Jacobi en 1827, dans un Mémoire qui a pour titre *De residuis cubicis commentatio numerosa* (voir le *Journal de M. Crelle*, de 1827).

Au reste, après avoir résolu l'équation (67) à l'aide des formules (68), on pourra toujours obtenir immédiatement deux autres solutions de la même équation, en ayant recours à la formule

$$4p = x^2 + 3y^2 = \left(\frac{x+3y}{2}\right)^2 + 3\left(\frac{x-y}{2}\right)^2$$
$$= \left(\frac{x-3y}{2}\right)^2 + 3\left(\frac{x+y}{2}\right)^2.$$

On trouvera par exemple

$$4.\ 7 = 1 + 3.3^2 = 5^2 + 3.1^2 = 4^2 + 3.2^2,$$
$$4.13 = 5^2 + 3.3^2 = 7^2 + 3.1^2 = 2^2 + 3.4^2,$$

. . . .

Considérons maintenant le cas où l'on a $n = 4$. On trouvera dans ce cas

$$\Theta = p - \rho^4,$$

$$h = 1, \qquad k = 3, \qquad i = 1, \qquad j = 0, \qquad i - j = 1,$$

$$P = R_{1,1}, \qquad Q = R_{2,3},$$

$$U = R_{j-1}, \qquad V = R_{3,3},$$

et, par suite, on pourra prendre

$$v = 1, \qquad v = -\, \Pi_{1,1}.$$

Donc, p étant un nombre premier de la forme $4x + 1$, on pourra toujours satisfaire à l'équation

(69)
$$4p = x^2 + 4y^2,$$

en prenant pour x, y des nombres entiers qui vérifient la condition

$$x \equiv -\, y\delta \equiv -\, \Pi_{1,1}.$$

Dans cette dernière formule, la valeur de $\Pi_{1,1}$ sera

$$\Pi_{1,1} = \frac{1 . 2 . 3 \ldots 2\varpi}{(1 . 2 \ldots \varpi)^2} = \frac{(\varpi + 1) \ldots 2\varpi}{1 . 2 \ldots \varpi},$$

la valeur de ϖ étant

$$\varpi = \frac{p - 1}{4},$$

et l'on aura d'ailleurs

$$\delta = r - r^3,$$

r étant une racine primitive de l'équation

$$x^4 \equiv 1 \qquad (\mathrm{mod.}\, p),$$

en sorte qu'on pourra prendre

$$r = t^{\varpi},$$

t étant ce qu'on nomme une *racine primitive* du nombre p, c'est-à-dire une racine primitive de l'équation

$$x^{p-1} \equiv 1 \qquad (\mathrm{mod.}\, p).$$

Cela posé, en ayant égard à la formule

$$\delta^2 \equiv -4 \qquad (\mathrm{mod}.\, p),$$

de laquelle on tire

$$\frac{1}{\delta} \equiv -\frac{\delta}{4},$$

on trouvera

(70) $\qquad x \equiv -\Pi_{1,0}, \qquad y \equiv -\frac{1}{4}\Pi_{1,1}\delta \qquad (\mathrm{mod}.\, p).$

D'ailleurs, pour que l'équation (69) soit vérifiée, il est nécessaire que x soit un nombre pair ; et alors, en écrivant $2x$ au lieu de x, dans cette même équation, on obtient la suivante

(71) $\qquad p = x^2 + y^2,$

à laquelle on devra satisfaire par des valeurs de x, y propres à vérifier les formules

(72) $\qquad x \equiv -\frac{1}{2}\Pi_{2,0}, \qquad y \equiv -\frac{1}{4}\Pi_{1,1}\delta.$

D'autre part, comme, en vertu de l'équation (71), les quantités x, y devront offrir des carrés inférieurs à p, et des valeurs numériques inférieures à $p^{\frac{1}{2}}$, par conséquent à

$$\frac{p}{2} = p^{\frac{1}{2}}\,\frac{p^{\frac{1}{2}}}{2},$$

attendu que p, au moins égal à 5, vérifiera la condition $p^{\frac{1}{2}} > 2$: il est clair qu'à l'aide des formules (72), ou seulement de la première de ces formules, on pourra déterminer complètement les valeurs entières de x, y qui vérifieront la formule (11). On trouvera par exemple, pour $p = 5$,

$$\varpi = \frac{p-1}{4} \equiv 1, \qquad \Pi_{1,1} \equiv 2,$$
$$x \equiv -1 \qquad (\mathrm{mod}.\, 5),$$
$$x \equiv -1.$$

On a en effet

$$5 = 1^2 + 2^2.$$

Prenons encore $p = 13$, on trouvera

$$m = 3, \qquad \Pi_{1,1} = \frac{4.5.6}{1.2.3} = 20 \qquad (\mathrm{mod}.\ 13),$$
$$x \equiv -10 \equiv 3 \qquad (\mathrm{mod}.\ 13),$$
$$x = 3.$$

On a en effet

$$13 = 3^2 + 2^2.$$

Prenons encore $p = 17$: on trouvera

$$m = 4, \qquad \Pi_{1,1} = \frac{5.6.7.8}{1.2.3.4} = 5.2.7 = 70, \qquad \equiv 2 \qquad (\mathrm{mod}.\ 17),$$
$$x \equiv -1 \qquad (\mathrm{mod}.\ 17),$$
$$x = -1.$$

On a en effet

$$17 = 1^2 + 4^2.$$

Prenons enfin $p = 29$. On trouvera

$$m = 7, \qquad \Pi_{1,1} = \frac{8.9.10.11.12.13.14}{1.2.3.4.5.6.7}.$$

D'ailleurs, il ne sera pas nécessaire de calculer la valeur exacte de $\Pi_{1,1}$, et l'on pourra se borner à déterminer, par l'une des méthodes exposées dans la Note V, une quantité équivalente à $\Pi_{1,1}$, suivant le module 29. Cette quantité sera immédiatement fournie par le tableau de la page 209, et se réduira au nombre 10, renfermé dans les deux colonnes horizontale et verticale dont les premières cases offrent le nombre 7. On aura donc

$$\Pi_{1,1} \equiv 10 \qquad (\mathrm{mod}.\ 29),$$
$$x \equiv -5 \qquad (\mathrm{mod}.\ 29),$$
$$x = -5.$$

On trouve en effet

$$29 = 5^2 + 2^2.$$

La première des formules (73) fournit précisément le beau théorème énoncé par M. Gauss, et relatif à la résolution de l'équation (71) en nombres entiers.

Il est bon d'observer que, dans le cas où l'on suppose, comme on vient de le faire,

$$p = 4m + 1,$$

l'équation connue

$$1.2.3\ldots(p-1) \equiv -1 \qquad (\mathrm{mod}.\,p)$$

donne

$$(1.2.3\ldots 2\varpi)^2 \equiv -1.$$

Donc alors on vérifie la formule

$$\delta^2 \equiv -4,$$

en prenant

$$\delta = 2(1.2.3\ldots 2\varpi),$$

et la seconde des formules (72) peut être réduite à

$$y \equiv -\frac{1.2.3\ldots 2\varpi}{2}\, \Pi_{1,1}.$$

Ainsi, par exemple, on trouvera, pour $p = 5$,

$$y \equiv -\Pi_{1,1} \equiv -2 \qquad (\mathrm{mod}.\,5),$$

par conséquent

$$y = -2;$$

pour $p = 13$,

$$y \equiv -3.4.5\ldots 6\,\Pi_{1,1} \equiv 4\,\Pi_{1,1} \equiv 80 \equiv 2 \qquad (\mathrm{mod}.\,13),$$
$$y = 2, \qquad \ldots$$

Considérons maintenant le cas où l'on a $n = 8$,

$$\Omega = \rho + \rho^3 - \rho^5 - \rho^7.$$

Dans ce cas, on ne peut plus se servir ni de la formule (61), ni de la formule (66). Mais les équations (7) donnent

$$I = \Theta_1 \Theta_3 = R_{1,3}\Theta_1, \qquad J = \Theta_5 \Theta_7 = R_{5,7}\Theta_5.$$

et les coefficients de Θ_1 dans ces formules, savoir :

$$R_{1,3}, \quad R_{5,7},$$

représentent des fonctions symétriques des racines primitives

$$\rho, \quad \rho^3 \qquad \text{ou} \qquad \rho^5, \quad \rho^7.$$

Par suite, la somme

$$R_{1,3} + R_{5,7}$$

et la différence

$$R_{1,3} - R_{5,7}$$

seront de la forme

$$R_{1,3} + R_{5,7} = A, \qquad R_{1,3} - R_{5,7} = B\omega,$$

A, B désignant des quantités entières ; et, comme on aura d'autre part

$$R_{1,3}R_{5,7} = p,$$

on trouvera définitivement

$$4p = A^2 - B^2\omega^2 ;$$

puis, en ayant égard à la formule

$$\omega^2 = -8,$$

on en conclura

$$4p = A^2 + 8B^2.$$

Dans cette dernière équation, A sera nécessairement pair, et en posant

$$A = 2x, \qquad B = y,$$

on la verra se réduire à

(73) $$p = x^2 + 2y^2.$$

Ajoutons que, si l'on remplace ρ par r dans les deux formules

$$R_{1,3} + R_{5,7} = 2x, \qquad R_{1,3} - R_{5,7} = y\omega,$$

on devra y remplacer ω par δ ; et comme alors $R_{1,3}$ se trouvera remplacé par zéro, et $R_{5,7}$ par

$$-H_{1,3},$$

on aura définitivement

$$2x \equiv -y\delta \equiv -H_{1,3}.$$

Donc, en ayant égard à la formule

$$\delta^2 \equiv -8 \pmod{p},$$

de laquelle on tire

$$\frac{1}{\delta} \equiv -\frac{\delta}{8} \pmod{p},$$

on trouvera

$$(74) \qquad x \equiv -\frac{1}{2}\Pi_{1,2}, \qquad y \equiv -\frac{1}{8}\Pi_{1,2}\delta \qquad (\mathrm{mod.}\,p),$$

la valeur de $\Pi_{1,2}$ étant donnée par l'équation

$$\Pi_{1,2} = \frac{1.2.3\ldots 4\varpi}{(1.2\ldots\varpi)(1.2\ldots 3\varpi)} = \frac{(3\varpi+1)\ldots 4\varpi}{1.2\ldots\varpi},$$

et la valeur de ϖ étant

$$\varpi = \frac{p-1}{8}.$$

Quant à la valeur de δ, elle sera

$$\delta \equiv 1 + r^4 - r^1 - r^5 \qquad (\mathrm{mod.}\,p)$$

r étant une racine primitive de l'équivalence

$$x^8 \equiv 1 \qquad (\mathrm{mod.}\,p)$$

en sorte qu'on pourra prendre

$$r \equiv t^\varpi \qquad (\mathrm{mod.}\,p),$$

t étant une racine primitive de l'équivalence

$$x^{p-1} \equiv 1 \qquad (\mathrm{mod.}\,p).$$

Les formules (74) suffiront à la détermination complète des valeurs de x, y qui vérifieront l'équation (73), attendu que ces valeurs devront être, l'une et l'autre, inférieures, abstraction faite des signes, à $p^{\frac{1}{2}}$, et à plus forte raison à $\frac{1}{2}p$. On pourra même se borner à déterminer la valeur de x, à l'aide de la première des formules (74). On trouvera, par exemple, pour $p = 17$,

$$\varpi = 2, \qquad \Pi_{1,2} = \frac{7.8}{1.2} = 28,$$
$$x \equiv -14 \equiv 3 \qquad (\mathrm{mod.}\,17),$$
$$x = 3.$$

On aura effectivement

$$17 = 3^2 + 2.2^2.$$

On trouvera pareillement, pour $p = 41$,

$$\varpi = 5, \qquad \mathrm{II}_{\omega} = \frac{16.17.18.19.20}{1.2.3.4.5} = 15.17.3.19 \equiv -6 \qquad (\mathrm{mod}.41),$$

$$x \equiv -3 \qquad (\mathrm{mod}.41),$$

$$x = -3.$$

On a effectivement

$$41 = 3^2 + 2.4^2.$$

. . . .

La première des formules (74) fournit un théorème donné par M. Jacobi, en 1838, dans les *Comptes rendus des séances de l'Académie de Berlin.*

Revenons maintenant au cas général où n désigne un entier qui vérifie la condition

$$\omega^2 \equiv -n,$$

sans toutefois se réduire à l'un des trois nombres

$$2, \quad 4, \quad 8.$$

Alors les valeurs entières de x, y, propres à résoudre l'équation

$$4p^2 = x^2 + ny^2,$$

vérifieront la formule (62) ; et, comme on aura d'ailleurs

$$\delta^2 \equiv -n \qquad (\mathrm{mod}.p),$$

par conséquent

$$\frac{1}{\delta} \equiv -\frac{\delta}{n} \qquad (\mathrm{mod}.p),$$

on trouvera

$$(75) \qquad\qquad x \equiv \frac{G}{3}, \qquad y \equiv \frac{\delta}{n}\frac{G}{3} \qquad (\mathrm{mod}.p).$$

Avant d'aller plus loin, il est bon d'observer que, dans la formule

$$4p^2 = x^2 + ny^2,$$

le second membre devra être pair tout comme le premier, et qu'en conséquence les deux termes

$$x^2, \quad ny^2$$

seront tous deux pairs ou tous deux impairs. Donc, si n est impair, les deux carrés

$$x^2, \quad y^2$$

seront en même temps pairs ou impairs. D'ailleurs, si les carrés x^2, y^2 sont tous deux impairs, chacun, divisé par 8, donnera 1 pour reste, et par suite la formule

$$x^2 + n y^2 = 4 p^\mu$$

donnera

$$1 + n \equiv 4 p^2 \equiv 4 \quad (\text{mod. } 8),$$

ou, ce qui revient au même,

$$(76) \qquad\qquad n \equiv 3 \quad (\text{mod. } 8).$$

Donc, si n, supposé impair, et de la forme $4x + 3$ afin qu'on ait $\omega^2 \equiv -n$, ne vérifie pas la condition (76), c'est-à-dire, en d'autres termes, si l'on a

$$(77) \qquad\qquad n \equiv 7 \quad (\text{mod. } 8),$$

x^2, y^2 seront pairs l'un et l'autre. Alors, en écrivant $2x$ au lieu de x, et $2y$ au lieu de y, on obtiendra, au lieu de l'équation (29), la suivante

$$(78) \qquad\qquad p^\mu = x^2 + n y^2,$$

à laquelle on satisfera par des valeurs entières de x, y, qui vérifieront les conditions

$$(79) \qquad\qquad x \equiv \frac{1}{2}\frac{G}{J}, \qquad y \equiv \frac{\delta}{3n}\frac{G}{J} \quad (\text{mod. } p).$$

Enfin, si n est un nombre pair, divisible par 4 ou par 8, il est clair que, dans l'équation

$$4 p^\mu = x^2 + n y^2,$$

x lui-même devra être pair. Alors, en écrivant $2x$ au lieu de x, on verra cette équation se réduire à la suivante

$$(80) \qquad\qquad p^\mu = x^2 + \frac{n}{4} y^2,$$

et l'on pourra satisfaire à cette dernière par des valeurs entières de x, y, qui vérifieront les conditions

$$(81) \qquad x \equiv \frac{1}{2}\frac{G}{J}, \qquad y \equiv \frac{\delta}{n}\frac{G}{J} \qquad (\mathrm{mod}.\,p).$$

Pour montrer quelques applications des formules qui précèdent, prenons d'abord pour n les nombres premiers qui, étant de la forme $4x + 3$, et supérieurs à 3, restent inférieurs à 100. Parmi ces nombres premiers, les uns, savoir

$$11, \quad 19, \quad 43, \quad 59, \quad 67, \quad 83,$$

seront de la forme $8x + 3$, les autres, savoir

$$7, \quad 23, \quad 31, \quad 47, \quad 71, \quad 79,$$

seront de la forme $8x + 7$; et pour chacun d'eux, on obtiendra facilement les valeurs des résidus quadratiques

$$h, \quad h', \quad h'', \quad \ldots$$

en cherchant, dans les Tables construites par M. Jacobi, ceux des nombres

$$1, \quad 2, \quad 3, \quad \ldots, \quad n - 1,$$

qui offrent des indices pairs suivant le module n. Ainsi, par exemple, comme, pour $n = 7$, les indices des nombres

$$1, \quad 2, \quad 3, \quad 4, \quad 5, \quad 6$$

sont dans ces mêmes Tables

$$0, \quad 2, \quad 1, \quad 4, \quad 5, \quad 3,$$

on trouvera, pour $n = 7$,

$$h = 1, \qquad h' = 2, \qquad h'' = 4,$$
$$\Theta = \rho + \rho^2 - \rho^4 - \rho^3 - \rho^5.$$

En opérant de la même manière pour les diverses valeurs de n, on reconnaîtra que les quantités h, h', h'', …, inférieures ou supérieures à $\frac{n}{2}$, le nombre i ou j des unes ou des autres, et la différence $i - j$ sont respectivement, pour

$n=7$	1, 2 4	$i=2$ $j=1$	$i-j$
$n=11$	1, 3, 4, 5 9	$i=4$ $j=1$	$i-j$
$n=19$	1, 4, 5, 6, 7, 9 11, 16, 17	$i=6$ $j=3$	$i-j$
$n=23$	1, 2, 3, 4, 6, 8, 9 12, 13, 16, 18	$i=7$ $j=4$	$i-j$
$n=31$	1, 2, 4, 5, 7, 8, 9, 10, 14, 16, 18, 19, 20, 25, 28	$i=9$ $j=6$	$i-j$
$n=43$	1, 4, 6, 9, 10, 11, 13, 14, 15, 16, 17, 21, 23, 24, 25, 31, 35, 36, 38, 40, 41	$i=12$ $j=9$	$i-j$
$n=47$	1, 2, 3, 4, 6, 7, 8, 9, 12, 14, 16, 17, 18, 21, 24, 25, 27, 28, 31, 34, 36, 37, 42	$i=14$ $j=9$	$i-j$
$n=59$	1, 3, 4, 5, 7, 9, 12, 15, 16, 17, 19, 20, 21, 22, 25, 26, 27, 28, 29, 35, 36, 41, 45, 46, 48, 49, 51, 53, 57	$i=19$ $j=10$	$i-j$
$n=67$	1, 4, 6, 9, 10, 14, 15, 16, 17, 19, 21, 22, 23, 24, 25, 26, 29, 33, 35, 36, 37, 39, 40, 47, 49, 54, 55, 56, 59, 60, 62, 64, 65	$i=18$ $j=15$	$i-j$
$n=71$	1, 2, 3, 4, 5, 6, 8, 9, 10, 12, 15, 18, 19, 20, 24, 25, 26, 27, 29, 30, 32, 36, 37, 38, 40, 43, 45, 48, 49, 50, 54, 57, 58, 60, 64	$i=21$ $j=14$	$i-j$
$n=79$	1, 2, 4, 5, 8, 9, 10, 11, 13, 16, 18, 19, 20, 21, 22, 23, 25, 26, 31, 32, 36, 38, 40, 42, 44, 45, 46, 49, 50, 51, 52, 55, 62, 64, 65, 67, 72, 74, 76	$i=22$ $j=17$	$i-j$
$n=83$	1, 3, 4, 7, 9, 10, 11, 12, 16, 17, 21, 23, 25, 26, 27, 28, 29, 30, 31, 33, 36, 37, 38, 40, 41, 44, 48, 49, 51, 59, 61, 63, 64, 65, 68, 69, 70, 75, 77, 78, 81	$i=25$ $j=16$	$i-j$

Donc les valeurs de

$$\mu = i - j,$$

qui permettront toujours de résoudre en nombres entiers l'équation

$$p^\mu = x^2 + n y^2,$$

seront respectivement :

$$\text{Pour} \quad n=7, \quad 23, \quad 31, \quad 47, \quad 71, \quad 79,$$
$$\mu = 1, \quad 3, \quad 3, \quad 5, \quad 7, \quad 5;$$

et les valeurs de

$$\mu = \frac{i - j}{3},$$

qui permettront toujours de résoudre en nombres entiers l'équation

$$4p^\mu = x^2 + n y^2.$$

seront respectivement :

$$\text{Pour} \quad n = 11, \quad 19, \quad 43, \quad 59, \quad 67, \quad 83,$$
$$\mu = 1, \quad 1, \quad 1, \quad 3, \quad 1, \quad 3,$$

De plus, on aura, pour $n = 7$,

$$\mathrm{I} = \Theta_1\Theta_2\Theta_4 = p\,\frac{\Theta_1\Theta_2}{\Theta_4}, \qquad \mathrm{J} = \Theta_3\Theta_5\Theta_6 = p\,\frac{\Theta_5\Theta_2}{\Theta_1},$$

ou, ce qui revient au même,

$$\mathrm{I} = p\,\mathrm{R}_{1,2} = p^2\,\frac{1}{\mathrm{R}_{4,2}}, \qquad \mathrm{J} = p\,\mathrm{R}_{4,3},$$
$$f = 2, \qquad g = 1, \qquad f - g = 1 = \frac{i-j}{3} = \mu,$$
$$\mathrm{F} = 1, \qquad \mathrm{G} = \mathrm{R}_{4,3};$$

et par suite, on pourra prendre

$$\mathfrak{F} = 1, \qquad \mathfrak{G} = -\mathrm{H}_{1,2}.$$

Donc, en vertu des formules (79), on pourra satisfaire à l'équation

$$(82) \qquad\qquad p = x^2 + 7y^2,$$

par des valeurs entières de x, y, qui vérifieront les conditions

$$(83) \qquad x \equiv -\frac{1}{2}\mathrm{H}_{1,2}, \qquad y \equiv -\frac{\delta}{14}\mathrm{H}_{1,2} \qquad (\mathrm{mod.}\ p)$$

la valeur de $\mathrm{H}_{1,2}$ étant donnée par la formule

$$\mathrm{H}_{1,2} = \frac{1.2.3\ldots 3\varpi}{(1.2\ldots\varpi)(1.2\ldots 2\varpi)} = \frac{(2\varpi+1)\ldots 3\varpi}{1.2\ldots\varpi},$$

dans laquelle on aura

$$\varpi = \frac{p-1}{7},$$

et la valeur de δ par la formule

$$\delta = r + r^2 + r^4 - r^3 - r^5 - r^6,$$

dans laquelle r sera une racine primitive de l'équation

$$x^7 \equiv 1 \qquad (\mathrm{mod.}\ p).$$

en sorte qu'on pourra supposer

$$r = t^{\varpi},$$

t étant une racine de p, c'est-à-dire une racine primitive de l'équivalence

$$x^{p-1} \equiv 1 \qquad (\text{mod. } p),$$

On trouvera, par exemple, pour $p = 29$,

$$\varpi = 4, \quad \Pi_{1,4} = \frac{1.2.3 \ldots 12}{(1.2.3.4)(1.2.3 \ldots 8)} = \frac{9.10.11.12}{1.2.3.4} = 9.5.11 \equiv 2 \quad (\text{mod. } 29),$$
$$x \equiv -1 \qquad (\text{mod. } 29),$$
$$x = -1,$$

On a en effet

$$29 = 1 + 7.2^2.$$

Au reste, la quantité 2, qui, dans cet exemple, est équivalente à $\Pi_{1,4}$, suivant le module 29, se trouve immédiatement fournie par le tableau de la page 209, et se réduit, comme on devait s'y attendre, à celle que renferment à la fois les deux colonnes horizontale et verticale dont les premières cases contiennent les deux nombres

$$\varpi = 4, \qquad 2\varpi = 8.$$

M. Jacobi, dans son Mémoire de 1827, avait déjà indiqué les formules (83) comme pouvant servir à la résolution de l'équation (82). Pour arriver à ces formules et à d'autres semblables, il avait suivi une marche analogue à celle par laquelle M. Gauss lui-même a établi la première des formules (72), et il avait eu recours, nous a-t-il dit, à des considérations qui ne diffèrent pas de celles que j'ai exposées dans le *Bulletin des Sciences de* 1829, c'est-à-dire à la considération des fonctions ci-dessus désignées par Θ_b, Θ_k, Θ_l, ...

Si, au lieu de supposer $n = 7$, on prend successivement pour n les nombres premiers

$$11, \quad 19, \quad 43, \quad 67,$$

pour lesquels on a aussi $\mu = 1$, il suffira de recourir aux formules (75).

ou du moins à la seconde d'entre elles, pour déterminer complétement
les valeurs de x, y propres à vérifier l'équation

$$4p = x^2 + ny^2,$$

D'ailleurs, on trouvera, pour $n = 11$,

$$I = - R_{1,2,3,8} = - R_{1,3} R_{1+3,2} R_{1+3+2,8} R_{1+3+2+8,11}$$
$$J = - R_{10,8,7,6,2} = - R_{10,6} R_{10+6,7} R_{10+6+7,8} R_{10+6+7+8,2}$$

par conséquent

$$I = \rho R_{1,3} R_{2,3} R_{8,3} = \rho^3 \frac{R_{8,3}}{R_{10,8} R_{7,7}},$$
$$J = \rho R_{10,8} R_{7,7} R_{3,6} = \rho^3 \frac{R_{10,8} R_{7,7}}{R_{8,3}},$$
$$f = 3, \qquad g = 2, \qquad f - g = 1 = \frac{i - j}{3} = \rho,$$
$$F = R_{8,3}, \qquad G = R_{10,8} R_{7,11}$$

et l'on pourra prendre

$$\mathfrak{F} = - H_{3,6}, \qquad \mathfrak{G} = H_{1,3} H_{4,2}.$$

Donc, en vertu des formules (75), lorsque p divisé par 11 donnera
pour reste l'unité, on pourra satisfaire à l'équation

$$(84) \qquad\qquad 4p = x^2 + 11 y^2$$

par des valeurs de x, y propres à vérifier les conditions

$$(85) \qquad x = - \frac{H_{1,3} H_{4,2}}{H_{2,6}}, \qquad y = - \frac{\delta}{11} \frac{H_{1,3} H_{4,2}}{H_{2,6}},$$

les valeurs de $H_{1,3}$, $H_{4,2}$, $H_{2,6}$ étant données par les formules

$$H_{1,3} = \frac{(3\varpi + 1)\dots 4\varpi}{1 . 2 \dots \varpi}, \qquad H_{4,2} = \frac{(4\varpi + 1)\dots 8\varpi}{1 . 2 \dots 4\varpi}, \qquad H_{2,6} = \frac{(6\varpi + 1)\dots 8\varpi}{1 . 2 \dots 2\varpi},$$

dans lesquelles on aura

$$\varpi = \frac{p - 1}{11}.$$

Si, par exemple, on suppose $p = 23$, on trouvera

$$\varpi = 2, \quad \mathrm{H}_{1,2} = \frac{7.8}{1.2}, \quad \mathrm{H}_{2,3} = \frac{9.10.11.12.13.14.15.16}{1.2.3.4.5.6.7.8}, \quad \mathrm{H}_{2,4} = \frac{13.14.15.16}{1.2.3.4},$$

$$\mathrm{H}_{1,2} \equiv 28 \equiv 5, \qquad \mathrm{H}_{2,3} \equiv 9.10.11.13 \equiv -10, \qquad \mathrm{H}_{2,4} \equiv 13.14.10 \equiv 3,$$
$$(\mathrm{mod.}\, 23).$$

$$x \equiv -\frac{50}{3} \equiv -\frac{27}{3} \equiv -9 \qquad (\mathrm{mod.}\, 23).$$

Le carré de x^2 devant d'ailleurs être inférieur à $4.23 = 92$, on ne peut supposer que

$$x = -9.$$

On pourrait opérer de la même manière pour les trois valeurs de n représentées par

$$19, \quad 43, \quad 67.$$

Mais il est bon d'observer que chacune d'elles, divisée par 3, donne 1 pour reste. Or, quand cette condition est remplie, ou, ce qui revient au même, quand, n étant premier, $n - 1$ est divisible par 3, on peut ajouter, trois à trois, les nombres renfermés dans chacun des groupes

$$h, \quad h', \quad h'', \quad \ldots \qquad \text{et} \qquad k, \quad k', \quad k'', \quad \ldots,$$

de manière à obtenir des sommes divisibles par n. En effet, soit s une racine primitive de l'équivalence

$$s^{n-1} \equiv 1 \qquad (\mathrm{mod.}\, n).$$

Les nombres renfermés dans le groupe

$$h, \quad h', \quad h'', \quad \ldots$$

seront équivalents, suivant le module n, aux divers termes de la progression géométrique

$$1, \quad s^3, \quad s^6, \quad \ldots, \quad s^{n-4},$$

et les nombres renfermés dans le groupe

$$k, \quad k', \quad k'', \quad \ldots,$$

aux divers termes de la progression géométrique

$$s, \ s^2, \ \ldots \ s^{n-1},$$

Comme on trouvera d'ailleurs, en supposant $n - 1$ divisible par 3,

$$1 + s^{\frac{n-1}{3}} + s^{\frac{2\frac{n-1}{3}}{}} = \frac{s^{n-1} - 1}{s^{\frac{n-1}{3}} - 1} \equiv 0 \qquad (\mathrm{mod.}\ n),$$

il est clair que, dans cette hypothèse, on aura

$$h + h' + h'' \equiv 0 \qquad (\mathrm{mod.}\ n),$$

si l'on prend

$$h = s^m, \qquad h' = s^{\frac{n-1}{3} + m}, \qquad h'' = s^{2\frac{n-1}{3} + m},$$

m étant un nombre pair, et

si l'on prend

$$k + k' + k'' \equiv 0 \qquad (\mathrm{mod.}\ n),$$

$$k = s^m, \qquad k' = s^{\frac{n-1}{3} + m}, \qquad k'' = s^{2\frac{n-1}{3} + m},$$

m étant un nombre impair. Par suite, chacune des fonctions représentées précédemment par I, J pourra être censée résulter de la multiplication de divers produits de la forme

$$\Theta_i \Theta_{i'} \Theta_{i''},$$

dans chacun desquels on aura

$$i + i' + i'' \equiv 0 \qquad (\mathrm{mod.}\ n).$$

Or, on trouvera sous cette condition

$$\Theta_i \Theta_{i'} \Theta_{i''} = \Theta_i \Theta_{i'} \Theta_{-i-i'} = p \frac{\Theta_i \Theta_{i'}}{\Theta_{i+i'}} = p \, \mathrm{R}_{i,i'},$$

i, i' pouvant être deux quelconques des trois nombres

$$i, \ i', \ i'',$$

par exemple les deux plus petits, lorsqu'on aura

$$i + i' + i'' = n.$$

et les deux plus grands lorsqu'on aura

$$l + l' + l'' = 2n.$$

Donc, dans l'hypothèse admise, chacune des fonctions

$$I, \quad J$$

pourra être censée résulter de la multiplication de $\dfrac{n-1}{6}$ facteurs de la forme

$$pR_{c}f$$

ce qui permettra de calculer facilement les valeurs de f, g.

Concevons, pour fixer les idées, qu'on ait $n = 19$. Alors, si l'on prend $s = 10$, les nombres qui, étant inférieurs à 19, seront équivalents, suivant le module 19, aux quantités

$$1, \quad s, \quad s^2, \quad s^3, \quad s^4, \quad s^5,$$
$$s^6, \quad s^7, \quad s^8, \quad s^9, \quad s^{10}, \quad s^{11},$$
$$s^{12}, \quad s^{13}, \quad s^{14}, \quad s^{15}, \quad s^{16}, \quad s^{17},$$

c'est-à-dire les nombres correspondant aux indices

$$0, \quad 1, \quad 2, \quad 3, \quad 4, \quad 5,$$
$$6, \quad 7, \quad 8, \quad 9, \quad 10, \quad 11,$$
$$12, \quad 13, \quad 14, \quad 15, \quad 16, \quad 17,$$

seront respectivement ceux qui se trouveront contenus dans les trois premières lignes horizontales du tableau

$$(86) \qquad \left\{ \begin{array}{cccccc} 1, & 10, & 5, & 12, & 6, & 3, \\ 11, & 15, & 17, & 18, & 9, & 14, \\ 7, & 13, & 16, & 8, & 4, & 2, \\ \hline 19, & 38, & 38, & 38, & 19, & 19, \end{array} \right.$$

les trois nombres renfermés dans une même colonne verticale pouvant être censés représenter trois valeurs correspondantes de l, l', l'', dont la somme

$$l + l' + l'',$$

toujours égale soit à $n = 19$, soit à $2n = 38$, se trouve placée au-dessous

de ces trois nombres, dans la quatrième ligne horizontale. Donc,
n étant égal à 19, I pourra être censé résulter de la multiplication des
trois produits

$$\Theta_1\Theta_{11}\Theta_7 = p\,\mathrm{R}_{1,7}, \qquad \Theta_4\Theta_{13}\Theta_{16} = p\,\mathrm{R}_{16,17}, \qquad \Theta_6\Theta_9\mathrm{C}_2 = p\,\mathrm{R}_{5,6},$$

et J de la multiplication des trois produits

$$\Theta_{10}\Theta_{12}\Theta_{13} = p\,\mathrm{R}_{12,13}, \qquad \Theta_{17}\Theta_{18}\Theta_8 = p\,\mathrm{R}_{17,18}, \qquad \Theta_3\Theta_{15}\Theta_2 = p\,\mathrm{R}_{2,3},$$

et l'on aura

$$\mathrm{I} = p^3\mathrm{R}_{1,7}\,\mathrm{R}_{16,17}\mathrm{R}_{5,6} = p^3\,\frac{\mathrm{R}_{16,17}}{\mathrm{R}_{12,13}\mathrm{R}_{13,15}},$$

$$\mathrm{J} = p^3\mathrm{R}_{12,13}\mathrm{R}_{13,15}\mathrm{R}_{2,3} = p^3\,\frac{\mathrm{R}_{12,13}\mathrm{R}_{13,15}}{\mathrm{R}_{16,17}},$$

$$f = 5, \qquad g = 4, \qquad f - g = 1 = \frac{i-j}{3} = \mu,$$

$$\mathrm{F} = \mathrm{R}_{16,17}, \qquad \mathrm{G} = \mathrm{R}_{12,13}\mathrm{R}_{14,15},$$

en sorte qu'on pourra prendre

$$\mathfrak{F} = -\,\Pi_{2,3}, \qquad \mathfrak{G} = \Pi_{1,7}\Pi_{3,4},$$

Donc, en vertu des formules (75), lorsque p, divisé par 19, donnera
pour reste l'unité, on pourra satisfaire à l'équation

(87) $$4p = x^2 + 19y^2,$$

par des valeurs entières de x, y, qui vérifieront les conditions

(88) $$x \equiv -\frac{\Pi_{1,7}\Pi_{3,4}}{\Pi_{2,3}}, \qquad y \equiv -\frac{2}{19}\,\frac{\Pi_{1,7}\Pi_{3,4}}{\Pi_{2,3}}, \qquad (\mathrm{mod}\ p).$$

On peut remarquer qu'en vertu des formules (88) la quantité x est
équivalente, au signe près, suivant le module p, au rapport

$$\frac{\Pi_{1,7}\Pi_{3,4}}{\Pi_{2,3}},$$

dont le numérateur et le dénominateur ont pour facteurs les trois
valeurs de

$$\Pi_{i,j}$$

correspondant aux trois colonnes verticales du tableau (86) qui

offrent des valeurs de l, l', l'' dont la somme est $n = 19$; chaque valeur
de

$$H_{l,l'}$$

devant être considérée comme facteur du numérateur ou du dénominateur, suivant qu'elle correspond à une colonne verticale de rang
impair, ou de rang pair. Or, il est facile de prouver que cela devait
arriver ainsi. En effet, soient l, l', l'' trois nombres renfermés dans l'une
des colonnes verticales, au bas desquelles se trouve placée la somme
$n = 19$. Si la colonne dont il s'agit est de rang impair, ces trois nombres
correspondront à des indices pairs, et par suite

$$p R_{l,l'} = \frac{p^2}{R_{n-l,n-l'}}$$

sera l'un des facteurs de I. Si, au contraire, la colonne dont il s'agit est
de rang pair, une autre colonne de rang impair, mais au bas de laquelle
on lira la somme $2n = 38$, renfermera les trois nombres

$$n-l,\quad n-l',\quad n-l'',$$

et par suite

$$p R_{n-l,n-l'}$$

sera l'un des facteurs de I. Donc, dans le premier cas, $R_{n-l,n-l'}$ sera un
facteur de G, et $-H_{l,l'}$ un facteur de g, tandis que, dans le second cas,
$R_{n-l,n-l'}$ sera un facteur de F, et $-H_{l,l'}$ un facteur de f. On peut ajouter
qu'à toute colonne de rang impair, terminée par la somme $2n = 38$,
correspondra une colonne de rang pair, terminée par la somme $n = 19$.
Donc, pour obtenir tous les facteurs de f et de g, il suffira de considérer les colonnes terminées par la somme $n = 19$; et chacune de ces
colonnes fournira un facteur de la forme

$$-H_{l,l'}$$

soit au numérateur, soit au dénominateur du rapport $\frac{G}{g}$, suivant qu'elle
sera de rang impair ou de rang pair.

La remarque que nous venons de faire donne le moyen d'appliquer
facilement les formules (75) aux cas où n se réduit à l'un des

nombres 43, 67; et d'abord, si l'on suppose $n = 43$, $s = 28$, alors, en vertu des tables construites par M. Jacobi, les nombres inférieurs à $n - 1$ et équivalents aux quantités

$$1, \quad s, \quad s^2, \quad \ldots, \quad s^{n-1},$$

c'est-à-dire les nombres correspondant aux indices

$$0, \ 1, \ 2, \ 3, \ 4, \ 5, \ 6, \ 7, \ 8, \ 9, \ 10, \ 11, \ 12, \ 13,$$
$$14, \ 15, \ 16, \ 17, \ 18, \ 19, \ 20, \ 21, \ 22, \ 23, \ 24, \ 25, \ 26, \ 27,$$
$$28, \ 29, \ 30, \ 31, \ 32, \ 33, \ 34, \ 35, \ 36, \ 37, \ 38, \ 39, \ 40, \ 41,$$

seront ceux que renferment les trois premières lignes horizontales du tableau

$$(89) \quad \left\{ \begin{array}{cccccccccccccc}
1, & 28, & 10, & 22, & 14, & 5, & 11, & 7, & 24, & 27, & 25, & 12, & 35, & 34, \\
6, & 39, & 17, & 3, & 41, & 36, & 23, & 44, & 15, & 33, & 2, & 29, & 38, & 32, \\
36, & 19, & 16, & 18, & 31, & 8, & 9, & 37, & 4, & 26, & 40, & 2, & 13, & 20, \\
\overline{43}, & \overline{86}, & \overline{43}, & \overline{43}, & \overline{86}, & \overline{43}, & \overline{43}, & \overline{86}, & \overline{43}, & \overline{86}, & \overline{86}, & \overline{43}, & \overline{86}, & \overline{86},
\end{array} \right.$$

les trois nombres renfermés dans une même colonne verticale pouvant être censés représenter trois valeurs correspondantes de

$$l, \quad l', \quad l'',$$

dont la somme $n = 43$, ou $2n = 86$ se trouve placée, dans la quatrième ligne horizontale, au-dessous de ces trois nombres. Cela posé, les valeurs de

$$\Pi_{i,i'}.$$

correspondant à des colonnes terminées inférieurement par la somme 43, seront

$$\Pi_{1,43} \quad \Pi_{10,10} \quad \Pi_{5,43} \quad \Pi_{4,43} \quad \Pi_{6,43} \quad \Pi_{4,43} \quad \Pi_{2,43}$$

et parmi ces valeurs, quatre, savoir

$$\Pi_{1,43} \quad \Pi_{10,10} \quad \Pi_{9,43} \quad \Pi_{4,43}$$

correspondront à la première, à la troisième, à la septième, à la neuvième colonne verticale, c'est-à-dire à des colonnes verticales de rang impair, tandis que les trois autres, savoir

$$\Pi_{3,18} \qquad \Pi_{5,8} \qquad \Pi_{2,12}$$

correspondront à la quatrième, à la sixième, à la douzième colonne verticale, c'est-à-dire à des colonnes verticales de rang pair. Donc, en vertu de ce qui a été dit ci-dessus, si le nombre premier p, divisé par 43, donne pour reste l'unité, on pourra satisfaire à l'équation

$$(90) \qquad\qquad 4p = x^2 + 43 y^2$$

par des valeurs entières de x, y qui vérifieront les conditions

$$(91) \quad \left\{ \begin{aligned} x &\equiv \frac{\Pi_{1,8}\,\Pi_{10,12}\,\Pi_{9,11}\,\Pi_{4,13}}{\Pi_{2,12}\,\Pi_{6,8}\,\Pi_{5,12}} \\[2ex] y &\equiv \frac{\delta}{43}\,\frac{\Pi_{1,8}\,\Pi_{10,12}\,\Pi_{9,11}\,\Pi_{4,13}}{\Pi_{3,12}\,\Pi_{3,8}\,\Pi_{2,12}} \end{aligned} \right. \qquad (\mathrm{mod.}\ p).$$

Supposons, en second lieu, $n = 67$, $s = n$. Alors, au lieu du tableau (89), on obtiendra le suivant

$$(92) \quad \left\{ \begin{matrix}
1, & 12, & 10, & 51, & 33, & 61, & 62, & 7, & 17, & 3, & 36, & 30, & 25, & 32, & 49, & 52, & 21, & 51, & 9, & 41, & 23, & 8, \\
29, & 13, & 40, & 63, & 19, & 27, & 56, & 2, & 24, & 40, & 39, & 66, & 55, & 57, & 14, & 34, & 6, & 5, & 60, & 50, & 64, & 31, \\
37, & 42, & 35, & 18, & 15, & 46, & 16, & 58, & 26, & 44, & 59, & 38, & 54, & 45, & 4, & 48, & 40, & 11, & 65, & 43, & 47, & 28, \\
\hline
67, & 67, & 67, & 134, & 67, & 134, & 134, & 67, & 67, & 67, & 134, & 134, & 134, & 134, & 67, & 134, & 67, & 67, & 134, & 134, & 134, & 67
\end{matrix} \right.$$

Or, les valeurs de $\Pi_{i,j}$ correspondant aux colonnes verticales qui, dans ce tableau, se trouvent terminées inférieurement par la somme $n = 67$, sont respectivement, pour les colonnes de rang impair,

$$\Pi_{5,19} \quad \Pi_{15,17} \quad \Pi_{15,19} \quad \Pi_{13,17} \quad \Pi_{3,17} \quad \Pi_{9,11}$$

et pour les colonnes de rang pair

$$\Pi_{15,19} \quad \Pi_{5,7} \quad \Pi_{2,10} \quad \Pi_{3,11} \quad \Pi_{5,20}$$

Donc, si le nombre premier p, divisé par 67, donne pour reste l'unité, on pourra satisfaire à l'équation

$$(93) \qquad\qquad 4p = x^2 + 67 y^2$$

par des valeurs entières de x, y qui vérifieront les conditions

$$(94)\quad \begin{cases} x \equiv -\dfrac{H_{1,18}H_{9,22}H_{15,12}H_{17,21}H_{3,14}H_{8,21}}{H_{12,13}H_{2,7}H_{4,22}H_{5,11}H_{8,18}} \\ y \equiv -\dfrac{5}{67}\,\dfrac{H_{1,18}H_{12,22}H_{15,19}H_{17,21}H_{3,14}H_{8,21}}{H_{12,13}H_{2,7}H_{2,22}H_{5,11}H_{8,18}} \end{cases} \pmod{p}.$$

Si maintenant on prend pour n, non plus un nombre premier, mais un nombre composé, pour lequel on ait

$$\Theta^2 = -n,$$

on trouvera, au-dessous de la limite 100, trois nombres de la forme $8x+3$, auxquels les formules (75) seront applicables, savoir les trois nombres

$$35 = 5.7, \qquad 51 = 3.17, \qquad 91 = 7.13,$$

et cinq nombres de la forme $8x+7$, auxquels les formules (79) seront applicables, savoir

$$15 = 3.5, \qquad 39 = 3.13, \qquad 55 = 5.11, \qquad 87 = 3.29, \qquad 95 = 5.19.$$

Si, pour fixer les idées, on suppose $n = 15 = 3.5$, on trouvera

$$\Theta = \rho + \rho^2 + \rho^4 + \rho^8 - \rho^7 - \rho^{11} - \rho^{13} - \rho^{14},$$

$$\mathrm{I} = \Theta_1\Theta_2\Theta_4\Theta_8 = -R_{1,2}\,R_{1+2,4}\,R_{1+2+4,8} = pR_{1,2}\,R_{3,4},$$
$$\mathrm{J} = \Theta_7\Theta_{11}\Theta_{13}\Theta_{14} = -R_{14,13}R_{14+13,11}R_{14+13+11,7} = pR_{14,13}R_{12,11},$$

ou, ce qui revient au même,

$$\mathrm{I} = p^3\frac{1}{R_{14,13}R_{12,11}}, \qquad \mathrm{J} = pR_{14,13}R_{12,11};$$

par conséquent

$$i = 3, \quad j = 1, \quad f = 3, \quad g = 1, \quad f - g = i - j = 2,$$
$$\mathrm{F} = 1, \qquad \mathrm{G} = R_{14,13}R_{12,11};$$

en sorte qu'on pourra prendre

$$\mathfrak{F} = 1, \qquad \mathfrak{G} = H_{1,2}H_{3,4}.$$

Donc, si le nombre premier p, divisé par 15, donne 1 pour reste, on pourra satisfaire à l'équation

$$(95) \qquad p^2 = x^2 + 15 y^2$$

par des valeurs entières de x, y, qui vérifieront les conditions

$$(96) \qquad x \equiv -\frac{1}{2}\Pi_{1,2}\Pi_{3,4}, \qquad y \equiv -\frac{\delta}{30}\Pi_{1,2}\Pi_{3,4} \qquad (\text{mod. } p).$$

Or, comme en vertu de l'équation (95) les valeurs numériques de x, y seront inférieures à p, il est clair que les formules (96), ou au moins la seconde de ces formules, fourniront le moyen de déterminer complètement les valeurs de x, y.

Supposons, par exemple, $p = 31$: on aura

$$\varpi = 2, \qquad \Pi_{1,2} = \frac{5.6}{1.2} = 3.5, \qquad \Pi_{3,4} = \frac{9.10.11.12.13.14}{1.2.3.4.5.6} = 3.7.11.13$$

et

$$\delta = r + r^2 + r^4 + r^8 - r^5 - r^{11} - r^{13} - r^{14},$$

r étant une racine primitive de l'équivalence

$$x^{15} \equiv 1 \qquad (\text{mod. } 31),$$

ou, ce qui revient au même,

$$\delta = t^2 + t^4 + t^8 + t^{16} - t^{10} - t^{22} - t^{26} - t^{28},$$

t étant racine primitive de 31. Cela posé, les tables de M. Jacobi donneront

$$\delta = 10 + 7 + 18 + 14 - 20 - 19 - 9 - 28 \equiv -4 \qquad (\text{mod. } 31),$$

et l'on tirera des formules (96)

$$x \equiv -\frac{33.35.39}{2} \equiv -\frac{2.4.8}{2} \equiv -1, \qquad y \equiv -2\delta x \equiv -8 \qquad (\text{mod. } 31).$$

Donc, puisque la valeur numérique de y devra être inférieure à p et même à $\frac{p}{\sqrt{15}}$, on aura

$$y = -8.$$

On trouvera effectivement

$$31^2 = 1^2 + 15.8^2.$$

Si n cesse d'être impair, alors pour vérifier la condition

$$\varpi' = -n,$$

il devra être de l'une des formes

$$4(4x+1), \quad 8(3x+1),$$

les facteurs impairs étant inégaux. On pourra, par exemple, prendre pour $\frac{n}{4}$ un des nombres

$$5, \quad 13, \quad 17, \quad 21, \quad 29, \quad 33, \quad 37, \quad 41, \quad \ldots$$

ou pour $\frac{n}{8}$ un des nombres

$$3, \quad 5, \quad 7, \quad 11, \quad 13, \quad 15, \quad 17, \quad 19, \quad 21, \quad \ldots,$$

c'est-à-dire qu'on pourra prendre pour n un terme quelconque de l'une des deux suites

$$20, \quad 52, \quad 68, \quad 84, \quad 116, \quad 132, \quad 148, \quad 164, \quad \ldots$$
$$24, \quad 40, \quad 56, \quad 88, \quad 104, \quad 120, \quad 136, \quad 152, \quad \ldots$$

Si, pour fixer les idées, on attribue successivement à $\frac{n}{4}$ les valeurs représentées par les nombres premiers

$$5, \quad 13, \quad 17, \quad 29, \quad 37, \quad 41, \quad \ldots$$

on pourra déterminer facilement les valeurs des nombres

$$h, \quad h', \quad h'', \quad \ldots$$

par conséquent celles des trois quantités

$$i, \quad j, \quad \mu = \frac{i-j}{4},$$

à l'aide des principes établis à la page 300; et l'on trouvera successivement, pour valeurs de i, les nombres

$$4, \quad 8, \quad 12, \quad 20, \quad 20, \quad 28, \quad \ldots$$

pour valeurs de j, les nombres

$$0, \quad 4, \quad 4, \quad 8, \quad 16, \quad 12, \quad \ldots$$

et pour valeurs de ϑ, les nombres

$$2, \quad 3, \quad 4, \quad 6, \quad 4, \quad 8, \quad \ldots,$$

D'ailleurs, en vertu des formules (81), on aura :

Pour $\frac{n}{4} = 5$, $n = 20$,

$$x = -\frac{1}{2}\Pi_{1,9}\Pi_{2,7} = \pm \frac{1}{2}\Pi_{1,3}^{2}, \qquad y = \frac{9}{10}x \qquad (\text{mod. } p);$$

Pour $\frac{n}{4} = 13$, $n = 52$,

$$x = -\frac{1}{2}\frac{\Pi_{3,25}\Pi_{5,23}}{\Pi_{3,24}}\frac{\Pi_{11,17}\Pi_{7,19}}{\Pi_{5,21}} = \pm \frac{1}{2}\left(\frac{\Pi_{1,19}\Pi_{9,17}}{\Pi_{5,23}}\right)^{2}, \qquad y = \frac{9}{26}x \qquad (\text{mod } p), \quad \ldots$$

etc. …

En terminant cette Note, nous ferons observer que si l'on veut obtenir directement, dans tous les cas, non plus seulement des quantités équivalentes aux quantités entières x, y, qui vérifient l'équation

$$4p^{\mu} = x^{2} + ny^{2},$$

mais les valeurs mêmes de x et de y, il suffira de recourir aux équations (35), desquelles on tirera, eu égard aux formules $\lambda = g$, $\varpi^{2} = -n$,

$$x + y\varpi = 2p^{\nu-\kappa}\frac{F}{G}, \qquad x - y\varpi = 2\frac{G}{F},$$

et par conséquent

$$(97) \qquad x = \frac{G}{F} + p^{\nu-\kappa}\frac{F}{G}, \qquad y = \frac{\varpi}{n}\left(\frac{G}{F} - p^{\nu-\kappa}\frac{F}{G}\right).$$

Ces dernières valeurs de y pourront toujours être calculées ainsi que les facteurs de la forme

$$R_{r,s}$$

compris dans F et dans G, à l'aide des principes établis dans la Note V. On pourra d'ailleurs, si l'on veut, déduire des formules (97) les valeurs exactes de x, y, en remplaçant dans les seconds membres le signe $=$ par le signe $\equiv$, et la racine primitive de l'équation

$$x^{n} = 1$$

par une racine primitive r de l'équivalence

$$x^n \equiv 1 \qquad (\mathrm{mod.}\ p^m)$$

m étant un nombre entier assez considérable pour qu'il ne reste aucune incertitude sur la valeur de x ou de y. Dans le cas particulier où l'on a $\mu = 1$ ou $\mu = 2$, on peut déterminer complètement y, en supposant $m = 1$. D'ailleurs, cette dernière supposition réduit les équivalences, qui doivent remplacer les équations (97), aux formules (75).

NOTE XIV.

OBSERVATIONS RELATIVES AUX FORMES QUADRATIQUES SOUS LESQUELLES
SE PRÉSENTENT CERTAINES PUISSANCES DES NOMBRES PREMIERS, ET
RÉDUCTION DES EXPOSANTS DE CES PUISSANCES.

Soient, comme dans la Note précédente :

p un nombre premier impair ;

n un diviseur de $p - 1$;

$h, k, l, \ldots$ les entiers inférieurs à n mais premiers à n ;

N le nombre des entiers $h, k, l, \ldots$;

ϱ l'une des racines primitives de l'équation

$$(1) \qquad x^n = 1.$$

et

$$(2) \qquad \varpi = \varrho^h + \varrho^{h'} + \varrho^{h''} + \ldots - \varrho^k - \varrho^{k'} - \varrho^{k''} - \ldots$$

une somme alternée de ces racines, les entiers $h, k, l, \ldots$ étant ainsi partagés en deux groupes

$$h, h', h'', \ldots \qquad \text{et} \qquad k, k', k'', \ldots$$

dont le premier sera censé comprendre l'unité. Enfin supposons que, parmi les entiers

$$h, k, l, \ldots$$

ceux qui sont inférieurs à $\frac{1}{2}n$ se trouvent, en nombre égal à i, dans le groupe h, h', h'', … et en nombre égal à j, dans le groupe k, k', k'', … Pour que le module n vérifie la condition

$$(3) \qquad \omega^2 = -n$$

il faudra que ce module soit de l'une des formes

$$4x + 3, \quad 4(4x+1), \quad 8(3x+1)$$

et qu'en outre les facteurs impairs de n soient inégaux. Alors, en vertu du théorème établi dans la Note précédente, on pourra toujours satisfaire, par des valeurs entières de x, y, à l'équation

$$(4) \qquad 4p^\mu = x^2 + ny^2,$$

dans laquelle on devra poser généralement

$$\mu = i - j \quad \text{ou} \quad \mu = \frac{i-j}{3} \quad \text{ou} \quad \mu = \frac{i-j}{2},$$

suivant qu'on aura

$$n \equiv 7 \pmod 8 \quad \text{ou} \quad n \equiv 3 \pmod 8 \quad \text{ou} \quad n \equiv 0 \pmod 4.$$

On doit toutefois observer qu'il y a deux exceptions à faire à cette règle, et qu'on aura : $1°$ pour $n = 3$

$$\mu = i - j = 1 \quad \text{au lieu de} \quad \mu = \frac{i-j}{3};$$

$2°$ pour $n = 4$

$$\mu = i - j = 1 \quad \text{au lieu de} \quad \mu = \frac{i-j}{2}.$$

Ajoutons qu'on pourra réduire l'équation (4), si n divisé par 8 donne 7 pour reste, à la formule

$$(5) \qquad p^\mu = x^2 + ny^2,$$

et, si n est divisible par 4 ou par 8, à la formule

$$(6) \qquad p^\mu = x^2 + \frac{n}{4}y^2.$$

En calculant, dans la Note précédente, les valeurs de l'exposant μ correspondant à des valeurs données du module n, nous avons toujours obtenu des valeurs impaires de μ, quand n était un nombre premier, et des valeurs paires de μ, quand n était un nombre composé, supérieur à 4. On peut affirmer qu'il en sera toujours ainsi. En effet, si nous prenons d'abord pour n un nombre impair, ce nombre sera de la forme $4x + 3$, et l'exposant μ représenté par la valeur numérique de la différence

$$i - j,$$

ou par le tiers de cette valeur numérique, sera pair ou impair avec elle, suivant que la somme

$$i + j = \frac{N}{2}$$

sera elle-même paire ou impaire. Comme on aura d'ailleurs, si n est un nombre premier,

$$N = n - 1$$

et, si n est le produit de plusieurs nombres premiers impairs $\nu, \nu' \ldots$,

$$N = (\nu - 1)(\nu' - 1)\ldots$$

il est clair que μ sera impair avec $\dfrac{n - 1}{2}$, si n est un nombre premier de la forme $4x + 3$, et pair avec le rapport

$$\frac{(\nu - 1)(\nu' - 1)\ldots}{2},$$

si n est un nombre composé de la même forme $4x + 3$. Dans l'un et l'autre cas, d'après ce qui a été dit dans la Note IX,

$$h, \quad h', \quad h'; \quad \ldots$$

seront ceux des entiers inférieurs à n et premiers à n, qui vérifieront la condition

$$\left[\frac{h}{n}\right] = 1,$$

Supposons maintenant qu'on prenne pour n, non plus un nombre impair de la forme $4x + 3$, mais un nombre pair divisible par 4. Ce nombre devra être de la forme

$$4 \nu \nu' \nu'' \ldots$$

$\nu, \nu', \nu'', \ldots$ étant des facteurs premier impairs, inégaux entre eux, et dont le produit soit de la forme $4x + 1$. Alors aussi les nombres

$$h, \quad h', \quad h'', \quad \ldots$$

seront ceux des entiers inférieurs à n, et premiers à n, qui vérifieront ou les deux conditions

$$\left[\frac{h}{\frac{1}{4} n} \right] = 1, \qquad h \equiv 1 \qquad (\mathrm{mod.}4),$$

ou les deux conditions

$$\left[\frac{h}{\frac{1}{4} n} \right] = -1, \qquad h \equiv -1 \qquad (\mathrm{mod.}4).$$

On peut en conclure que, dans le groupe

$$h, \quad h', \quad h'', \quad \ldots$$

les nombres entiers inférieurs à $\dfrac{n}{2}$ seront deux à deux de la forme

$$h, \quad \frac{n}{2} - h.$$

Donc, dans l'hypothèse admise, i sera pair, et, comme l'équation

$$N = 2(\nu - 1)(\nu' - 1)\ldots$$

entraînera la suivante

$$i + j = \frac{N}{2} = (\nu - 1)(\nu' - 1)\ldots$$

on peut affirmer encore : 1° que $i + j$ sera pair et même divisible par 4 ; 2° que j sera pair avec i et $i + j$; 3° que la somme

$$\frac{i}{2} + \frac{j}{2}$$

sera paire elle-même, et qu'on pourra en dire autant de la différence

$$\frac{i}{2} - \frac{j}{2} = \frac{i-j}{2} = \mu.$$

Supposons enfin qu'on prenne pour n un nombre divisible par 8. Ce nombre devra être de la forme

$$8\nu\nu'\nu''\ldots,$$

$\nu, \nu', \nu''\ldots$ étant des facteurs impairs inégaux ; et les entiers

$$h, \quad h', \quad h'', \quad \ldots$$

seront : $1°$ si $\frac{n}{8}$ est de la forme $4x+1$, ceux qui vérifieront les deux conditions

$$\left[\frac{h}{\frac{1}{8}n}\right] = 1, \quad h \equiv 1 \quad \text{ou} \quad 3 \quad (\text{mod.}1),$$

ou les deux conditions

$$\left[\frac{h}{\frac{1}{8}n}\right] = -1, \quad h \equiv 5 \quad \text{ou} \quad 7 \quad (\text{mod.}8);$$

$2°$ si $\frac{n}{8}$ est de la forme $4x+3$, ceux qui vérifieront les deux conditions

$$\left[\frac{h}{\frac{1}{8}n}\right] = 1, \quad h \equiv 1 \quad \text{ou} \quad 7 \quad (\text{mod.}8).$$

ou les deux conditions

$$\left[\frac{h}{\frac{1}{8}n}\right] = -1, \quad h \equiv 3 \quad \text{ou} \quad 5 \quad (\text{mod.}8).$$

On en conclut encore que, dans le groupe

$$h, \quad h', \quad h'', \quad \ldots.$$

les nombres inférieurs à $\frac{n}{2}$ seront, deux à deux, de la forme

$$h, \quad \frac{n}{2} - h.$$

Donc i sera pair, et, comme on aura

$$N = 4(\nu-1)(\nu'-1)\ldots,$$
$$i+j = \tfrac{1}{2}N = 2(\nu-1)(\nu'-1)\ldots,$$

la somme $i+j$ sera non seulement paire, mais divisible par 4. Donc, par suite,

$$j \quad \text{et} \quad \frac{i}{2}+\frac{j}{2}$$

seront pairs, et l'on pourra en dire autant de la différence

$$\frac{i}{2}-\frac{j}{2}=\frac{i-j}{2}=\mu.$$

Ainsi, en résumé, l'exposant μ sera, dans l'équation (4), (5) ou (6), un nombre impair ou un nombre pair, suivant que le module $n > 4$ sera un nombre premier ou un nombre composé. D'ailleurs, dans le dernier cas, on peut, à l'aide d'une méthode souvent employée par les géomètres, réduire, comme on va le voir, la valeur numérique de l'exposant μ.

Prenons d'abord pour n un nombre composé de la forme $8x+7$. Alors l'équation (4) pourra être remplacée par la formule (5), dans laquelle μ sera un nombre pair ; et, comme par suite p^μ sera un carré impair, c'est-à-dire de la forme $8x+1$, x^2 devra être un carré de la même forme, et y^2 un carré pair. Cela posé, les deux facteurs

$$p^{\frac{\mu}{2}}-x, \qquad p^{\frac{\mu}{2}}+x,$$

dont la somme sera $2p^{\frac{\mu}{2}}$, et le produit $p^\mu - x^2 = ny^2$, auront évidemment pour plus grand commun diviseur le nombre 2 ; et, pour satisfaire à l'équation (5), on devra supposer

$$p^{\frac{\mu}{2}} - x = 2au^2, \qquad p^{\frac{\mu}{2}} + x = 2bv^2,$$

par conséquent

$$(7) \qquad\qquad p^{\frac{\mu}{2}} = au^2 + bv^2.$$

α, δ, u, v désignant des nombres entiers qui vérifieront les conditions

$$(8) \qquad \alpha\delta = n,$$
$$(9) \qquad \alpha u v = j.$$

Il y a plus : comme le produit $\alpha\delta = n$ sera diviseur de $p - 1$, on aura

$$\left[\frac{p}{\alpha}\right] = 1, \qquad \left[\frac{p}{\delta}\right] = 1,$$

et par suite la formule (7) entraînera les conditions

$$(10) \qquad \left[\frac{\delta}{\alpha}\right] = 1, \qquad \left[\frac{\alpha}{\delta}\right] = 1,$$

auxquelles les facteurs α, δ devront encore satisfaire. Enfin, comme on l'a dit dans la Note IX, la loi de réciprocité comprise dans la formule

$$(11) \qquad \left[\frac{\delta}{\alpha}\right] = (-1)^{\frac{\alpha-1}{2}\frac{\delta-1}{2}}\left[\frac{\alpha}{\delta}\right]$$

est applicable au cas où l'on représente par α, δ, non pas seulement deux nombres premiers supérieurs à 2, mais encore deux nombres impairs quelconques ; et, comme, n étant de la forme $4x + 3$, l'un des facteurs α, δ devra être de la forme $4x + 1$, il est clair que, dans l'hypothèse admise, la première des conditions (10) entraînera la seconde, et réciproquement. Donc : *lorsque n sera un nombre composé de la forme $8x + 7$, l'équation (5) entraînera la formule (7), dans laquelle α, δ devront vérifier les conditions*

$$(12) \qquad \alpha\delta = n, \qquad \left[\frac{\delta}{\alpha}\right] = 1.$$

Supposons, pour fixer les idées, $n = 15 = 3.5$. On trouvera pour h $h', \ldots$ les nombres

$$1, \quad 2, \quad 4, \quad 8,$$

dont trois sont inférieurs et un seul supérieur à $7\frac{1}{2}$. On aura donc

$$i = 3, \quad j = 1, \quad \mu = \frac{i - j}{2} = 2,$$

et l'équation (5), réduite à

entraînera la formule
$$p^3 = x^2 + 15y^2,$$
$$p = \alpha u^2 + \delta v^2;$$

α, δ étant des entiers assujettis à vérifier les deux conditions
$$\alpha\delta = 15, \qquad \left[\frac{\delta}{\alpha}\right] = 1.$$

Or, de ces deux conditions, la première sera vérifiée si l'on prend pour α, δ les nombres 1 et 15 ou 3 et 5. Mais comme on a
$$\left[\frac{5}{3}\right] = -1,$$

la seconde condition nous oblige à rejeter les nombres 3 et 5, en prenant pour α, δ les nombres 1 et 15. Donc, p étant un nombre premier de la forme $15x + 1$, ou, ce qui revient au même, de la forme $30x + 1$, la considération des facteurs primitifs de p fournira la solution, en nombres entiers, de l'équation
$$p = u^2 + 15 v^2.$$

Supposons, par exemple, $p = 31$. On trouvera d'abord (*voir* la Note précédente) $x = -1$,
$$31^2 = 1^2 + 15.8^2;$$
puis on en conclura
$$(31 + 1)(31 - 1) = 4.15 u^2 v^2,$$

le produit uv devant vérifier la condition
$$u^2 v^2 = 4^2;$$

et, comme des deux nombres
$$31 - x = 31 + 1 = 32, \qquad 31 + x = 31 - 1 = 30,$$

c'est le second qui se trouve divisible par 15, on aura, dans le cas présent,
$$\alpha = 1, \qquad \delta = 15,$$
$$31 + 1 = 2 u^2, \qquad 31 - 1 = 2.15 v^2.$$

On vérifiera effectivement les deux dernières équations, en prenant

$$u^2 = 4^2, \qquad v^2 = 1;$$

et, par conséquent, il suffira d'attribuer à u, v les valeurs numériques 4 et 1 pour résoudre, en nombres entiers, l'équation

$$31 = u^2 + 15v^2.$$

Prenons maintenant pour n un nombre composé de la forme $8x + 3$. Alors on pourra vérifier en nombres entiers l'équation (4). De plus, les deux facteurs

$$2p^{\frac{\mu}{2}} - x, \qquad 2p^{\frac{\mu}{2}} + x,$$

dont la somme sera $4p^{\frac{\mu}{2}}$ et le produit $4p^{\mu} - x^2 = ny^2$, resteront premiers entre eux, si x^2, y^2 sont des carrés impairs. Donc alors pour satisfaire à l'équation (4), on devra supposer

$$2p^{\frac{\mu}{2}} - x = \alpha u^2, \qquad 2p^{\frac{\mu}{2}} + x = \beta v^2,$$

et par suite

$$(13) \qquad 4p^{\frac{\mu}{2}} = \alpha u^2 + \beta v^2,$$

α, β, u, v étant des nombres entiers qui vérifient les formules

$$\alpha\beta = n, \qquad uv = y,$$

avec les conditions (10). Si, dans le cas que nous considérons, x^2, y^2 étaient des carrés pairs, on pourrait, comme dans le cas précédent, réduire l'équation (4) à l'équation (5), et l'on arriverait à la formule (7), qui peut être censée comprise dans la formule (13), de laquelle on la déduit, en remplaçant u par $2u$ et v par $2v$. On peut donc énoncer la proposition suivante :

Lorsque n est un nombre composé de la forme $8x + 3$, *l'équation* (4) *entraîne la formule* (13), *dans laquelle* α, β *doivent vérifier les conditions* (12).

Prenons maintenant pour n un nombre composé, divisible par 4, mais non par 8. Alors, on pourra satisfaire en nombres entiers à l'équa-

tion (6), si $\frac{n}{4}$ est de la forme $4x+1$; et, par des raisonnements semblables à ceux dont nous venons de faire usage, on prouvera que l'équation (6) entraine l'une des deux formules

$$(14) \qquad p^{\frac{\mu}{2}} = \alpha u^2 + \delta v^2,$$

$$(15) \qquad 2 p^{\frac{\mu}{2}} = \alpha u^2 + \delta v^2,$$

α, δ désignant des nombres impairs assujettis à vérifier la condition

$$(16) \qquad \alpha\delta = \frac{n}{4},$$

et u, v des quantités entières qui vérifieront l'une des conditions

$$2uv = \gamma, \qquad uv = \gamma.$$

D'ailleurs, le produit

$$\alpha\delta = \frac{n}{4}$$

étant de la forme $4x+1$,

$$\alpha, \quad \delta$$

seront tous deux de cette forme, ou tous deux de la forme $4x+3$; et,
comme l'équation (14) entrainera les formules (10), en vertu desquelles la formule (11) donnera

$$(17) \qquad (-1)^{\frac{\alpha-1}{2}\frac{\delta-1}{2}} = 1,$$

il est clair que, dans l'équation (14), α, δ ne pourront être tous deux
de la forme $4x+3$. Ils y seront donc l'un et l'autre de la forme $4x+1$.
Quant aux valeurs de α, δ, renfermées dans l'équation (15), elles
devront vérifier les formules

$$(18) \qquad \left[\frac{\delta}{\alpha}\right] = \left[\frac{2}{\alpha}\right], \qquad \left[\frac{\alpha}{\delta}\right] = \left[\frac{2}{\delta}\right],$$

desquelles on tirera, en les combinant avec les formules (10) et (16),

$$(19) \qquad \left[\frac{2}{\frac{1}{4}n}\right] = (-1)^{\frac{\alpha-1}{2}\frac{\delta-1}{2}};$$

et, comme u^2, v^2 devront être impairs dans l'équation (15), cette équation donnera encore

$$(20) \qquad \alpha \equiv z + \delta \qquad (\mathrm{mod}.\,8).$$

Or, en vertu des formules (19), (20), les entiers

$$\alpha, \ \delta$$

devront être tous deux de la forme $8x + 1$, ou tous deux de la forme $8x + 5$, si $\frac{n}{4}$ est de la forme $8x + 1$; et l'un de la forme $8x + 3$, l'autre de la forme $8x + 7$, si $\frac{n}{4}$ est de la forme $8x + 5$. On peut donc énoncer la proposition suivante :

Lorsque n est un nombre composé divisible par 4 et non par 8, l'équation (6) entraîne ou les équations (14) et (16), ou les équations (15) et (16); α, δ étant deux nombres impairs qui devront être tous deux de la forme $8x + 1$, ou tous deux de la forme $8x + 5$, si $\frac{n}{4}$ est de la forme $8x + 1$, et l'un de la forme $8x + 3$, l'autre de la forme $8x + 7$, si $\frac{n}{4}$ est de la forme $8x + 5$. Ajoutons que α, δ devront encore satisfaire, si l'équation (14) se vérifie, à l'une des équations (16), et, si l'équation (15) se vérifie, à l'une des équations (18).

En appliquant, au cas où n est divisible par 8, des raisonnements semblables à ceux dont nous venons de faire usage, on obtiendra la proposition suivante :

Lorsque n est un nombre composé, divisible par 8, l'équation (6) entraîne la formule

$$(21) \qquad p^\mu = \alpha u^2 + 2\delta v^2,$$

α, δ étant deux nombres impairs assujettis à vérifier la condition

$$(22) \qquad \alpha\delta = \frac{n}{8},$$

avec les deux suivantes

$$(23) \qquad \left[\frac{\alpha}{\delta}\right] = 1, \qquad \left[\frac{\delta}{\alpha}\right] = \left[\frac{2}{\alpha}\right],$$

desquelles on tire, eu égard à la formule (11),

$$(-1)^{\frac{\alpha-1}{2}\frac{\delta-1}{2}} = \left[\frac{2}{\alpha}\right] = (-1)^{\frac{1}{2}\frac{\alpha-1}{2}\frac{\alpha+1}{2}}$$

et, par conséquent,

$$\frac{\alpha-1}{2}\,\frac{\delta-1}{2} \equiv \frac{1}{2}\,\frac{\alpha-1}{2}\,\frac{\alpha+1}{2} \qquad (\mathrm{mod.}\,2);$$

ou, ce qui revient au même,

$$(24) \qquad (\alpha-1)(\alpha-2\delta+3) \equiv 0 \qquad (\mathrm{mod.}\,16).$$

En vertu des diverses propositions que nous venons d'établir, l'exposant μ de la puissance de p renfermée dans l'équation (4), (5) ou (6), peut être réduit, lorsque n est un nombre composé, à l'exposant $\frac{\mu}{2}$. Ce dernier exposant, s'il est pair, pourra souvent lui-même être réduit à $\frac{\mu}{4}$; et cette nouvelle réduction sera particulièrement applicable aux formules (7), (13), (14), (21), si dans ces formules, z se réduit à l'unité.

Pour vérifier cette dernière observation sur un exemple, supposons

$$n = 68 = 4 \cdot 17.$$

Alors, parmi les entiers inférieurs à 17, et premiers à 68, ceux qui feront partie du premier groupe, savoir

$$1, \quad 3, \quad 7, \quad 9, \quad 11, \quad 13,$$

seront au nombre de 6, et ceux qui feront partie du second groupe, savoir

$$5, \quad 15,$$

seront au nombre de deux. On aura donc par suite

$$\frac{i}{2} = 6, \qquad \frac{j}{2} = 2, \qquad \mu = \frac{i-j}{2} = 6 - 2 = 4.$$

et l'on pourra, en supposant que p, divisé par 68, donne l'unité pour reste, résoudre en nombres entiers l'équation

$$p^4 = x^2 + 17y^2.$$

Or, celle-ci entraînera l'une des formules

$$p^2 = u^2 + 17v^2, \qquad 2p^2 = u^2 + 17v^2,$$

dont la première à son tour entraînera l'une des suivantes

$$p = s^2 + 17t^2, \qquad 2p = s^2 + 17t^2,$$

s, t désignant encore des nombres entiers. Effectivement on sait que tout nombre premier de la forme $68x + 1$ peut être représenté par l'une des formules

$$y^2 + 2yz + 18z^2 = (y + z)^2 + 17z^2,$$
$$2y^2 + 2yz + 9z^2 = \frac{(2y + z)^2 + 17z^2}{2}.$$

POST-SCRIPTUM.

La note placée au bas de la page 179, et relative à la loi de réciprocité qui existe entre deux nombres premiers, se réduit à cette observation très simple, que la démonstration empruntée par M. Legendre à M. Jacobi ne paraît pas avoir été publiée par l'un ou l'autre de ces deux géomètres avant 1830. Je suis loin de vouloir en conclure que cette démonstration n'ait pu être découverte par M. Jacobi à une époque antérieure. Dans le Mémoire de 1827, intitulé : *De residuis cubicis commentatio numerosa*, M. Jacobi, avant d'énoncer les théorèmes relatifs à la résolution des équations indéterminées $4p = x^2 + 27y^2$, $p = x^2 + 7y^2$, dit expressément : *In fontem uberrimum indici, e quo inter alia et demanare sequentia theoremata vidi*. La source féconde dont M. Jacobi parle dans ce passage est, comme lui-même me l'a déclaré depuis (*voir*, dans le *Bulletin des Sciences de M. de Ferussac*, le Mémoire de septembre 1829), la considération des propriétés dont jouissent les racines de l'équation auxiliaire, qui sert à la résolution d'une équation binome, c'est-à-dire, en d'autres termes, les fonctions ci-dessus désignées Θ_3, Θ_4, ... Quelques-unes de ces propriétés avaient déjà conduit M. Gauss aux importants résultats que contiennent les dernières pages de ses *Disquisitiones arithmeticæ*, et à son théorème sur la résolution de l'équation $p = x^2 + y^2$. Ainsi, les recherches de M. Jacobi sur les formes quadratiques des nombres premiers, et l'on doit en dire autant des miennes, peuvent être considérées comme offrant de nouveaux développements de la belle théorie exposée par M. Gauss. J'ajouterai que, les propriétés des fonctions de la forme Θ_λ étant supposées connues, il devient très facile d'obtenir la démonstration ci-dessus rappelée. Il est donc tout naturel qu'à une époque renfermée entre 1827 et 1830, M. Jacobi ait trouvé cette démonstration et l'ait communiquée verbalement ou par écrit à M. Legendre. Mais quelle est la date précise de cette communication? C'est un point sur lequel je n'ai aucun renseignement, et je m'en rapporterai au témoignage de l'illustre géomètre de Kœnigsberg.

FIN DU TOME III DE LA PREMIÈRE SÉRIE.

TABLE DES MATIÈRES

DU TOME TROISIÈME.

PREMIÈRE SÉRIE.

MÉMOIRES EXTRAITS DES RECUEILS DE L'ACADÉMIE DES SCIENCES DE L'INSTITUT DE FRANCE.

MÉMOIRES EXTRAITS DES « MÉMOIRES DE L'ACADÉMIE DES SCIENCES ».

MÉMOIRE SUR LA THÉORIE DES NOMBRES.

FIN DE LA TABLE DES MATIÈRES DU TOME III DE LA PREMIÈRE SÉRIE.

QUAI DES GRANDS-AUGUSTINS, 55, A PARIS (6ᵉ).

Le Catalogue général et les prospectus détaillés des principaux Ouvrages sont envoyés franco sur demande.

EXTRAIT DU CATALOGUE

DE LA LIBRAIRIE

GAUTHIER-VILLARS.

DIVISIONS DU CATALOGUE

I. — OUVRAGES SUR LES SCIENCES MATHÉMATIQUES ET PHYSIQUES.

ABRAHAM (Henri), Maître de conférences à l'École Normale supérieure, Secrétaire général de la Société française de Physique. — **Recueil d'expériences élémentaires de Physique**, publié avec la collaboration de nombreux physiciens. Deux volumes in-8 (23-15).

Iʳᵉ Partie: *Travaux d'atelier. Géométrie et Mécanique. Hydrostatique. Chaleur.* Vol. de XII-257 pages avec 360 figures; 1904.
Broché.... 3 fr. 75 c. | Cartonné toile ... 5 fr.

IIᵉ Partie: *Acoustique, Optique, Électricité et Magnétisme.* Vol. de XII-454 pages avec 424 figures; 1905.
Broché.... 6 fr. 75 c. | Cartonné... 7 fr. 50 c.

ABRAHAM (Henri) et **LANGEVIN (Paul)**. — **Les quantités élémentaires d'électricité. Ions. Électrons, Corpuscules.** Volume in-8 (23-16) de XVI-1144 pages avec nombreuses figures; 1905. (*Collection de Mémoires publiée par la Société française de Physique.*) 35 fr.

ADHÉMAR (R. d'). — **Les équations aux dérivées partielles à caractéristiques réelles.** In-8 (30-13) de 86 pages; 1907. Cartonné. (*Collection Scientia.*) 2 fr.

ADHÉMAR (R. d'). — **Exercices et Leçons d'Analyse.** *Théorie des fonctions. Quadratures. Équations différentielles. Équations intégrales de M. Fredholm et de M. Volterra. Équations aux dérivées partielles du second ordre.* Volume in-8 (23-14) de VIII-268 pages; 1908. 6 fr.

ANDOYER (H.), Maître de conférences à la Faculté des Sciences de Paris. — **Leçons sur la Théorie des Formes et la Géométrie analytique supérieure,** *à l'usage des étudiants des Facultés des Sciences.* Volume in-8 (23-16) de VI-508 pages; 1900. 15 fr.

ANDRÉ (Ch.). — **Les planètes et leur origine** (*Études nouvelles sur l'Astronomie*). In-8 (25-16) de VI-289 pag., avec 94 figures et 3 planches; 1909. 10 fr.

ANDRÉ (Désiré). — **Des notations mathématiques.** *Énumération, choix et usage.* In-8 (25-16) de XVII-501 pages; 1909. 6 fr.

ANGOT (A.), Directeur du Bureau Central météorologique. — **Traité élémentaire de Météorologie.** 2ᵉ édition. In-8 (25-16) de 411 pages avec 205 figures et 4 planches; 1907. 12 fr.

ANGOT (A.). — **Instructions météorologiques.** 3ᵉ édition entièrement refondue. In-8 (25-16) de VI-163 pages avec 31 figures et 4 planches; suivi de tables pour la réduction des observations; 1910. 4 fr. 50 c.

APPELL (P.), Membre de l'Institut, et **CHAPPUIS (J.)**, Professeur à l'École Centrale. — **Leçons de Mécanique élémentaire,** à l'usage des classes de Mathématiques A et B, conformément aux programmes de 1905, 2 volumes in-15 se vendant séparément:

I. *Notions géométriques. Cinématique.* 3ᵉ édition entièrement refondue. Volume de XII-160 pages avec 76 figures; 1909. 3 fr. 75 c.

II. *Dynamique et Statique du point. Statique des corps solides. Machines simples.* 3ᵉ édition entièrement refondue. Volume de 140 pages avec 101 figures; 1907. 3 fr. 75 c.

APPELL (P.), Membre de l'Institut. — **Cours de Mécanique à l'usage des Élèves de la classe de Mathématiques spéciales,** conforme au programme du 27 juillet 1905. In-8 (25-16) avec 185 figures. 3ᵉ édition; 1905. 12 fr.

BLONDLOT (R.). — **Introduction à l'étude de la Thermodynamique**, 2e édition entièrement refondue. In-8 (25-14) de vi-126 pages, avec 41 figures; 1909. 4 fr.

BLUMENTHAL (Otto), Professeur à la « technische Hochschule » d'Aix-la-Chapelle. — **Principes de la théorie des fonctions entières d'ordre infini.** In-8 (25-16) de viii-150 p., avec figures. 5 fr. 50 c.

BOLTZMANN (L.), Professeur à l'Université de Leipzig. — **Leçons sur la théorie des gaz**, avec une *Introduction et des Notes de M. Brillouin*, Professeur au Collège de France. 2 volumes in-8 (25-16).

  Ire Partie, traduite par *A. Galletti*, ancien Élève de l'École Normale supérieure, Professeur au Lycée d'Orléans, avec figures; 1902. 8 fr.

  IIe Partie, traduite par *A. Galletti et H. Bénard*, anciens Élèves de l'École Normale, avec figures; 1905. 10 fr.

BOQUET (F.), Docteur ès sciences mathématiques, Astronome de l'Observatoire de Paris. — **Le Chronographe imprimant de M. P. Gautier. Sa description. Son emploi.** Volume in-4 (28-23) de 20 pages, avec 13 figures; 1907. 4 fr. 50 c.

BOREL (Émile), Maître de Conférences à l'École Normale supérieure. — **Collection de monographies sur la Théorie des fonctions**, publiée sous la direction de E. Borel. Volumes grand in-8 (25-16) se vendant séparément.

DERNIERS VOLUMES PARUS :

  Leçons sur les fonctions définies par les équations différentielles du premier ordre, par Pierre Boutroux, avec une *Note* de P. Painlevé, membre de l'Institut; 1908. 6 fr. 50 c.

  Principes de la théorie des fonctions entières d'ordre infini, par Otto Blumenthal; 1910. 5 fr. 50 c.

  Leçons sur la théorie de la croissance, professées à la Faculté des Sciences de Paris, recueillies et rédigées par A. Denjoy, ancien Élève de l'École Normale supérieure; 1910. 5 fr. 50 c.

  Leçons sur les séries de polynômes à une variable complexe, par Paul Montel; 1910. 3 fr. 50 c.

  Théorie des équations aux dérivées partielles, par S. Bernstein. (En préparation).

  Les systèmes d'équations linéaires à une infinité d'inconnues, par Frédéric Riesz. (En préparation.)

  Leçons sur les singularités des fonctions analytiques, par Paul Dienes. (En préparation.)

BOSSERT (J.), Astronome à l'Observatoire de Paris. — **Catalogue d'étoiles brillantes** *destiné aux Astronomes, Voyageurs, Ingénieurs et Marins.* In-4 (28-22,3) de xv-15 pages; 1906. 7 fr. 50 c.

BOUASSE (H.), Professeur de physique à l'Université de Toulouse. — **Bases physiques de la musique.** In-8 (20-13) de 1-2 pages avec 8 figures; 1906. Cartonné (C. S.). 3 fr.

BOURDON. — **Éléments d'Algèbre**, avec Notes de E. Prouhet, 20e édition, revue et annotée. In-8 (25-1); 1907. 8 fr.

BOUSSINESQ (J.), Membre de l'Institut, Professeur à la Faculté des Sciences de l'Université de Paris. — **Théorie analytique de la chaleur**, mise en harmonie avec la Thermodynamique et avec la Théorie mécanique de la Lumière. (Cours de Physique mathématique de la Faculté des Sciences.) Deux volumes in-8 (25-16) se vendant séparément.

  Tome I : *Problèmes généraux.* Volume de xxxii-333 pages avec 14 figures; 1901. 10 fr.

  Tome II : *Refroidissement et échauffement par rayon-nement, Conductibilité des tiges, lames et masses cristallines. Courants de convection. Théorie mécanique de la lumière.* Volume de xxxii-625 pages; 1903. 18 fr.

BOUTROUX (Pierre), Maître de Conférences à la Faculté des Sciences de Montpellier. — **Leçons sur les fonctions définies par les équations différentielles du premier ordre**, avec une Note de P. Painlevé, Membre de l'Institut. Vol. in-8 (25-16) de xi-190 pages; 1908. 6 fr. 50 c.

BOUTY (E.), Professeur à la Faculté des Sciences. — **Radiations. Electricité. Ionisation.** Troisième Supplément au *Cours de Physique* de Jamin et Bouty. In-8 (25-14) de vi-510 pages, avec 104 figures; 1906. 8 fr.

BOYER (Jacques). — **La Synthèse des pierres précieuses.** Un Volume in-8 (25-15) de 59 pages, avec 6 figures et 6 planches hors texte; 1909. 3 fr. 50 c.

BRILLOUIN (Marcel), Professeur au Collège de France. — **Leçons sur la Viscosité des liquides et des gaz.** 2 volumes in-8 (25-16), se vendant séparément.

  Ire Partie. *Généralités. Viscosité des Liquides.* Volume de vii-222 pages, avec 63 figures; 1907. 9 fr.

  IIe Partie. *Viscosité des gaz. Caractère général des théories moléculaires.* Volume de iv-142 pages, avec 25 figures; 1907. 5 fr.

BRUNSWICK (E.-J.), Ingénieur des Arts et Manufactures, Ingénieur en Chef de la Maison Breguet. — **L'Électricité dans les mines. Applications diverses. Extraction.** Volume in-8 (25-15) de viii-234 pages, avec 118 figures; 1910. 7 fr. 50 c.

CAHEN (E.), ancien Élève de l'École Normale supérieure, Professeur de Mathématiques spéciales au Collège Rollin. — **Éléments de la théorie des nombres.** *Congruences. Formes quadratiques. Nombres incommensurables. Questions diverses.* In-8 (25-16); 1900. 12 fr.

CARTE de l'éclipse totale de Soleil des 29-30 août 1905. *Lieu des points d'où l'on peut en observer les phases.* Carte dressée sous la direction du Bureau des Longitudes, de format (110-103), pliée sous couverture (25-15); 1905. 2 fr. 50 c.

CARVALLO (E.). — **L'Électricité déduite de l'expérience et ramenée aux principes des travaux virtuels.** 2e édition. In-8 (20-13) de 98 pages, avec 27 figures; 1907. Cartonné (C. S.). 2 fr.

CATALOGUE INTERNATIONAL DE LA LITTÉRATURE SCIENTIFIQUE, publié sous la direction de M. le Dr H. Forster Morley. Chaque année forme 17 volumes. Prix des 17 volumes ensemble. 450 fr.

Chaque Volume se vend séparément.

	fr
A. Mathématiques.	18,75
B. Mécanique.	13,10
C. Physique.	30 »
D. Chimie.	46,50
E. Astronomie.	29,25
F. Météorologie.	18,75
G. Minéralogie.	26,65
H. Géologie.	29,65
J. Géographie.	26,65
K. Paléontologie.	13,10
L. Biologie générale.	13,10
M. Botanique.	56,50
N. Zoologie.	58,75
O. Anatomie humaine.	18,75
P. Anthropologie physique.	18,75
Q. Physiologie.	18,75
R. Bactériologie.	26,15

Sept années sont en vente (1902 à 1908).

CHAPPUIS (J.), Agrégé, Docteur ès sciences, Professeur de Physique générale à l'École Centrale, et **BERGET** (A.), Docteur ès sciences, attaché au Laboratoire des Recherches physiques de la Sorbonne. — **Leçons de Phy-**

...sique générale. *Cours professé à l'École Centrale des Arts et Manufactures et complété suivant le programme du Certificat de Physique générale.* 2ᵉ édition, entièrement refondue. 4 volumes in-8 (25×16), se vendant séparément :

Tome I : *Instruments de mesure. Pesanteur, Élasticité, Statique des liquides et des gaz;* avec 306 figures; 1907. 15 fr.

Tome II : *Électricité et Magnétisme;* avec 400 figures; 1908. 15 fr.

Tome III : *Acoustique. Optique;* avec 508 figures; 1909. 14 fr.

Tome IV : *Ondes électriques, Radioactivité, Électro-optique,* publié par James Chavanis et Marcel Lamotte, agrégé, Docteur ès Sciences, professeur à l'Université de Toulouse. Volume de iv-914 pages avec 71 figures; 1911.

CHATELAIN (E.), Licencié ès sciences, Professeur aux Laboratoires Bourbonne. — **Soudure autogène et aluminothermie,** avec *Préface* de H. Le Chatelier, Membre de l'Institut. In-16 (19×12) de x-172 pages, avec 48 figures; 1909. 3 fr. 50.

CLAUDE (A.), Membre adjoint du Bureau des Longitudes, et DRIENCOURT (L.), Ingénieur hydrographe en chef de la Marine. — **Description et usage de l'astrolabe à prisme.** In-8 (22×16) de xxx-367 pages avec 35 figures et 2 planches; 1910. Cartonné. 15 fr.

COMBEBIAC (G.), Chef de bataillon du Génie, Docteur ès sciences mathématiques. — **Les actions à distance.** In-8 (20×13) de 90 pages, cartonné (*Collection Scientia*); 1910. 2 fr.

COMBEROUSSE (Charles de), Ingénieur, Professeur à l'École Centrale des Arts et Manufactures et au Conservatoire des Arts et Métiers, ancien Professeur de Mathématiques spéciales au collège Chaptal. — **Cours de Mathématiques** à l'usage des Candidats à l'École Polytechnique, à l'École Normale supérieure et à l'École centrale des Arts et Manufactures. 4 vol. in-8 (24×14), avec figures.

Chaque Volume se vend séparément :

Tome Iᵉʳ : *Arithmétique et Algèbre élémentaire;* avec 38 figures). 10 fr.

On vend à part :

Arithmétique, 5ᵉ édition, 1911. 4 fr.
Algèbre élémentaire, 6ᵉ édition, 1911. 6 fr.

Tome II : *Géométrie élémentaire, plane et dans l'espace. Trigonométrie rectiligne et sphérique,* avec 543 fig. 13 fr.

On vend à part :

Géométrie élémentaire plane et dans l'espace, 5ᵉ édition 1911. 8 fr.
Trigonométrie rectiligne et sphérique, suivie de Tables des valeurs des lignes trigonométriques naturelles, 4ᵉ édition 1911. 5 fr.

Tome III : *Algèbre supérieure,* 1ʳᵉ Partie : *Compléments d'Algèbre élémentaire (Déterminants, fractions continues, etc.). — Combinaisons. — Séries. — Étude des Fonctions. — Dérivées et Différentielles. — Premiers principes du Calcul intégral.* 4ᵉ édition (xxi-568 pages), avec 70 figures; 1911. 15 fr.

Tome IV : *Algèbre supérieure,* IIᵉ Partie : *Étude des imaginaires, Théorie générale des équations,* 3ᵉ édition (xxxiv-831 pages), avec 65 figures; 1909. 15 fr.

CONGRÈS INTERNATIONAL des applications de l'Électricité (Marseille, 1908). 3 volumes in-8 (25×16) publiés par les soins de H. Armagnat; Rapporteur général, se vendant ensemble. 50 fr.

On vend séparément :

Iʳᵉ Partie : *Rapports préliminaires.* Volume de xi-709 pages, avec nombreuses figures; 1909. 24 fr.

IIᵉ Partie : *Rapports préliminaires.* Volume de iv-554 pages, avec nombreuses figures; 1909. 24 fr.

IIIᵉ Partie : *Organisation du Congrès. Procès-verbaux. Annexes.* Volume de iv-556 pages, avec figures et planches; 1909. 20 fr.

Un certain nombre de Rapports se vendent séparément.

CONSTAN (P.), ancien Élève de l'École Navale, Ex-Enseigne de vaisseau, Professeur d'Hydrographie de la marine. — **Cours élémentaire d'Astronomie et de Navigation,** *à l'usage des Capitaines au long cours et des Élèves des Écoles d'Hydrographie.* 2 volumes in-8 (25×16) avec nombreuses figures se vendant séparément. (*Ouvrage en harmonie avec les derniers programmes des examen pour les brevets de Capitaine au long cours.*)

Tome I : *Astronomie.* Vol. de iv-219 p., avec 138 fig.; 1904. 7 fr. 50 c.

Tome II. *Navigation.* Vol. de iv-300 p. avec 159 fig. et 3 planches; 1904. 8 fr. 50 c.

COUTURAT (Louis). — **L'Algèbre de la Logique** (C. S.). In-8 (20×13) de 100 p., cartonné; 1905. 2 fr.

CRELIER (L.), Docteur ès sciences, Professeur au Technicum de Bienne, Privat-Docent à l'Université de Berne. — **Systèmes cinématiques.** In-8 (20×13) de 100 pages avec 13 figures et un portrait du Colonel Mannheim (*Collection Scientia*); cartonné, 1911. 2 fr.

CURIE (Mᵐᵉ P.), Professeur à la Faculté des Sciences de Paris. — **Traité de radioactivité.** 2 volumes in-8 (25×16) de xii-426 et iv-548 pages avec 293 figures, 2 planches et un portrait de P. Curie; 1910. 30 fr.

CURIE (Mᵐᵉ S.). — **Recherches sur les substances radioactives,** 2ᵉ édition. In-8 (25×16) de 167 pages, avec 13 figures; 1904. 5 fr.

CURIE (P.). — **Œuvres de Pierre Curie,** publiées par les soins de la Société française de Physique, avec une Préface de Mᵐᵉ Curie. In-8 (25×16) de xxii-621 pages, avec 118 figures et 3 planches; 1908. 22 fr.

DARBOUX (G.), Membre de l'Institut, Doyen de la Faculté des Sciences. — **Leçons sur la Théorie générale des surfaces et les applications géométriques du Calcul infinitésimal.** 4 vol. in-8 (22×16), avec figures.

Iʳᵉ Partie : (*Épuisée.*)

IIᵉ Partie : *Les congruences et les équations linéaires aux dérivées partielles. — Des lignes tracées sur les surfaces;* 1889. 15 fr.

IIIᵉ Partie : *Lignes géodésiques et courbure géodésique. — Paramètres différentiels. — Déformation des surfaces;* 1894. 15 fr.

IVᵉ et dernière Partie : *Déformation infiniment petite et représentation sphérique;* 1896. 15 fr.

DARBOUX (G.), Secrétaire perpétuel de l'Académie des Sciences, Professeur de Géométrie supérieure à l'Université de Paris. — **Leçons sur les systèmes orthogonaux et les coordonnées curvilignes,** 2ᵉ édition augmentée. Volume in-8 (25×16) de viii-567 pages, avec figures; 1910. 18 fr.

DELAUNEY (le lieutenant-colonel). — **Lois des distances des satellites du Soleil.** In-8 (25×16) de 12 pages; 1909. 1 fr.

DÉCOMBE (L.), Docteur ès sciences. — **La Célérité des ébranlements de l'éther. L'énergie radiante,** 2ᵉ édition entièrement refondue. In-8 (20×13), de 102 pages, avec 22 figures; cartonné (*Collection Scientia*); 1910. 2 fr.

DECOURDEMANCHE (J.-A.). — **Traité pratique des Poids et Mesures des peuples anciens et des Arabes.** In-8 (25×16) de viii-144 pages; 1910. 5 fr.

DE DONDER (Th.), Docteur ès-sciences physiques et mathématiques. — **Sur les équations canoniques de Hamilton-Volterra**. Volume in-4 (26-27) de 72 pages. 1911.   5 fr. 75 c.

DEFOSSEZ (L.), Professeur. — **Les cartes géographiques et leurs projections usuelles**. In-16 (19-13) de VII-112 pages avec 55 figures et 2 planches; 1910.   5 fr. 75 c.

DRUDE (Paul). — **Précis d'Optique**, refondu et complété par Marcel Boll, Professeur agrégé de l'Université, avec une *Préface* de Paul Langevin, Professeur au Collège de France. 2 volumes in-8 (15-16) se vendant séparément.
Tome I. *Optique géométrique. Optique ondulatoire*. Volume de X-373 pages avec 158 figures; 1911.   11 fr.
Tome II. *Optique électromagnétique. Optique énergétique.*   *(Sous presse.)*

DRUMAUX (Paul), Ingénieur civil des Mines, Ingénieur électricien, Ingénieur des Télégraphes. — **La théorie corpusculaire de l'électricité.** *Les électrons et les ions*, avec préface de M. Éric Gérard, Directeur de l'Institut électrotechnique Montefiore. In-8 (25-16) de 168 pages avec 5 figures; 1911.   3 fr. 75 c.

DUCROT (André), Ancien Élève de l'École Polytechnique. — **Presses modernes typographiques.** In-4 (32-24) de 164 p., avec 155 figures; 1904.   5 fr. 50 c.

DUHEM (Pierre), Correspondant de l'Institut de France, Professeur de Physique théorique à l'Université de Bordeaux. — **Traité d'Énergétique ou de Thermodynamique générale.** 2 volumes in-8 (15-16) se vendant séparément.
Tome I: *Conservation de l'Énergie mécanique rationnelle. Statique générale*, Volume de IV-528 pages avec 2 figures; 1911.   18 fr.
Tome II.   *(Sous presse.)*

DUHEM (Pierre). — **Recherches sur l'Élasticité.** *De l'équilibre du mouvement des milieux vitreux. Les milieux vitreux peu déformés. La stabilité des milieux élastiques. Propriétés générales des ondes dans les milieux vitreux et non vitreux.* In-4 (28-23) de 5-8 pages; 1906.   12 fr.

ENCYCLOPÉDIE DES SCIENCES MATHÉMATIQUES PURES ET APPLIQUÉES, publiée sous les auspices des Académies des Sciences de Gœttingue, de Leipzig, de Munich et de Vienne. Édition française, publiée d'après l'édition allemande, sous la direction de Jules Molk, Professeur à l'Université de Nancy, avec le concours de nombreux savants et professeurs français.

L'édition française de l'*Encyclopédie* comprendra 7 tomes in-8 (15-16). Chaque Tome comprend 3 ou 4 volumes de 500 à 600 pages. Chacun des volumes a sa pagination propre, mais est publié en fascicules suivant l'état d'avancement de l'impression.

Les fascicules (de 130 à 150 pages environ) paraissent autant que possible de trois en trois mois.

Le prix de chaque fascicule sera d'environ 5 fr.

TOME I: ALGÈBRE.

Volume I : Arithmétique

Fascicule I : *Principes fondamentaux de l'Arithmétique*; exposé, d'après H. Schubert, par J. Tannery et J. Molk. — *Analyse combinatoire et théorie des déterminants*; exposé, d'après E. Netto, par H. Vogt. — *Nombres irrationnels et limites*; exposé d'après A. Pringsheim, par J. Molk, 1904.   5 fr.
Fascicule 2 : *Algorithmes illimités*, exposé d'après A. Pringsheim, par J. Molk.   5 fr. 75 c.
Fascicule 3 : *Nombres complexes*, exposé d'après E. Study, par E. Cartan. — *Algorithmes illimités des nombres complexes*, exposé, d'après A. Pringsheim, par M. Fréchet, 1908.   5 fr.
In-4; fr.

Fascicule 4 : *Théorie des ensembles*, exposé d'après A. Schoenflies; par H. Baire. — *Sur les groupes finis discontinus*; exposé, d'après H. Burkhardt, par H. Vogt, 1909.   5 fr.

Volume II : Algèbre

Fascicule 1 : *Les fonctions rationnelles*, exposé, d'après E. Netto par R. de Varannes.   5 fr.
Fascicule 2 : *Propriétés générales des corps et des variétés algébriques*, exposé, d'après G. Landsberg, par J. Hadamard et J. Kürschak, 1910.   5 fr. 75 c.
Fascicule 3 : *Propriétés générales des corps et des variétés algébriques*; exposé, d'après G. Landsberg, par J. Hadamard et J. Kürschak. — *Théorie des formes et des invariants*, d'après G. W. Meyer, par J. Drach; 1911.   5 fr. 75 c.

Volume III : Théorie des nombres

Fascicule 1 : *Propositions élémentaires de la théorie des nombres*; exposé, d'après P. Bachmann, par Ed. Maillet. — *Théorie arithmétique des formes*; exposé, d'après K. Th. Vahlen, par E. Cahen, 1906.   5 fr.
Fascicule 2 : *Théorie arithmétique des formes*, exposé, d'après K. Th. Vahlen, par E. Cahen, 1908 (*suite et fin*).   5 fr.
Fascicule 3 : *Théorie arithmétique des formes*, exposé, d'après K. Th. Vahlen, par E. Cahen. — *Propositions transcendantes de la théorie des nombres*, exposé, d'après P. Bachmann, par J. Hadamard et Ed. Maillet; 1911.   5 fr. 75 c.
Fascicule 4 : *Propositions transcendantes de la théorie des nombres*, exposé d'après P. Bachmann, par Ed. Maillet; 1911.   5 fr. 75 c.

Volume IV : Calcul des probabilités. Théorie des erreurs. Applications diverses.

Fascicule 1 : *Calcul des probabilités*, exposé, d'après E. Czuber, par J. Le Roux. — *Calcul des différences et interpolation*; exposé, d'après D. Seliwanov et J. Bauschinger, par H. Andoyer, 1906.   5 fr.
Fascicule 2 : *Théorie des erreurs*, exposé, d'après Bauschinger, par H. Andoyer. — *Calcul numérique*, exposé d'après R. Mehmke, d'après M. d'Ocagne, 1911.   6 fr. 25.
Fascicule 3 : *Calcul numérique*, exposé d'après R. Mehmke, par M. d'Ocagne. — *Statistique*, exposé d'après L. Bortkiewicz, par F. Oltramare.   6 fr. 75 c.

TOME II : ANALYSE.

Volume I : Fonctions de variables réelles

Fascicule 1 : *Principes fondamentaux de la théorie des fonctions*; exposé d'après A. Pringsheim par J. Molk; 1909.   4 fr. 50 c.

Volume III : Équations différentielles ordinaires

Fascicule 1 : *Existence de l'intégrale générale. Détermination d'une intégrale particulière par ses valeurs initiales*; exposé par P. Painlevé. — *Méthodes d'intégration élémentaires. Étude des équations différentielles ordinaires au point de vue formel*; exposé par É. Vessiot; 1911.   fr.

(Demander le prospectus spécial.)

ESCARD (Jean), Ingénieur civil. — **Les substances isolantes et les méthodes d'isolement utilisées dans l'industrie électrique.** In-8 (25-16) de 22-512 pages avec 182 figures; 1911.   10 fr.

FAYE (H.), de l'Institut. — **Sur l'origine du Monde.** *Théories cosmogoniques des anciens et des modernes*; 4e édition avec une Préface de H. Deslandres, Membre de l'Institut. In-8 (24-15) avec figures; 1907.   6 fr.

FINK (E.). — **Précis d'Analyse chimique**. 2 vol. In-16 (19-13); 2e édition revue et corrigée.
Ire Partie : *Analyse qualitative*. Vol. de 225 pages, avec 13 figures, cartonné à l'anglaise; 1911.   5 fr. 50 c.
IIe Partie : *Analyse quantitative*. Vol. de 236 p., avec 62 figures; 1909, Cartonné à l'anglaise.   6 fr.

FISCHER (Emil), Professeur de Chimie à l'Université de Berlin. — **Guide de préparations organiques** à l'usage des étudiants. Traduction autorisée d'après la 7e édition allemande par H. Decker et J. Dunant. In-16 (19-12) de x-210 pages avec 19 figures; 1907. 2 fr. 50 c.

FLAMMARION (Camille). — **La planète Mars et ses conditions d'habitabilité.** Encyclopédie générale des observations martiennes faites depuis l'origine (-650) jusqu'à nos jours. 2 volumes in-8 (30-10), se vendant séparément:

TOME I: Volume de x-608 pages avec 580 dessins télescopiques et 23 cartes; 1892.
Broché..... 15 fr. | Cartonné..... 15 fr.

TOME II: Volume de iv-604 pages avec 426 dessins télescopiques et 16 cartes; 1909.
Broché..... 13 fr. | Cartonné..... 15 fr.

FONVIELLE (W. de) et BESANÇON (G.), Directeur de l'Aérophile. — **Notre flotte aérienne.** In-8 (23-14) de iv-344 pages avec 54 figures; 1908. Cartonné. 6 fr. 50 c.

FORCRAND (R. de), Correspondant de l'Institut. Professeur à la Faculté des Sciences, Directeur de l'Institut de Chimie de l'Université de Montpellier. — **Cours de Chimie** à l'usage des étudiants du P. C. N. Deux volumes in-8 (23-14) se vendant séparément.

Tome I: Généralités. Chimie minérale. Volume de vi-325 pages avec 16 figures; 1905. 5 fr.

Tome II: Chimie organique. Chimie analytique. Volume de iv-317 p. avec 3 fig.; 1905. 5 fr.

FOUET (Edouard-A.), Professeur à l'Institut catholique de Paris. — **Leçons élémentaires sur la théorie des fonctions analytiques.** 3 volumes in-8 (23-16) se vendant séparément.

TOME I. Les fonctions en général. 2e édition, refondue et augmentée. Volume de xvi-112 pages avec 6 figures; 1907. 3 fr. 50 c.

TOME II: Les fonctions algébriques. Les séries simples et multiples. Les intégrales. 2e édition, refondue et augmentée. Volume de xi-365 pages avec 25 figures; 1904. 9 fr.

TOME III: Théorèmes d'existence. Les fonctions analytiques au point de vue de Cauchy, de Weierstrass, de Riemann. (En préparation.)

FREYCINET (Ch. de). — **De l'expérience en Géométrie.** In-8 (23-14); 1903. 4 fr.

FRILLEY. — **Les procédés de commande à distance au moyen de l'Électricité.** In-16 (19-VI) de vingt pages avec 94 figures; 1906. 3 fr. 50 c.

GALOIS (Evariste). — **Manuscrits d'Evariste Galois,** publiés par J. Tannery, Sous-Directeur de l'École Normale. In-8 (23-16) de 69 pages; 1908. 2 fr. 75 c.

GANDILLOT (Maurice). — **Essai sur la gamme.** In-8 (51-22), de xii-575 pages avec 55 figures; 1906. 3 fr.

GARÇON (Jules), Ingénieur Chimiste. — **Répertoire général ou Dictionnaire méthodique de Bibliographie des Industries tinctoriales et des Industries annexes,** depuis les origines jusqu'à la fin de l'année 1896. (Technologie et Chimie.) Ouvrage honoré du grand prix décennal Daniel Dollfus de la Société industrielle de Mulhouse. 2 vol. in-8 (23-16), 1638 p., plus un volume de Tables. Prix de l'Ouvrage complet. 100 fr.

TOME I: Introduction et Avertissement général. Notice sur les sources bibliographiques du Dictionnaire. Tables.

TOME II: Dictionnaire: Depuis Accidents de fabrication jusqu'à Kermès.

TOME III: Dictionnaire: Depuis Laboratoires jusqu'à la fin.

GAUTIER (Henri), et CHARPY (Georges), anciens Élèves de l'École Polytechnique, Docteurs ès Sciences. — **Leçons de Chimie,** à l'usage des élèves de Mathématiques spéciales. 4e édition, entièrement refondue, conforme au programme du 27 juillet 1905. In-8 (25-16), avec 96 fig.; 1905.
Broché..... 10 fr. | Relié (cuir souple). 13 fr.

GÉRARD (Éric), Directeur de l'Institut électrotechnique Montefiore. — **Leçons sur l'Électricité,** professées à l'Institut électrotechnique Montefiore, annexé à l'Université de Liège. 8e édition refondue et complétée. 2 vol. in-8 (25-16), se vendant séparément:

TOME I: Théorie de l'électricité et du magnétisme. Électrométrie. Théorie et construction des générateurs électriques. Volume de xii-975 pages, avec 458 figures; 1910. 13 fr.

TOME II: Canalisation et distribution de l'énergie électrique. Applications de l'électricité à la Télégraphie, à la Téléphonie. A la production et à la transmission de la puissance motrice, à la Traction, à l'Éclairage, à la Métallurgie et à la Chimie industrielle. Volume de vii-990 pages avec 439 figures; 1910. 13 fr.

GÉRARD (Éric). — **Mesures électriques.** Étalons et instruments. Essais mécaniques et photométriques, magnétiques et électriques. Applications aux lignes, générateurs, moteurs et transformateurs. Leçons données à l'Institut électrotechnique Montefiore, de l'Université de Liège. 3e édition refondue et complétée. In-8 (25-16) avec 304 figures; 1906. 13 fr.

GÉRARD (Éric). — **Traction électrique.** (Extrait des Leçons sur l'Électricité du même auteur.) 2e édition. In-8 (23-16) de xi-148 pages avec 98 figures; 1910. 3 fr. 50.

GIRARDET (Ph.) — Ingénieur I. E. G. — **Lignes électriques aériennes.** Étude et Construction (Bibliothèque de l'Élève Ingénieur). In-8 (23-16) de 181 pages avec 13 figures; 1910. 5 fr.

GIRARDET (Ph.), Ingénieur I. E. G., et DUBI (W.), Ingénieur Polytechnicien de Zurich. — **Lignes électriques souterraines.** Étude, pose, essai et recherches de défauts (Bibliothèque de l'Élève Ingénieur). In-8 (23-16) de 207 pages, avec 48 figures; 1910. 5 fr.

GŒDSEELS (P.-J.-B.), Professeur à l'Université catholique de Louvain. — **Théorie des erreurs d'observation.** 3e édition complètement remaniée. In-8 (24-16) de x-103 pages; 1909. 3 fr.

GOMES TEXEIRA (F.). — **Traité des courbes spéciales remarquables planes et gauches.** Ouvrage couronné et publié par l'Académie royale des Sciences de Madrid; traduit de l'espagnol, revu et très augmenté. 2 volumes in-4 (30-22) se vendant séparément.

TOME I. Volume de xii-401 pages; 1908. 20 fr.

TOME II. Volume de ii-497 pages; 1909. 20 fr.

GORGEU (P.), Capitaine d'artillerie. — **Machines-outils. Outillage. Vérificateurs. Notions pratiques.** Volume in-8 (23-16) de iv-232 pages, avec 200 schémas; 1909. 7 fr. 50 c.

GOURSAT (E.), Professeur à la Faculté des Sciences. — **Cours d'Analyse** de la Faculté des Sciences de Paris. 2e édition entièrement refondue. 2 volumes in-8 (25-16) se vendant séparément.

TOME I: Dérivées et différentielles. Intégrales définies. Développements en série. Applications géométriques. Volume de viii-615 pages, avec 42 figures; 1910. 20 fr.

TOME II: Théorie des fonctions analytiques. Équations différentielles. Un premier fascicule (304 pages) est paru. Prix du volume complet pour les souscripteurs. 20 fr.

TOME III: Équations aux dérivées partielles. Équations intégrales. Calcul des variations. (En préparation.)

GRIMSHAW (Robert). — **La Construction d'une locomotive moderne.** Traduit sur la 2ᵉ édition allemande, par POISSONNOS, Ingénieur E. C. L. In-8 (23-14), de XIV-64 pages, avec 42 figures; 1907. 3 fr. 75 c.

GROSSMANN (Jules), Ancien Directeur de l'École d'Horlogerie du Locle, et **GROSSMANN** (Hermann), Directeur de l'École d'Horlogerie, d'Électrotechnique et de petite Mécanique de Neuchâtel. — **Horlogerie théorique.** Cours de mécanique appliquée à la Chronométrie, suivi d'une *Étude sur les applications de l'acier-nickel à la compensation*, par Ch.-Ed. GUILLAUME, Directeur adjoint du Bureau international des Poids et Mesures, avec une *Préface* de E. CASPARI, Ingénieur hydrographe de la Marine française, et des portraits de Jules Grossmann, H. Grossmann, Ch.-Ed. Guillaume, E. Caspari. Ouvrage publié sous les auspices du Technicum du Locle, approuvé par le Département de l'Instruction publique de Neuchâtel et par les Commissions des Écoles suisses d'horlogerie. 2 volumes in-8 (25-16) cartonnés, se vendant séparément.

TOME I. — Volume de 408 pages, avec 234 figures, 13 planches et 2 portraits; 1911. 15 fr.

TOME II. (*Sous presse.*)

GUILBERT (Gabriel), Lauréat du Concours international de Liége, Secrétaire de la Commission météorologique du Calvados. — **Nouvelle méthode de prévision du temps**, avec une *Préface* par BERNARD BRUNHES, Directeur de l'Observatoire du Puy de Dôme. In-8 (25-16) de XXXVIII-344 pages avec 80 figures et cartes et 3 planches; 1909. 15 fr.

GUILLAUME (Ch.-Ed.). — **Les applications des aciers au nickel**, avec un Appendice sur la *Théorie des aciers au nickel*. In-8 (23-14), avec 25 fig.; 1904. 3 fr. 50 c.

— **Recherches sur le nickel et ses alliages.** In-8 (23-14), 1898. 1 fr. 75 c.

Les deux volumes se vendent ensemble 5 fr.

GUILLAUME (Ch.-Ed.), Directeur adjoint du Bureau international des Poids et Mesures. — **Les récents progrès du Système métrique.** Rapport présenté à la quatrième Conférence générale des Poids et Mesures réunie à Paris, en octobre 1907. In-4 (33-23) de 94 pages avec 3 figures; 1907. 5 fr.

GUIMARAES (Rodolphe), Capitaine du Génie, Membre correspondant des Académies des Sciences de Lisbonne, Montpellier, Barcelone, etc. — **Les Mathématiques en Portugal.** 2ᵉ édition revue et augmentée. In-8 (25-16) de 660 p., avec fig.; 1910. 24 fr.

GUYE (Ph.-A.), Professeur à l'Université de Genève. — **Recherches expérimentales sur les propriétés physico-chimiques de quelques gaz, en relation avec les travaux de revision du poids atomique de l'azote.** In-4 (28-23) de 147 p. avec 1 fig. et pl.; 1909. 5 fr.

GUYOU (E.), Capitaine de Frégate, Examinateur d'admission à l'École navale. — **Note sur les approximations numériques.** 3ᵉ éd. In-8 (23-14) de 28 p.; 1909. 0 fr. 75 c.

HARET (S. P. C.), Docteur ès Sciences, Professeur à l'Université et à l'École des Ponts et Chaussées de Bucharest, Membre de l'Académie Roumaine, Ministre d'État. — **Mécanique sociale.** In-8 (25-16) de 256 pages avec figures; 1910. 5 fr.

HELBRONNER (Paul), Ancien élève de l'École Polytechnique, Lauréat de l'Institut. — **Description géométrique détaillée des Alpes françaises.** Volume in-4 (33-25) avec figures et planches se vendant séparément.

TOME I : *Chaîne méridienne de la Savoie*. Volume de 308 pages avec planches et 18 panoramas (dont 14 de 0ᵐ,33 — 2ᵐ,80 et 4 de 0ᵐ,33 — 1ᵐ,30); 1910. 75 fr.

— **Collection des 18 panoramas** pliée au format (33-50) dans un emboîtage spécial. 45 fr.

HENRIONNET (Commandant Ch.). — **Petit traité d'Astronomie pratique à l'usage de l'Astronome amateur**, avec une *Préface* de CAMILLE FLAMMARION. Brochure in-8 (23-14) de 52 pages avec 3 figures; 1911.

HERMITE. — **Correspondance d'Hermite et Stieltjes**, publiée par les soins de B. BAILLAUD, Directeur de l'Observatoire de Toulouse, et H. BOURGET, Maître de Conférences à l'Université, avec une *Préface* de E. PICARD, Membre de l'Institut. 2 vol. in-8 (25-16) se vendant séparément.

TOME I (8 novembre 1882-22 juillet 1889). Volume de XX-477 pages avec 2 portraits; 1904. 16 fr.

TOME II (18 octobre 1889-15 décembre 1894). Volume de VI-457 pages avec 1 portrait et un fac-similé; 1905. 16 fr.

HERMITE. — **Œuvres de Charles Hermite**, publiées sous les auspices de l'Académie des Sciences, par ÉMILE PICARD, Membre de l'Institut. Volumes in-8 (25-16) se vendant séparément.

TOME I. Volume de XL-500 pages avec un portrait d'Hermite; 1905. 18 fr.

TOME II. Volume de VI-520 pages, avec un portrait; 1908. 18 fr.

TOME III. (*Sous presse.*)

HERZ (Dʳ W.), Professeur à l'Université de Breslau. — **Les bases physico-chimiques de la Chimie analytique.** Traduit de l'allemand par E. PHILIPPI, Licencié ès sciences. In-8 (23-14) de VI-164 pages, avec 13 figures, cartonné; 1909. 5 fr.

HOGNON (J.), Ingénieur-Chimiste diplômé, Chef de service du Laboratoire des Essais chimiques, mécaniques et électriques aux Forges d'Audincourt (Doubs). — **Traité d'analyses chimiques métallurgiques** à l'usage des chimistes et manipulateurs de Laboratoire d'Aciéries Thomas. In-8 (23-14) de IX-155 pages avec 13 figures; (B. T.) 1911. 5 fr.

HOÜEL (J.). — **Tables de Logarithmes à cinq décimales** pour les nombres et les lignes trigonométriques, suivies des **Logarithmes d'addition et de soustraction ou Logarithmes de Gauss** et de **diverses Tables usuelles.** Nouvelle édition, revue et augm. In-8 (25-16), 1911. (*Autorisé par décision ministérielle.*)

Broché, 2 fr. | Cartonné, 2 fr. 75 c.

HUMBERT (G.), Membre de l'Institut, Professeur à l'École Polytechnique. — **Cours d'Analyse** *professé à l'École Polytechnique*; 2 volumes in-8 (25-16), se vendant séparément.

TOME I : *Calcul différentiel. Principes du calcul intégral. Applications géométriques*; avec 111 figures; 1903. 16 fr.

TOME II : *Complément de la théorie des intégrales définies. Fonctions eulériennes. Fonctions d'une variable imaginaire. Fonctions elliptiques et applications. Équations différentielles*; avec 91 figures; 1904. 16 fr.

INSTITUT DE FRANCE. — *Voir au Catalogue général* : **Mémoires de l'Académie des Sciences. — Tables générales des Travaux contenus dans les Mémoires de l'Académie des Sciences. — Recueil de Mémoires, Rapports et Documents relatifs à l'observation du passage de Vénus sur le Soleil, en 1874. — Mémoires relatifs à la nouvelle maladie de la vigne. — Mission du Cap Horn.**

ISTEL (Paul) et **LEMONON** (E.), Docteurs en droit, Avocats à la Cour d'appel de Paris. — **Traité juridique de l'Industrie électrique.** *Manuel pratique de législation, réglementation et jurisprudence en matière de production et distribution d'énergie électrique.* In-8 (23-14) de VIII-415 pages; 1911. 8 fr.

JAMIN (J.), Secrétaire perpétuel de l'Académie des Sciences, Professeur de Physique à l'École Polytechnique, et **BOUTY (E.)**, Professeur à la Faculté des Sciences. — **Cours de Physique de l'École Polytechnique.** 4e édition, augmentée et entièrement refondue par E. Bouty. 4 forts vol. in-8 (23-14) de plus de 4000 p., avec 1587 figures et 14 planches sur acier, dont 2 en couleur; 1885-1891. 72 fr.

Prix des 3 Suppléments (1896, 1899, 1906). 15 fr.

(Demander le prospectus détaillé et la Table générale des matières.)

JANET (Paul), Professeur à la Faculté des Sciences de Paris, Directeur de l'École supérieure d'Électricité. — **Leçons d'Électrotechnique générale** professées à l'École supérieure d'Électricité. Trois volumes in-8 (25-16), avec nombreuses figures.

Tome I : *Généralités. Courants continus.* 3e édition, revue et augmentée. Volume de VII-415 pages avec 178 figures; 1909. 13 fr.

Tome II : *Courants alternatifs sinusoïdaux et non sinusoïdaux. Alternateurs. Transformateurs.* 3e édition, revue et augmentée. Vol. de IV-335 pages, avec 139 fig.; 1910. 11 fr.

Tome III : *Moteurs à courants alternatifs. Couplage et compoundage des alternateurs. Transformateurs polymorphiques.* 2e édition, revue et augmentée. Volume de IV-326 pages, avec 339 figures; 1908. 11 fr.

JANET (Paul). — **Premiers principes d'Électricité industrielle.** *Piles. Accumulateurs. Dynamos. Transformateurs.* 6e édition revue et corrigée. In-8 (23-14), avec 161 fig.; 1910. 6 fr.

JOUFFRET (G.), ancien Élève de l'École Polytechnique, Membre de la Société mathématique de France. — **Mélanges de Géométrie à quatre dimensions.** In-8 (25-16) de XI-227 pages avec 29 fig.; 1906. 7 fr. 50 c.

JOUGUET (E.), Ancien Professeur à l'École des Mines de Saint-Étienne. — **Lectures de Mécanique. La Mécanique enseignée par les auteurs originaux.** 2 volumes in-8 (25-16) se vendant séparément.

Ire Partie : *La naissance de la Mécanique.* Volume de VIII-206 pages avec 83 figures; 1908. 7 fr. 50 c.

IIe Partie : *L'organisation de la Mécanique.* Volume de VIII-285 pages avec 31 figures; 1909. 10 fr.

KERSTEN (C.), Ingénieur-Architecte, Professeur à l'École royale de travaux publics de Berlin. — **La Construction en béton armé.** Traduit d'après la 3e édition allemande par P. Poraszonos, Ingénieur E. C. L. 2 volumes in-8 (23-14) se vendant séparément.

Ire Partie : *Calcul et exécution des formes élémentaires.* Volume de 191 pages avec 119 figures; 1907. 6 fr.

IIe Partie : *Application à la construction en élévation et en souterrain.* Volume de VII-280 pages avec 457 figures; 1908. 9 fr.

LAISANT (C.-A.), Répétiteur à l'École Polytechnique, Docteur ès sciences. — **La Mathématique.** *Philosophie. Enseignement.* 2e édition revue et corrigée. In-8 (23-14) de VII-2[illegible] pages avec 5 figures; cartonné; 1907 (*B. S.*). 5 fr.

LALANDE. — **Tables de Logarithmes pour les Nombres et les Sinus à CINQ DÉCIMALES**; revues par le Baron Reynaud. Nouvelle édition, augmentée de *Formules pour la Résolution des Triangles*, par *Bailleul*, typographe. In-18 (15-10); 1908. (*Autorisé par décision du Ministre de l'Instruction publique.*)

Broché, 2 fr. ; Cartonné, 2 fr. 50 c.

LALLEMAND (Ch.), Ingénieur en chef des Mines, Directeur du Nivellement général de la France, Membre du Bureau des Longitudes. — **Mouvements et déformations de la croûte terrestre. Marées de l'écorce, exhaussements et affaissements séculaires du sol. Altérations lentes du géoïde.** In-8 (23-14) de 58 pages, avec 15 figures; 1909. 2 fr. 75 c.

LALLEMAND (Ch.), Ingénieur en chef des Mines, Directeur du Nivellement général de la France, Membre du Bureau des Longitudes. — **Les marées de l'écorce et l'élasticité du Globe terrestre.** In-8 (23-14) de 90 pages, avec 14 figures; 1910. 1 fr. 50 c.

LAROSE (H.), Ingénieur des Télégraphes. — **État actuel de la Télégraphie sous-marine.** Brochure in-8 (25-16) de 50 pages avec 3 figures; 1909. 2 fr. 50 c.

LEBON (Ernest), Agrégé de l'Université, Lauréat de l'Académie française, Correspondant de l'Académie royale des Sciences de Lisbonne et de la Société royale des Sciences de Liège, Membre honoraire de l'Académie de Metz. — **Savants du jour.** *Biographie, Bibliographie analytique des écrits.* Volumes in-8 (28-18) sur papier de Hollande avec un portrait en héliogravure. Se vendant séparément.

— **Gaston Darboux.** Vol. de VIII-80 p.; 1910. 7 fr.

— **Henri Poincaré.** Vol. de VIII-80 pages; 1909. (*Épuisé.*)

— **Émile Picard.** Vol. de VIII-80 pages; 1910. 7 fr.

— **Paul Appell.** Vol. de VIII-[illegible] pages; 1910. 7 fr.

LEFEBVRE (B.), S. J. — **Cours d'Algèbre élémentaire** à l'usage des cours moyens et des classes d'humanités. 3e édition. In-8 (21-14) de VIII-608 pages; 1909. 5 fr.

LEFEBVRE (B.), S. J. — **Recueil d'exercices et de problèmes d'Algèbre élémentaire.** 3e édition. In-8 (21-14) de 280 pages; 1909. 2 fr. 50 c.

LÉVY (Maurice), Membre de l'Institut, Ingénieur en chef des Ponts et Chaussées, Professeur au Collège de France et à l'École Centrale des Arts et Manufactures. — **La Statique graphique et ses applications aux constructions.** 4 vol. in-8 (25-16), avec 4 Atlas de même format. (*Ouvrage honoré d'une souscription du Ministère des Travaux publics.*)

Ire Partie. — *Principes et applications de Statique graphique pure.* 3e édition. Volume de XXX-595 p., avec figures et un Atlas de 25 planches; 1907. 22 fr.

IIe Partie. — *Flexion plane. Lignes d'influence. Poutres droites.* 2e édition. Volume de XIX-345 pages, avec figures et un Atlas de 6 pl.; 1886. 15 fr.

IIIe Partie. — *Arcs métalliques. Ponts suspendus rigides. Coupoles et corps de révolution.* 2e édition. Volume de IX-418 p., avec fig. et un Atlas de 8 pl.; 1887. 17 fr.

IVe Partie. — *Ouvrages en maçonnerie. Systèmes réticulaires à lignes surabondantes. Index alphabétique des quatre Parties.* 2e édition. Volume de IX-350 p. avec fig. et un Atlas de 4 pl.; 1888. 15 fr.

LINDET (L.). — **Le lait, la crème, le beurre, les fromages** (**Principes de l'Industrie laitière**). In-8 (25-16) de X-340 pages, avec 10 figures; 1907. 12 fr.

LUCAS DE PESLOUAN. — **N. H. Abel, sa vie et son œuvre.** In-8 (21-14) de XIV-169 pages, avec un portrait; 1906. Cartonné. 5 fr.

MAILLARD (Louis), Professeur à l'Université de Lausanne. — **Les comètes et la comète de Halley.** Brochure in-8 (25-16) de 48 pages, avec 19 figures; 1910. 2 fr.

MAILLET (Edmond), Ingénieur des Ponts et Chaussées, Répétiteur à l'École Polytechnique. — **Introduction à la théorie des nombres transcendants et des propriétés arithmétiques des fonctions.** In-8 (25-16) de X-274 pages; 1906. 12 fr.

MANNHEIM (le Colonel A.), Professeur à l'École Polytechnique. — **Principes et Développements de la Géométrie cinématique.** *Ouvrage contenant de nombreuses applications à la Théorie des surfaces.* In-4 (28-23), avec 186 figures; 1894. 25 fr.

MAREC (Eugène), Ingénieur diplômé de l'École supérieure d'Électricité. — **Les enroulements industriels des machines à courant continu et à courant alternatif.** In-8 (25-16) de 240 p. avec 112 fig.; 1910. 9 fr.

MASCART (E.), Membre de l'Institut, Professeur au Collège de France, Directeur du Bureau Central météorologique. — **Traité d'Optique.** 3 volumes in-8 (25-16) avec Atlas, se vendant séparément :

Tome I : *Systèmes optiques, Interférences, Vibrations, Diffraction, Polarisation, Double réfraction.* Avec 199 figures et 2 pl.; 1889. 20 fr.

Tome II et Atlas : *Propriétés des cristaux, Polarisation rotatoire, Réflexion vitrée, Réflexion métallique, Réflexion cristalline, Polarisation chromatique.* Avec 113 fig. et Atlas contenant 2 planches sur cuivre dont une en couleur (Propriétés des cristaux, Coloration des cristaux par les interférences); 1891. 25 fr.

Tome III : *Polarisation par diffraction, Propagation de la lumière, Photométrie, Réfractions astronomiques.* Avec 83 figures; 1893. 20 fr.

MASCART (Jean). — **La Comète de Halley.** In-8 (25-16) de 197 pages, avec 16 figures; 1910. 2 fr. 50

MATHIAS (E.), Professeur de Physique à la Faculté des Sciences de Toulouse. — **Le point critique des corps purs.** In-8 (25-14) de VIII-255 pages, avec 54 figures; 1904. 7 fr.

MAYOR (B.), Professeur à l'École des Ingénieurs et à la Faculté des Sciences de l'Université de Lausanne. — **Statique graphique des systèmes de l'espace.** In-8 (25-16) de IV-106 pages, avec 16 figures et un atlas de 7 planches; 1910. 6 fr.

METZ (G. de). — **La double réfraction accidentelle dans les liquides.** In-8 (25-16) de 101 pages, avec 31 figures; 1906. Cartonné. (C. S.) 4 fr.

MINISTÈRE DE L'INSTRUCTION PUBLIQUE. Mission du Service géographique de l'Armée pour la mesure d'un arc de méridien équatorial en Amérique du Sud sous le contrôle scientifique de l'Académie des Sciences (1899-1906). Volumes in-4 (28-23) se vendant séparément.

La publication des travaux de la Mission du Service géographique de l'Armée qui, de 1899 à 1906, a mesuré un arc de méridien équatorial en Amérique du Sud et rassemblé à cette occasion de nombreuses observations de toute nature, se poursuivra à partir de 1910, par les soins du Service géographique de l'Armée et du Muséum d'Histoire naturelle, sous le haut contrôle scientifique de l'Académie des Sciences, conformément au plan d'ensemble suivant :

A. — HISTORIQUE

Tome I : *Historique de la Mission.*

B. — GÉODÉSIE ET ASTRONOMIE.

Tome II, Fascicule 1 : *Notices sur les stations.*
»   »   2 : *Bases.*
Tome III, Fascicule 1 : *Angles azimutaux.* Volume de 238 pages, avec 9 figures et 12 planches; 1910. 23 fr.
Tome III, Fascicule 2 : *Compensation des angles, calcul des triangles.* (Sous presse.)
»   »   3 : *Latitudes, longitudes et azimuts géodésiques.*
»   »   4 : *Nivellement et altitudes.*
»   »   5 : *Calcul de la longueur de l'arc.*
»   »   6 : *Latitudes astronomiques observées aux cercles méridiens* (1re partie).
»   »   7 : *Latitudes astronomiques observées aux théodolites à microscopes* (2e et 3e parties). Vol. de 360 p.; 1911. 30 fr.

Tome III, Fascicule 8 : *Latitudes astronomiques observées aux astrolabes à prisme.*
Tome IV, Fascicule 1 : *Différences de longitudes et azimuts astronomiques.*
»   »   2 : *Pesanteur.*
»   »   3 : *Discussion générale des résultats, conclusions.*
Tome V, Fascicule 1 : *Triangulation, topographie et pétrographie de la région nord.*
»   »   2 : *Triangulation de la région centrale.*
»   »   3 : *Triangulation de la région sud.*
»   »   4 : *Minéralogie.*
»   »   5 : *Magnétisme.*

C. — HISTOIRE NATURELLE

Tome VI : *Ethnographie ancienne.*
Tome VII : *Anthropologie ancienne.*
Tome VIII : *Ethnographie actuelle, Anthropologie actuelle, Linguistique.*
Tome IX : *Zoologie.*
Fascicule 1 : *Mammifères, Oiseaux, Trochilidés.* Vol. de 30 fr.-178 p. avec 13 pl.; 1911. 20 fr.
»   2 : *Reptiles, Poissons.*
Fascicule 2 : *Mollusques terrestres et fluviatiles*, par Louis Germain. — *Mollusques marins*, par Édouard Lamy. — *Annélides polychètes*, par Ch. Gravier. — *Oligochètes*, par W. Michaelsen. Vol. de IV-189 pages, avec 2 figures et 12 planches; 1910. 14 fr.
Tome X : *Insectes, Botanique, Fossiles.*

Les fascicules qui sont marqués d'un astérisque ont paru.

MOCH (Gaston). — **X Lexique.** *Vocabulaire de l'argot de l'École Polytechnique.* In-8 (25-16) de 70 pages; 1910. 1 fr. 50 c.

MONTEL (Paul), Docteur ès sciences, Professeur au Lycée Buffon. — **Leçons sur les séries de polynomes à une variable complexe.** In-8 (25-16) de VIII-128 p.; avec 2 figures; 1910. 3 fr. 50

MONTESSUS (R. de), Docteur ès sciences mathématiques, Lauréat de l'Institut. — **Leçons élémentaires sur le Calcul des Probabilités.** In-8 (25-16) de VI-191 pages avec 17 figures; 1908. 7 fr.

MOUREU (Ch.), Professeur agrégé à l'École supérieure de Pharmacie de l'Université de Paris. — **Notions fondamentales de Chimie organique.** 3e édition revue et mise au courant des derniers travaux. In-8 (25-14) de VI-224 pages; 1910. 3 fr. 50 c.

NIELSEN (Niels), Professeur d'analyse supérieure. — **Théorie des fonctions métasphériques.** Cours professé à l'Université de Copenhague. In-5 (25-23) de VI-511 pages; 1911. 13 fr.

NIEWENGLOWSKI (B.), Inspecteur de l'Académie de Paris, Docteur ès Sciences, et GÉRARD (L.), Professeur au lycée Ampère, Docteur ès Sciences. — **Leçons de Géométrie élémentaire** conformes aux programmes du 27 juillet 1905 pour la classe de Première C et D et des Mathématiques A et B.

I. *Géométrie plane.* In-8 (25-14) de XX-431 pages, avec 376 fig., cartonné à l'anglaise; 1905. Broché 4 fr. 50 c.

II. *Géométrie dans l'espace.* In-8 (25-14) de IV-336 p., avec 233 figures, cartonné à l'anglaise; 1905. 5 fr. 50 c. Broché 3 fr. 50 b.

NODON (A.), Docteur ès sciences, Ingénieur-Chimiste E. S. B., ex-adjoint à l'Observatoire d'Astronomie physique de Paris, Officier de l'Instruction publique. —

L'action électrique du Soleil. *Son rôle dans les phénomènes cosmiques et terrestres.* In-16 (19-12) de xv-200 p., avec 18 fig. et 4 pl.; 1910. 3 fr. 25.

OCAGNE (Maurice d'), Ingénieur en chef des Ponts et Chaussées, Professeur à l'École des Ponts et Chaussées. — **Leçons sur la Topométrie et la Cubature des Terrasses** comprenant des notions sommaires de Nomographie, des notions élémentaires sur la probabilité des erreurs et une instruction sur l'usage de la règle. In-8 (25-16) de viii-225 pages, avec 292 figures; 1910. 8 fr. 50

OCAGNE (Maurice d'), Ingénieur en chef des Ponts et Chaussées. — **Notions élémentaires sur la probabilité des erreurs.** In-8 (25-16) de 52 pages, avec 2 figures; 1910. 2 fr.

OCAGNE (Maurice d'). — **Instruction sur l'usage de la règle à Calcul.** Brochure in-8 (25-16) de 4 pages; 1910. 0 fr. 50

OSTWALD (Dr W.) — **Éléments de Chimie inorganique,** traduits de l'allemand par L. Lazare; 2 volumes in-8 (25-16) se vendant séparément.

Ire Partie : *Métalloïdes,* 2e édition. (Sous presse.)

IIe Partie : *Métaux.* Volume de 450 pages avec 17 figures; 1905. 13 fr.

PARIS (Vice-Amiral), Membre de l'Institut et du Bureau des Longitudes, Conservateur du Musée de Marine. — **Souvenirs de Marine.** — Collections de plans ou dessins de navires et bateaux anciens ou modernes, existants ou disparus, *avec les éléments numériques nécessaires à leur construction.* Publication continuée par les soins de l'Académie des Sciences. Six beaux albums reliés, de 60 planches in-plano, 1er (1er tirage), 1886, 1889, 1892, 1908.

Chaque partie se vend séparément. 25 fr.

PELLAT (H.), Professeur à la Faculté des Sciences de l'Université de Paris. — **Cours d'Électricité.** (Cours de la Faculté des Sciences.) 3 volumes in-8 (25-16) se vendant séparément.

Tome I : *Électrostatique. Lois d'Ohm. Thermo-électricité.* Volume de vi-579 pages avec 145 figures; 1901. 16 fr.

Tome II : *Électrodynamique. Magnétisme, Induction. Mesures électro-magnétiques.* Volume de iv-505 pages avec 221 figures; 1903. 18 fr.

Tome III : *Électrolyse. Électrocapillarité. Ions gazeux.* Volume de xi-290 pages, avec 77 figures; 1906. 10 fr.

PERRIN (Jean), Chargé du Cours de Chimie physique à la Faculté des Sciences de Paris. — **Traité de Chimie physique. Les Principes.** In-8 (25-16) avec 38 figures; 1903.

Broché... 10 fr. | Relié cuir souple. 13 fr.

PETERS (Dr J.), Observateur à l'Institut royal de Calcul astronomique. — **Nouvelles Tables de Calcul pour la multiplication et la division de tous les nombres de 1 à 4 chiffres.** In-folio (37-23) de vi-100 pages; 1909. 19 fr.

PETIT (F.), Professeur à l'Université de Nancy, Directeur de l'École de Brasserie. — **Brasserie et Malterie.** In-8 (25-16), avec 89 figures; 1904. Cartonné. 12 fr.

PETOT (Albert), Professeur de Mécanique à la Faculté des Sciences de l'Université de Lille. — **Étude dynamique des voitures automobiles.** Volumes in-4 (15-17) autographiés.

Tome I : *Production du mouvement de la locomotion. Rôle du différentiel. Mode d'action des ressorts et des bandages pneumatiques.* Volume de iv-203 pages avec figures; 1908. 11 fr.

Tome II : *Équilibre et régularisation du moteur à explosion. Embrayage. Changements de vitesse. Freins.*

Ire Fascicule. *Le moteur à un cylindre.* Volume de 115 pages, avec figures; 1910. 7 fr.

Tome III : *Divers systèmes de transmission par cardan. Comparaison entre les voitures à chaînes et les voitures à cardan.* (En préparation.)

Tome IV : *Théorie des virages. Conditions de stabilité dans les courbes et sur les pentes.* (En préparation.)

PETROVITCH (M.), Professeur à l'Université de Belgrade. — **La Mécanique des phénomènes fondée sur les analogies.** In-8 (20-13) de 96 pages avec 114 fig.; 1906. (C. S.) 4 fr.

PICARD (Émile), Membre de l'Institut, Professeur à la Faculté des Sciences. — **Traité d'Analyse** (Cours de la Faculté des Sciences.) 2e édition, revue et augmentée. 4 vol. in-8 (25-16).

Tome I : *Intégrales simples et multiples. — L'équation de Laplace et ses applications. — Développements en séries. — Applications géométriques du Calcul infinitésimal.* Avec 25 figures; 1903. 16 fr.

Tome II : *Fonctions harmoniques et fonctions analytiques. — Introduction à la théorie des équations différentielles. Intégrales abéliennes et surfaces de Riemann.* Avec 38 fig.; 1905. 18 fr.

Tome III : *Des singularités des intégrales des équations différentielles. Étude du cas où la variable reste réelle et des courbes définies par des équations différentielles. Équations linéaires; analogies entre les équations algébriques et les équations linéaires.* Avec 25 figures; 1908. 18 fr.

Tome IV : *Équations aux dérivées partielles.* (En prép.)

PICARD (E.), Membre de l'Institut, Professeur à l'Université de Paris, et SIMART, Capitaine de frégate, Répétiteur à l'École Polytechnique. — **Théorie des Fonctions algébriques de deux variables indépendantes.** 2 volumes in-8 (25-16) se vendant séparément;

Tome I : Volume de vi-230 p., avec fig.; 1897. 9 fr.

Tome II : Vol. de vi-528 p., avec fig.; 1906. 18 fr.

POINCARÉ (H.), Membre de l'Institut, Professeur à la Faculté des Sciences. — **Les Méthodes nouvelles de la Mécanique céleste.** 3 vol. in-8 (25-16) se vendant séparément.

Tome I : *Solutions périodiques. — Non-existence des intégrales uniformes. — Solutions asymptotiques.* Avec figures; 1893. 12 fr.

Tome II : *Méthodes de MM. Newcomb, Gylden, Lindstedt et Bohlin;* 1894. 14 fr.

Tome III et dernier : *Invariants intégraux. — Solutions périodiques du deuxième genre. — Solutions doublement asymptotiques;* 1899. 13 fr.

POINCARÉ (H.), Membre de l'Institut. — **Leçons de Mécanique céleste.** 3 volumes in-8 (25-16).

Tome I : *Théorie générale des perturbations planétaires.* Volume de vi-367 p. avec 3 fig.; 1905. 12 fr.

Tome II. — (1re Partie) : *Développement de la fonction perturbatrice.* Volume de iv-467 p.; 1907. 5 fr.

— (IIe Partie) : *Théorie de la Lune.* Volume de iv-187 pages; 1909. 5 fr.

Tome III : *Théorie des Marées.* Rédigé par E. Fichot, Ingénieur hydrographe de la Marine. Volume de iv-471 p. avec 54 fig. et 2 pl.; 1910. 16 fr.

— **La Théorie de Maxwell et les oscillations hertziennes. La Télégraphie sans fil.** 3e édit. in-8 (20-13) de 80 p., avec 3 fig., cartonné (C. S.); 1908. 4 fr.

— **Thermodynamique.** Leçons professées pendant le premier semestre 1888-1889, rédigées par J. Blondin, agrégé de l'Université. 2e édition revue et corrigée. In-8 (25-16) de xix- pages avec 41 figures; 1908. 16 fr.

PONTHIÈRE (H.), Professeur de métallurgie et d'électricité industrielle, Directeur de l'Institut électro-mécanique à l'Université de Louvain. — **Traité d'Élec-**

trométallurgie. *Théorie de l'électrolyse. Galvanoplastie. Tubes, tôles, fils galvanoplastiques. Affinage, traitement des minerais. Fusion, soudure, triage.* 2e édition. In-8 (25-16) de vi-388 pages, avec 197 figures; 1910. 15 fr.

PROUST (Georges), Ingénieur Civil. — **Recherche pratique et exploitation des mines d'or.** In-16 (19-11) de iv-111 pages avec 15 figures; 1911. 2 fr. 50 c.

PUISEUX (P.), Astronome à l'Observatoire de Paris. **La Terre et la Lune.** *Forme extérieure et structure interne.* (Leçons nouvelles sur l'Astronomie, par Ch. André et P. Puiseux.) In-8 (25-16) de iv-456 pages, avec 75 figures et 26 planches; 1908. 9 fr.

RABOZÉE (H.), Capitaine commandant du Génie. — **Cours de résistance des Matériaux** donné à l'École d'application de l'Artillerie et du Génie de Belgique. 2e édition du même Cours publié en 1895 par E. Lemas, Major du Génie, Examinateur permanent à l'École militaire. In-8 (25-16) de xxxii-343 pages avec 340 figures; 1910. 30 fr.

RAMSAY (William) D. Sc. — **La Chimie moderne.** Ouvrage traduit de l'anglais par H. de Mirabis, 2 volumes in-16 (19-11) se vendant séparément.

Ire Partie : *Chimie théorique.* Volume de iv-162 pages avec 9 figures; 1909. 2 fr. 50 c.

IIe Partie : *Chimie descriptive.* Volume de v-375 pages; 1911. 3 fr. 50 c.

REPERTOIRE BIBLIOGRAPHIQUE DES SCIENCES MATHEMATIQUES, publié par la *Commission permanente du Répertoire.* Paraît successivement par séries de 100 fiches format in-4 (14-9), renfermées dans un étui en papier fort. Prix de chaque série. 2 fr.

Les dix-neuf premières séries (fiches 1 à 1900, 1894-1910) sont mises en vente.

RIOLLOT (J.), Ingénieur civil des Mines. — **Les Carrés magiques.** *Contribution à leur étude.* In-8 (25-16) de iv-119 pages, avec 311 figures; 1907. 5 fr.

RIQUIER (Charles), Professeur à la Faculté des Sciences de Caen, Lauréat de l'Institut. — **Les systèmes d'équations aux dérivées partielles.** In-8 (25-16) de xxii-590 pages avec figures; 1910. 20 fr.

ROCQUES (X.), Expert-chimiste, ancien Chimiste principal au Laboratoire municipal de Paris. — **Les Industries de la Conservation des aliments.** In-8 (25-16) de xi-306 p. avec 124 figures; 1906. Cartonné. 15 fr.

RODET (J.). — **Les Lampes à incandescence électriques.** In-8 (25-16) de xi-300 pages avec figures; 1907. 9 fr.

ROUCHÉ (Eugène) et **COMBEROUSSE (Charles de).** — **Traité de Géométrie**, 7e éd., revue et augmentée par E. Rouché. Fort in-8 (25-16) de xxi-1232 pages, avec 508 figures et 1173 questions proposées et problèmes; 1900. 17 fr.

Ire Partie. — *Géométrie plane.* 9 fr. 50 c.

IIe Partie. — *Géométrie de l'espace ; Courbes et Surfaces usuelles.* 9 fr. 50 c.

ROUCHÉ (Eugène) et **COMBEROUSSE (Charles de).** — **Eléments de Géométrie**, 9e édit., conforme au programme du 31 mai 1902, revue et complétée par Lucien Lévy, Membre de l'Institut, Professeur au Conservatoire des Arts et Métiers. In-8 (25-16) de xi-662 pages, avec 488 figures et 553 questions proposées et exercices; 1905. 6 fr.

ROZÉ (P.), Licencié ès sciences. — **Théorie et usage de la règle à calculs**, *règle des Écoles, Règle Mannheim.* In-8 (25-16) de iv-118 pages avec 80 figures et 1 planche; 1907. 3 fr. 50 c.

RUSSELL (Alexandre), M.A., M.I.E.E., Maître de Conférences adjoint au Collège de Gonville et Caius à Cambridge. — **La Théorie des courants alternatifs.** Traduit de l'anglais par G. Simmons Lee, Ancien Élève de l'École Polytechnique, Inspecteur général des Télégraphes. 2 volumes in-8 (25-16).

Tome I. Volume de iv-460 pages avec 137 figures; 1909. 13 fr.

Tome II. Volume de iv-551 pages avec 240 figures; 1910. 16 fr.

SAINT-PAUL (Horace de). — **Tables des lignes trigonométriques naturelles des angles et des arcs** variant de minute en minute depuis 0° jusqu'à 90°. In-8 (25-16) de 92 pages; 1910. 2 fr. 50 c.

SALMON (G.). — **Traité de Géométrie analytique (Courbes planes)**, *destiné à faire suite au Traité des sections coniques.* Traduit de l'anglais, sur la 3e édition, par O. Chemin, Ingénieur des Ponts et Chaussées, Professeur à l'École nationale des P. et Ch., et augmenté d'une *Étude sur les points singuliers des courbes algébriques planes*, par G. Halphen. Nouveau tirage. In-8 (25-16), avec figures; 1903. 12 fr.

SALVERT (Vicomte de), Docteur ès sciences, Professeur à la Faculté libre des Sciences de Lille. — **Mémoire sur l'attraction du parallélépipède ellipsoïdal**, 2 volumes in-8 (25-16) se vendant séparément.

Ier Fascicule. Volume de xii-340 pages avec figures; 1909. 7 fr.

IIe Fascicule. (Sous presse.)

SANFELICI (G.), Ingénieur. — **Le calcul tachéométrique simplifié.** *Tables à graduation centésimale et sexagésimale inédites des logarithmes des courbes et des fonctions trigonométriques.* 2e édition. In-4 (32-24) de viii-253 pages; 1907. 12 fr. 50 c.

SARRETTE (Henri), ancien Élève de l'École Polytechnique, Inspecteur de la comptabilité générale des Chemins de fer de l'Ouest. — **Précis arithmétique des calculs d'emprunts à long terme et de valeurs mobilières.** In-8 (25-16) de 247 pages; 1908. 10 fr.

SATTLER (G.), Ingénieur. — **Traction électrique.** *Construction et projets.* Ouvrage traduit de l'allemand par Pisard Girod, Ingénieur des Arts et Manufactures. In-8 (25-16) de xi-191 pages, avec 123 figures et 2 planches; 1908. (B. C. d. S.) 5 fr.

SAVOIA, Assistant de Métallurgie à l'Institut royal technique de Milan. — **La Métallographie appliquée aux produits sidérurgiques.** Traduit de l'italien. In-16 (19-11) de vi-183 p., avec 95 figures; 1910. 3 fr. 50 c.

SCHAFFERS (V.), Docteur ès sciences. — **La machine à influence. Son évolution. Sa théorie.** In-8 (25-16) de viii-308 pages avec 197 figures; 1908. 10 fr.

SCHILLING (Friedrich), Professeur à la Technische Hochschule de Dantzig. — **La Photogrammétrie comme application de la Géométrie descriptive.** Édition française rédigée avec la collaboration de l'auteur par L. Gérard, Docteur ès sciences, Professeur au Collège Chaptal. In-8 (25-16) de vi-106 pages avec 76 figures et 5 planches; 1906. 6 fr.

SCHOTT (E.), Professeur à l'École Estienne, et **MORIN (E.)**, Typographe, Auteur du « Dictionnaire typographique ». — **Les Presses à platine et leur emploi.** In-8 (25-16) de vi-84 pages, avec 4 figures; 1910. 2 fr. 50 c.

SCHRÖN (L.). — **Tables de Logarithmes à sept décimales pour les nombres depuis 1 jusqu'à 108 000 et pour les fonctions trigonométriques de 10 en 10 secondes et Table d'interpolation pour le calcul des parties**

proportionnelles; précédées d'une Introduction par J. Hadamard. In-8 (29-19); 1906.

Broché......... 10 fr. | Cartonné... 11 fr. 75.

On vend séparément :   Broché   Cartonné

Tables de Logarithmes............ 8 fr.   9 fr. 75 c.

Table d'interpolation............ »   1 25

SCHWOERER (Émile). — **Les Phénomènes thermiques de l'atmosphère.** In-8 (29-20) de 48 p.; 1901. 2 fr.

SÉFÉRIAN (A.), Ingénieur. — **Notice sur le système des six coordonnées homogènes d'une droite et sur les éléments de la théorie des complexes linéaires.** Brochure in-8 (23-15) de 80 pages; 1910. 4 fr. 50 c.

SERRET (J.-A.), Membre de l'Institut. — **Traité de Trigonométrie.** 9e édition, revue et augmentée. In-8 (23-15) de X-316 pages avec figures. (*Autorisé par décision ministérielle.*) 1908. 8 fr.

SERRET (J.-A.). — **Cours d'Algèbre supérieure.** 6e édition, 2 volumes in-8 (23-15); 1910. 25 fr.

SERRET (J.-A.). — **Cours de calcul différentiel et intégral.** 6e édition augmentée d'une *Note sur les théories de fonctions elliptiques,* par Ch. Hermite, 2 volumes in-8 (23-15) de XIII-517 et XII-... pages avec figures; 1910. 25 fr.

SERVICE GÉOGRAPHIQUE DE L'ARMÉE. — **Nouvelles Tables de logarithmes à cinq décimales** *pour les lignes trigonométriques dans les deux systèmes de la division centésimale et de la division sexagésimale du quadrant et pour les nombres de 1 à 12000.* (EDITION SPÉCIALE À L'USAGE DES CANDIDATS AUX ÉCOLES POLYTECHNIQUE ET DE SAINT-CYR.) In-8 (26-18) cartonné. 3 fr.

SOCIÉTÉ INTERNATIONALE DES ELECTRICIENS. — **Travaux du Laboratoire central d'Électricité.** Volume in-8 (28-18) se vendant séparément.

Tome I : (1885-1905). Volume de IV-514 pages avec 113 figures; 1910. 15 fr.

Tome II. (*Sous presse.*)

SOCIÉTÉ FRANÇAISE DE PHYSIQUE. — **Collection de Mémoires relatifs à la Physique.** DEUXIÈME SÉRIE. Voir *Abraham et Langevin,* page 2.

STIELTJES. — **Correspondance d'Hermite et de Stieltjes** (voir *Hermite,* p. 7).

STOFFAES (l'abbé), Professeur adjoint à la Faculté catholique des Sciences de Lille, Directeur de l'Institut catholique d'Arts et Métiers de Lille. — **Cours de Mathématiques supérieures** *à l'usage des candidats de la licence ès sciences physiques.* 3e édition.

STURM, Membre de l'Institut. — **Cours de Mécanique à l'École Polytechnique,** publié d'après le vœu de l'auteur, par E. Prouhet. 5e édition, revue et annotée par A. de Saint-Germain, Professeur à la Faculté des Sciences de Caen. (Nouveau tirage.) 2 vol. in-8 (23-15), avec 189 figures; 1906. 14 fr.

STURM, Membre de l'Institut. — **Cours d'Analyse de l'École Polytechnique,** revu et corrigé par E. Prouhet, Répétiteur d'Analyse à l'École Polytechnique, et augmenté de la Théorie élémentaire des fonctions elliptiques, par H. Laurent, Répétiteur à l'École Polytechnique. 9e édition, mise au courant des nouveaux programmes de la Licence, par A. de Saint-Germain, Professeur à la Faculté des Sciences de Caen. 2 volumes in-8, avec figures dans le texte; 1909.

Broché...... 15 fr. | Cartonné..... 16 fr. 50 c.

TANNERY (J.), Sous-Directeur de l'École Normale. — **Correspondance entre Lejeune-Dirichlet et Liouville.** In-8 (25-16) de 15-42 pages; 1910. 2 fr.

TANNERY (Jules), Sous-Directeur des Études scientifiques à l'École Normale supérieure, et MOLK (Jules), Professeur à la Faculté des Sciences de Nancy. — **Éléments de la théorie des Fonctions elliptiques.** 4 volumes in-8 (25-16) se vendant séparément. (OUVRAGE COMPLET.)

Tome I. — *Introduction. — Calcul différentiel* (1re Partie); 1893. 7 fr. 50 c.

Tome II. — *Calcul différentiel* (IIe Partie); 1896. 9 fr.

Tome III. — *Calcul intégral* (1re Partie); 1898. 8 fr. 50 c.

Tome IV. — *Calcul intégral* (IIe Partie) *et Applications;* 1902. 9 fr.

TANNERY (Jules), Sous-Directeur de l'École normale supérieure. — **Leçons d'Algèbre et d'Analyse** (*Mathématiques spéciales*). 2 volumes in-8 (25-16) se vendant séparément.

Tome I : Volume de VII-425 pages, avec 44 figures et 166 exercices; 1906. 12 fr.

Tome II : Volume de 630 pages, avec 104 figures et 258 exercices; 1906. 12 fr.

TISSERAND (F.), Membre de l'Institut et du Bureau des Longitudes, Professeur à la Faculté des Sciences, Directeur de l'Observatoire de Paris. — **Traité de Mécanique céleste.** 4 beaux volumes in-4 (28-23), se vendant séparément.

Tome I : *Perturbations des planètes d'après la méthode de la variation des constantes arbitraires,* avec figures; 1889. 15 fr.

Tome II : *Théorie de la figure des corps célestes et de leur mouvement de rotation,* avec figures; 1891. 18 fr.

Tome III : *Exposé de l'ensemble des théories relatives au mouvement de la Lune,* avec fig.; 1894. 22 fr.

Tome IV et dernier : *Théories des satellites de Jupiter et de Saturne. Perturbations des petites planètes,* avec figures; 1896. 28 fr.

TURPAIN (Albert), Docteur ès sciences, Professeur de Physique à la Faculté des Sciences de Poitiers. — **La télégraphie sans fil et les applications pratiques des ondes électriques. Télégraphie avec conducteur. Téléphonie sans fil. Commande à distance. Prévision des orages. Courants de haute fréquence. Éclairage.** 2e édition. In-8 (23-14) de XI-366 pag. avec 220 figures, cartonné à l'anglaise (B. T.); 1908. 12 fr.

TURPAIN (Albert). — **Du téléphone Bell aux multiples automatiques. Essai sur les origines et le développement du téléphone.** In-8 (25-16) de 186 pages, avec 113 figures; 1910. (BIBLIOTHÈQUE DE L'ÉLÈVE INGÉNIEUR.) 5 fr.

TURPAIN (Albert), Professeur de Physique à la Faculté des Sciences de l'Université de Poitiers. — **Notions fondamentales sur la Télégraphie envisagée dans son développement, son état actuel et ses derniers progrès** (*lu Bréguet au Poldu et Virag et aux téléphotographes*). In-8 (25-16) de 180 pages, avec 122 figures; 1910. 5 fr.

VALAT (A.), Ingénieur principal de la Compagnie des Chemins de fer de l'Est. **Tableaux des moments d'inertie et des poids des poutres métalliques** calculés par le Bureau des Constructions métalliques de la Compagnie des Chemins de fer. 2e édition. In-8 (25-16) de VIII-80 pages et 6 croquis; 1910. 5 fr.

VALLOIS (Edmond), Architecte. — **Cours de Géométrie descriptive à l'usage des Candidats à l'École des Beaux-Arts.** In-8 (23-14) de IV-204 pages avec 411 figures; 1909. 7 fr. 50 c.

VIALLEFOND (Henri), Avocat attaché à l'Énergie électrique du littoral méditerranéen. — **La contribution des patentes des usines d'électricité.** In-8 (23-15) de VI-72 pages; 1911. 2 fr. 50 c.

VIDAL (Léon), Capitaine de vaisseau en retraite. — **Manuel pratique de Cinématique navale et maritime**, *à l'usage de la Marine de guerre et de la Marine de Commerce* (Ouvrage entrepris par ordre de M. le Ministre de la Marine). In-8 (25-16) de VIII-171 pages, avec 133 figures; 1903.　　7 fr. 50 c.

VILLARD (P.), Docteur ès sciences, Lauréat de l'Institut. — **Les rayons cathodiques**. In-8 (20-13) de 107 pages avec 18 figures, cartonné, 1908 (C. N.).　　5 fr.

VIOLEINE (A.-P.). — **Nouvelles Tables pour les calculs d'Intérêts composés, d'Annuités et d'Amortissement**. 8ᵉ édition, entièrement refondue par *A. Arnaudeau*. In-4 (28-33); 1903.　　5 fr.

VIVANTI (G.), Professeur à la Faculté des Sciences de Pavie. — **Les fonctions polyédriques et modulaires**. Ouvrage traduit par *Amand Cahen*, agrégé de l'Université, Professeur au Lycée d'Evreux. In-8 (15-16) de VIII-316 pages avec 52 figures; 1910.　　12 fr.

WEST (Thomas-D.), ancien mouleur et Directeur de Fonderie, Membre de la Société américaine des Ingénieurs mécaniciens, de l'Association des fondeurs américains. — **Les cubilots américains** (extraits du *Manuel du Mouleur*). Traduit d'après la 9ᵉ édition américaine, par P. Avril, ancien élève de l'Ecole nationale des Arts et Métiers, Ingénieur en chef des Service des fonderies de la Société métallurgique de Gorcy. In-8 (15-13) de VI-208 pages avec 19 fig.; 1910.　　5 fr.

WEYHER (C.-L.). — **Toujours les tourbillons**. In-8 (15-16) de 11 pages avec 9 figures; 1910.　　1 fr. 50 c.

WITZ (Aimé). — **Cours supérieur de manipulations de Physique**, *préparatoire aux certificats d'études supérieures et à la Licence* (Ecole pratique de Physique). 2ᵉ édition, revue et augmentée. In-8 (23-14), avec 138 fig.; 1897.　　16 fr.

WOLF (C.), Membre de l'Institut, Astronome honoraire de l'Observatoire. — **Histoire de l'Observatoire de Paris, de sa fondation à 1793**. In-8 (25-16) de XII-391 pages avec 16 planches; 1902.　　15 fr.

XAVIER (Agliberto), Ingénieur civil. — **Théorie des approximations numériques et du Calcul abrégé**. In-8 (15-16) de X-281 pages, avec figures; 1909.　　10 fr.

ZENNECK (le Prof Dʳ J.). — **Les oscillations électromagnétiques et la télégraphie sans fil**. Traduit de l'allemand Par P. Blanchin, G. Guérard, R. Picot, Officiers de marine, 2 volumes in-8 (13-16) se vendant séparément.

　　Tome I : *Les oscillations actuelles. Les oscillateurs fermés à haute tension*. Volume de XII-366 pages, avec 421 figures; 1909.　　17 fr.

　　Tome II : *Les oscillateurs ouverts; les systèmes couplés; les ondes électromagnétiques; la Télégraphie sans fil*. Volume de VI-389 pages avec 380 figures; 1909.　　17 fr.

ZENNECK (Prof Dʳ J.), Professeur de Physique à l'Ecole technique supérieure de Brunswick. — **Précis de télégraphie sans fil** complément de l'Ouvrage : *Les oscillations électromagnétiques et la télégraphie sans fil*. Ouvrage traduit de l'allemand par P. Blanchin, G. Guérard, R. Picot, Officiers de marine. In-8 (15-16) de X-386 pages, avec 333 figures; 1911.　　12 fr.

ZORETTI (Ludovic), Maître de Conférences à la Faculté des Sciences de Grenoble. — **Leçons sur le prolongement analytique** professées au Collège de France. In-8 (15-16) de II-110 p., avec 2 fig.; 1911.　　3 fr. 75 c.

II. — COLLECTION
DES
ŒUVRES DES GRANDS GÉOMÈTRES.

BELTRAMI. — **Opere matematiche di Eugenio Beltrami**, pubblicate per cura della Facoltà di Scienze della R. Università. Volumes in-4 (28-23) se vendant séparément.

　　Tome I : Volume de 437 pages avec un portrait de Beltrami; 1903.　　35 fr.
　　Tome II : Volume de 468 pages; 1904.　　35 fr.
　　Tome III : Volume de 488 pages; 1911.　　35 fr.

BRIOSCHI (Francesco). — **Opere matematiche di Francesco Brioschi**, pubblicate per cura del comitato per le onoranze a Francesco Brioschi. 5 volumes in-4 (28-23).

　　Ouvrage complet :

　　Tome I : Volume de XI-366 pages, avec un portrait de Brioschi; 1901.　　25 fr.
　　Tome II : Volume de VIII-456 pages; 1902.　　25 fr.
　　Tome III : Volume de 455 pages; 1904.　　25 fr.
　　Tome IV : Volume de IX-418 pages; 1906.　　25 fr.
　　Tome V et dernier : Vol. de XII-530 p.; 1909.　　30 fr.

CAUCHY (A.). — **Œuvres complètes d'Augustin Cauchy**, publiées sous la direction scientifique de l'Académie des Sciences et sous les auspices du Ministre de l'Instruction publique, avec le concours de C.-A. Valson, J. Collet et E. Borel, docteurs ès Sciences, 27 volumes in-4 (28-23).

　　1ʳᵉ Série. — Mémoires, Notes et Articles extraits des Recueils de l'Académie des Sciences, 12 volumes in-4 (28-23).

　　* Tome I, 1882 : *Théorie de la propagation des ondes à la surface d'un fluide pesant, d'une profondeur indéfinie. — Mémoire sur les intégrales définies.*

　　Tomes II à * III : Mémoires extraits des *Mémoires de l'Académie des Sciences.* — * Tomes IV à XII (1884-1900) : *Extraits des Comptes rendus de l'Académie des Sciences.* Chaque volume.　　25 fr.

　　* La Table générale de la 1ʳᵉ Série se vend séparément.　　1 fr. 50 c.

　　IIᵉ Série. — Mémoires extraits de divers Recueils, Ouvrages classiques, Mémoires publiés en Corps d'Ouvrage, Mémoires publiés séparément. 15 volumes in-4 (28-23).

　　* Tome I. — Mémoires extraits du *Journal de l'Ecole Polytechnique*. — Tome II. Mémoires extraits de divers recueils : *Journal de Liouville, Bulletin de Férussac, Bulletin de la Société philomathique, Annales de Gergonne, Correspondance de l'Ecole Polytechnique.* — * Tome III, 1897 : *Cours d'Analyse de l'Ecole royale Polytechnique;* * Tome IV, 1898 : *Résumé des Leçons données à l'Ecole Polytechnique sur le Calcul infinitésimal. Leçons sur le Calcul différentiel;* * Tome V : Leçons sur les applications du Calcul infinitésimal à la Géométrie; * Tomes VI à IX (1888 à 1891) : *Anciens Exercices de Mathématiques;* * Tome X, 1895 : *Résumés analytiques de Turin. Nouveaux Exercices de Prague.* Chaque volume.　　25 fr.

　　Tomes XI à XIV. *Nouveaux exercices d'Analyse et de Physique.*

　　Tome XV. *Mémoires séparés.*

　　SOUSCRIPTION.

　　IIᵉ Série. Tome XI. — *Nouveaux exercices d'Analyse et de Physique.*

　　Les volumes parus sont indiqués par un astérisque.

FERMAT. — **Œuvres de Fermat**, publiées par les soins de MM. *Paul Tannery* et *Charles Henry*, sous les auspices du Ministère de l'Instruction publique. In-4 (28-23).

　　Tome I : *Œuvres mathématiques diverses. — Obser-*

III. — BIBLIOTHÈQUE
DES
ACTUALITÉS SCIENTIFIQUES.

(30 Ouvrages in-16 (19-12), ou in-8 (21-13).)

(Voir le prospectus spécial.)

DERNIERS OUVRAGES PARUS :

Leçons sur les moteurs à gaz et à pétrole faites à la Faculté des Sciences de Bordeaux; par L. MARCHIS. Volume de I-173 pages, avec 19 figures. 3 fr. 75 c.

Les Combustibles solides, liquides, gazeux. *Analyse et détermination du pouvoir calorifique.* Traduit de l'anglais par J. ROSSET. Avec 15 figures. 2 fr. 75 c.

Traité élémentaire des enroulements des dynamos à courant continu; par F. LOPPÉ. Avec fig. et planches. 3 fr. 75 c.

Le Radium et la Radioactivité. *Propriétés générales. Emplois médicaux;* par P. BESSON. Avec 23 fig. 2 fr. 75 c.

Rayons « N ». Recueil des Communications faites à l'Académie des Sciences, par R. BLONDLOT. Avec figures et 1 planche: écran phosphorescent. 2 fr.

Introduction à la Géométrie générale, par GEORGES LECHALAS, Ingénieur en chef des Ponts et Chaussées. Volume de IX-58 pages. 1 fr. 75 c.

La Dominatrice du monde et son ombre. Conférence sur l'énergie et l'entropie, par le Dr F. AUERBACH. Traduction par le Dr ROBERT TISSOT, et Préface de CH. ED. GUILLAUME. 2 fr. 75 c.

La Construction des cadrans solaires. Ses principes, sa pratique, précédée d'une Histoire de la Gnomonique, par ABEL SOREAUX. Avec figures et 2 planches. 2 fr. 75 c.

Problèmes plaisants et délectables qui se font par les nombres, par CLAUDE-GASPAR BACHET, sieur de Méziriac, 4e édition revue et simplifiée. Volume de VI-163 pages. 3 fr. 50 c.

Le baromètre anéroïde, par JULIEN LOISEAU, Licencié ès sciences, Météorologiste à l'Observatoire de Juvisy. Volume de 24 pages avec 2 figures et 1 planche. 1 fr.

Les procédés de commande à distance au moyen de l'électricité, par R. FRILLEY. Volume de 183 pages, avec 94 figures. 3 fr. 50 c.

Le transport à Paris des forces motrices du Rhône, par E. BARTHÉLEMY, Ancien Élève de l'École Polytechnique. Brochure de 11-33 pages. 1 fr. 50 c.

Soudure autogène et Aluminothermie, par F. CHATELAIN, Licencié ès sciences, avec Préface de H. LE CHATELIER, Membre de l'Institut. Volume de X-172 pages, avec 48 figures. 3 fr.

La Chimie moderne, par WILLIAM RAMSAY. Traduit par H. DE MIROSSE, 2 volumes se vendant séparément.

Ire Partie: *Chimie théorique.* Volume de IV-162 pages avec 9 figures. 2 fr. 75 c.

IIe Partie: *(Sous presse.)*

Les Compteurs électriques à courants continus et à courants alternatifs. Leçons faites à l'Institut électrotechnique de l'Université de Grenoble par LOUIS BARBILLION. Volume de VII-226 pages, avec 126 figures. 3 fr. 75 c.

La Métallographie appliquée aux produits sidérurgiques, par U. SAVOÏA. Traduit de l'italien. Volume de VI-278 pages avec 94 figures. 5 fr. 25 c.

Recherche pratique et exploitation des mines d'or, par GEORGES PROST. Volume de IV-112 pages, avec 14 figures. 2 fr. 75 c.

IV — BIBLIOTHÈQUE PHOTOGRAPHIQUE.

(Demander le Catalogue complet.)

Balagny (G.). — *Monographie du Diamidophénol en liqueur acide. Nouvelle méthode de développement.* In-16 (19-12) de XIII-84 pages; 1902. 2 fr. 75 c.

Belin (Édouard). — *Précis de Photographie générale.* 2 volumes in-8 (25-16) se vendant séparément.

TOME I. Généralités, opérations photographiques. Volume de VIII-248 pages, avec 95 figures; 1905. 7 fr.

TOME II. Applications scientifiques et industrielles. Volume de 333 pages, avec 99 figures et 19 planches; 1905. 7 fr.

Berget (Alphonse), Docteur ès Sciences. — *La Photographie des Couleurs par la méthode interférentielle de M. Lippmann,* 2e édition entièrement refondue. In-18 (19-12) avec 22 figures; 1901. 1 fr. 75 c.

Braun fils (G. & Ad.). — *Dictionnaire de Chimie photographique à l'usage des professionnels et des amateurs.* Un volume in-8 (25-16) de 546 p.; 1904. 12 fr.

Charvet (A.). — *Carnet photographique. Quinze ans de pratique de la Photographie.* In-16 (19-12) de 178 pages, avec 11 fig. et 5 pl.; 1910. 2 fr. 75 c.

Goison (R.). — *La Photographie sans objectif au moyen d'une petite ouverture. Propriétés, usage, applications.* 2e édition, revue et augmentée. In-18 (19-12) avec planche spécimen; 1894. 1 fr. 75 c.

Courrèges (A.). Praticien. — *Ce qu'il faut savoir pour réussir en Photographie,* 3e édition revue et corrigée. In-16 (19-12) de XXIII-184 pages; 1907. 2 fr. 50 c.

— *Le portrait en plein air.* In-18 (19-12) avec figures et 1 planche en photocollographie; 1899. 2 fr. 50 c.

— *La reproduction des gravures, dessins plans, manuscrits.* In-18 (19-12), avec figures; 1900. 2 fr.

— *Les agrandissements photographiques.* In-18 (19-12), avec figures; 1901. 2 fr.

— *La retouche du cliché. Retouches chimiques, physiques et artistiques.* Nouveau tirage. In-16 (19-12) de 24-62 pages avec une figure; 1910. 2 fr. 50 c.

Crémier (Victor). — *La Photographie des couleurs par les plaques autochromes.* In-16 (19-12) de VIII-112 pages; 1911. 2 fr. 75 c.

Gronenberg (Wilhelm), Directeur de l'École de Photographie et de reproduction photographique de Gebweiler. — *La Pratique de la Photogravure américaine.* In-18 (19-12) avec 65 fig. et 13 planches; 1898. 3 fr.

Dallmeyer (Thomas R.), Président de la Royal Photographic Society. — *Le Téléobjectif et la Téléphotographie;* Traduction française augmentée d'un appendice bibliographique; par L.-P. CLERC. In-8 (25-16) avec 51 figures et 11 planches; 1903. 6 fr.

Davanne (A.), Bucquet (M.) et Vidal (Léon). — *Le Musée rétrospectif de la Photographie à l'Exposition universelle de 1900.* In-8 avec nombreuses figures et 11 planches; 1903. 8 fr.

Draux (F.). — *La Photogravure pour tous.* Manuel pratique. In-16 (19-12) de 14-68 pages; 1904. 1 fr. 50 c.

Fabre (C.), Docteur ès Sciences. — *Traité encyclopédique de Photographie.* 4 beaux volumes in-8 (25-16), avec plus de 700 figures et 2 planches; 1889-1891. 48 fr. *Chaque volume se vend séparément: 14 fr.*

Des suppléments, destinés à exposer les progrès accomplis, viennent compléter ce Traité et le maintenir au courant des dernières découvertes.

Ier *Supplément* (A). 400 p., avec 176 fig.; 1892. 14 fr.

IIe *Supplément* (B). 414 p. avec 224 fig.; 1898. 14 fr.

IIIe *Supplément* (C). 504 p. avec 215 fig.; 1902. 14 fr.

IVe *Supplément* (D). 534 p., avec 151 fig.; 1906. 14 fr.

Les huit volumes ensemble... 60 fr.

Fabre (C.) — *Traité pratique de Photographie stéréoscopique.* In-8 (25-16) de 203 pages avec 132 figures; 1900. 4 fr.

Fourtier (H.) — *Les positifs sur verre.* Théorie et pratique. Les positifs pour projections. Stéréoscopes et vitraux. Méthodes opératoires. Coloriage et montage. 2e édition. In-18 (19-12) de 188 pages, avec 52 fig.; 1902. 2 fr. 50 c.

Klary, Artiste photographe. — *Les portraits au crayon, au fusain et au pastel,* obtenus au moyen des agrandissements photographiques. Nouveau tirage (19-12); 1904. 4 fr. 50 c.

Liébert (J. A.). — *La Photographie par les procédés pigmentaires. — La Photographie au charbon par transfert et ses applications,* contenant la description de toutes les opérations; avec une Préface par A. Lézard père. In-8 (23-16) de vi-283 pages, avec 20 figures et une épreuve au charbon hors texte; 1908. 9 fr.

Londe (A.), Chef du service photographique à la Salpêtrière. — *La Photographie instantanée, Théorie et pratique.* 2e édition entièrement refondue. In-18 (19-12) avec 83 figures; 1897. 3 fr. 75 c.

Martel (E.-A.) — *La Photographie souterraine.* In-18 (19-12), avec 16 planches; 1903. 3 fr. 50 c.

Maskell (Alfred) et Demachy (Robert). — *Le procédé à la gomme bichromatée ou photo-aquatinte.* 2e édition entièrement refondue In-16 (19-11) de 86 pages avec 3 figures; 1905. 3 fr.

Mercier (M.). — *Conseils aux amateurs photographes.* In-18 (19-12) de xi-133 pages; 1907. 3 fr. 75 c.

Panajou, Chef du Service photographique à la Faculté de Médecine de Bordeaux. — *Manuel de photographie amateurs.* 2e édit., entièrement refondue et considérablement augmentée. In-16 (19-12), avec 23 fig.; 1897. 3 fr. 75 c.

Piquepé (P.). — *Traité pratique de la Retouche des clichés photographiques,* suivi d'une Méthode très détaillée d'émaillage et Formules et procédés divers. Nouveau tirage In-18 (19-12) de 123 pages; 1906. 3 fr.

Puyo (C.). — *Notes sur la Photographie artistique.* Texte et illustrations. Plaquette de grand luxe in-4 (33-25) contenant 11 héliogravures de Dujardin et 29 photo-typogravures dans le texte; 1896. 10 fr.

Sollet (Ch.). — *Traité pratique des tirages photographiques,* avec une Préface de C. Puyo. In-18 (19-12) de vii-312 pages; 1905. 4 fr.

Trutat (E.). — *Dix Leçons de Photographie.* Cours professé au Muséum de Toulouse. In-18 (19-12) avec figures; 1899. 3 fr. 75 c.

Vallot (Henri), Ingénieur des Arts et Manufactures, et Vallot (Joseph), Directeur de l'Observatoire du mont Blanc. — *Applications de la Photographie aux levés topographiques en haute montagne.* Vol. in-16 (19-12) de xiv-137 p. avec 30 fig. et 4 pl.; 1907. 4 fr.

Vidal (Léon), Officier de l'Instruction publique, Professeur à l'École nationale des Arts décoratifs. — *Traité pratique de Photochromie.* In-18 (19-12) avec 96 figures et 14 planches en couleurs; 1903. 2 fr. 50 c.

Wallon (E.), Professeur de Physique au lycée Janson de Sailly. — *Choix et usage des objectifs photographiques.* In-8 (19-12) avec 55 figures; 2e édition, augm. Broché ... 3 fr. 50 | Cartonné toile anglaise, 4 fr.

— *La Photographie des couleurs et les plaques autochromes.* Conférence faite devant la Société française de Photographie le 27 juin 1907, suivie d'une Notice sur le mode d'emploi des plaques autochromes, par MM. Lumière. In-8 (23-16) de 31 pages; 1907. 1 fr. 50

V. — JOURNAUX.

(Les abonnements sont annuels et partent de janvier.)

Le prix des volumes complets déjà parus de chaque périodique, est augmenté des frais de port (prix du colis postal suivant les pays).

ANNALES DE L'UNIVERSITÉ DE GRENOBLE, publiées par les *Facultés de Droit, des Sciences et des lettres,* et par *l'École de Médecine.* In-8 (25-16).

Prix de l'abonnement (5 numéros)

France ... 12 fr. | Étranger ... 15 fr.

Par exception, l'année 1889 ne comprend que les numéros du 1er juin et du 1er décembre; le prix de cette année est de 8 fr.

ANNALES DE L'OBSERVATOIRE DE MONTSOURIS. Météorologie. Chimie. Micrographie. Applications à l'hygiène.

Ces Annales, publiées sous la direction des chefs de service, paraissent régulièrement chaque trimestre par fascicule de 6 feuilles In-8 (25-16) avec figures et planches.

Les *Annales de l'Observatoire municipal (Observatoire de Montsouris)* forment la suite naturelle des *Annuaires* parus de 1872 à 1900.

Prix pour un an (4 fascicules)

Paris ... 15 fr. | Dép. et Union postale. 17 fr.

Le Tome I (1900) contient le résumé des travaux des années 1899-1900.

Les Tomes II à X contiennent le résumé des travaux des années 1901 à 1909.

Un fascicule spécimen est envoyé sur demande.

ANNALES SCIENTIFIQUES DE L'ÉCOLE NORMALE SUPÉRIEURE, publiées sous les auspices du Ministre de l'Instruction publique, par un Comité de Rédaction composé des Maîtres de Conférences. In-4 (28-13).

1re Série, 5 volumes, années 1864 à 1870. 180 fr.

2e Série, 12 volumes, années 1872 à 1883. 250 fr.

3e Série, les 10 volumes formant les années 1884 à 1893, ensemble. 250 fr.

— Les 10 volumes formant les années 1894 à 1903, ensemble. 200 fr.

La 3e Série, commencée en 1884, paraît chaque mois, par numéro contenant 4 à 5 feuilles In-4, avec fig. et pl.

On vend séparément.

Chacune des années 1864 à 1870, 1872 à 1903. 25 fr.

Chaque année suivante. 30 fr.

Table des matières et noms d'auteurs contenus dans les 2 premières Séries. In-4; 1887. 2 fr.

Table des matières et noms d'auteurs contenus dans les Tomes I à X de la troisième Série (1884-1893). In-4; 1894. 2 fr.

Table des matières et noms d'auteurs contenus dans les Tomes XI à XX de la troisième Série (1894-1903). In-4; 1904. 2 fr.

Prix pour un an (12 numéros)

Paris ... 30 fr. | Départements et Union postale. 35 fr.

BIBLIOGRAPHIE SCIENTIFIQUE FRANÇAISE. — Recueil mensuel in-8 (22-16) publié sous les auspices du Ministère de l'Instruction publique par le Bureau français du Catalogue international de la littérature scientifique.

La *Bibliographie* est partagée en deux Sections : 1re Section, *Sciences mathématiques et physiques;* 2e Section, *Sciences naturelles et biologiques.*

Prix pour un an (12 numéros) :

	Paris.	Départ. et Union post. fr.
1re Section (6 numéros par an)......	5,50	6,50
2e Section (6 numéros par an)......	9,50	10,50
Les deux Séries réunies...........	15 »	17 »

Le numéro double 1-2 de l'année 1904, qui contient la liste des périodiques avec leurs abréviations et la classification scientifique, se vend séparément. 2 fr. 50 c.

BULLETIN ASTRONOMIQUE, publié par l'Observatoire de Paris. Commission de rédaction : *H. Poincaré*, président; *G. Bigourdan*, *P. Puiseux*, *R. Radau* et *H. Deslandres*. In-8 (23-16), mensuel.

Ce Bulletin mensuel, fondé en 1884, forme par an un beau volume in-8 (23-16), avec figures et planches, de 30 à 35 feuilles.

Les dix premiers volumes (1884-1893) se vendent ensemble. 110 fr.

Les Tomes XI à XX (1894-1903) se vendent ensemble. 110 fr.

Chacun des Tomes I à XX (1884-1903) sauf le Tome XVI, 1899, séparément. 15 fr.

Chaque année suivante. 16 fr.

Prix pour un an (12 numéros) :

Paris.................................. 16 fr.
Départements et Union postale....... 18 fr.

BULLETIN DE LA SOCIÉTÉ INTERNATIONALE DES ÉLECTRICIENS.

Ce Bulletin, fondé en 1884, paraît chaque année, en dix numéros, formant un beau volume de 30 feuilles environ, in-8 (25-16).

L'abonnement est annuel et part de janvier.

Les Tomes I à XXX (1884-1907) se vendent ensemble. 300 fr.

Prix pour un an :

Paris.................................. 25 fr.
Départements et Union postale..... 27 fr.
Prix du numéro 2 fr. 50 c.
Prix de chaque année depuis 1884... 25 fr.

BULLETIN DE LA SOCIÉTÉ MATHÉMATIQUE DE FRANCE, publié par les Secrétaires. In-8 (25-16).

Ce *Bulletin*, fondé en 1873, paraît tous les trois mois; il forme chaque année un volume de 18 feuilles environ.

Prix pour un an :

Paris.................................. 15 fr.
Départements et Union postale...... 18 fr.

Table des Tomes I à XX (1873-1892). In-8 (25-16); 1894. 1 fr. 75 c.

Table des Tomes XXI à XXX (1893 à 1902). In-8 (25-16); 1904. 1 fr.

BULLETIN DE LA SOCIÉTÉ FRANÇAISE DE PHOTOGRAPHIE. — In-8 (25-16), mensuel. (Fondé en 1855.)

Depuis 1900, le *Bulletin* paraît mensuellement.

Prix pour un an (12 numéros) :

Paris et Départements. 15 fr. | Étranger. 18 fr.

BULLETIN DES SCIENCES MATHÉMATIQUES, rédigé par *Gaston Darboux* et *E. Picard*. In-8 (25-16) mensuel. **IIe Série.**

La **1re Série**, Tomes I à XI, 1870 à 1876, suivie de la Table générale des onze années, se vend. 90 fr.

Chaque année de cette 1re Série se vend séparément. 15 fr.

Table générale des matières et noms d'auteurs contenus dans la 1re Série. Grand in-8; 1877. 1 fr. 50 c.

La **2e Série**, qui a commencé en janvier 1877, continue à paraître par livraisons mensuelles. Les 10 premières années de cette **2e Série** (1877 à 1886) se vendent ensemble. 120 fr.

Les 10 années (1887-1896) se vendent ensemble. 120 fr.

Les 10 années (1897-1906) se vendent ensemble. 120 fr.

Chacune des 30 premières années de la **2e Série** (1877 à 1906) se vend séparément. 15 fr.

Chaque année suivante. 18 fr.

Prix pour un an (12 numéros) :

Paris.................................. 18 fr.
Départements et Union postale....... 20 fr.

La Table d'un des volumes du **Bulletin** *est envoyée franco, comme spécimen, à toute personne qui en fait la demande par lettre affranchie.*

BULLETIN MENSUEL DU BUREAU CENTRAL MÉTÉOROLOGIQUE DE FRANCE et BULLETIN SISMOLOGIQUE, publié par A. Angot, Directeur du Bureau Central Météorologique. In-4 (28-23) mensuel.

Prix pour un an :

Paris. 5 fr. | Départements et Union postale. 6 fr.
Chaque année, depuis 1895. 5 fr.

COMPTES RENDUS HEBDOMADAIRES DES SÉANCES DE L'ACADÉMIE DES SCIENCES. In-4 (28-23), hebdomadaire.

Ces **Comptes rendus** paraissent régulièrement tous les dimanches, en un cahier de 32 à 40 pages, quelquefois de 80 à 120.

Prix pour un an (52 numéros et 2 Tables).

Paris. 30 fr. | **Départements.** 40 fr.
Union postale. 44 fr.

La *Collection complète*, de 1835 à 1910, forme 151 volumes in-4 (28-23). 1890 fr.

Chaque année, sauf 1845, 1873 à 1891, 1896 à 1898, 1900 à 1903, 1904, 1905, *se vend séparément*. 25 fr.

Chaque volume, sauf les Tomes 20, 21, 76 à 108, 110, 113, 114, 115, 122 à 127, 130, 132, 134, 138, 141, *se vend séparément*. 15 fr.

— **Table générale des Comptes rendus des séances de l'Académie des Sciences**, par ordre de matières et par ordre alphabétique de noms d'auteurs. 4 volumes in-4 (28-23), savoir :

Tables des Tomes 1 à 31 (1835-1850); 1853.	25 fr.
Tables des Tomes 32 à 61 (1851-1865); 1870.	25 fr.
Tables des Tomes 62 à 91 (1866-1880); 1888.	25 fr.
Tables des Tomes 92 à 121 (1881-1895); 1900.	25 fr.

ENSEIGNEMENT MATHÉMATIQUE (L'). — Revue internationale, paraissant tous les deux mois depuis janvier 1899, par fascicule de 80 pages in-8 (25-16), sous la direction de **C.-A. Laisant** et **H. Fehr**, avec la collaboration de **A. Buhl**.

Abonnement : Union postale.......................... 15 fr.
Prix du numéro... 3 fr.
La collection des dix premiers volumes (1899 à 1908)... 130 fr.
Les Tomes I, III à XI sont en vente au prix de.. 15 fr. l'un

INTERMÉDIAIRE DES MATHÉMATICIENS (L'), dirigé par *C.-A. Laisant*, Docteur ès Sciences, ancien Élève de l'École Polytechnique, et *Émile Lemoine*, Ingénieur civil, ancien Élève de l'École Polytechnique, avec la collaboration de *Ed. Maillet*, Ingénieur des Ponts et Chaussées, Répétiteur à l'École Polytechnique et *A. Malézieux*, ancien Professeur de Mathématiques spéciales au Lycée de Versailles, Proviseur du Lycée de Chaumont avec la collaboration de M. *A. Boulanger*, Docteur ès sciences,

Répétiteur à l'École Polytechnique, (publication honorée d'une souscription du Ministère de l'Instruction publique). In-8 (23-14), mensuel.

Prix pour un an (12 numéros) :

Paris, 7 fr. — Départements et Union postale, **8 fr. 50 c.**

Les Tomes I à X (1894-1903) se vendent ensemble. 60 fr.
Les Tomes II à XVI (1895-1910) se vendent chacun. 7 fr.
Le Tome I (1894) ne se vend pas séparément.

JOURNAL DE CHIMIE PHYSIQUE. Électrochimie, Thermochimie, Radiochimie, Mécanique chimique, Stœchiochimie, publié par Philippe-A. Guye, Professeur de Chimie à l'Université de Genève, avec la collaboration de nombreux savants.

Cette publication paraît en huit ou dix numéros formant un volume annuel de 600 à 700 pages in-8 (25-16).

Prix de l'abonnement, pour toute l'Union postale. 25 fr.

Tomes I à VII (1903-1909) ensemble................ 175 fr.
Chaque volume séparément....................... 30 fr.

JOURNAL DE MATHÉMATIQUES PURES ET APPLIQUÉES, publié par Camille Jordan, Membre de l'Institut, avec la collaboration de G. Humbert, E. Picard, H. Poincaré. In-4 (28-23), trimestriel.

1re Série, 20 volumes, années 1836 à 1855 (au lieu de 600 francs). 400 fr.

2e Série, 19 volumes, années 1856 à 1874 (au lieu de 570 fr.). 380 fr.

3e Série, 10 volumes, années 1875 à 1884 (au lieu de 400 fr.). 200 fr.

4e Série, 10 volumes, années 1885 à 1894 (au lieu de 300 fr.). 200 fr.

5e Série, 10 volumes, années 1895 à 1904. 200 fr.

Chacune des années 1836 à 1878, 1880 à 1904 se vend séparément. 25 fr.

La 6e Série, commencée en 1905, se publie, chaque année, en 4 fascicules de 12 à 15 feuilles, paraissant au commencement de chaque trimestre.

Prix pour un an (4 fascicules) :

Paris.................................... 30 fr.
Départements et Union postale. .... 35 fr.

— Table générale des 20 volumes de la 1re Série. In-4. 3 fr. 50 c.
— Table générale des 19 volumes de la 2e Série. In-4. 3 fr. 50 c.
— Table générale des 10 volumes de la 3e Série. In-4. 1 fr. 75 c.
— Table générale des 10 volumes composant la 4e Série, avec une Table générale des auteurs des 59 vol. des 4 premières séries (1836-1894). In-4 (28-23). 1 fr. 75 c.

JOURNAL DE PHYSIQUE THÉORIQUE ET APPLIQUÉE, fondé par d'Almeida et publié par la Société française de Physique, (Directeur de la publication : Arsène Gaillard). In-8 (25-16), mensuel.

Paris et Départements.................... 17 fr.
Union postale........................... 18 fr.

— Table analytique et Table par noms d'auteurs des trois premières séries (1872-1901) dressées par MM. E. Bouty et B. Brunhes, avec la collaboration de MM. Bénard, Carré, Cotton, Lamotte, Maschis, Matbais, Roy et Sanoz. In-8 (25-16) 10 fr.

MATHÉSIS, Recueil mathématique à l'usage des Écoles spéciales et des établissements d'instruction moyenne, publié par P. Mansion et J. Neuberg, avec la collaboration de plusieurs professeurs belges et étrangers. In-8 (25-16) mensuel.

Prix pour un an (12 numéros) :
Paris, Départements et Union postale.... 9 fr.

MÉMORIAL DES POUDRES ET SALPÊTRES, publié par les soins du Service des poudres et salpêtres, avec l'autorisation du Ministre de la Guerre. In-8 (25-16).

Le *Mémorial* paraît sous forme de Recueil périodique, en deux fascicules semestriels, et forme, tous les deux ans, un beau volume de 18 feuilles environ, avec figures.

Collection des Tomes I à XIII (1883-1906) (Rare.)
Chacun des Tomes III, VII à X et XII, XIII se vend séparément. 12 fr.

Les Tomes I, II, IV, V, VI et XI ne se vendent pas séparément.

Chaque Tome à partir du Tome XIV se vend séparément. 8 fr.

Prix de l'abonnement pour un volume (4 fascicules) à partir du Tome XIV (1907-1908).

Paris................................. 8 fr.
Départements et Union postale...... 9 fr.

NOUVELLES ANNALES DE MATHÉMATIQUES. Journal des Candidats aux Écoles Polytechnique et Normale, rédigé par C.-A. Laisant, Docteur ès Sciences, Professeur à Sainte-Barbe, Répétiteur à l'École Polytechnique; C. Bourlet, Docteur ès Sciences, Professeur au Conservatoire des Arts et Métiers, et R. Bricard, Répétiteur à l'École Polytechnique. In-8 (23-14) mensuel.

1re Série, 20 vol. in-8, années 1842 à 1861. 300 fr.
Les Tomes I à VII et XVI (1842, 1848 et 1857) ne se vendent pas séparément. Les autres Tomes de la 1re Série se vendent séparément. 15 fr.

2e Série, 20 vol. in-8, années 1862 à 1881. 300 fr.
Les Tomes I à III, V et XIX (1862 à 1864, 1866, 1880) de la 2e Série ne se vendent pas séparément. Les autres Tomes se vendent séparément. 15 fr.

3e Série, 19 vol. in-8, années 1882 à 1900. 285 fr.
Les Tomes I à XIX (1882 à 1900) de la 3e Série se vendent séparément. 15 fr.

La 4e Série, commencée en 1901, continue de paraître chaque mois par cahier de 48 pages au moins.

Prix pour un an (12 numéros) :
Paris.. 15 fr | Départements et Union postale. 17 fr.

REVUE ÉLECTRIQUE (La), Bulletin de l'*Union des Syndicats de l'Électricité*, publiée sous la direction de J. Blondin.

La *Revue électrique* paraît deux fois par mois, par fascicules de 48 pages environ in-4 (28-22). Elle forme par an 2 volumes d'environ 600 pages chacun.

Prix de l'abonnement (24 numéros) :

Paris................................... 25 fr.
Départements........................... 27 fr. 50 c.
Union postale.......................... 30 fr.

Prix du numéro : 1 fr. 50 c.

Les Tomes I à XIII (1904-1910) se vendent chacun 11 fr.

Les années 1904 à 1908 (10 volumes) se vendent ensemble........................... 90 fr.

REVUE SEMESTRIELLE DES PUBLICATIONS MATHÉMATIQUES, rédigée sous les auspices de la Société Mathématique d'Amsterdam. In-8 (25-16), paraissant en 2 fascicules (fondé en 1893).

Prix pour un an :

Paris, Départements et Union postale : 8 fr. 50 c.

Chacune des années antérieures, à partir de 1893 (sauf le Tome III). (Port en sus : 6 fr. 60 c.). 8 fr. 50 c.

Table des Matières des t. I à V (1893-1897). 5 fr.
— des t. VI à X (1898-1902). 6 fr. 50.
— des t. XI à XV (1903-1907). 6 fr. 50.

VI. — RECUEILS SCIENTIFIQUES.

ANNALES DE L'OBSERVATOIRE DE PARIS, publiées
par M. B. Baillaud, Directeur. Mémoires. Tomes I
à XXVIII. In-4 (30-23), avec planches; 1855-1910.

> Les Tomes I à X, XII, XIII et XV à XXVIII se vendent
> séparément. 27 fr.

> Le Tome XI (1876) et le Tome XIV (1877) comprenant deux *Parties* qui se vendent séparément. 10 fr.

> Le Tome XXIX est *sous presse*.

ANNALES DE L'OBSERVATOIRE DE PARIS, publiées
par M. B. Baillaud, Directeur. Observations. In-4
(30-23).

> Tomes I à XXIV (Observations des années 1800
> à 1825 et 1837 à 1869); chaque volume, 40 fr.
> Années 1870 à 1893, 1897 à 1904. Chaque année, 40 fr.
> Les observations des années 1893 à 1896 paraîtront ultérieurement.

**ANNALES DU BUREAU CENTRAL MÉTÉOROLOGIQUE
DE FRANCE**, publiées par A. Angot, Directeur.

> Depuis l'année 1886, les ANNALES DU BUREAU CENTRAL
> forment trois *volumes par an* :
> I. — Mémoires. In-4 (33-25) avec planches.
>   ANNÉES : 1886 à 1906. Chaque volume, 15 fr.
> II. — Observations. In-4 (33-25).
>   ANNÉES : 1886 à 1908. Chaque volume, 15 fr.
> III. — Pluies en France. In-4 (33-25), ANNÉES : 1886
>   à 1896. Chaque volume. 15 fr.
>   ANNÉES 1897 à 1908, avec 4 pl. chacune. Chaque
>   volume. 19 fr.

> Table générale par noms d'auteurs des Mémoires
> contenus dans les Tomes I à IV des ANNALES DU BUREAU
> CENTRAL MÉTÉOROLOGIQUE pour les 25 premières années
> (1878-1900). Grand in-8 de 20 pages; 1905. 1 fr. 50 c.

ANNALES DU BUREAU DES LONGITUDES. Travaux
faits à l'Observatoire astronomique de Montsouris, et
Mémoires divers. Volumes in-4 (28-23).

> Tome I. In-4, avec une planche ; 1877. 35 fr.
> Tome II. In-4; 1882. 15 fr.
> Tome III. In-4; 1885. 15 fr.
> Tome IV. In-4; avec 2 pl. ; 1890. 25 fr.
> Tome V. In-4; avec 4 pl. ; 1897. 25 fr.
> Tome VI. In-4; avec 8 pl. ; 1903. 25 fr.
> Tome VII. (*Sous presse*.)
> Tome VIII. (*Sous presse*.)

ANNALES DE L'OBSERVATOIRE DE BORDEAUX, publiées par Luc Picart, Directeur de l'Observatoire.
Volumes in-4 (28-23).

> Tome I, avec figures et planche; 1885. 30 fr.
> Tome II, avec figures; 1887. 30 fr.
> Tome III, avec 3 planches; 1889. 30 fr.
> Tome IV à XIII; 1893-1907. Chaque volume. 30 fr.

ANNALES DE L'OBSERVATOIRE DE TOULOUSE,
publiées par B. Baillaud, Directeur de l'Observatoire.
Volumes in-4 (28-23).

> Tome I (travaux exécutés de 1873 à 1878). In-4 avec
> planche; 1880. 30 fr.
> Tome II (travaux exécutés de 1879 à 1884). In-4;
> 1886. 30 fr.
> Tome III (travaux exécutés de 1884 à 1897). In-4;
> 1899. 30 fr.
> Tome IV (travaux exécutés de 1891 à 1900). In-4;
> 1901. 30 fr.
> Tome V (travaux exécutés en 1900). In-4; 1902. 30 fr.
> Tome VI. (*Sous presse*.)
> Tome VII. In-4; 1907. 30 fr.

ANNALES DE L'OBSERVATOIRE DE NICE, publiées
sous la direction du *Général Bassot*, Directeur (Fondation R. Bischoffsheim). Volumes in-4 (33-25).

> Tome I. Avec Atlas de 44 pl. sur cuivre; 1899. 40 fr.
> Tome II. Avec 7 belles pl. dont 3 en couleurs; 1887. 30 fr.
> Tome III. Avec 4 pl. et Atlas contenant 12 belles planches (spectre solaire de M. Thollon); 1890. 40 fr.
> Tomes IV à XII, 1895 à 1912. Chaque volume. 30 fr.
> Tome XIII (1er fascicule); 1906. 10 fr.
> Tome XIV. (*Sous presse*.)

ANNUAIRE pour l'an 1911, publié par le Bureau des
Longitudes, contenant les Notices suivantes :

> *L'Éclipse de Soleil du 17 avril 1912*, par G. Bigourdan. — *Note sur la XVIe Conférence de l'Association
> géodésique internationale*, par H. Poincaré. — *Notice
> nécrologique sur A. Bouquet de la Grye*, par H. Poincaré. — *Discours prononcés aux funérailles de Paul
> Gautier*, par H. Poincaré et B. Baillaud.

> In-16 (16-10) de plus de 750 pages.

> Broché. 1 fr. 50 c. | Cartonné. 2 fr.

> *Pour recevoir l'Annuaire franco ajouter 35 c.*

CATALOGUE DE L'OBSERVATOIRE DE BORDEAUX.
— Réobservation des étoiles comprises dans les zones
d'Aselander entre + 15° et + 26° de déclinaison.
In-4 (33-25) de 291+18 pages; 1900. 30 fr.

CATALOGUE PHOTOGRAPHIQUE DU CIEL (Demander
la liste des Fascicules parus.)

CONNAISSANCE DES TEMPS ou des mouvements célestes, à l'usage des Astronomes et des Navigateurs
pour l'an **1913**, publiée par le *Bureau des Longitudes*.
In-8 (25-16) de XIII-809 p., avec 2 cartes en couleur; 1910.

> Broché. 4 fr. | Cartonné. 4 fr. 75 c.

> Pour recevoir l'Ouvrage franco dans les pays de l'Union
> postale, ajouter 1 fr.

EXTRAIT DE LA CONNAISSANCE DES TEMPS, à
l'usage des Écoles d'Hydrographie et des marins du
Commerce, pour l'an **1912**, publié depuis l'an 1889 par
le *Bureau des Longitudes*. In-8 (25-16); 1910. 1 fr. 50 c.

JOURNAL DE L'ÉCOLE POLYTECHNIQUE, publié par
le Conseil d'Instruction de cet établissement.

> Ire Série, 65 Cahiers in-4 (28-23), avec fig. et pl. 1000 fr.
> Table des matières et noms d'auteurs des 65 Cahiers de
> la Ire Série. In-4 (22-23); 1896. 3 fr.
> IIe Série. Cahiers I à III, 1895 à 1897, chaque Cahier. 10 fr.
>   IVe Cahier, 1898. 15 fr.
>   V^e et VIe Cahiers, 1900, 1901, chaque
>   Cahier. 10 fr.
>   VIIe Cahier, 1902. 12 fr.
>   VIIIe Cahier, 1903. 10 fr.
>   IXe Cahier, 1904. 10 fr.
>   Xe Cahier, 1905. 10 fr.
>   XIe Cahier, 1906. 11 fr.
>   XIIe Cahier, 1908. 11 fr.
>   XIIIe Cahier, 1909. 11 fr.
>   XIVe Cahier, 1910. 10 fr.
>   XVe Cahier, 1911. 15 fr.

**OBSERVATOIRE DE MÉTÉOROLOGIE DYNAMIQUE
DE TRAPPES** — Travaux scientifiques publiés par
L. Teisserenc de Bort. Volumes in-4 (33-25) se vendant séparément.

> Tome I. *Étude internationale des nuages*, 1896-1897.
> *Observations et mesures de la France*. Volume de XVI-
> 202 pages et 2 planches; 1904. 10 fr.
> Tome II. (*En préparation*.)
> Tome III. *Étude de l'atmosphère par sondages*, 1901-
> 1903. Volume de IV-10 pages; 1908. 10 fr.
> Tome IV. *Étude de l'atmosphère marine par sondages
> aériens. Atlantique moyen et région intertropicale*,
> par L. Teisserenc de Bort et Lawrence Rotch. Volume
> de 202 pages avec 36 figures et 17 planches (publié
> avec la collaboration de l'Observatoire de Blue-Hill);
> 1909. 10 fr.

VII. — ENCYCLOPÉDIE
DES
TRAVAUX PUBLICS,
ET ENCYCLOPÉDIE INDUSTRIELLE,

FONDÉE PAR M.-C. LECHALAS,
Inspecteur général
des Ponts et Chaussées en retraite.

ALHEILIG, Ingénieur de la Marine, Ex-Professeur à l'École d'application du Génie maritime, et **ROCHE** (Camille), Industriel, ancien Ingénieur de la Marine. — Traité des machines à vapeur, rédigé conformément au programme du *Cours de machines à vapeur de l'École Centrale.* Deux Volumes in-8 (25-16), se vendant séparement. (E. I.)

  Tome I : *Thermodynamique théorique et application. Puissance des machines, diagrammes indicateurs. Régulation, épures de détente et de régulation. Distribution, détente. Condensation, alimentation.* Volume de xii-604 pages, avec 413 fig. ; 1895.   20 fr.

  Tome II : *Forces d'inertie. Moments moteurs, Volants. Régulateurs. Moteurs à gaz, à pétrole et à air chaud. Montage des machines. Essais. Passation des marchés. Prix de revient.* Volume de iv-564 pages, avec 281 figures ; 1895.   18 fr.

APPERT (Léon) et **HENRIVAUX** (Jules), Ingénieurs. — Verre et verrerie. In-8 (25-16), de 460 pages avec 130 figures et un Atlas de 14 planches in-4 (28-23) ; 1894 (E. I.).

BEAUVERIE (J.), Préparateur de Botanique générale. — Le Bois. *Structure, Composition et propriétés. La forêt. Abatage. Altérations, Conservation. Bois indigènes et exotiques. Le liège.* Avec une Préface de M. Daubrée, Conseiller d'État, Directeur général des Eaux et Forêts au Ministère de l'Agriculture. Un volume en deux fascicules in-8 (25-16) de xi-1503 p., avec 485 fig. (E. I.) ; 1905. (Médaille de la Société nationale d'Agriculture).   20 fr.

COLSON (C.), Ingénieur en chef des Ponts et Chaussées, Conseiller d'État. — Cours d'Économie politique professé à l'École nationale des Ponts et Chaussées. Six Livres in-8 (25-16) se vendant séparément chacun 6 fr. (E. T. P.).

  Livre I : *Théorie générale des phénomènes économiques.* Volume de 430 pages, 2e édition ; 1907.

  Livre II : *Le travail et les questions ouvrières.* Volume de 554 pages ; 1901.

  Livre III : *La propriété des biens corporels et incorporels.* Volume de 542 pages ; 1902.

  Livre IV : *Les entreprises, le commerce et la circulation.* Volume de 555 pages avec un appendice ; 1903.

  Livre V : *Les finances publiques et le budget de la France.* Volume de 566 pages, 2e édition ; 1909.

  Livre VI : *Les travaux publics et les transports.* 2e édition revue et mise à jour. Volume de iv-512 pages ; 1910.

  SUPPLÉMENT annexé au Livre VI. Brochure in-8 (25-14) de 44 pages ; 1910.   1 fr.

CRONEAU (A.), Ingénieur de la Marine, Professeur à l'École d'application du Génie maritime. — Architecture navale. — Construction pratique des navires de guerre. 2 volumes in-8 (25-16) et un Atlas de 11 planches (E. I.).

  Tome I : *Plans et devis. — Matériaux. — Assemblages. Différents types de navires. — Charpente. — Revêtement de la coque et des ponts.* Volume de 339 pages avec 303 figures et un Atlas de 11 planches in-4 doubles dont 2 en trois couleurs ; 1894.   18 fr.

  Tome II : *Compartimentage. — Cuirassement. — Parois et garde-corps. — Ouvertures pratiquées dans la coque, les ponts et les cloisons. — Pièces rapportées sur la coque. — Ventilation. — Service d'eau. — Gouvernails. — Corrosion et salissure. — Poids et résistance des coques.* Volume de 616 pages, avec 339 figures ; 1894.   12 fr.

DEHARME (E.), Ingénieur de la Compagnie du Midi, Professeur du Cours de Chemins de fer à l'École Centrale, et **PULIN** (A.), Ingénieur des Arts et Manufactures, Inspecteur principal du Chemin de fer du Nord. — Chemins de fer. Matériel roulant. Résistance des trains. Traction. Un volume in-8 (25-16) de xxii-444 pages, avec 93 figures et 1 planche ; 1895 (E. I.).   15 fr.

  — Étude de la Locomotive. In-8 (25-16) de vi-608 p., avec 131 fig. et 2 pl. ; 1900 (E. I.).   15 fr.

  — Étude de la Locomotive. Mécanisme. Châssis. Types de machines. Un volume in-8 (25-16) de iv-512 p., avec 288 fig. et un atlas in-4 de 18 pl. ; 1903 (E. I.).   25 fr.

DENFER (J.), Architecte, Ancien Professeur à l'École Centrale. — Architecture et Constructions civiles. Charpente en bois et menuiserie. *Les bois, leurs assemblages. Résistance des bois. Tableaux. Calculs faits. Linteaux et planchers. Pans de bois. Combles. Fraisements. Échafaudages. Appareils de levage. Travaux hydrauliques. Coffrages pour maçonneries armées. Cintres. Ponts et passerelles en bois. Escaliers. Menuiserie en bois : parquets, lambris, portes, croisées, persiennes, devantures, décorations.* 2e édition revue et augmentée. In-8 (25-16) de vi-680 pages avec 721 figures ; 1910. (E. T. P.).   15 fr.

DESCOMBES (Paul), Directeur honoraire des Manufactures de l'État. La Défense forestière et pastorale, précédée d'une lettre de M. Nordmann. In-8 (25-16) de xv-410 p., avec 23 fig. ; 6 cartes ; 1910 (E. I.).   12 fr.

FARGUE (L.), Inspecteur général des Ponts et Chaussées en retraite. — Hydraulique fluviale. La forme du lit des rivières à fond mobile. Volume in-8 (25-16) de iv-182 pages, avec 55 figures et 15 planches ; 1908 (E. I.).   9 fr.

FÉRET (R.), ancien Élève de l'École Polytechnique, Chef du Laboratoire des Ponts et Chaussées à Boulogne-sur-Mer. — Étude expérimentale du Ciment armé. Expériences, Théories et calculs. Bibliographie du Ciment armé. Recherches annexes sur les diverses résistances des mortiers et bétons. In-8 (25-16) de xi-378 p. avec 297 fig. ; 1906 (E. I.).   20 fr.

GESCHWIND (L.), Ingénieur Chimiste, et **SELLIER** (E.), Chimiste, Lauréats des Chimistes de sucrerie et de la Société industrielle de Saint-Quentin. — La betterave agricole et industrielle. In-8 (25-16) de iv-568 p. avec 160 figures ; 1902. (E. I.).   20 fr.

GOUILLY (Alexandre), Ingénieur des Arts et Manufactures, Répétiteur de Mécanique appliquée à l'École Centrale. — Éléments et organes des machines. Un vol. in-8 (25-16) de 466 p. avec 710 fig. ; 1894. (E. I.).   12 fr.

GUÉDON (Pierre), Ingénieur, Chef de traction à la Compagnie générale des Omnibus de Paris. — Traité pratique des Chemins de fer d'intérêt local et des Tramways. In-8 de 803 pages avec 141 figures ; 1901 (E. I.).   14 fr.

GUIGNET (Ch.-Er.), Directeur des teintures aux Manufactures nationales des Gobelins et de Beauvais ; **DOMMER** (F.), Professeur à l'École de Physique et de Chimie industrielle de la ville de Paris, et **GRANDMOUGIN** (E.), Ancien préparateur à l'École de Chimie de Mulhouse. — Blanchiment et apprêts. Teinture et impression. Matières colorantes. Un volume in-8 (25-16) de 674 pages, avec 345 figures et échantillons de tissus imprimés ; 1895. (E. I.).   30 fr.

HUBERT-VALLEROUX (P.), Avocat à la Cour de Paris, Docteur en droit. — **Les Associations ouvrières et les Associations patronales.** (Cet Ouvrage a obtenu le premier prix au concours de *Chambrun* en 1858.) In-8 (25-16) de 361 pages; 1899. (E. I.)   10 fr.

LAMB (M. C.), F. C. S., Directeur de la Section de teinture au Collège technique de la « leathers-Hers' Company » de Londres. — **Teinture, corroyage et finissage du cuir.** Traduit par Louis Meunier, Docteur ès Sciences, chargé de cours à l'Université de Lyon, Professeur à l'École française de Tannerie, et Jules Pasvor, Licenciés ès Sciences, ancien Élève diplômé des Écoles de Tannerie de Lyon, Leeds, Londres, Vienne et Freiberg. In-8 (25-16) de vi-570 pages, avec 261 fig. et 4 pl. d'échantillons; 1910. (E. I.)   25 fr.

LECHALAS (Georges), Ingénieur en Chef des Ponts et Chaussées. — **Manuel de droit administratif.** *Service des Ponts et Chaussées et des Chemins vicinaux*, 2 volumes in-8 (25-16), se vendant séparément. (E. T. P.)

Tome I : *Notions sur les trois pouvoirs. Personnel des Ponts et Chaussées. Principes d'ordre financier. Travaux intéressant plusieurs services. Expropriations. Dommages et occupations temporaires.* Volume de cxlvii-558 p.; 1889.   20 fr.

Tome II (1re Partie): *Participation des tiers aux dépenses des travaux publics. Adjudications. Fournitures. Régie. Entreprises. Concessions.* Vol. de 397 p.; 1893.   16 fr.

— II e Partie : *Principes généraux de police : Grande voirie. Simple police. Roulage. — Domaine public : Consistance et condition juridique. Délimitation. Redevances et perceptions diverses. Produits naturels. Concessions. Occupations temporaires.* Volume de iv-396 p.; 1898.   10 fr.

LE VERRIER (U.), Ingénieur en chef des Mines, Professeur au Conservatoire des Arts et Métiers. — **Métallurgie générale.** Volumes in-8 (25-16) se vendant séparément.

— **Procédés de chauffage.** *Combustibles solides. Description des combustibles. Combustibles artificiels. Emploi des combustibles. Chauffage par l'électricité. Matériaux réfractaires. Organisation d'une usine métallurgique. Données numériques.* Volume de 367 pages avec 171 fig.; 1902. (E. I.)   12 fr.

— **Métallurgie générale. Procédés métallurgiques et étude des métaux.** *Minerais. Séchage. Calcination. Grillage. Opérations extractives. Fusion et affinage. Thermochimie. Installations accessoires. Essais mécaniques. Action de la chaleur. Métallographie. Alliages annexes.* Volume de 503 pages, avec 104 figures; 1905. (E. I.)   12 fr.

LÉVY-LAMBERT (A.), Inspecteur principal au Chemin de fer du Nord. — **Chemins de fer à crémaillère.** *Tracé. Types de crémaillères. Systèmes Riggenbach, Abt, Strub, Locher, etc. Matériel roulant. Traction électrique. Exploitation.* 2e édition revue et augmentée. In-8 (25-16) de ii-470 pages avec 157 figures; 1908. (E. I.)   15 fr.

LORENZ (H.), Professeur à l'École polytechnique de Dantzig, et **HEINEL** (D. Ing. G.), chargé de cours à l'École technique de Berlin. — **Machines frigorifiques.** *Con truction. Fonctionnement. Applications industrielles.* Traduit de l'allemand sur la 4e édition avec l'autorisation des Auteurs, par P. Petit, Professeur à la Faculté des Sciences de Nancy, Directeur de l'École de Brasserie, et Pa. Jacvet, Ingénieur, ex-gérant des Brasseries Th. Boch et Cie, 2e édition française considérablement augmentée. In-8 (25-16) de viii-344 pages, avec 314 fig.; 1910. (E. I.)

Broché... 15 fr.   Cartonné... 16 fr. 50 c.

MARTENS (A.), Directeur du Laboratoire royal d'essais de Berlin-Charlottenbourg. — **Traité des essais des matériaux destinés à la construction des machines.** *Méthodes. Machines. Instruments de mesure.* Traduit

de l'allemand avec Notes et Annexes, par Pierre Breuil, Chef de la Section des Métaux au Laboratoire d'essais du Conservatoire national des Arts et Métiers, ancien Directeur du Laboratoire d'essais de la Compagnie P.-L.-M. Grand in-8 (25-16) de 674 pages, avec 558 fig. et atlas (25-16) de 37 planches; 1905. (E. I.)   50 fr.

MASONI (U.), Directeur et Professeur de l'Institut d'Hydraulique à l'École royale des Ingénieurs de Naples. — **L'énergie hydraulique et les récepteurs hydrauliques.** In-8 (25-16) de iv-450 pages, avec 207 figures; 1905. (E. I.)   10 fr.

MEUNIER (Louis), Chef des travaux de Chimie à l'Université de Lyon, Professeur à l'École française de Tannerie, et **VANEY** (Clément), agrégé de l'Université, Docteur ès Sciences, Professeur à l'École française de Tannerie. — **La Tannerie.** *Étude. Préparation et essai des matières premières. Théorie et pratique des différentes méthodes actuelles de tannage. Examen des produits fabriqués.* Volume publié sous la direction de Léo Vignon, Professeur à l'Université de Lyon, Directeur de l'École de Chimie industrielle et de l'École française de Tannerie. In-8 (25-16) de 648 pages avec 98 figures; 1905. (E. I.)   20 fr.

MONNIER (D.), Ingénieur des Arts et Manufactures, Professeur, Membre du Conseil de l'École Centrale. — **Électricité industrielle** (*Cours de l'École Centrale des Arts et Manufactures*), 2e édition. In-8 (25-16) de viii-826 pages avec 504 figures; 1905. (E. I.)   15 fr.

NIEWENGLOWSKI (Paul), Ingénieur au corps des Mines. — **Précis d'Électricité.** Volume in-8 (25-16) de ii-400 pages, avec 64 fig.; 1906. (E. T. P.)   6 fr.

PÉRISSE (Lucien), Ingénieur des Arts et Manufactures, Secrétaire de la Commission technique de l'Automobile-Club de France. — **Traité général des automobiles à pétrole.** In-8 (25-16) de iv-700 pages avec 270 figures; 1907. (E. I.)   17 fr. 50 c.

ROUCHÉ (Eugène), Membre de l'Institut, Professeur au Conservatoire des Arts et Métiers, Examinateur de sortie à l'École Polytechnique, et **LÉVY** (Lucien), Répétiteur d'Analyse et Examinateur d'admission à l'École Polytechnique. — **Analyse infinitésimale à l'usage des ingénieurs.** 2 volumes in-8 (25-16). (E. I.)

Tome I : Calcul différentiel. Volume de vii-557 pages avec 43 figures; 1900.   15 fr.

Tome II : Calcul intégral. Volume de 829 pages; 1905.   15 fr.

ROUSSET (Henri) et **CHAPLET** (A.), Ingénieurs chimistes. — **Les Combustions industrielles. Le Contrôle chimique de la Combustion.** In-8 (25-16) de iv-208 pages, avec 68 figures; 1905. (E. I.)   8 fr.

SCHOELLER (A.), Ingénieur des Arts et Manufactures, Chef adjoint des services commerciaux à la Compagnie du Nord, et **FLEURQUIN** (A.), Inspecteur des services commerciaux à la même Compagnie. — **Chemins de fer. Exploitation technique.** In-8 (25-16) de vii-408 p., avec 109 figures; 1901. (E. I.)   13 fr.

TOLDT (Friedrich), Ingénieur, Professeur à l'Académie impériale des Mines de Leoben. — **Traité des Fours à gaz à chaleur régénérée. Détermination de leurs dimensions.** Traduit de l'allemand sur la 2e édition revue et développée par l'Auteur, par F. Demun, Ingénieur des Arts et Manufactures, Professeur à l'École de Physique et de Chimie industrielles de la Ville de Paris. In-8 (25-16) de 367 pages, avec 68 fig.; 1900. (E. I.)   12 fr.

VICAIRE (P.), Inspecteur général des Mines. — **Cours de Chemins de fer** (*Cours de l'École nationale supérieure des Mines*). *Matériel roulant. Traction. Voie. Exploitation.* Rédigé et terminé par F. Minos, Ingénieur au Corps des Mines. In-8 (25-16) de 581 pages, avec de nombreuses figures; 1905. (E. I.)   20 fr.

LIBRAIRIE GAUTHIER-VILLARS,
QUAI DES GRANDS-AUGUSTINS, 55, À PARIS (6e).

Envoi franco dans toute l'Union postale contre mandat-poste ou valeur sur Paris.

TRAITÉ
D'ANALYSES CHIMIQUES
MÉTALLURGIQUES

À L'USAGE

DES CHIMISTES ET MANIPULATEURS DE LABORATOIRES D'ACIÉRIES THOMAS

Par J. HOGNON,

Ingénieur chimiste breveté,
Chef de service du Laboratoire des Essais chimiques, mécaniques
et électriques aux Forges d'Audincourt (Doubs).

In-8 (23-14) de IX-155 pages, avec 13 figures; 1911. Cartonné, 5 fr.

Extrait de l'Introduction.

Il existe quantité de Traités se rapportant aux analyses métallurgiques, mais la plupart sont trop volumineux ou constituent des recueils qui, tout en étant excellents, ne répondent pas aux besoins strictement nécessaires de l'industrie du fer, en englobant dans leur programme le traitement de produits ou matériaux étrangers à la fabrication de l'acier par des procédés basiques et faisant ainsi un Traité d'analyses métallurgiques générales. Aussi je pense être arrivé au but que je me suis proposé en concentrant dans ce petit Volume les analyses nécessaires aux chimistes métallurgistes de Laboratoires d'Aciéries Thomas.

Je ne parlerai pas du prélèvement des échantillons, les matières à analyser étant souvent peu homogènes, il est nécessaire d'apporter tous ses soins à l'échantillonnage, afin que l'analyse déduite représente aussi fidèlement que possible la composition du lot examiné. Je prie le lecteur de se reporter à l'excellent Ouvrage de L. Campredon, *Guide pratique du chimiste métallurgiste et de l'essayeur*, qui a consacré à cette question un Chapitre complet.

Je me suis efforcé d'être pratique et de joindre à l'exactitude des dosages la rapidité de leur exécution.

En métallurgie, comme dans toutes les industries, le chimiste est appelé à faire des analyses d'huiles de graissage ou de transmission. Il lui faudra certainement aussi mettre au courant, soit l'administration, soit le service des chaudières, de la qualité des eaux employées pour les générateurs. Un procédé d'analyse de ces éléments est donc très bien à sa place dans ce Traité.

Il en est de même pour l'analyse d'un bronze. Une telle pièce venant à se rompre est envoyée au Laboratoire. Le chimiste en fait l'analyse afin de renseigner le service intéressé car le chimiste n'a accompli que la moitié de sa tâche quand il a trouvé le moyen d'analyser exactement un métal et d'y doser toutes les impuretés même à l'état de trace. Il lui reste à interpréter les données de son analyse et à dire dans quelle mesure tel ou tel corps dont il a constaté la présence sera nuisible ou utile pour l'emploi auquel le métal est destiné.

Table des Matières.

LIBRAIRIE GAUTHIER-VILLARS,
QUAI DES GRANDS-AUGUSTINS, 55, A PARIS (6e).

Envoi franco dans toute l'Union postale contre mandat-poste ou valeur sur Paris.

MANUEL
DE
L'EXPLORATEUR

PROCÉDÉS DE LEVERS RAPIDES ET DE DÉTAIL ;
DÉTERMINATION ASTRONOMIQUE DES POSITIONS GÉOGRAPHIQUES

PAR

E. BLIM,	M. ROLLET DE L'ISLE
Ancien Élève de l'École Polytechnique, Ingénieur-Chef du service des Ponts et Chaussées en Cochinchine.	Ingénieur hydrographe de la Marine

2e ÉDITION REVUE ET CORRIGÉE, IN-18 DE VIII-256 PAGES, AVEC 87 FIGURES, MODÈLES D'OBSERVATIONS OU DE CARNETS DE LEVERS ; CARTONNAGE SOUPLE ; 1914 .... 5 FR

Depuis quelques années un mouvement important se produit vers les expéditions lointaines. Les Pouvoirs publics ont encouragé cette disposition en organisant de nombreuses missions d'exploration et en créant, à la Sorbonne, une chaire de Géographie coloniale. Le nombre de ceux qui sont appelés ainsi à contribuer à l'expansion territoriale de la France et à la connaissance géographique des pays inexplorés augmente donc chaque jour.

Mais lorsque, avant son départ, le voyageur cherche à se rendre compte des méthodes qu'il aura à appliquer pour rapporter des renseignements exacts et utiles au point de vue géographique, il se trouve en présence d'un nombre considérable de Traités spéciaux. Ces Ouvrages, généralement très bien faits, en accumulant les descriptions des procédés applicables dans tous les cas qui peuvent se présenter, ne permettent pas, sans une étude parfois longue et approfondie, de se tracer rapidement une ligne de conduite simple et facile à suivre.

MM. Blim et Rollet de l'Isle ont voulu donner, dans ce *Manuel*, sous une forme aussi élémentaire que possible, les notions indispensables à celui qui, tout en marchant vers un but déterminé par des considérations parfois

étrangères à la Géographie, veut recueillir les éléments d'une représentation exacte de ce qu'il aura vu sur sa route.

Il suffit, pour comprendre ce *Manuel*, d'avoir quelques notions de Géométrie élémentaire et de Trigonométrie; tout ce qui avait un caractère scientifique trop accentué a été systématiquement écarté. En développant, au contraire, la partie pratique et en multipliant les détails relatifs à l'application des méthodes, les auteurs ont pu faire profiter les explorateurs novices de l'expérience acquise par leurs devanciers au prix de mécomptes nombreux et parfois pénibles.

Au point de vue des observations astronomiques, l'emploi du théodolite est seul expliqué, à l'exclusion complète du sextant. C'est que, en effet, il faut une certaine habileté, qui ne s'acquiert qu'avec le temps, pour obtenir par le maniement de ce dernier des résultats comparables à ceux que peut donner facilement le théodolite. En décrivant l'emploi du sextant, on n'aurait rien appris à ceux qui, comme les officiers de marine, en font un usage courant, et l'on aurait compliqué inutilement ce *Manuel*, destiné aux débutants.

Table des Matières.

A LA MÊME LIBRAIRIE

CHEMIN (O.), Ingénieur en chef des Ponts et Chaussées, ancien Professeur à l'École nationale des Ponts et Chaussées, chargé de mission par M. le Ministre de l'Instruction publique. — De Paris aux mines d'or de l'Australie occidentale. In-8 (20-13), avec 124 figures dont 111 photogravures, 9 cartes dans le texte et 2 planches ; 1900.................. 9 fr.

40804   PARIS. — IMPRIMERIE GAUTHIER-VILLARS.
Quai des Grands-Augustins, 55.

www.ingramcontent.com/pod-product-compliance
Lightning Source LLC
LaVergne TN
LVHW021926060726

842528LV00001B/103